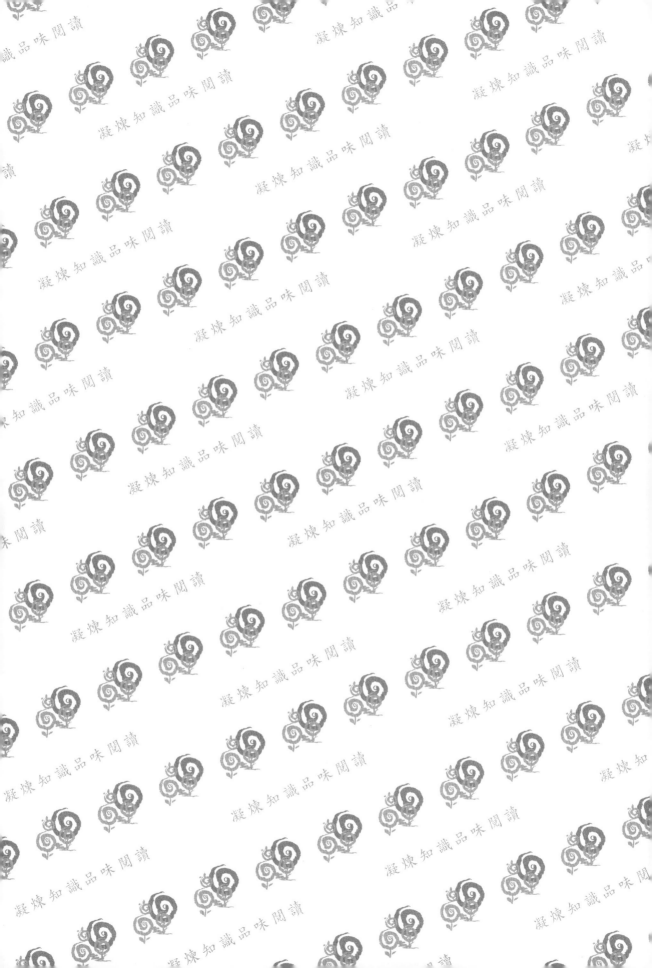

半導體製程設備

Semiconductor Processing Equipment, Edition 4th

第四版

張勁燕 著

五南圖書出版公司 印行

簡　介

　　半導體元件由矽土製成矽晶圓，再經數百個製程步驟，才製作出256 M級或1G級、4G級的DRAM。其間所使用的機器，主要的也不過十數種：晶圓成長爐、磊晶反應器、步進照像儀、化學氣相沉積爐、氧化和擴散高溫爐、離子植入機、乾蝕刻機、電子束蒸鍍機、濺鍍機、化學機械研磨機等。以及封裝製程設備、真空幫浦及真空系統、洗淨機器等主要支援設備。本書對這些機器的構造和操作原理都有詳盡的敘述。

　　砷化鎵Ⅲ－Ⅴ化合物半導體製程，如金屬有機化學氣相沉積爐、分子束磊晶和銅製程使用設備、低（或高）介電常數介電質製作設備，以及一些2000千禧年或以後推出的新機器，也都在本書有一些敘述，次世代先進的製程設備也有一些介紹。本書是編著者積多年經驗、於2000年完成的。期望能給想從事半導體業的同學們一項內容豐富有力的教科書。給業界的工程師、研究生、教授老師們一項便捷的參考。2008年承五南圖書公司穆文娟小姐、蔡曉雯小姐邀請，著者作又小幅修改，完成第四版。

張勁燕博士，1944年生

學歷：

交通大學電子工程系學士，1968年

交通大學電子工程研究所碩士，1971年

交通大學電子工程研究所博士，1989年

經歷：

新加坡Intersil 電子公司工程師　1971-1973

ITT環宇電子公司工程經理　1973-1976

EMMT台灣電子電腦公司半導體廠廠長、總經理　1976-1981

萬邦電子公司總工程師1981-1982

明新工專電子科副教授（或兼科主任）　1986-1989

逢甲大學電子系或電機系副教授（1992-1996兼電機系主任）1992-迄今

現職：

逢甲大學電子系副教授

已出版著作：

金氧半數位積體電路，大海書局，1986。

固態工業電子學，第三波文化事業公司，1989。

工業電子學實習，第三波文化事業公司，1989。

微電子電路實習，第三波文化事業公司，1989。

半導體廠務供應設施之教學研究，工研院電子所，1993。

半導體設備和材料安全標準指引SEMI S1-S11，勞委會勞工衛生安全研究所，
　　1999。

工程倫理，高立圖書公司，2000。

工業電子學，五南圖書出版公司，2001。

深次微米矽製程技術，五南圖書出版公司，2002。

電子電機工程英漢對照詞典，五南圖書公司，2007。

VLSI概論，五南圖書出版公司，2008。

物理英漢對照詞典，五南圖書公司，2008。

家庭：

內人王全靜於中學教師退休。

長子張綱在美國。長女張絢清大物理研究所博士，任職台積電。次女張綾東海大
學美術系畢業。

整譯著作（*為高立圖書，其餘均為五南圖書公司出版）

奈米時代，2002。

奈米材料，2002。

智慧材料，2003。

材料物理學概論，2003。

奈米陶瓷，2003。

奈米材料技術，2003。

奈料複合材料，2004。

奈米纖維，2004。

奈米碳管，2004。

奈米建材，2004。

奈米催化技術，2004。

量子力學基礎，2004。

奈米薄膜技術與應用，2005。

自然科學概論，2005。

電路與電子學，2005。

清晰的奈米世界，初探電子顯微鏡，2006。

奈米生醫材料，2006。

*近代物理（Modern Physics）Arthur Beiser 原著，McGraw Hill叢書，2006。

序

　　自從貝爾實驗室（Bell Laboratory）的蕭克利（John Shockley）、巴丁（John Bardeen）和布萊登（Walter Brattain）等三人在1947年發明了接面電晶體（junction transistor），人類的文明就進步到以半導體電子元件為主的矽時代（silicon age）。1959年，德州儀器公司（Texas Instruments）的基爾比（Jack Kilby）和快捷半導體（Fairchild Semiconductor）的諾宜斯（Robert Noyce）又發明了積體電路（integrated circuits）。伴隨而來的矽科技和矽文明，深入人類生活的每一層面，改變了人類的生活方式，大大提升了生活的品質。造成半導體文明的最大動力，當然就是其製程設備。本人自1999年編著了電子材料一書，獲得各界認同，銷路相當不錯。因此2000年就再接再勵，編著這本「半導體製程設備」。

　　本書介紹的半導體的製程設備，從提煉矽或砷化鎵鑄棒，到晶圓加工製程和封裝的各種設備。資料收集至2000年出書前，2008年小幅修正。內容共分十三章。其相關的元件、物理、製程、材料、廠務也有提及，使主題能夠更為清楚完整。

　　本書可供普通大學、科技大學、技術學院或專科學校為教科書。提供給電機、電子、自控、機械、化工、化學、物理、材科、環工、工業工程等系（科）的同學們使用。也可供和半導體製作、維修、銷售的工程師、經理、研究生、教授、老師們參考，工程公司、材料或機器代理公司、證券公司、翻譯社、投資顧問公司同仁也可以此書為參考。

　　編著者承財團法人自強工業科學基金會和中國生產力中心之邀請，講授半導體製程設備一課達十年之久。科學園區臺積電、華隆微、光磊科技、德碁半導體、茂矽電子、力晶半導體以及福昌、強茂、益鼎、七益、豪勉、欣隆等公司邀請講授相關課程。逢甲大學電機系所和電子系所給予很多機會、講授半導體工程和VLSI製程。使我才能日積月累，收集到豐富的資料，累積相關知識在此一併致謝。

　　此外，衷心感謝五南圖書公司的楊榮川董事長和穆文娟副總編輯、蔡曉雯編輯繼電子材料一書，再給我這個機會。逢甲電腦打字行的鄧鈴鈴小姐、何麗玫小姐協助打字、製圖、排版。

　　編著者才疏學淺，雖已竭盡全力，然而匆忙之中，難免有錯，尚祈前輩先進、好友、同學們不吝指教。

張勁燕

逢甲大學電子系

中華民國八十九年十一月一日

九十年十月修正再版

九十八年二月修正四版

目　錄（Contents）

第6章　離子植入機 · · · · · · · · · · · · · · · · 185

第7章　乾蝕刻機 · · · · · · · · · · · · · · · · 235

第 1 章

晶體成長和晶圓製作

1.1　緒　論

　　電子工業最重要的半導體材料是矽（Si），目前矽製元件的銷售量大約為全世界半導體元件的95%。其次為砷化鎵（GaAs）。矽在地殼中的含量約為28%，是僅次於氧的元素，但在自然界，矽絕對不會以元素存在。矽有很好的機械特性，有天生的介電質－二氧化矽（SiO_2）。天然的矽是以矽土（silica，不純的SiO_2）和矽酸鹽（silicate）的型態存在。矽的能隙（energy gap）為1.1eV，大小適中，矽元件可在150℃以內工作。二氧化矽不溶於水，使平面製程技術成功地製造電晶體（transistor）或積體電路（integrated circuits, I.C.）。近代人類的文明史，真可以說是矽晶時代（silicon age）。

1.2　矽的精製

　　將石英岩（quartzite）、木炭、焦煤和木屑放在一大型電弧爐（electric arc furnace）中，加熱到1780～2000℃，可得純度為98%的冶金級矽（MGS, metallurgical grade silicon），如圖1.1所示。在電弧爐中，可生成碳化矽（SiC）。SiC和SiO_2作用，生成Si、SiO和CO。矽由底部取出，SiO和CO氣體經由木屑所造成的空隙而逸出。此反應消耗電功率非常大（12-14千瓦小時／公斤）。冶金級矽的主要雜質為鋁（Al）和鐵（Fe）。

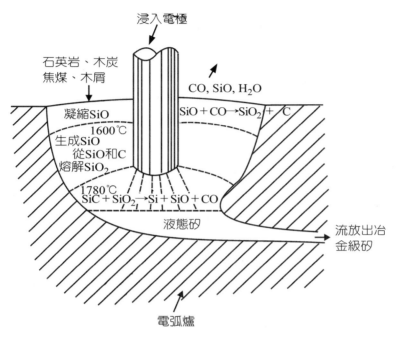

圖1.1　以浸入式電極電弧爐製造冶金級矽的概略圖

[資料來源：Grossman and Baker, Semiconductor Silicon]

　　然後以機械方式將矽磨碎，並使它和無水氯化氫（HCl）反應，利用催化劑（catalyst），溫度為300℃，以生成三氯矽甲烷（SiHCl₃，trichlorosilane，TCS）和四氯化矽（SiCl₄）。再以分餾法除去四氯化矽和其他的雜質，如AlCl₃、BCl₃等。SiHCl₃在室溫為液態（沸點為31.8℃）。再將三氯矽甲烷和氫氣反應，以化學氣相沉積（chemical vapor deposition, CVD）製出電子級（electronic grade）或稱半導體級（semiconductor grade）的矽，如圖1.2和圖1.3所示。此電子級矽屬於多晶矽（polysilicon）的結構。其中幾個重要的化學反應式為：

$$SiC（固）+SiO_2（固）\rightarrow Si（固）+SiO（氣）+CO（氣） \qquad (1)$$

$$Si（固）+3HCl（氣）\rightarrow SiHCl_3（氣）+H_2（氣）+熱 \qquad (2)$$

$$2SiHCl_3（氣）+2H_2（氣）\rightarrow 2Si（固）+6HCl（氣） \qquad (3)$$

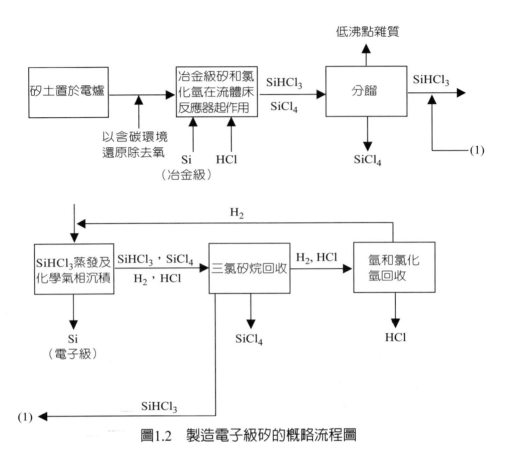

圖1.2　製造電子級矽的概略流程圖

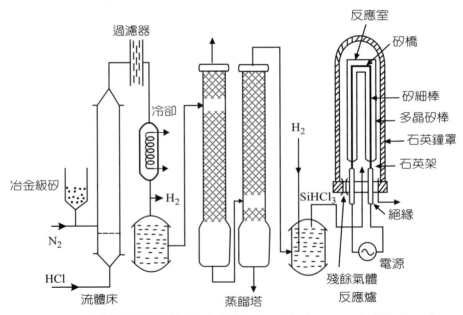

圖1.3　精製電子級矽的設備（德國西門子（Siemens）製程）

1.3　柴氏法長晶體

　　柴氏法（Czochralski method）長矽晶體（silicon crystal）是將矽原料放在一坩堝（crucible）內，加熱使矽融溶，藉由種晶（seed）的帶領，以拉升器慢慢將鑄棒（ingot）向上拉，造成一個固相－液相的界面，如圖1.4所示。拉升之速度由矽的融解潛熱（latent heat, L），鑄棒固化速率（$\frac{dm}{dt}$），溫度梯度（$\frac{dT}{dx}$），固相或液相的熱導率（thermal conductivity, k_s, k_ℓ）等決定。在方程式(4)中A_1和A_2為恆溫點1和2的面積。鑄棒直徑越大，拉升速度越慢，要長一根8吋晶圓的鑄棒約需1～2天。

$$L\frac{dm}{dt} + k_\ell\frac{dT}{dx_1}A_1 = k_s\frac{dT}{dx_2}A_2 \tag{4}$$

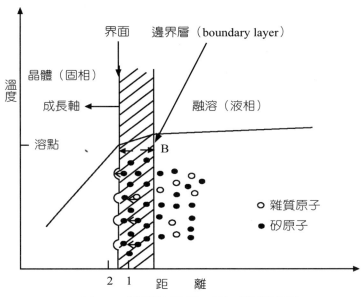

圖1.4　柴氏法長晶，固－液相界面

[資料來源：Sze, VLSI Technology]

　　成長時，雜質原子有往液相跑的趨勢，分離係數（segregation coefficient）$k_o = C_s/C_\ell < 1$，C_s和C_ℓ分別為雜質在固相或液相的濃度。因此，大多雜質被驅逐到液相，留在鑄棒的尾端，最後可以切掉拋棄，此種技巧稱為區段精製（zone-refining）。矽晶棒的純度（purity）也可以同時提升了。

　　工業用的柴氏爐包括以下四個部分：

　　1. 爐（furnace）：由坩堝、坩堝支持器、轉動裝置、加熱器（heater）、電源
　　　 供應器（power supply）和反應室等組成。

　　2. 拉晶體裝置：由種晶軸或鏈子，轉動裝置和種晶叉柱等組成。

　　3. 周圍控制：由氣體源（如氬）、流速控制、吹淨管、抽氣或真空系統等組
　　　 成。真空用以抽掉CO、SiO。氬的消耗量大約為1500升／公斤的矽。

　　4. 控制系統：由微處理器（microprocessor），紅外光溫度感測器（控制晶棒直
　　　 徑）和輸出裝置如列表機、終端機等組成。

　　柴氏法是於1900年左右就發明了，而於1950年開始用於製作半導體材料。柴氏法的優點為比較容易製造大直徑的晶體、經濟，可以使用多晶矽（polysilicon）為原料。固－液相界面容易維持。能摻入適當的摻質（dopant）。一柴氏長晶爐的概略圖，如圖1.5所示。其加熱可以用射頻（radio frequency, RF, 13.56MHz）或電阻加熱。而以電阻加熱比較便宜，機器投資成本低，電力使用效率較高。一般用石墨（graphite）加熱器接到直流電源供應器。

　　柴氏法長晶必須在惰性氣體（氬，Ar）或真空中製作。因為其石墨零件必須防止氧的侵蝕，融溶的矽也不可和氧起反應。氬以液態源供應，以維持高純度，極低的水氣或碳氫成分。要控制的參數包括溫度、晶棒直徑、拉升速率、轉動速率、摻質濃度及其分佈等。溫度變動會造成晶棒的電阻率在徑向和軸向發生8-20%的變化。近來有人以電腦模擬，以研究長晶爐的溫度分佈，從而得知晶棒的應力分佈。

　　製造矽晶棒時，分別以硼（B）和磷（P）做為p-和n-型摻質材料。製造砷化鎵（GaAs）時，則以鋅（Zn）做p型摻質材料，硒（Se）、矽或碲（Te）做n型摻質材料，以鉻（Cr）做半絕緣材料。

　　矽晶棒的直徑逐年增加，由1972年的3吋晶圓，而後漸次加大為4吋、5吋、6

吋、8吋、12吋，預計數年內或可量產20吋的矽晶棒。晶圓直徑增大，便可在同一晶圓上製造出大量的積體電路（I.C.）元件，因而顯著地降低其相對成本。砷化鎵則不易製造出直徑4吋以上的晶棒，晶圓也比較脆而且容易裂開，晶體缺陷密度也比較高。但是，砷化鎵的電子移動率（electron mobility）較大，能隙（energy gap）也較大，因此，砷化鎵適用於許多高頻元件。

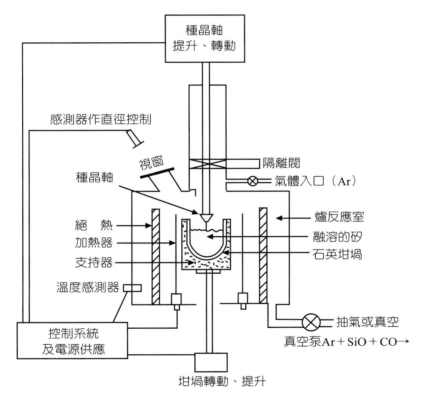

圖1.5　柴氏法長晶爐概略圖

[資料來源：Sze, VLSI Technology]

　　1972年，3吋直徑的晶體可長到3.5公斤，製程後可得到2.13公斤的良好晶體，大約是60%。到1974年，可長到7.0公斤的晶體，製程後可得5.28公斤的良好晶體，大約是75%。到1985年，10吋和12吋直徑的坩堝，一般可得12-20公斤的晶體，製程後大約可得85%的良好晶體。矽晶棒直徑和重量逐年的成長，如圖1.6所示。

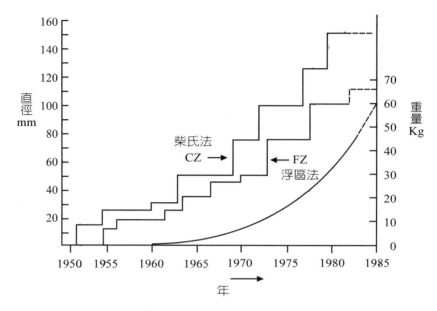

圖1.6 柴氏法和浮區法長矽晶棒之演進

[資料來源：半導體國際期刊（Semiconductor International）]

　　砷化鎵是由二種成分組成，而且砷和鎵在GaAs的熔點溫度1238℃的蒸氣壓（vapor pressure）都很高，砷化鎵化合物容易分解為二成分元素。鎵的熔點為30℃，砷的熔點為817℃（昇華（sublimation）溫度613℃）。製造砷化鎵，先將高純度的砷放在石墨坩堝中，並加熱到610～620℃，高純度鎵放在另一個石墨船，並加熱到比砷化鎵熔點稍高的溫度（1240～1260℃），上層並以氧化硼（B_2O_3）覆蓋，便可製得多晶（polycrystalline）的砷化鎵晶體，如圖1.7所示。此法也稱為液體覆蓋柴氏法（liquid encapsulation Czochralski, LEC）長晶。並再進一步精製，以得到單晶（single crystal）的砷化鎵。砷是提煉銅的副產品，鎵則是提煉鋁的副產品。

　　日本能源（Japan Energy）製造的Ⅲ-Ⅴ單晶還有磷化銦（InP），使用的摻質為Sn、S、Zn或Fe。以及CdTe、CdZnTe。原材料為InP多晶。也生產高純度金屬In(7N, 6N)，Cd(7N, 6N)，Te(7N, 6N)及Cu(6N)。N為9，7N即純度99.99999%，6N為99.9999%。另一種介於6N和7N之間的純度表示法為6N5即99.99995%。

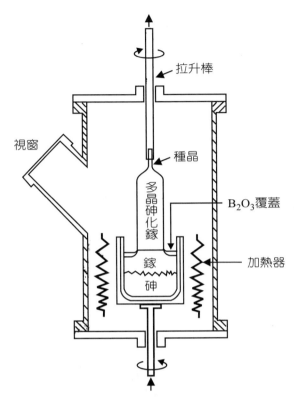

圖1.7　以柴氏法長砷化鎵

[資料來源：Sze, High Speed Semiconductor Devices]

1.4　浮區法和布氏法

浮區法（float zone method）生長矽晶體，如圖1.8所示。利用矽的多晶鑄棒，長度大約為50～100公分，棒垂直放在爐內，充以惰性氣體氫，利用射頻感應（RF induction）加熱，射頻場產生飄浮作用，並配合表面張力（surface tension）的原理，可支撐較大的熔融區。種晶（seed）放在多晶棒的下端。熔融區的長度大約為2公分，將晶棒徐徐向上移動。熔融區在和種晶接觸之處便逐漸形成單晶，晶體取向（crystal orientation）和種晶相同，晶棒的直徑以移動速率來控制。因為沒有使用坩

堝,污染可以減少。以此方法所長的晶體,適用於高電阻率(resistivity),(ρ>30歐姆-公分)的啟始材料。

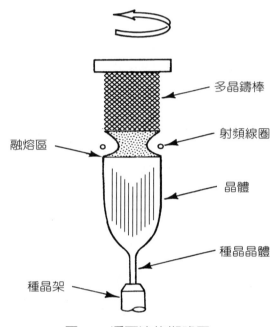

多晶鑄棒

射頻線圈

融熔區

晶體

種晶晶體

種晶架

圖1.8　浮區法的概略圖

[資料來源:Sze, Semiconductor Devices Physics and Technology]

　　浮區法有二個缺點。第一,凍結界面很複雜,熔融區的懸掛是靠表面張力,因而容易造成差排(dislocation)。第二,製程的成本比較貴,啟始材料必須為多晶棒,不像柴氏法可以用多晶棒或碎塊,或回收的單晶碎片。

　　布氏法(Bridgman method)長晶,如圖1.9所示,是將多晶材料水平地放在坩堝內,置於石英爐管加熱,種晶放在端點,精密控制冷卻速率和固-液界面。長出來的晶體的形狀由坩堝而決定。此長晶法的一個缺點是融溶材料接觸到容器的邊緣,坩堝壁在凝固期間導致晶體會受到應力,而使晶格(lattice)結構較差。此現象對矽的長晶尤其是嚴重,因為矽熔點高,而且會附著到坩堝材料。

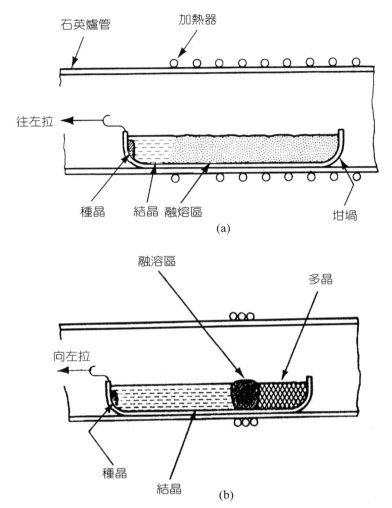

圖1.9　布氏法長晶：(a)從融溶區一端開始凝固，(b)在移動區內溶解和凝固

[資料來源：Streetman, Solid State Electronic Devices]

　　以布氏法長砷化鎵的單晶，如圖1.10所示，是利用一個2段加熱區的爐子。左邊爐子設定在大約610℃，以維持砷有足夠的蒸氣壓，右區置於砷化鎵熔點（～1240℃）以上的溫度。石英爐管密封，以石墨船裝載砷化鎵多晶材料。當爐子向右移動，融熔物緩慢冷卻（凝固），使砷化鎵的單晶逐漸成長。

　　化合物半導體（compound semiconductor）的單結晶製法除液體覆蓋柴氏法（LEC）法，還有垂直梯度冰凍法（vertical gradient freezing, VGF）或稱垂直布氏（vertical Bridgman, VB）法和水平布氏（horizontal Bridgman, HB）法等，如圖1.11所示。

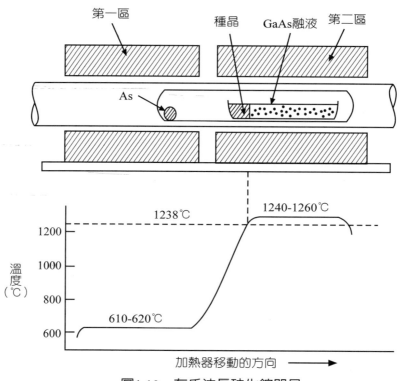

圖1.10 布氏法長砷化鎵單晶

[資料來源：Sze, Semiconductor Devices Physics and Technology]

　　LEC法是用液體封止劑，將砷等的蒸發加以持續抑制的柴氏法。可做到高純度，有利於加大晶圓的直徑，而且擁有能快速成長的優點。但是，由於砷的解離使得差排密度無法減低，又因使用液狀封止劑，直徑的控制困難，而且因為使用高壓容器，使得成本上升。坩堝材質為焦化氮化硼（pyrolytic boron nitride, PBN），其熔點高達2800℃。

　　垂直梯度冰凍法（VGF）／垂直布氏法（VB）是以在圓筒型坩堝的底部設置種晶，移動溫度分佈曲線的同時，從下方不斷的成長出單晶（single crystal）的方法。可以作出低差排密度的結晶，而且形狀也很安定，化學平衡計量（stoichiometry）的控制容易。相對的，因為固體和液體的界面和坩堝接觸，容易引起多結晶作用，存在著難以控制矽、碳等雜質的缺點。

　　水平布氏法／垂直梯度冰凍法（HB/VGF）是把溶液倒入石英（quartz）的船形淺盤內，保持溫度，在溶液的一端放入種晶，並使之朝低溫側移動，慢慢的讓結晶

成長的方法。因為可以一面觀察固體和液體的界面，一面長成結晶，所以易於取得單晶。但是由於固體和液體的界面直接接觸到淺盤，和VGF法／VB法一樣，容易發生多晶。另外，在把鑄棒切成晶圓時，有造成損耗大的缺點。

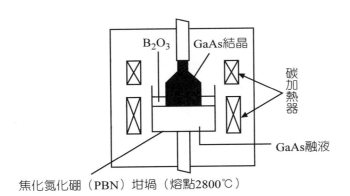

(a)液體覆蓋柴氏（LEC）法

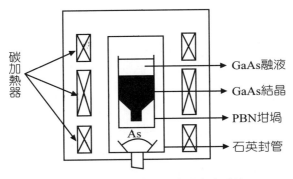

(b)垂直梯度冰凍法／垂直布氏法

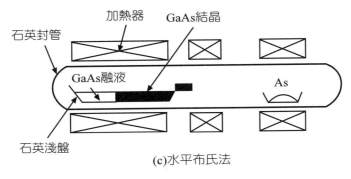

(c)水平布氏法

圖1.11 GaAs結晶成長的各種製造方法模式圖

[資料來源：新機能化合物物半導體懇談會資料]

純淨的矽，室溫（300K或27℃）下，電阻率（resistivity）大約是235,000歐姆－公分，一般稱為本質的矽（intrinsic silicon）。柴氏法摻入是將摻質的元素或濃的矽溶液做為原始材料。摻入製程最大的困難是分離（segregation），使得固態晶體最初成長和稍後成長的電阻率會不斷的改變。浮區法必須在矽棒之熔融及通過時以連續的方式添加摻質。一般多以稀釋的氫化磷（PH_3）和硼乙烷（B_2H_6）的氣體為摻質材料。因此浮區法製造的晶體比柴氏法晶體為均勻。浮區法一般可得的電阻率約為10-200歐姆－公分。利用真空除去揮發性的雜質，則可製得電阻率高達30,000歐姆－公分的晶體。利用中子蛻變摻入（neutron transmutation doping, NTD）法，可得比較均勻的電阻率，使浮區法矽晶棒的電阻率變化由±30%降到±5%。

$$^{30}Si(n, \gamma) \longrightarrow {}^{31}Si \longrightarrow {}^{31}P + \beta^- \qquad (5)$$

中子，γ 射線　(2.6hr)　　　　電子

摻質濃度命名法，如表1.1所列，＋號表示濃度高，－號表濃度低，只比本質矽略高則以v或π表示。

表1.1　摻質濃度命名法

型　態	濃　　度　　（原子／立方公分）			
	$<10^{14}$	$10^{14}\sim10^{16}$	$10^{16}\sim10^{19}$	$>10^{19}$
n	v	n^-	n	n^+
p	π	p^-	p	p^+

長晶製程可能導致多種缺陷（defect）如雜質（impurity）、差排（dislocation），摻質條紋等。

1.5　晶體取向、摻質濃度、缺陷和雜質吸氣

1. 晶體取向（crystal orientation）：以米勒指數（Miller index）表示，一般常見的取向有(100)，(110)和(111)三種，如圖1.12所示。晶體取向由種晶的取向，加上精密和精確的長晶製程控制而得到。

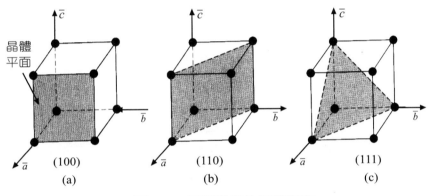

圖1.12　三種常見的晶體取向

2. 摻質濃度（dopant concentration）：長矽晶時要加入摻質（dopant），加入磷（P）或砷（As）五價摻質或硼（B）三價摻質摻質之最高濃度，則由固體溶解度（solid solubility）而決定。在矽晶體中，以砷最高，磷其次，如圖1.13所示，可見製做n$^+$（高濃度n）比製做p$^+$（高濃度p）較容易。晶棒切片後之摻質濃度，可以用四點探針（four point probe）測量，單位以歐姆－公分（ohm-cm）表示。測量只通電流，量電壓如圖1.14所示，S表示探針的間距。

$$\rho = (V/I)2\pi S \tag{5}$$

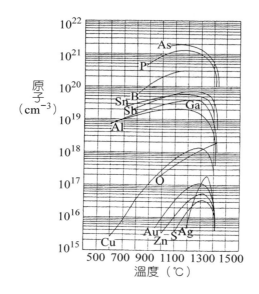

圖1.13 摻質或雜質元素在矽的固體溶解度

[資料來源：Gise and Balanchord, Modern Semiconductor Fabrication Technology]

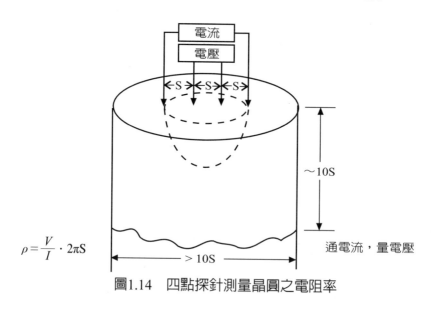

$$\rho = \frac{V}{I} \cdot 2\pi S$$

圖1.14 四點探針測量晶圓之電阻率

3. 缺陷和雜質：以坩堝長矽晶棒，無法避免的雜質為氧和碳。因為石英含氧、石墨含碳，在高溫有少許的溶解。氧可以用紅外光吸收線光譜術（infrared absorption spectroscopy）偵測出。當氧的含量超過6.4×10^{17}原子／立方公

分，就會沉澱。氧沉澱和堆積錯誤會吸引快速擴散的金屬，造成大的接面漏電流（junction leakage current）。碳可以用紅外光穿透法偵測出。有害的雜質可以用吸氣法（gettering）去除或減少。矽原子排列的錯誤可以用氫氟酸（49%）加上5摩爾（mole）濃度的鉻酸（H_2CrO_4），以1：1混合，（希爾特Sirtl蝕刻液）偵測出坑洞（pit）。其他常見的缺陷有點缺陷（point defect），如圖1.15所示。差排（dislocation），如圖1.16所示，堆積錯誤（stacking fault），如圖1.17所示。圖1.17(a)為外質堆積錯誤（extrinsic stacking fault, ESF），晶體中多了一排A，圖1.17(b)為本質堆積錯誤（intrinsic stacking fault, ISF），晶體中少了一排B。晶粒邊界有邊緣的差排，如圖1.18所示等。

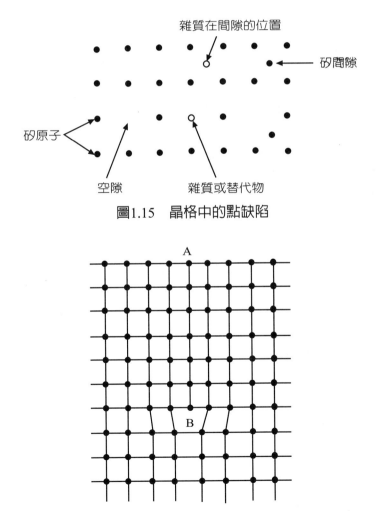

圖1.15　晶格中的點缺陷

圖1.16　差排，原因為上層的原子多了一排

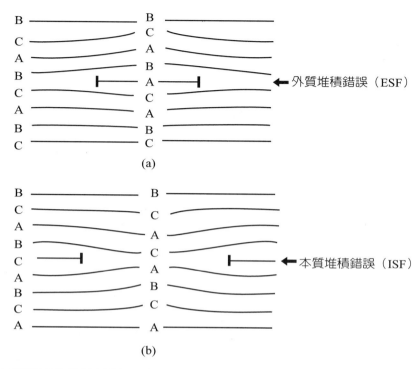

圖1.17　面心方系晶格的堆積錯誤(a)外質型式，(b)本質型式。（以噴砂造成）

4. 吸氣（gettering）：將有害的雜質或缺陷從晶圓的主動元件區除去，如圖 1.19所示。常用的方法有：

　a.長一層多晶矽膜，

　b.長氮化矽（Si_3N_4）膜於晶圓背面，造成晶粒邊界（grain boundary）。

　c.晶圓背面以機械方式磨擦如拋光或噴砂（sandblast），以造成外界的堆積錯誤（outside stacking fault, OSF）。

　d.以雷射（laser）光束照射晶圓背面。

　e.離子植入（ion implant）晶面背面。

　f.以磷擴散（diffusion）進入晶圓背面。

　以上a-f如圖1.20所示，均為外質吸氣（extrinsic gettering, EG）

　g.以熱循環（thermal cycle）製造氧沉澱，做出陷阱（trap）位置，使氧離開晶圓表面之主動元件區，或潔淨區（denuded zone），則稱為內質吸氣（intrinsic gettering, IG）。

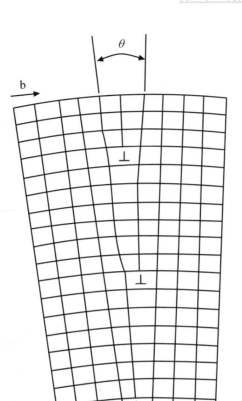

圖1.18　低角度晶粒邊界，有邊緣的差排（以多晶矽密封晶圓背面造成）

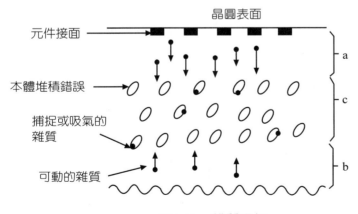

圖1.19　雜質吸氣

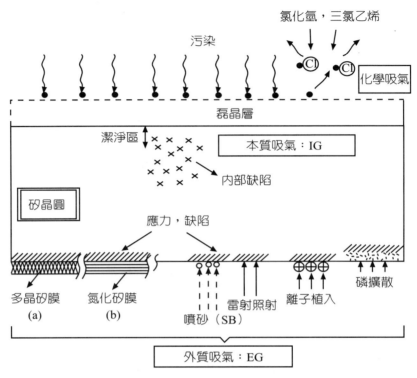

圖1.20　矽晶圓吸氣技巧

[資料來源：Semiconductor Silicon Crystal Technology]

　　h.以氯化氫或三氯乙烯（trichloroethylene, TCE, C₂HCl₃）做化學吸氣，除去
　　　晶圓表面的污染。

5.晶圓重生：晶圓廠為控制成本，對測試用的8吋或12吋晶圓做重生（wafer
　reclaim）處理。製程為薄膜化學剝除／蝕刻、分類及檢驗、拋光、清洗、最
　終檢驗、包裝／運送。

1.6　晶圓表面處理

　　晶棒（ingot）切割為晶圓（wafer），多利用內直徑的鋸，如圖1.21所示，刀痕

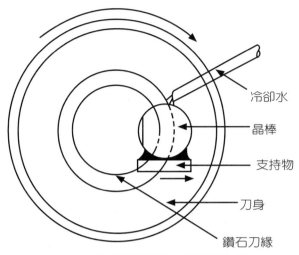

冷卻水

晶棒

支持物

刀身

鑽石刀緣

圖1.21 以內直徑鑽石刀鋸矽晶棒

大約為10～12密爾（mil，即$\frac{1}{1000}$吋）。大約有$\frac{1}{4}$～$\frac{1}{3}$的矽在鋸的時候被浪費掉了。鋸的時候，刀身必須沒有振動，移動刀身時，必須小心不要傷害晶體或刀身。矽晶圓切片也可以用雷射（laser）加工，微裂縫和附著飛散物二個問題也逐漸減少。機械應力則以將雷射避開邊緣效應，可製功率元件用的高壓整流器（rectifier）、高壓閘流體（thyristor）等。使用的雷射為釔鋰氟化物雷射（YLF laser），它比釔鋁石榴石雷射（YAG laser）所發的熱少。研磨（grinding）和拋光（polishing）必須使晶圓的平坦度在公差（tolerance）之內，最後晶圓的表面像鏡子一樣亮，如圖1.22所示。一個飛機場的跑道，如果長為2哩，高度差要在1.5吋以內，其平坦度（flatness）才能和矽晶圓相比。目前的晶圓表面處理機器均為全自動裝／卸的車床和銑$\frac{丅}{彐}$、床（lathe），計算機數值控制（computer numerical control, CNC）系統，配以製程前／後檢查，製程後清洗等配備。車床、銑床的高速轉輪（spindle）是以乾燥無油式空氣壓縮機帶動的，相當危險。研磨用SiC或Al_2O_3，並加化學蝕刻劑（chemical etchant）HF，HNO_3，$CH_3COOH \cdot xH_2O$（醋酸），NaOH或KOH。矽粉或研漿必須適當處理，才能排放。

　　拋光後的晶圓通常是用充有氮氣（N_2）的的罐子裝起來，以避免運送時受到污染。晶圓放在有凹槽的鐵弗龍（teflon）船內。操作晶圓時要用鑷子或真空筆（vacuum pencil）抓取。觸碰製程中的晶圓，要注意不要傷害到主動元件。

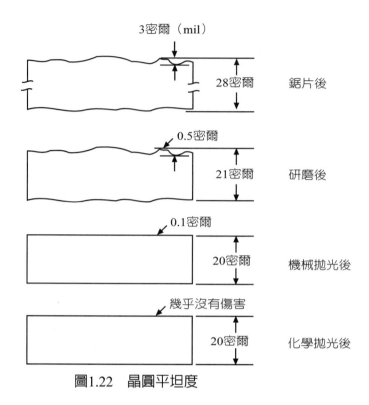

圖1.22　晶圓平坦度

1.7　參考書目

1. 合晶科技，矽晶成長技術及應用，電子工業材料，pp.57～61，1995年5月號。

2. 何斌明譯，雷射微細加工設備，電子月刊，四卷十二期，pp.108～110，1998年12月。

3. 范國威譯，化合物半導體產業介紹，電子月刊，六卷一期，pp.144～149，2000年1月。

4. 張俊彥譯著，施敏原著，半導體元件物理與製作技術，第八章，高立，1996。

5. 張勁燕，電子材料，第一章，1999初版，2008四版，五南。

6. 蔡金峰等，晶圓重生的市場與技術，電子月刊，四卷五期，pp. 62～66，1999。

7. R. R. Bowman et al., Practical Integrated Circuit Fabrication, ch. 2, Integrated Circuit Engineering Corporation，學風。

8. A. M. Ferendeci, Physical Foundation of Solid State and Electron Devices, ch.5, McGraw Hill, 滄海，1991。

9. J. Jensch and C. Thomson, The move to 300-mm wafers: A prime time to consider to reclaim, Solid State Technology, 1998.

10. K Kano, Semiconductor Devices, Prentice Hall, ch. 6，全華，1998。

11. D. A. Neamen, Semiconductor Physics and Devices, Basic Principles, ch. 1, Irwin，臺北，1992。

12. R. F. Pierret, Semiconductor Device Fundamentals, ch. 1, AddisonWesley，開發，1996。

13. W. R. Runyan and K. E. Bean, Semiconductor Integrated Circuit Processing Technology, 1990, ch. 2, Addison-Wesley，全民。

14. B. G. Streetman, Solid State Electronic Devices, 3rd ed., ch. 1, Prentice Hall，新月，1990。

15. S. M. Sze, High Speed Semiconductor Devices, ch. 1, Wiley Interscience，新智，1990。

16. S. M. Sze, VLSI Technology, 1st ed., ch. 1, McGraw Hill，中央，1983。

17. S. Wolf and R. N. Tauber, Silicon Processing for the VLSI Era, Vol. 1, ch. 1, Lattice Press，滄海，1986。

1.8 習 題

1. 試述製造冶金級矽（metallurgical grade silicon, MGS）的製程。

2. 試述電子級矽（electronic grade silicon）的精製製程。

3. 試述柴氏法長(a)矽晶體，(b)砷化鎵晶體的反應器的構造。

4. 試述(a)布氏法，(b)浮區法長晶爐的構造。

5. 試述四點探針法（four point probe）測量晶圓摻質濃度之原理。

6. 試述矽晶圓吸氣的方法。

7. 試述以下各名詞：(a)固體溶解度（solid solubility），(b)米勒指數（Miller index），(c)差排（dislocation），(d)堆積錯誤（stacking fault），(e)晶圓重生（wafer reclaim），(f)中子蛻變摻入法（neutron transmutation），(g)潔淨區（denuded zone），(h)π和ν型矽，(i)分離係數（segregation coefficient）。

第 **2** 章　磊晶沉積設備

2.1 緒　論

　　磊晶（epitaxy）沉積設備是高溫、批式、化學氣相沉積（chemical vapor deposition, CVD）或分子束磊晶（molecular beam epitaxy, MBE）系統。半導體製程使用磊晶時，以基座晶圓做為種晶（seed）晶體。為了要長單晶（single crystal），以便在此磊晶層上製做主動元件（active device）。大多情形，磊晶是全面式地長在整片晶圓上，不需照像定義圖案。磊晶層的厚度控制和電阻率控制很嚴格。沉積層的缺陷少。製程溫度甚至可比原材料之熔點低30～50%。沉積層和基座材料相同時為同質磊晶（homo epitaxy），如矽長在矽上，大多用氣相磊晶（vapor phase epitaxy, VPE）。沉積層和基座材料不同時為異質磊晶（hetero epitaxy），大多用液相磊晶（liquid phase epitaxy, LPE），如GaAsP長在GaAs上。另一個著名的磊晶元件是矽在絕緣物（silicon on insulator, SOI）或矽在寶石上（silicon on sapphire, SOS）。

　　氣相磊晶大多用於矽製程，也可用於長GaAs、GaP和三元化合物。液相磊晶用於將液相材料直接沉積在結晶基板上，主要用於長GaAs和III-V化合物半導體。

　　磊晶製程相當危險，必須小心處理各種氣體，機器內有內鎖裝置（interlock）。H_2會爆炸，易燃。HCl有腐蝕性，會嗆人。掺質及沉積氣體，如AsH_3、PH_3、B_2H_6等有劇毒（highly toxic）。必須安裝水霧蒸氣除毒裝置（scrubber），以除去未反應物及反應後之殘留成品。

　　磊晶機器的電源電壓大約為12～16KV，電流大約為500A，其真空管（vacuum tube）的直徑大到20吋。溫度的測量是用紅外光的高溫計（pyrometer）測量。冷卻用水也需要用去離子水（D. I. water），電阻率要大約7M ohm-cm，溫度低於40℃。安全措施包括故障警鈴，有低N_2、低H_2、低H_2O、低抽氣和H_2漏氣等。

　　磊晶層的厚度測量可以用紅外光反射，磨角和染色（angle lap and stain），做一錐狀溝，一般厚度大約在0.5～150μm，掺質濃度的均勻度可達±5%。

2.2　氣相磊晶

　　將反應物氣體（reactant gas）和載送氣體（carrier gas）運送到基板表面，利用流量計（flow meter）或質流控制器（mass flow controller, MFC）控制流率，利用調壓計（regulator）調整其壓力。矽的氣相磊晶（vapor phase epitaxy, VPE）一般使用矽甲烷（SiH_4）、二氯矽甲烷（DCS, SiH_2Cl_2）、三氯矽甲烷（TCS, $SiHCl_3$）或四氯化矽（$SiCl_4$）為矽源，以氫化物AsH_3、PH_3和B_2H_6為摻質源（dopant source）。矽源之氣相連續反應方程式為：

$$SiCl_4 + H_2 \Longleftrightarrow SiHCl_3 + HCl \tag{1}$$

$$SiHCl_3 + H_2 \Longleftrightarrow SiH_2Cl_2 + HCl \tag{2}$$

$$SiH_2Cl_2 \Longleftrightarrow SiCl_2 + H_2 \tag{3}$$

$$SiHCl_3 \Longleftrightarrow SiCl_2 + HCl \tag{4}$$

$$SiCl_2 + H_2 \Longleftrightarrow Si + 2HCl \tag{5}$$

　　工業上以$SiCl_4$用途最廣。其典型的反應溫度為1200℃，其他矽源材料則有比較低的反應溫度，Si以單晶的結構沉積於基板之上。氫化物摻質源則釋出氫氣，而以As、P或B的原子摻雜在磊晶矽之間。一個水平爐管磊晶反應器，如圖2.1所示。

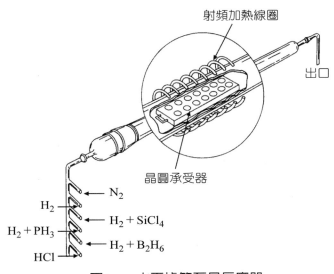

圖2.1　水平爐管磊晶反應器

[資料來源：Glaser, I. C. Engineering]

另一個氣相磊晶的反應器，及其爐內晶圓承受器（wafer susceptor），如圖2.2所示。承受器以傾斜放置，目的是可以得到比較均勻的沉積速率。其中H_2、$SiCl_4$、PH_3（或B_2H_6）分別為反應氣體、矽源、摻質源、HCl為載送氣體（carrier gas），N_2為吹淨用氣體（purge gas）。

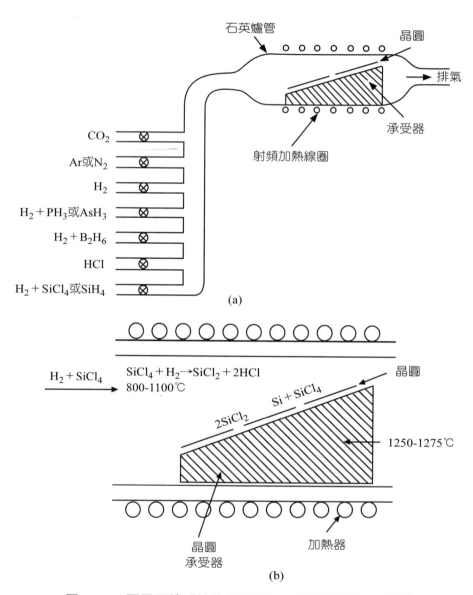

圖2.2　(a)磊晶沉積系統的概略圖，(b)晶圓承受器之結構圖

[資料來源：Glaser, I. C. Engineering]

一個磊晶反應器的氣體供應系統，如圖2.3所示。

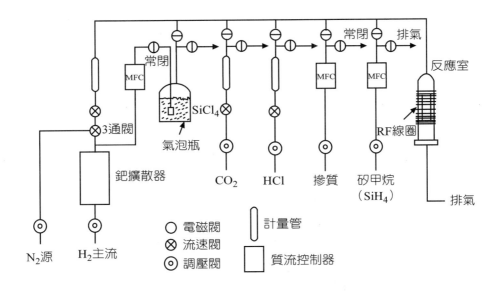

圖2.3　磊晶的氣體供應系統概略圖

[資料來源：Bowman, Practical I. C. Fabrication]

　　廠務人員接好氣體管路，供應高純度的氣體到磊晶反應器之氣體面板。製程工程師依據不同的產品要求，調節氣體之流率、壓力、溫度、時間等參數。廠務（或環境）工程師對排氣（exhaust）或除毒（scrub）加以管制。設備工程師則維修機器之電器功能。氫氣以鈀（Pd）擴散器精製，除去雜質，液態源$SiCl_4$置於氣泡瓶（bubbler）之內。反應室用射頻線圈（RF coil）感應加熱。

　　三種常用的磊晶成長承受器，如圖2.4所示。承受器為在碳化矽（SiC）上塗石墨（graphite）而製成。鐘罩（bell jar）為石英（quartz）製，水平式和薄烤餅式（pancake）以射頻感應（RF induction）加熱，桶式（barrel）以輻射（radiation）加熱。另外還有一種旋轉式，也是以輻射加熱，則可得到比較均勻的沉積層。

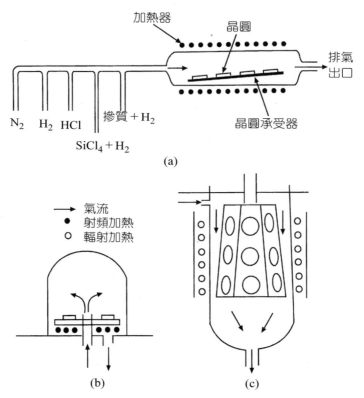

圖2.4　氣相磊晶三種常用的晶圓承受器(a)水平式(b)薄烤餅(c)桶式

[資料來源：Sze, Semiconductor Devices, Physics and Technology]

方程式(1)～(5)的整體反應可以寫為：

$$SiCl_4（氣）+2H_2（氣）\Leftrightarrow Si（固）+4HCl（氣） \tag{6}$$

同時有另外一個反應發生

$$SiCl_4（氣）+Si（固）\Leftrightarrow 2SiCl_2（氣） \tag{7}$$

因此，如果$SiCl_4$濃度太高，就會發生蝕刻（etching）矽，而不是矽的成長。$SiCl_4$的濃度在反應中的效用，如圖2.5所示。莫爾分數（mole fraction）表示某一氣體之分子數除以總分子數。起初反應速率會隨$SiCl_4$濃度增加而加大。當超過極大速

率以後，成長速率下降，終久矽開始被蝕刻了。一般而言，矽的磊晶大多在$SiCl_4$的莫爾分數為0.01～0.02。因此，大多製程故意以高$SiCl_4$莫爾分數在磊晶之前先清潔矽晶圓的表面。一般磊晶皆控制在低摩爾分數，以低速率長單晶。

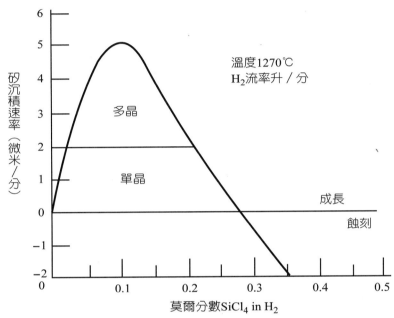

圖2.5　矽沉積速率對$SiCl_4$在H_2之莫爾分數

[資料來源：Theuerer, 電化學學會期刊（J. Electro-Chemical Society），vol.108, 1961]

摻質氣體（dopant gas）B_2H_6、PH_3、AsH_3等氫化物（hydride）通常以H_2稀釋，以控制流率，並得到想要的摻質濃度。摻質會吸附（adsorption）在表面，分解（decomposition）而後進入磊晶成長層和矽源成分摻雜成均勻的成長層。

砷化鎵（GaAs）、磷化鎵（GaP）和三元化合物（ternary compound）磷砷化鎵（GaAsP）的氣相磊晶反應器（epitaxy reactor），如圖2.6所示。Ga以固態置於貯存槽，氫化磷（PH_3, phosphine，膦）或氫化砷（AsH_3, arsine）為P或As的來源。摻質決定n或P型。

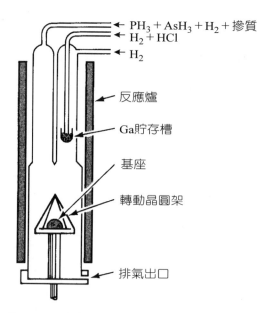

←PH₃＋AsH₃＋H₂＋摻質
←H₂＋HCl
←H₂
←反應爐
←Ga貯存槽
←基座
←轉動晶圓架
←排氣出口

圖2.6　GaAs、GaP和GaAsP之氣相磊晶反應器之概略圖

[資料來源：Streetman, Solid State Electronic Devices]

因為GaAs蒸發時分解為Ga和As，它無法直接以氣相傳送。反應方程式為：

$$As_4 + 4GaCl_3 + 6H_2 \Longleftrightarrow 4GaAs + 12HCl \tag{8}$$

氣態分子
（800°C）
$$4AsH_3 \Longleftrightarrow As_4 + 6H_2 \tag{9}$$

$$6HCl + 2Ga \Longleftrightarrow 2GaCl_3 + 3H_2 \tag{10}$$

反應物以載氣H_2導入反應爐，溫度大約為650～850°C。砷的蒸氣壓力必須夠大，以免基座和成長的磊晶層分解。

另一個生長Ⅲ－Ⅴ化合物半導體的氣相磊晶反應器，如圖2.7所示。真正完成磊晶沉積的地區在圖之中央部分。Ga或In以固態放置，PH_3或AsH_3提供P或As。H_2S或Zn源為n或P型摻質源。

氣相磊晶時，晶圓也可能因為一些其他的摻質或雜質來源，而改變其濃度或純度，如圖2.8所示。所以反應器必須只限於一種製程，以免交互污染，而且要經常保持潔淨。基座摻質也可能向外擴散，而改變磊晶層的摻質分佈。

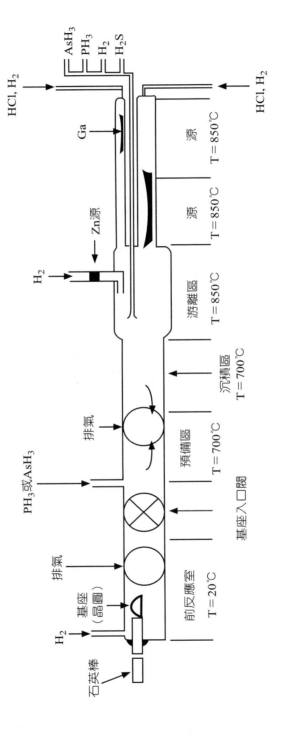

圖2.7　III-V化合物之氣相磊晶反應器

[資料來源：Olsem, VPE of Group III - V Compound Optoelectronic Devices]

　　氣相磊晶的成長速率以絕對溫度（T）的倒數繪出，如圖2.9所示。曲線呈分段線性，稱為亞倫尼斯圖（Arrhenius plot）。低溫時為反應限制區，成長速率隨溫度上升而線性增加。但到某一臨界溫度以後，成長速率則成為傳送限制了。其速率上升之斜率明顯地下降了。A為線性區反應限制，B為傳送限制區。

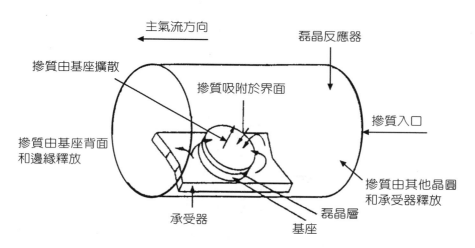

圖2.8　氣相磊晶成長製程的概略圖

[資料來源：Langer and Goldstein, 電化學學會期刊（J. Electrochemical Society）]

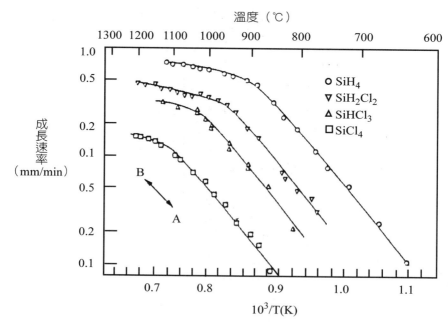

圖2.9　磊晶矽之成長速率隨溫度變化的情形

[資料來源：Eversteyn 飛利浦研究報告（Philips Research Report）]

2.3　液相磊晶

　　液相磊晶（liquid phase epitaxy, LPE）常用以沉積多層的不同材料在相同基板之上，以精密控制其摻質濃度和成分組成。

　　膜由一液體溶液在接近平衡的狀態成長，使製程可重複，膜的缺陷濃度低。溶液的成分逐漸改變，一個典型的液相磊晶反應爐，如圖2.10所示。操作時，一個石墨滑動板和一多井組件作相對的移動，將滑動板凹槽內的基板和不同的溶液相接觸，成長一磊晶層，降溫冷卻後，移往下一個溶液槽作下一次的磊晶。液相磊晶廣泛地用於製造Ⅲ-Ⅴ化合物半導體（如GaAsP、InP、GaAs等）。液相磊晶適合於長薄磊晶層（$0.2\mu m$），因為它的成長速率慢。熱電偶（thermocouples）是作為量測及控制爐溫之用。

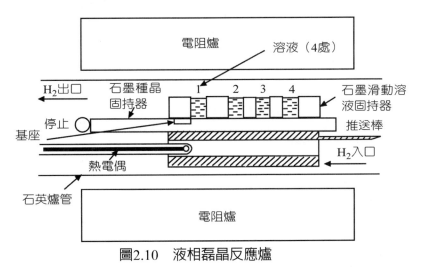

圖2.10　液相磊晶反應爐

[資料來源：Brodie and Muray, Physics of Microfabrication]

　　另一個液相磊晶系統，如圖2.11所示。以高純度石墨塊上做多數個井以放置反應溶液。以石墨滑動器固持基板，將基板放置於井的下方。整體組件，包括石墨船

和晶圓基座放在反應爐中,在一中性的載送氣體氫(H$_2$)環境之中。當系統升到適
當溫度的時候,基座被移動到第一個井的下方,緩慢降低爐溫(如以1℃/分)。
結束磊晶成長時,將晶圓由溶液下移出來。如要長第二、第三層等,適當地調整溫
度,將基座次依放在其他井的下方,以做後續各層的磊晶。

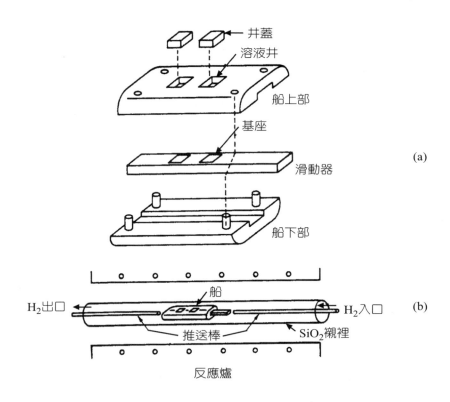

圖2.11 液相磊晶系統(a)石墨船結構,(b)反應爐

[資料來源:Johnston, Solar Voltaic Cells]

液相磊晶時,要長的材料必須溶於溶劑之中,溶液的溶解必須在遠低於半導體
基座的熔點之下。長砷化鎵(GaAs)時,鎵(Ga)最常被用來做為溶劑用。冷卻
的方式有平衡冷卻和梯階冷卻兩種。

另一個簡單的液相磊晶裝置,如圖2.12所示。在GaAs基座上磊晶成長AlGaAs
和GaAs,圖2.12(a)樣品和富鎵熔融物,含鋁和砷。圖2.12(b)碳製滑動器用以移動
GaAs基座於多個熔融物之間。在此例子有二個口袋,含AlGaAs和GaAs成長用的熔

融物。滑動板上的GaAs基板先移到AlGaAs成長室，長好這一層之後，除掉多餘的熔融物，再進入下一個成長室。

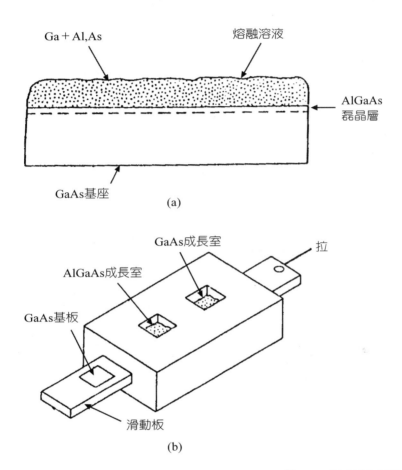

圖2.12 液相磊晶(a)在GaAs上長AlGaAs之元件，(b)裝置概略圖

[資料來源：Streetman, Solid State Electronic Devices]

一個實驗用的水平式液相磊晶成長系統，如圖2.13所示。主要由多槽的石墨船（graphite boat）、透明石英管及三加溫區的自動控溫高溫爐所組成，輔助系統包括提供高純度氫氣的氫氣純化器（hydrogen purifier），機械式的真空泵和熱電偶溫度計。裝鎖室（load lock）為基板進／出爐管前的預備裝置。

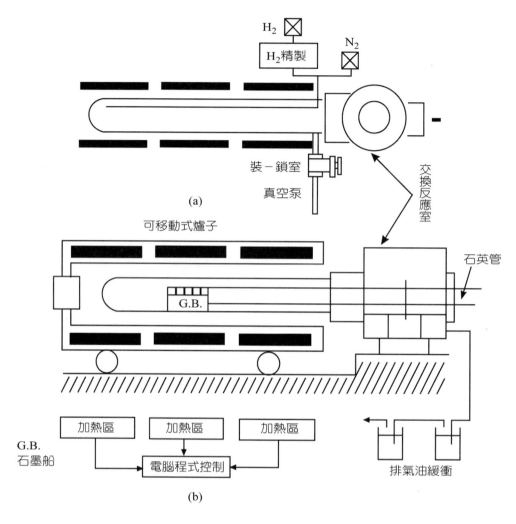

圖2.13　液相磊晶成長系統(a)上視圖，(b)側視圖

　　如圖2.14所示，石墨船（graphite boat）主要分為兩部分，下方的基座含有一放置基板用，大小為16mm×10mm×38mm的方形槽，熱電偶（thermocouples）感測頭儘量靠近此槽下方，以準確的監視成長溫度；上方為一可滑動的推滑組合，其中有六個供裝置材料的方形槽，成長溶液推至成長基板的動作以一石英棒架置在推滑組合，藉由移動而完成。

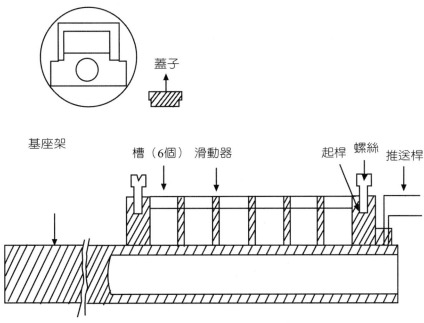

蓋子

基座架　　　　　槽（6個）　滑動器　　　　　　　　起桿　螺絲　推送桿

圖2.14　石墨船的示意圖

　　基板表面與石墨船基座表面的間隙，是石墨船設計上一個很重要的考量因素，一般在成長完成後，間隙在25μm左右是適當的。間隙過大或過小會影響溶液是否能完全的被推離，或會刮傷晶膜的表面。氫氣純化器（hydrogen purifier）主要部分為一鈀（Pd）金屬核心，在300至400℃的溫度下，僅氫氣原子可擴散通過鈀的晶格間隙，因此可得到高純度的氫氣。純化後的氫氣以不銹鋼管接至石英管，再經緩衝油瓶排出系統，此外，系統其它部分均為氣密，可經由機械泵（mechanical pump）抽真空至10^{-2}托爾（torr），以加速系統的純淨化，再打開氫氣的進出閥。

　　連接系統的管路在系統組裝前均以三氯乙烯（trichloroethylene）、丙酮（acetone）或甲醇（methanol）清洗過了，再沖以去離子水。石英管、石英棒及石墨船先浸以王水（aqua regia，濃HCl：濃HNO_3＝3：1），再以甲醇及去離子水沖淨。石墨船在高真空環境，以射頻烘乾。成長系統則在於抽真空狀況下，以900℃維持8小時，之後再盛入適量的銦（In）於石墨船中，送入成長系統，通氫氣以900℃加熱12小時，以吸附石墨船孔隙中的殘餘雜質。

2.4　分子束磊晶

　　分子束磊晶（molecular beam epitaxy, MBE）是在極高的真空狀況（～10^{-10}托爾），以一種或多種原子或分子的熱束和結晶表面反應而完成。分子束磊晶可以做到精密控制化學成分（stoichiometry）和摻質輪廓分佈（dopant profile）。MBE可以成長單晶多層結構，如多重量子井（multiple quantum well）。它比一般蒸鍍（evaporation）的方法要有更多的控制和高真空，製程也比較安全。一個MBE成長系統的概略圖，如圖2.15(a)所示。

　　磊晶成長Ⅲ-Ⅴ化合物半導體如AlGaAs時。以焦化氮化硼（pyrolytic BN, PBN）製做的分子源坩堝（effusion cell）或克努森池（Knudsen cell），如圖2.16所示。在分子源坩堝內放置Ga、As和摻質材料。整體系統抽到高真空。調整溫度，以得到適當的蒸發速率。基座架連續轉動，以得均勻的磊晶層，摻質變化可控制在±1%，厚度變化可控制在±0.5%。在長矽的MBE系統，利用電子槍（electron gun）使矽蒸發。一個或多個坩堝（crucible）放置摻質源（dopant source）。液態氮冷凝板（liquid nitrogen shroud）用以吸附生長室內的水氣、CO和CO_2。擋板（shutter）用以防止低熔點雜質進入基座。製程由室溫開始加熱，低於摻質源沸點50～100℃或以上的雜質（impurity）會先揮發，此時將擋板放在源材料和晶圓之間，以避免這些雜質進入晶圓表面。高真空系統常用濺擊離子泵（sputter ion pump）加上鈦昇華泵（titanium sublimation pump），前者還可除去極微量的氫氣（H_2）。測量真空用游離真空計（ionization vacuum gauge）。基座架由鉬（Mo）製，不規則或較小的晶片常用銦（In）來黏著。以電阻式加熱，使基座溫度維持在400～750℃。分子源坩堝或以線圈感應（induction coil）加熱，如圖2.15(b)所示。

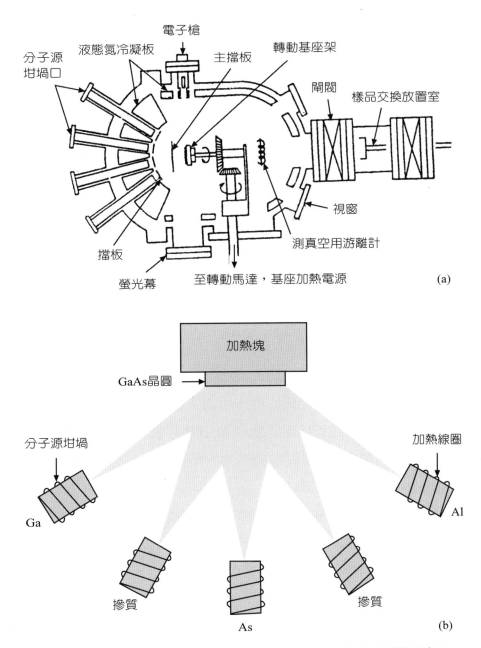

圖2.15　(a)分子束磊晶系統的概略圖，(b)GaAs-AlGaAs分子源沉積示意圖

[資料來源：李秉傑，分子束磊晶成長技術，科儀新知]

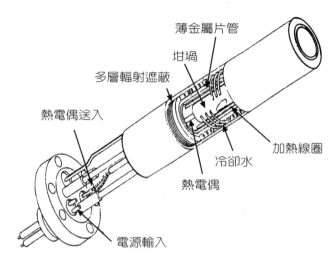

圖2.16　分子源坩堝的構造圖

[資料來源：李秉傑，科儀新知]

　　另外二個長化合物半導體（compound semiconductor）的分子束磊晶（MBE）系統，如圖2.17和圖2.18所示。圖2.17為長化合物半導體之MBE系統，基座樣品垂直地安裝在一加熱的鉬（Mo）塊，以銦（In）銲牢。砷和鎵由分子源坩堝蒸發，以電阻式加熱，熱電偶控制溫度。磷由PH_3以質流控制器（MFC）噴射而出，使PH_3分子破裂而放出P。製程中最重要的是控制二成分元素的比例，即化學量（stoichiometry）的控制。

　　圖2.18為成長矽鍺（SiGe）化合物的MBE系統，樣品Si水平放置，以燈絲輻射加熱。鍺和矽的固體原料以電子束加熱，使鍺和矽由液體池內蒸發出來。坩堝外的爐床（hearth）通水冷卻，矽和鍺只有中央部分熔化，使坩堝不會污染成品。電子槍（electron gun）藏在坩堝後方，以免被濺射出來的矽、鍺污染，電子束（electron beam）靠磁場改變方向。蒸發速率以感測器（sensor）監督，摻質以低能量離子植入機（ion implanter）導入。生長矽鍺單晶要特別注意二成分元素的晶格匹配（lattice match），以免應力（stress）太大，GeSi在Si上也是一種異質結構（hetero structure）的磊晶。摻質氣體BF_3或AsF_5以離子植入的方式導入基座（詳見第六章）。

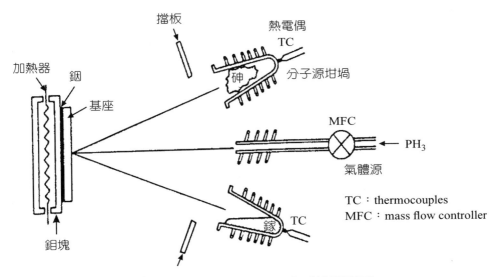

圖2.17 MBE成長GaAsP之系統概略圖

[資料來源：Sze, High Speed Semiconductor Devices]

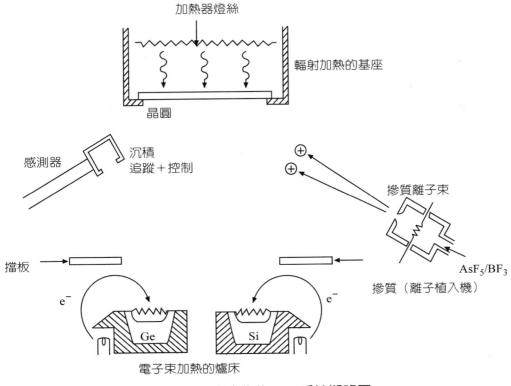

圖2.18 矽化合物的MBE系統概略圖

[資料來源：Sze, High Speed Semiconductor Devices]

　　化合物半導體磊晶成長的技術有金屬有機物化學氣相沉積（MOCVD, metal organic chemical vapor deposition）法，分子束磊晶（MBE, molecular beam epitaxy）成長法，氣相磊晶（VPE, vapor phase epitaxy）成長法，液相磊晶（LPE, liquid phase epitaxy）成長法，如圖2.19所示。三甲基鎵（trimethyl gallium, TMGa）$Ga(CH_3)_3$為金屬有機化合物，可提供高純度鎵。

　　磊晶成長是為了提升元件性能，導引出晶圓單體無法達到的新功能，是不可少的一個過程。矽晶圓的磊晶成長，是為了提高品質而將Si重疊上去。相對於此，在化合物半導體的晶圓，則因組成、構成元素、摻質濃度等因素，以不同的材料從一層起到可多達十層以上的薄膜重疊而成。現在的光通訊、影視光碟（CD/DVD, compact disk/digital video disk）播放機所用的半導體雷射（semiconductor laser），少說也是由四層的薄膜所形成，這種磊晶成長技術的發展加速了半導體雷射應用機器的普及。

　　另一個MBE系統的概略圖，如圖2.20所示。電子級的矽源放在左邊的坩堝，以電子槍（e-gun）發射的電子束（e-beam）使其蒸發。電子槍藏在後方，以免被蒸發的矽傷害，而以磁場（magnetic field）使電子束轉彎，打到矽源。右邊的銻（Sb）源坩堝以線圈加熱，以提供摻質。系統同時以鈦昇華泵（titanium sublimation pump）和渦輪分子泵（turbo molecular pump）抽真空到10^{-10}托爾以上。擋板（shutter）的目的是遮住遠低於銻蒸發溫度的雜質。游離計（ionization gauge）是利用真空管原理製造的，用以測量高真空。質譜儀（mass spectrometer）用以分析殘餘氣體，以做為製程改進之用。石英晶體（quartz crystal）用以追蹤成長厚度，熱電偶（thermocouples）用以控制溫度，二者均為製程管制之用。

　　一個矽的分子束蒸鍍源，如圖2.21所示，磁場和書面垂直，典型的金屬塊為直徑2吋、深1吋（體積約為40立方公分），銅爐床中通水以降低溫度，使坩堝壁附近的矽不會熔化，以免坩堝的雜質污染產品。

製　法	原　　理	特　徵	現　狀
MOCVD（OMVPE）金屬有機化學氣相沉積	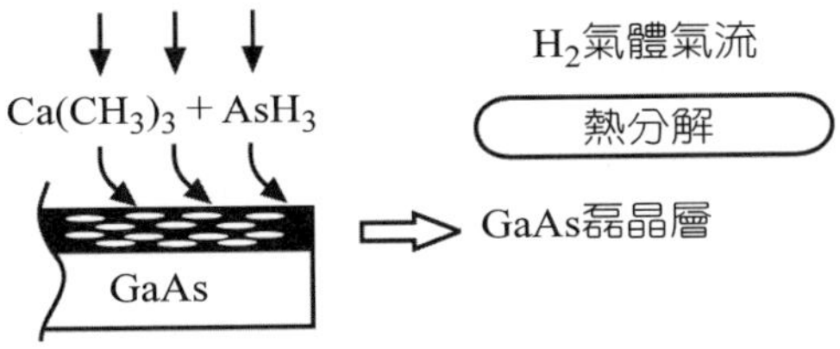 $Ca(CH_3)_3 + AsH_3$　　H_2氣體氣流　熱分解　$\Rightarrow$ GaAs磊晶層　GaAs	量產性	量產・開發 $\begin{cases} AlGaAs \\ InGaAs \\ InGaAlP \\ GaN \end{cases}$
MBE 分子束磊晶	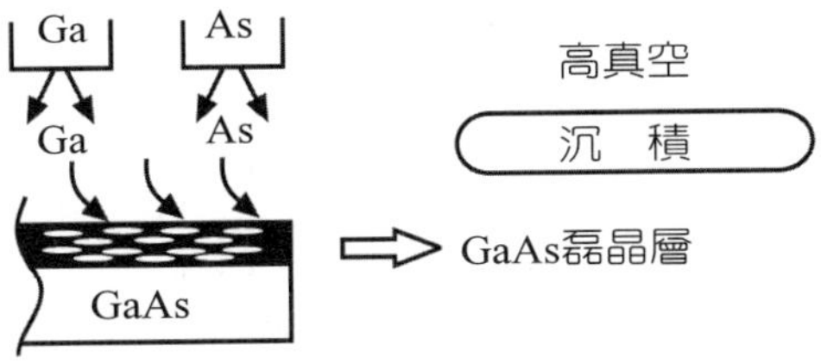 Ga　As　Ga　As　高真空　沉　積　$\Rightarrow$ GaAs磊晶層　GaAs	膜厚控制性 界面陡峭性	量產・開發 $\begin{cases} AlGaAs \\ InGaAs \end{cases}$
VPE（鹵化物系）氣相磊晶	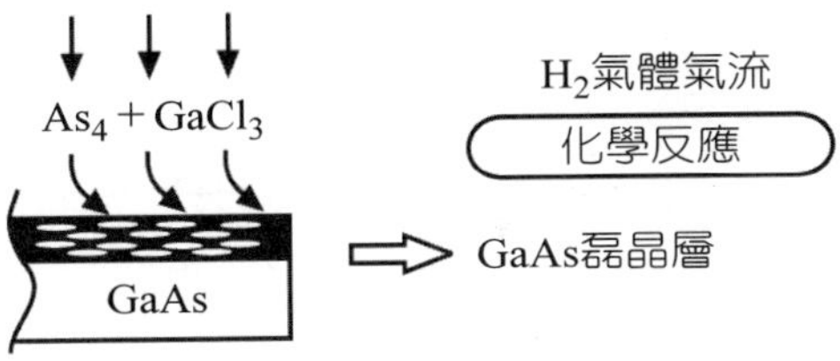 $As_4 + GaCl_3$　H_2氣體氣流　化學反應　$\Rightarrow$ GaAs磊晶層　GaAs	量產性 高純度	量產 $\begin{cases} GaAs \\ GaAsP \end{cases}$
LPE 液相磊晶	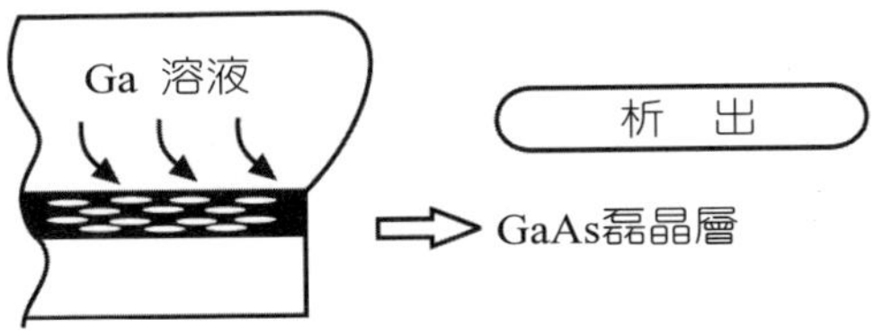 Ga 溶液　析　出　$\Rightarrow$ GaAs磊晶層	簡　單 高純度	量產 $\begin{cases} GaAs \\ AlGaAs \\ GaP \end{cases}$

圖2.19　磊晶成長技術各種製造方法的特徵

[資料來源：新機能化合物半導體懇談會資料]

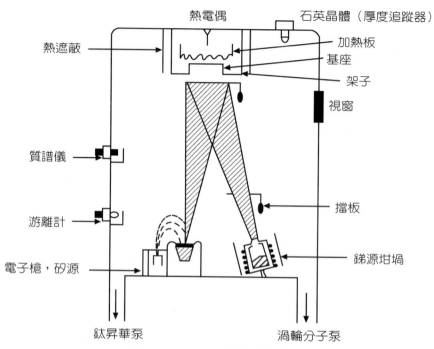

圖2.20　MBE系統概略圖

[資料來源：Konig et al., 真空科技期刊（J. Vac. Sci. Technol.）]

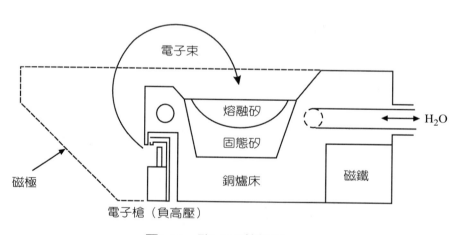

圖2.21　矽MBE蒸鍍源

　　一個比較複雜的MBE系統，包括有離子植入（ion implantation）的功能，如圖2.22所示。各成分之功能如下：

　　1.晶圓裝載室（load lock），具離子泵（ion pump）抽真空。

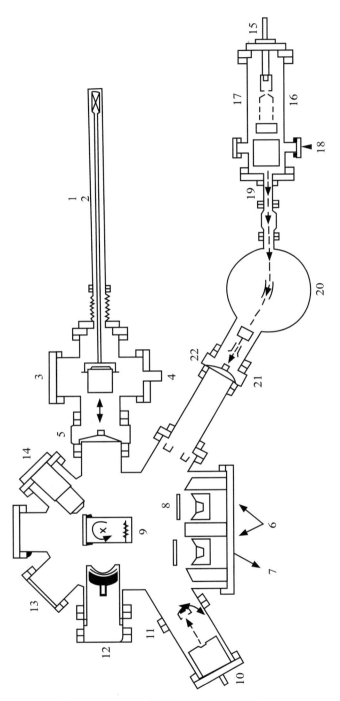

圖2.22　MBE成長系統的概略圖

[資料來源：Bean and Wang, Impurity Doping Process]

2. 磁偶合放置晶圓的裝置，將真空室和大氣隔離。

3. 裝／卸門。

4. 通到泵的岐管（manifold）。

5. 閥（valve），隔離製程室和裝卸室（load lock）。

6. 2個14KW的電子束蒸鍍器（e-beam evaporator），以蒸鍍電子級矽源材料。

7. 3個2.5cm分子源坩堝，以加熱摻質源（dopant source）。

8. 2個擋板（shutter），使蒸鍍源雜質不會進入基座。

9. 待製樣品，或稱基座，一般多為矽晶圓，放在沉積室中，以冷凍泵（cryopump）抽真空。並附液態氮冷凝室。

10. 氣體入口。

11. 40mA濺擊清潔槍。

12. 低能量電子繞射（low energy electron diffraction, LEED）（能量20-200eV），分析磊晶層表面成分。

13. 視窗（window）。

14. 歐傑電子質譜分析儀（Auger electron mass spectrometer），分析反應室內殘餘氣體之成分，以提升真空度，提高品質。

15. 氣體入口，供離子植入用。

16. 離子源（ion source）。

17. 萃取離子再加速。

18. 過濾器（filter），選取適當的離子。

19. 減速度，再聚焦。

20. 中性離子陷阱（neutral ion trap），附濺擊離子泵（sputtering ion pump，詳見十一章），抽高真空。

21. 光柵掃描（raster scan）離子束。將離子植入樣品。

22. 閥，離子植入部分到反應室的開啟／關閉閥門。

金屬有機化合物（metal organic compound）也可以用於MBE系統，如圖2.23所示。源材料和AsH_3、PH_3、矽乙烷（Si_2H_6）經閥和精密的電子質流錶控制而送入

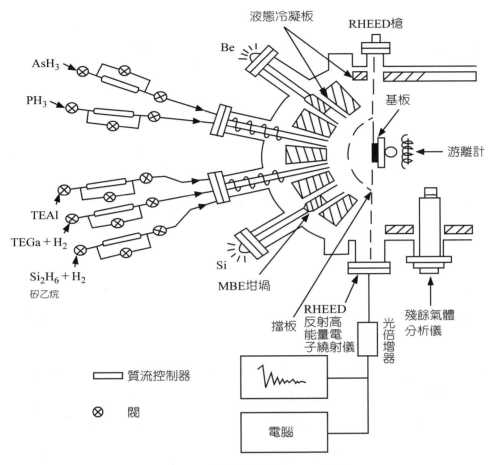

圖2.23　金屬有機源的MBE系統

反應室。金屬有機物三乙烯基鋁（TEAl，Al(C$_2$H$_3$)$_3$）、三乙烯基鎵（TEGa，Ga(C$_2$H$_3$)$_3$）提供高純度的Al、Ga。Si源導入MBE坩堝。游離計（ion gauge）用以測量真空度。

　　液態氮冷凝板（liquid nitrogen shroud）用以吸收生長室內的水氣、CO和CO$_2$，RHEED為反射高能量電子繞射儀（reflection high energy electron diffraction），用以觀察晶圓表面成長速率和磊晶品質，配合光倍增器（photomultiplier tube, PMT）和電腦作用。殘餘氣體分析儀（residual gas analyzer）用來監測生長室內的殘餘氣體。

2.5 固相磊晶和選擇磊晶

1.固相磊晶

　　固相磊晶（solid phase epitaxy, SPE）是生長非晶（amorphous）層，連續地擴充在單晶基座上。矽的固相磊晶，大約在500～600℃的溫度，下層結晶的基座就會再結晶（recrystallization），然後逐漸由下向上成長。（100）取向（orientation）的矽再成長速率比（111）的快。如矽含摻質B、P和As再成長較快，如矽含O、C、N或Ar則成長較慢。

2.選擇磊晶

　　選擇的磊晶（selective epitaxy），可使製程有多樣化。在正確地成長狀況和／或表面處理，可以使矽在選定的某些區域成長，而以SiO$_2$隔離各個區域，如圖2.24所示。利用這種方法也可以製作出多種微結構。製程的特點為蝕刻SiO$_2$和磨除矽晶。此法的推廣應用即為鑲嵌製程（embedded process）或大馬士革製程（damascence process），用以生長銅於超大型積體電路（VLSI, very large scale integrated circuits）。

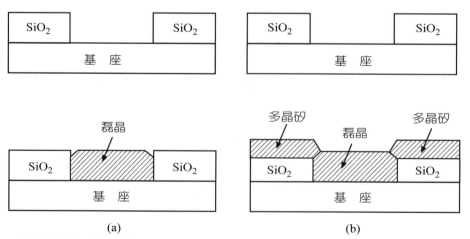

(a)　　　　　　　　　　　　　　　　(b)

圖2.24　選擇沉積矽的磊晶層(a)選擇的沉積磊晶矽在Si和SiO$_2$的窗內，(b)同時沉積磊晶矽在Si多晶矽在SiO$_2$之上

[資料來源：Madou, Microfabrication]

2.6　參考書目

1. 李秉傑，分子束磊晶成長技術，科儀新知，十三卷四期，pp. 26～41，1992。

2. 范國威譯，化合物半導體產業介紹，電子月刊，六卷一期，pp. 144～149，2000。

3. 張勁燕，電子材料，pp.65～70，1999初版，2008四版，五南。

4. R. R. Bowman et al., Practical Integrated Circuit Fabrication, ch.3，學風。

5. C. Y. Chang and S. M. Sze, ULSI Technology, 1996, ch.3，新月。

6. A. B. Glaser and G. E. Subak-Sharpe, Integrated Circuit Engineering 1983, ch. 5. 3, Addison-Wesley，臺北。

7. K. Kano, Semiconductor Devices, 1998, ch. 6. 4, Prentice Hall，全華。

8. M. Madou, Fundamentals of Microfabrication, 1997, pp.113-115, CRC Press, 高立。

9. B. G. Streetman, Solid State Electronic Devices, 3rd ed., 1990, ch. 1. 4. Prentice Hall，新月。

10. S. M. Sze, High Speed Semiconductor Devices, 1990, ch. 1. Wiley-Interscience，新智。

11. S. M. Sze, Semiconductor Devices, Physics and Technology, 1985, ch. 8.4-8.6, John Wiley and Sons，歐亞。

12. S. M. Sze, VLSI Technology 1st ed., 1983, ch. 2. McGraw Hill，中央。

13. S. M. Sze, VLSI Technology 2nd ed., 1988, ch. 2. McGraw Hill，中央。

14. S. Wolf and R. N Tauber, Silicon Processing for the VLSI Era, vol. 1, 1986, ch. 5. Lattice Press，滄海。

2.7 習 題

1. 試述氣相磊相（VPE）爐之構造，矽VPE之主要反應機制。

2. 試述液相磊晶（LPE）爐之構造，砷化鎵LPE之主要反應機制。

3. 試簡述分子束磊晶（MBE）系統。

4. 試述以下各零件之作用：(a)電子束槍，(b)熱電偶，(c)射頻加熱，(d)輻射加熱，(e)焦電氮化硼，(f)晶圓承受器，(g)分子源坩堝，(h)鐘罩，(i)液態氮冷凝板，(j)擋板，(k)磁偶合裝置（magnetically coupling device）。

5. 試述以下各機器（儀器）之作用：(a)離子泵，(b)渦輪分子泵，(c)鈦昇華泵，(d)質流控制器，(e)游離計，(f)質譜儀，(g)殘餘氣體分析儀，(h)反射高能量電子繞射（RHEED），(i)低能量電子繞射（LEED）。

6. 試述單晶、多晶和非晶之區別，其在半導體之應用有何不同。

7. 試述有機金屬化合物之命名法。

8. 試述反應物氣體（reactant gas），載送氣體（carrier gas），吹淨氣體（purge gas），蝕刻劑氣體（etchant gas），大宗氣體（bulk gas）之區別。

第 **3** 章　微影照像設備

3.1 緒　論

微影照像（photolithography）的目的是將光罩（1：1 mask，或M：1 reticle）上的圖案照射到晶圓上。經過顯影（develop），烘烤等製程，使晶圓上有了圖案，而可以選擇性地做後續的製程。照像設備主要有光罩對準儀（mask aligner）和步進照像機（stepper）二種。前者利用接觸式照像，後者利用投影式成像。其他照像設備還有掃描式照像，電子束照像（e-beam lithography）、X射線照像（x-ray lithography）和離子束照像（ion beam lithography）等。

照像設備主要由光源、光學系統、電子或電腦系統、機械系統等組成。其中的光學系統是照像設備的核心，光學成分主要有透鏡（lens）負責聚焦。稜鏡（prism）負責散光，以便濾波，選擇某單一波長的光線。面鏡（mirror）改變方向，使照像設備不致於太大，而且使操作方便，同時面鏡還有消除熱線的功能。

步進照像是次微米（submicron）以下的極大型積體電路（ULSI, ultra large scale integrated circuits，本書並不強調ULSI和VLSI的區別）必備的設備。照像時光罩的圖案縮小（稱為reticle），光罩上的灰塵（dust）也縮小，無形中就等於無塵室的潔淨度（cleanliness）提高了。光罩上還有一層保護膜（pellicle），也可使光罩上的灰塵被排斥於光學系統的焦距深度（depth of focus, DOF）之外，潔淨度更進一步提高。步進是指一次只照一個或數個晶片，而後漸次移動晶圓，而一步步將整片晶圓完成曝光。

光罩曝光系統要求解析度（resolution）、均勻度（uniformity）、線性度（linearity）、位置精確度（accuracy）等。光源主要的為發出的紫外光（ultraviolet）的汞燈（mercury lamp），也有使用雷射束（laser beam）或電子束（e-beam）。

3.2　微影照像的方式

　　光學微影照像依光罩（mask）和晶圓的間距大致上可以分為接觸（contact）、近接（proximity）和投影（projection）等三種方式，如圖3.1所示。在接觸式照像，晶圓和光罩之間僅有幾微米的間距，快門（shutter）打開後，晶圓和光罩緊密接觸，紫外光入射，如圖3.2所示。用力接觸，會使解析度好，但是光阻成分受損，光罩壽命會降低，晶圓也可能被壓破。減少力量，光罩壽命加長，但解析度降低，此時稱為軟接觸（soft contact）影像。

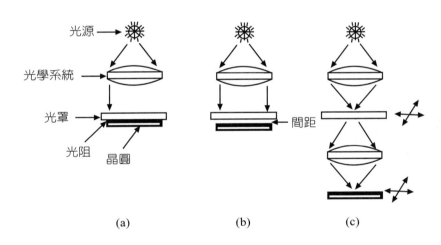

圖3.1　三種光學微影照像技巧的概略圖(a)接觸，(b)近接，(c)投影

[資料來源：Sze, VLSI Technology]

　　接觸方式雖比較便宜，然而微塵或其他異物都會傷害光罩上的感光乳劑，將缺陷移轉到下一個曝光的晶圓。此法也不適合砷化鎵（GaAs）等易脆晶圓的曝光。

　　一個近接（proximity）照像的設備，如圖3.3所示。曝光時，光罩和晶圓之間距大約為$10\sim50\mu m$。此一小間距造成光罩特徵邊緣的繞射（diffraction），即陰影作用。解析度因而下降，大約為$2\sim5\mu m$。其中之蒼蠅眼透鏡（fly eye lens）為一

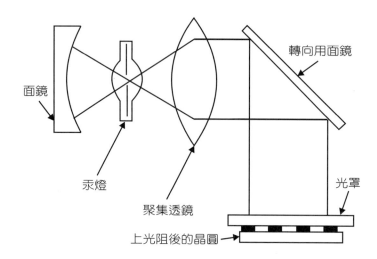

圖3.2　接觸式照像設備

[參考資料：Bowman, Practical I. C. Fabrication]

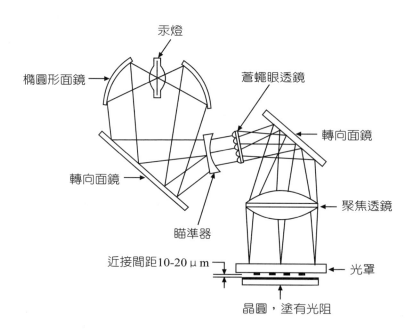

圖3.3　近接照像設備

[資料來源：Bowman, Practical I. C. Fabrication]

透鏡組，上面有許多小透鏡，目的是得到均勻的光強度。在近接照像，解析度（resolution，或稱分辨率）R和光源波長λ和晶圓－光罩間距（gap）之關係為：

$$R \cong \sqrt{\lambda g} \tag{1}$$

如果λ＝0.4μm，g＝50μm，極小線寬是4.5μm。如λ＝0.25μm（深紫外光），g＝15μm，R＝2μm。

為避免光罩傷害和陰影（shadow）作用，投影式（projection）照像一次只曝光晶圓的一小部分，然後步進移動，而漸次將整片晶圓曝光。為幾種投影照像（projection lithography）設備，如圖3.4所示。圖3.4(a)為1：1掃描投影（scan and projection）系統，晶圓上的影像和光罩相同，環狀或弧形影像，寬度大約1 mm。圖3.4(b)為掃描投影，光罩不動，二維地移動晶圓完成曝光。圖3.4(c)和圖3.4(d)為步進重覆（step and repeat）。1：1的光學系統容易設計和製造，縮小步進（reduction and step）可大幅提高良率，投影系統的解析度為：

$$R＝K_1\lambda/NA \tag{2}$$

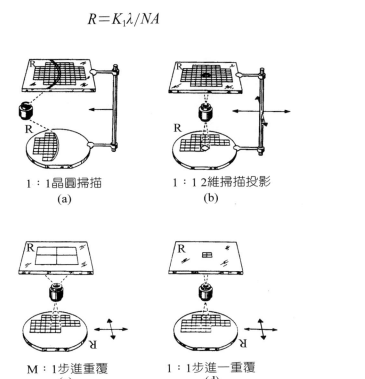

$$1：1晶圓掃描 \qquad 1：1\ 2維掃描投影$$
$$\text{(a)} \qquad\qquad \text{(b)}$$

$$M：1步進重覆 \qquad 1：1步進一重覆$$
$$\text{(c)} \qquad\qquad \text{(d)}$$

圖3.4　投影照像設備的概略圖，(a)環狀場晶圓掃描，(b)小場，二維掃描投影(c)縮小步進重覆，(d)等倍步進重覆

[資料來源：Bruning, 半導體科技期刊（Semiconductor Technology）]

K_1為一常數，與曝光系統和光阻的效能、製程條件有關。NA是數值孔徑（numerical aperture），和光圈值（f-number, F）的關係為：

$$F=\frac{D}{2NA} \tag{3}$$

如圖3.5所示，$\Psi=\theta$，當放大倍率等於1時。

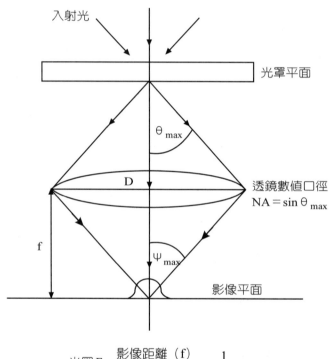

圖3.5　物、像和焦距、透鏡直徑及數值孔徑之關係

[資料來源：Madou, Microfabrication]

另一個掃描投影（scan and projection）系統，如圖3.6所示，光源是一個彎曲的燈，照射弧形光束到光罩上，經過數個面鏡，以1：1影像照到晶圓上。光罩和晶圓同步地線性移動。以此方式，主面鏡只用到一小部分，影像幾乎不受繞射的限制。

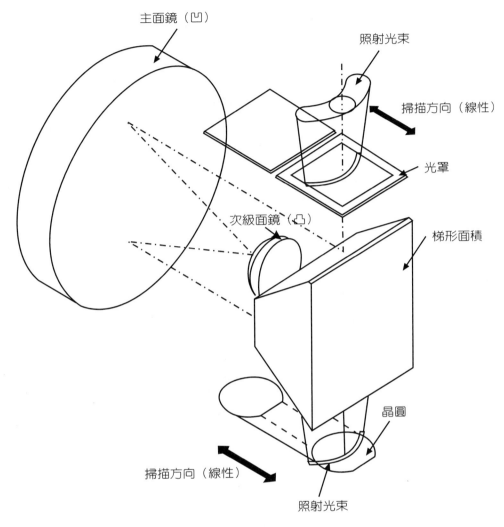

主面鏡（凹）

照射光束

掃描方向（線性）

光罩

次級面鏡（凸）

梯形面積

晶圓

掃描方向（線性）

照射光束

圖3.6　面鏡的掃描投影

[資料來源：佳能（Canon）]

投影照像如圖3.4(c)和圖3.4(d)所示，亦可稱為步進照像或步進重覆照像（step and repeat lithography）。如果光罩經縮小5～10倍後再照到晶圓之上，產率（throughput）雖然比較低，但解析度和良率都可以提高，此時之光罩英文名稱為reticle。大多reticle上有數個（4～6）晶片，以提高產率。晶圓表面一次曝光的極大範圍大約為10×10 mm或8×12 mm。一個較完整的步進照像系統，如圖3.7所示。其中最複雜、也最昂貴的是縮小透鏡系統（reduction lens system）。1：1步進照像的

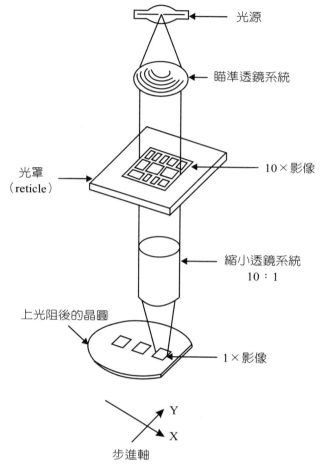

光源

瞄準透鏡系統

光罩
（reticle）

10×影像

縮小透鏡系統
10：1

上光阻後的晶圓

1×影像

Y

X

步進軸

圖3.7　步進照像系統

[資料來源：Bowman, Practical I. C. Fabrication]

解析度由透鏡決定。產率大，機器便宜，但光罩上的缺陷尺寸對解析度的影響較大，環境中的空氣傳播的微塵（airborne dust）對製程的敏感度也較大。而且光罩上有一層護膜（pellicle）保護，如圖3.8所示，使微塵在曝光的焦距深度（depth of focus, DOF）之外。微影照像在VLSI製程有最高的潔淨度（cleanliness）要求，即使class 1的高潔淨度，仍然不能說是完全無塵（dust free）。

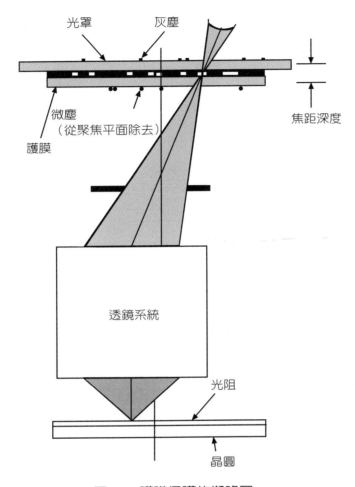

圖3.8　護膜保護的概略圖

[資料來源：Bowman, Practical I. C. Fabrication]

3.3　主要支援設備和難題

　　微影照像在曝光之前要先上光阻（或更先的去水烘烤、塗底）和軟烤，照像曝光之後要顯影、硬烤。上光阻時，晶圓放在真空吸盤上，高轉速旋轉，以得到均勻的光阻厚度。要得到±10Å的均勻度，每一個塗敷參數如光阻分配速率、分配體積、旋轉速度、溫度、環境濕度等，都必須適當。一個光阻噴灑臂機械裝置，如圖

3.9所示。晶圓放於吸盤（chuck）上，針閥（needle valve）打開，真空系統吸住晶圓，光阻由上端噴灑而下，吸盤旋轉使光阻厚度均勻。一個及時，在原地的（in-situ）厚度追蹤器（thickness monitor），如圖3.10所示，可以提供最佳的光阻塗敷製程。系統為一多波長的反射頻譜儀（multi-wavelength reflectance spectrometer）。反射光包含干涉輪廓，經分析後，可推論出光阻的厚度。

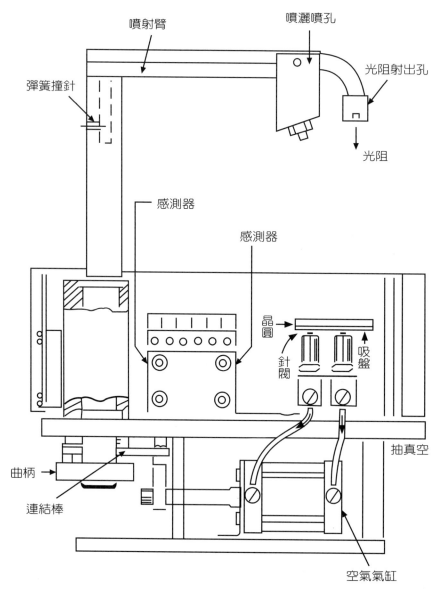

圖3.9　光阻噴灑臂機械系統

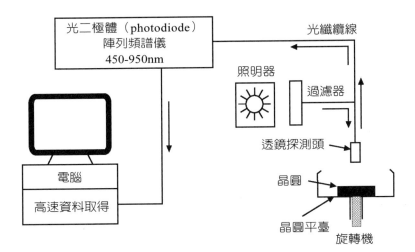

圖3.10　光阻旋轉機和膜厚監督器

[資料來源：Metz, 半導體國際期刊（Semiconductor International）]

　　顯影（development）是使曝光後的影像顯現出來。以正光阻為例，要點是⑴未曝光的膜厚不可明顯地降低，⑵顯影時間應該少於1分鐘，⑶造成極小的圖案失真或膨脹，⑷圖案的尺寸精確複製。顯影之後還要清洗（rinse）和烤乾晶圓。主要的顯影方式有浸入式、噴灑式和攪拌式。一個批式噴灑的顯影設備，如圖3.11所示。

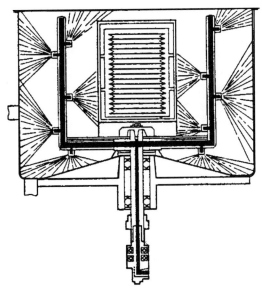

圖3.11　批式噴灑顯影設備

[資料來源：FSI公司]

整批晶圓放在有開孔的晶圓盒內，顯影劑（developer）自輸送管的小孔噴灑而出，晶圓盒慢速轉動或噴孔以小角度旋轉，使顯影均勻。

微影照像的主要難題是繞射和駐波。繞射（diffraction）是當輻射經過光罩，在一不透明的光罩特徵的邊緣會出現陰影，部分光透入陰影區。一繞射圖案比較接觸、近接和投影照像之不同，如圖3.12所示。接觸式有最好的曝光，近接和投影都有可能使光罩下不透明區部分感光，因而降低解析度。

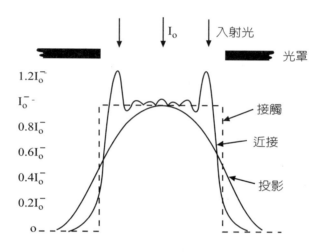

圖3.12　繞射圖案

[資料來源：Skinner, 柯達界面會報（Proc. Kodak Interface）]

駐波（standing wave）是一光波經光阻到晶圓後反射，其入射波和反射波相互干涉（interference），有建設的干涉（constructive interference）也有破壞的干涉（destructive interference），造成高／低曝光區，間隔為$\lambda/4n$，λ為入射光波長，n為光阻的折射率（refractive index）。光強度造成週期的變化，如圖3.13所示，光阻在整個厚度之內得到不均勻的曝光能量造成的圖案，如圖3.14所示。而且當光阻跨過梯階造成線寬的變化，二種情形均會使解析度降低。

要降低駐波效用，可以使用較薄的光阻（<0.3μm），但薄光阻使有高低變化區域的線寬控制變差。製程中的晶圓已有部分鋁路或介電質（dielectric，如SiO_2、Si_3N_4），或有高低不平（topography）的情形，如圖3.15所示。當光阻表面的情

形(a)和(b)為要清除光阻需要的劑量（dose）之變化，(c)駐波現象，(d)反射的刻痕（notch）。光子的能量為hν，h為普朗克常數（Planck constant），ν為光的頻率。

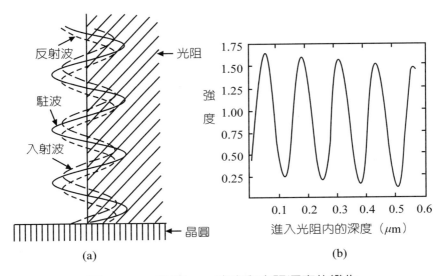

(a)　　　　　　　　　　　　(b)

圖3.13　(a)駐波，(b)強度和光阻深度的變化

[資料來源：Madou, Microfabrication]

圖3.14　駐波造成的曝光光阻之照片

[資料來源：Wolf, Silicon Processing for the VLSI Era, vol. 1]

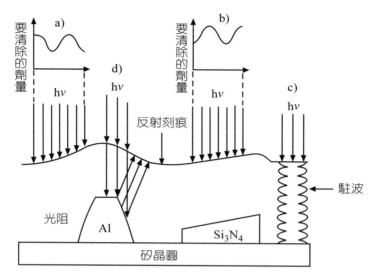

圖3.15　薄光阻造成的干涉效用

[資料來源：Horn, 固態科技期刊（Solid State Technology）]

3.4　光罩對準儀實例

　　光罩對準儀（mask aligner）是將光罩和晶圓相互對準，以接觸（contact）或近接方式完成照像。進步的光罩對準儀也可做次微米（submicron）或三度空間（3 dimension）微系統的生產。精密、可靠、價格比較低。光罩和晶圓之間的間隙可以精確、正確設定，良品率高。有降低繞射（diffraction）的透鏡，可得高解析度，以厚膜光阻（thick film photoresist）也可得到好的邊緣品質。增加光源強度可降低製程時間。曝光時間可隨燈泡使用期老化而自動加長，以得均勻之曝光能量。

　　卡爾休斯（Karl Suss）MA6型的光罩對準儀，其對準用鏡頭有分割視野（split field）裝置，可同時將左或右的影像顯示在影像監督器上。物鏡（object lens）交換裝置（turret）可以提升對準效果。物鏡的連發（revolver）有10x、20x、40x等數個鏡頭，先以較低倍率鏡頭調好位置，如有需要，漸次更換比較長的、較高倍率的鏡頭。因為焦距深度隨放大倍率增大而減小，因此每次更換較高倍率鏡頭，

只要略作調整即可。MA6也有高亮度的光學可做厚膜光阻曝光，以製作多晶片模組（multi chip module, MCM）和晶片尺寸的包裝（chip scale package, CSP（詳見十三章））。大間距對準可解決高地形（topography），吸盤（chuck）有補償設計，可固持彎曲或不平的晶圓，可調光罩和晶圓之間的壓力，做脆如砷化鎵材料的曝光。晶圓位置調準分X、Y和θ三個調準器執行。晶圓位置的細調是利用微操縱器（micro-manipulator），使移動距離可以小於0.1μm，這是光學方法也測不出來的。對準之後，以真空將晶圓吸在吸盤之上。對準記號是利用雙層十字記號（cross hair alignment mark），外層為空心十字，內層為實心十字，如圖3.16所示。因為人眼有識別對稱的能力。如果外層每邊為20μm，內層每邊14μm，如果有0.5μm的對不準，會使內外層之間隙，左右分別為2.5和3.5μm，即有40%之亮度差。

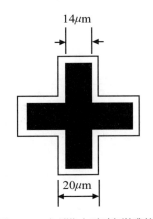

14μm

20μm

圖3.16　以雙十字線做對準

[資料來源：卡爾休斯（Karl Suss）]

　　MA6可做6吋以內，厚度6 mm以內的晶圓曝光，400 nm的機型在真空接觸時，可提供0.6μm的解析度，300或250 nm的光學或準分子雷射（excimer laser）可將解析度提高到0.2μm。大致而言，解析度隨波長變短而提升，隨晶圓和基座間距減小而提升，如表3.1所列。汞燈（mercury lamp）內充以氙$\frac{T}{3}$（Xe），發射的譜線在250 nm的範圍，可以提升解析度。以紅外光穿透（infrared transmission）可以做背面對準，如圖3.17所示。此種紅外光穿透照像的系統，如圖3.18所示。它可以用來製作PNPN四層矽控整流器（silicon controlled rectifer, SCR）。因為SCR在晶圓正反二

表3.1 解析度隨光源波長、晶圓和基座間距之變化

波長 nm	350－450	280－350	240－260
頻譜範圍	UV400	UV300	UV250
曝光光源			
Hg燈1000W	△	△	－
Hg燈350W	△	△	－
HgXe燈500W	－	－	△
解析度			
大間距（100μm）	7μm	＜7μm	＜7μm
近接（20μm）	2.5μm	2μm	＜2μm
軟接觸	2μm	＜2μm	＜2μm
硬接觸	1μm	1μm	＜1μm
真空接觸	0.7μm	0.5μm	＜0.5μm
	0.6μm	0.4μm	0.3μm

△有貨

HgXe lamp：在紫外光區輻射能量高、壽命長，品質較佳。

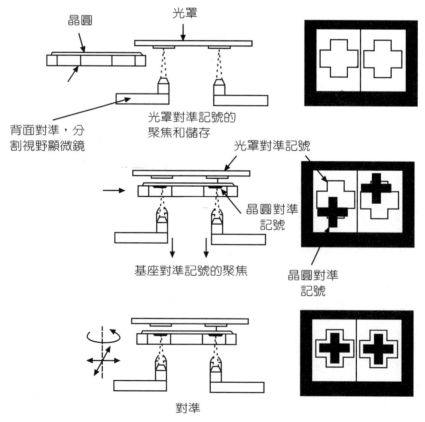

圖3.17 以紅外光穿透做背面對準

[資料來源：卡爾休斯（Karl Suss）]

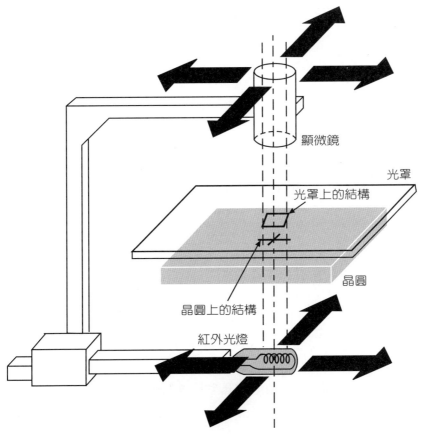

顯微鏡

光罩

光罩上的結構

晶圓

晶圓上的結構

紅外光燈

圖3.18 紅外光照像系統

[資料來源：卡爾休斯（Karl Suss）]

面有相同的圖型，以分別製作陽極、陰極，二電極的間距即為晶圓厚度，距離加大可提升耐電壓。替代的方法是用二塊相同的光罩，晶圓置於其中，以機械方式精密對準，上下同時曝光完成陽極、陰極的照像。印刷電路板（printed circuit board, PCB）或大面積的液晶顯示器（liquid crystal display）玻璃板的照像，則需使用大面積（16吋×16吋～20吋×20吋）之曝光設備，光源功率也提高到3000瓦。

MA6的光學系統，如圖3.19所示。其中各零件之名稱和作用為：

1. 燈罩（lamp housing）。

2. 高壓汞燈，是光源，功率有350、500或1000瓦等三種，發出的光譜線重要的是在436 nm、405 nm、365 nm和313 nm。置於反射鏡的焦點位置，以得最佳的光均勻度和強度。

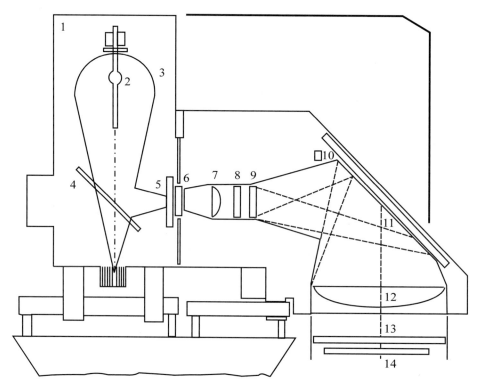

圖3.19 MA6光罩對準儀的光學系統

[資料來源：卡爾休斯（Karl Suss）]

3. 橢圓形面鏡（ellipsoid mirror），聚焦之用。

4. 冷光面鏡（cold light mirror），改變光源方向，同時濾掉熱線。

5. 快門（shutter），配合計時器（timer），控制曝光時間。

6. 蒼蠅眼透鏡（fly eye lens），複眼透鏡，使光線均勻。例如大小為4×4 mm^2，10×10的透鏡陣列。

7. 聚焦透鏡（condenser lens），改變曝光強度和均勻度，透鏡材料為光學級的融合矽石（fused silica）。

8. 透鏡板，濾波用，以得單一波長的光。

9. 透鏡板，減少繞射，透鏡材料是光學級的融合矽石。

10. 紫外光感測器（UV sensor）。

11. 前面鏡，轉向用。

12. 前透鏡，提供曝光光束的最後照準和均勻度，材料為冕牌玻璃（crown

glass，高級玻璃）。

13.光罩。

14.晶圓或玻璃基座（製作液晶顯示器用薄膜電晶體（thin film transistor, TFT））。

　　降低繞射（diffraction）效用的方法，是將入射的光源由平行改為雙向，以不同斜角入射，使光罩邊緣不該曝光的部分，造成破壞性干涉，相互抵消，因而可提升解析度，得到陡峭的牆，如圖3.20所示。

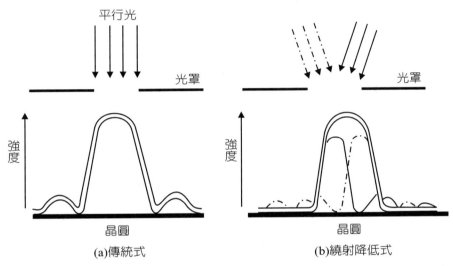

圖3.20　降低繞射的作用(a)傳統裝置，(b)繞射降低裝置

[資料來源：卡爾休斯（Karl Suss）]

操作光罩對準儀的安全警戒如下：

1.無論在任何情況，不要用手指頭觸摸曝光燈泡，或冷光面鏡。用酒精和無纖毛的布清潔不慎碰到的地方，拿燈的時只能碰觸它的金屬端。燈罩的不成熟開啟會造成燈泡爆炸，這是非常危險的，因為汞蒸氣（mercury vapor）會嚴重威脅你的健康並會污染環境，在燈泡爆炸以後，必須立刻排除污染。

2.由曝光燈產生的紫外光有高能量，可能造成眼睛傷害和皮膚燒焦。負責調整曝光燈的人員，應該戴眼罩和皮膚保護，以防紫外光輻射。曝光燈產生臭氧（ozone，形式為$O_2+h\nu \rightarrow O_3$，O_3），由於紫外光和空氣中的氧作用。臭氧對呼吸系統的效用是累積的。房間的通風是非常需要的。

3.燈內含水銀，在高壓短弧光汞燈爆炸之後，最大的危險源是吸入釋放到周圍環境的汞蒸氣。汞蒸氣（mercury vapor）對人體組織有毒，它會產生慢性和急性的中毒，曝露到汞蒸氣的人員可能出現齒肉炎、營養不平衡和嘔吐等徵兆，曝露於汞蒸氣之後，立刻去看醫師。在燈泡爆炸之後，所有人員都應該立刻離開被污染的房間，讓房間徹底通風至少30分鐘，讓燈罩排氣的開關繼續打開，不要打開燈罩，讓燈罩的內部冷卻至少一小時，排除燈罩的污染，用適當的除污染套件，含一種特殊的吸附劑（adsorbent）。檢查配合安全規則。

3.5　步進照像機實例

步進照像利用汞燈做為光源。從汞發出的光以橢圓面鏡聚焦，然後光經過干涉濾波器，只有I線（I-line）（或G或H線，G-line, H-line）被選擇。光然後進入蒼蠅眼透鏡（fly-eye lens），以提供均勻的光線，而到曝光區域。光再經過聚焦透鏡，並提供均勻的光到光罩的表面。光罩圖案影像以縮小投影透鏡（reduction projection lens）投射到晶圓表面。圖3.21所示為一個尼康（Nikon）的步進照像光學系統的概略圖。快門以計時器控制曝光時間。蒼蠅有複眼，一個蒼蠅眼透鏡大約5公分直徑，有一百多顆小透鏡，也有公司稱它為光積分器（optical integrator）。

照像前要先校正以對準光罩，再將晶圓和光罩對準。第二次以後的曝光，還要和上一次照像的晶圓上的對準記號對好。

氦氖雷射（He-Ne laser, 6328 Å）光束經發射後，以分光鏡（beam splitter）分開為二條，分別進入X軸和Y軸。光束被光罩下面的面鏡反射之後，經投影透鏡進入晶圓，當光束射到晶圓上特定的繞射柵的對準記號（alignment mark），光束被對準記號的刻紋繞射和散射（scattering，改變方向）。就沿原入射路徑回返。被反射的光線被分光鏡分開而進入檢測器，經訊號處理系統，而驅動機械系統移動晶圓，而將晶圓對準了，如圖3.22所示。

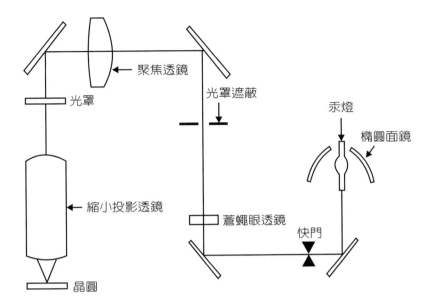

圖3.21　步進照像光學系統的概略圖

[資料來源：尼康（Nikon）]

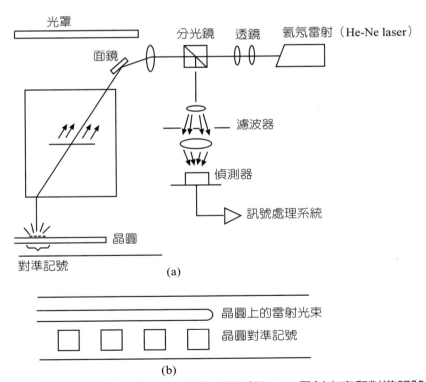

圖3.22　光測量方法(a)雷射自動對準光學系統，(b)雷射光束和對準記號

[資料來源：尼康（Nikon）]

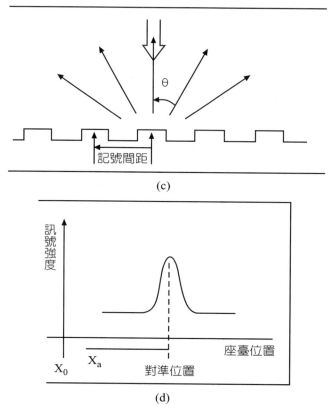

（續）圖3.22　光測量方法(c)晶圓記號和散射光，(d)訊號波型

[資料來源：尼康（Nikon）]

　　如果對準記號間距為d，繞射角為θ，He-Ne雷射波長為λ，當角度滿足布拉格定律（Bragg's law）2d $\sin\theta=n\lambda$（n＝0，±1，±2，…），繞射光被偵測出。n＝0的光被濾波器（filter）濾除。光的訊號轉換為直流訊號，在座臺上以雷射干涉儀（laser interferometer）抽樣，準確的計算對準記號的位置。

　　紫外光燈的光譜經濾波後，如圖3.23所示。其中I線為365 nm，H和G線分別為405 nm和436 nm，深紫外光（deep UV）為248 nm，可用於更高解析度的照像。對準時用的是可見光。

　　步進照像用光罩（reticle），以石英製造，其基板上以鉻（Cr）製造ULSI的圖案，如圖3.24所示。製造方法是以電子束照相（e-beam lithography）寫出。光罩製作要經過顯影、蝕刻、檢查、去渣屑、清洗晾乾、光罩圖型確認、關鍵尺寸

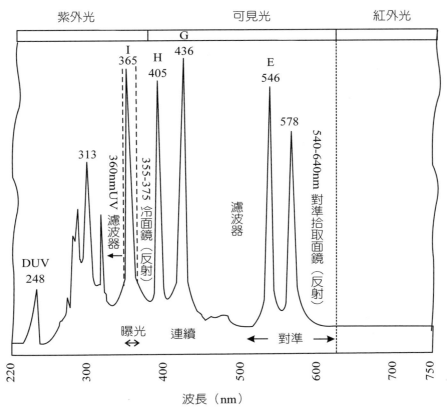

圖3.23　汞弧光燈光譜（過濾後）

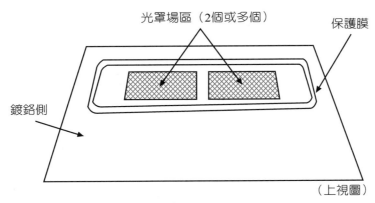

圖3.24　步進照像用光罩

（critical dimension）測量、去光阻等步驟。光罩材質為石英玻璃（quartz glass）、硼砂玻璃（borax glass）或蘇打石灰玻璃（soda lime glass）。

步進照像的機械部分包括晶圓吸盤（wafer chuck），光罩座臺和抓取裝置、厚度補償馬達、晶圓移轉手臂、機械手臂安放器等。電子和電腦部分有硬體驅動、中央處理器（central processor）單元模組、交流系統電源供應、冷卻風扇、雷射分配面板等。照明器（illuminator）除汞燈、紫外光過濾器，還有散熱器（heat sink）、曝光快門、光導管、折疊面鏡、燈室排氣罩等，如圖3.25所示。晶圓吸盤上有三個空氣探測頭，分別接到三個微分壓力轉能器（differential pressure transducer），再用電器放大、類比／數位轉換（analog/digital conversion）、步進馬達（stepping motor）等，使晶圓的左、右、後三面準確而平坦。

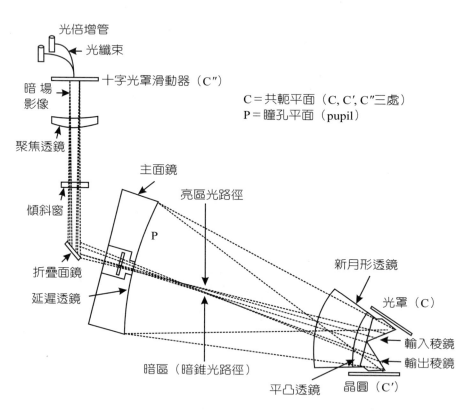

圖3.25　步進照像的投影光學系統

[資料來源：尼康（Nikon）]

晶圓和光罩安放於共軛平面（conjugate plane），以得最佳影像聚焦。主面鏡在瞳孔平面（pupil plane），即最大光錐的光可通過的面。

光源照明的光線經光罩，穿過輸入稜鏡和平凸／新月形透鏡（plano convex lens/meniscus lens）。主面鏡（primary mirror）將光罩影像反射回去，穿過新月／平凸透鏡和輸出稜鏡（output prism），聚焦到晶圓（wafer）之上。當投影的光罩影像的光打到一個平滑的晶圓，光被反射回到原點，經過相同的路徑。主面鏡上的洞不是原來光路徑上的一點，沒有光會由主面鏡穿過洞而射出去。此區沒光，稱為暗錐（dark cone）。如果一個均勻，但是粗糙表面，經過處理的晶圓（霧狀晶圓）（frosty wafer）在輸出稜鏡之下聚焦，投影的光影像就被散射了（scattered，改變方向）。而一部分的散射光進入暗錐，經主面鏡上的洞射出，指向晶圓對準系統。經光倍增放大，再經電腦、機械系統驅動，終於將晶圓移動而對準。平凸／新月形透鏡是用來消除像差（aberration）和色像差（chromatic aberration）。系統也能區分微塵和圖案。

三種不同的晶圓表面，如圖3.26所示。早期以矽晶圓氧化一層大約$0.1\mu m$的SiO_2再鍍鋁，可得到霧狀晶圓，後來多以晶圓上蝕刻繞射階級的圖案，稱為大霧晶圓（mega frost wafer）。特徵圖案多做在晶圓的切割巷（scribe lane）上，做出臺地靶（mesa target），以使光線散射回到對準系統。晶圓和輸出稜鏡之關係，如圖3.27所示。晶圓要放在空載影像（aerial image）的焦距深度（或稱景深，depth of focus）之內，在此範圍之內，為可容許的模糊圈。

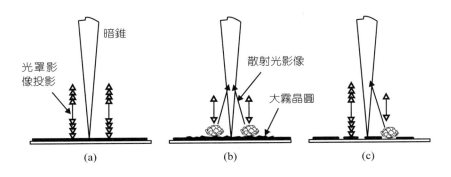

圖3.26 晶圓表面散射的光(a)平滑表面的晶圓，(b)粗糙表面的晶圓，(c)有特徵圖案表面的晶圓

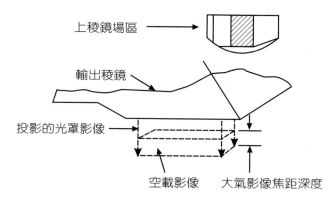

上稜鏡場區

輸出稜鏡

投影的光罩影像

空載影像　　大氣影像焦距深度

圖3.27　投影光學及大氣影像

[資料來源：尼康（Nikon）]

有一些步進照像機使用數個雷射（laser），如表3.2所列。

表3.2　用於步進照像的雷射

使用單元	波　長(nm)	顏　色
對準用	632.8	紅
干涉儀	632.8	紅
晶圓饋送	780.0	紅外
光罩微塵檢查	488.0	藍
護膜微塵檢查	830.0	紅外

步進照像有1：1，2.5：1，4：1，5：1或10：1數種。1：1和10：1步進照像優缺點之比較，如圖3.28所示。

1.較高的晶圓產出率，因為較大的曝光場域（每一晶圓較少步驟）　　　較低的晶圓產出率，因為較小的曝光場域（每一晶圓較多步驟）

1：1　　　　　　　　5：1　　　　　　　　10：1

2.光罩缺陷更關鍵（下降到解析度能力）　　　光罩缺陷較不關鍵（上升到10x解析度能力）

3.對光罩上空氣媒介的微塵污染更敏感（下降到解析度能力）　　　對空氣媒介的微塵污染較不敏感（上升到解析度能力的10倍）

圖3.28　步進照像1：1對10：1之比較

3.6　進步的照像設備

1.準分子雷射源曝光

要做到0.18微米的解析度，就需要248 nm的深紫外光（deep ultraviolet；波長300nm以下）。而更進步的氟化氪（KrF）和氟化氫（ArF）準分子雷射（excimer laser），波長分別為248 nm和193 nm，目前尚欠光酸化學催化型阻劑和透鏡材料氟化鋰（LiF）的開發。準分子雷射是由鈍氣和鹵化物經反應後所激發出的雷射（laser）光源，是窄頻的脈衝式光。

2.步進照相掃描機

折射（dioptric）和／或全反折射（catadioptric）如圖3.29所示。可做為高解析用掃描機（scanner），如圖3.30所示。折射光學系統以透鏡組成；全反折射像步進照像，有透鏡、稜鏡和面鏡。300 nm以下的深紫外光會被普通玻璃吸收，因此透鏡必須使用石英（quartz）材質，因而系統造價昂貴且笨重，因此投影式步進掃描機將成為主流。

步進照像機的解析度（resolution）R＝K1×λ/NA，K1為常數，λ為光源波長，NA為數值孔徑（numerical aperture）。最直接提高解析度的方法，便是降低光源波長。一步進掃描機（step and scan lithography），如圖3.31所示。曝光時發光孔隙掃描整個成像範圍，再進行晶圓平臺移動，重複步進另一次掃描，而將整個晶圓上的所有晶片曝光。

也有使用折射式（dioptric）的投影系統，配合消色差的（achromatic）氟化鈣（CaF_2）材質光學元件，將解析度提高到0.15～0.13μm。全反折射（catadioptric）則可減少透鏡使用的數目，減少失真、像差，也能降低投影系統對環境溫度、壓力變化的敏感度，還能縮小整個系統的尺寸。

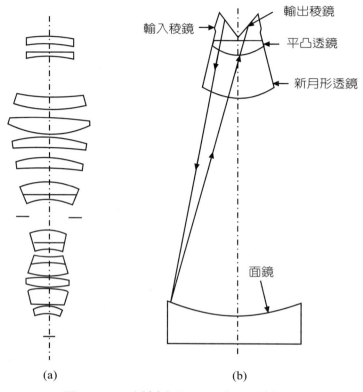

(a)   (b)

圖3.29   (a)折射光學，(b)全反折射光學

[資料來源：Runyan, Semiconductor I. C. Processing Technology]

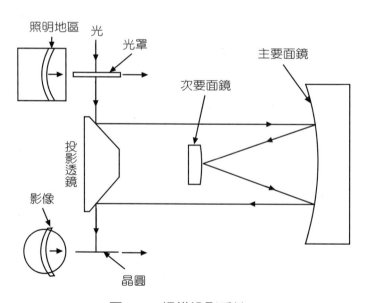

圖3.30   掃描投影系統

[資料來源：Runyan, Semiconductor I. C. Processing Technology]

　　尼康（Nikon）NSR-S201A步進掃描照像（stepping scanner），如圖3.31所示。它利用氟化氪（KrF）準分子雷射（248 nm）透鏡掃描設計，解析度可達0.25μm，曝光面積25×33 mm。可用於生產256M動態隨機存取記憶體（DRAM, dynamic random access memory）和次世代微處理機（microprocessor）晶片。縮小透鏡更小，失真少。操作時晶圓座臺和光罩座臺同時移動。投影透鏡以1：4縮小。系統操作為步進－重覆掃描。掃描機可製造出一長條型的光線分布，使得如影印機般複製圖案於晶圓上。現今I線和KrF皆有掃描機產品問世。解析度分別可達0.28μm及0.22μm。加入特殊製程，KrF可得0.15μm的解析度。

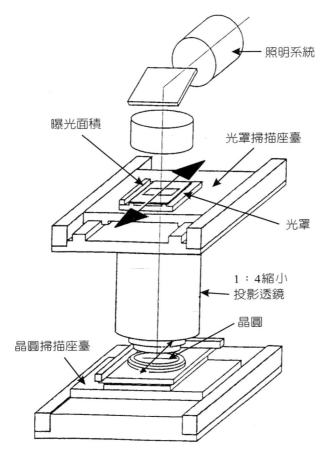

圖3.31　掃描步進照像的概略圖

[資料來源：尼康（Nikon）]

3.電子束照像

電子束照像（e-beam lithography）在真空室內，電子槍發射電子，打到阻劑使其發生變化。和光學照像相比，電子波長短，繞射現象小，以電子束可以直接寫（direct write）到晶圓上，因此可以不用光罩，從設計到完成的週期因而縮短。但電子會相互排斥，而影響解析度。產率低、價格貴是其缺點。一個電子束照像機器的概略圖，如圖3.32所示。電子波長等於普朗克常數（Planck constant）除以電子動量，$\lambda = \dfrac{h}{p}$ 或 $\lambda = \dfrac{hc}{E}$。如果電子動能為2eV，波長為0.87奈米。

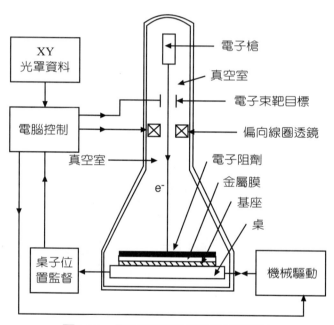

圖3.32　電子束照像機器的概略圖

[資料來源：Sze, VLSI Technology]

電子束照像的作用，如圖3.33所示。電子槍發射的電子束經聚焦、加速、光柵掃描（raster scan），寫在晶圓上的每一晶片之上。寫的方式以圖案資料來控制。電子束寫在基座上的電子阻劑，因為電子均帶負電，會相互排斥而有一定尺寸，而且背向散射（back scatter）電子會使電子束尺寸更大一點，因此解析度也有一極限。又一個電子束照像系統，如圖3.34所示。系統以電腦控制，配合數位／類比電路，以磁場和靜電控制電子束偏向。

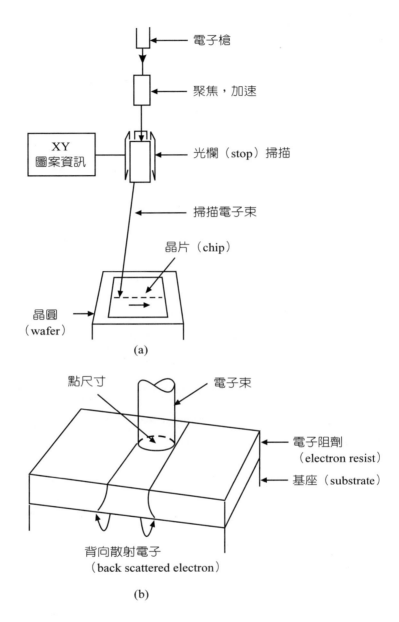

圖3.33 電子束照像(a)光柵掃描電子束照像，(b)電子束散開

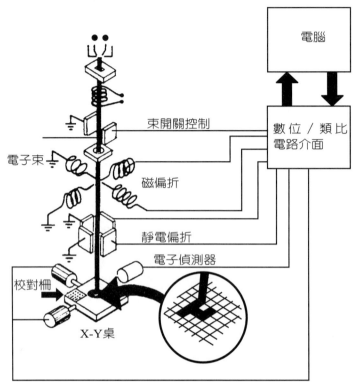

圖3.34　電子束系統

[資料來源：Bowman, Practical I.C. Fabrication]

4. X光照像

　　X光照像（x-ray lithography），其光罩使用的底材可以為聚亞醯胺（polyimide）、聚對二甲苯（parylene）、鈦（Ti）、矽、碳化矽（SiC）、氮化矽（Si_3N_4）和氮化硼（BN）。有機膜較好，因為強度高、尺寸安定。金（Au）厚度約1μm做為不透光（opaque）材料，也就是金吸收劑（Au absorber）。一個X光用的光罩，如圖3.35所示，也有以TaSi、TaSiN、TaGeN作吸光劑（absorber）的。X-光的波長短，大約為5～10Å，繞射效用小。因為X光不容易聚焦，照像一定要用接觸式或近接（proximity）方式。光源要小，直徑2-4 mm，晶圓要遠離光源30-40 cm，光罩和晶圓距離10～40μm。一X光照像系統的概略圖，如圖3.36所示。因為X光在空氣中會快速衰減，反應室內要充氦氣（He）或抽成真空。解析度可達0.5μm以下。X光的光源可以為脈波雷射

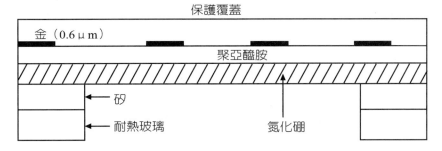

圖3.35　X光光罩

[資料來源：Mayden, 真空科技期刊（J. Vacuum Science Technology）]

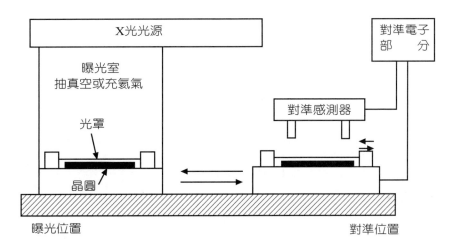

圖3.36　X光照像系統的概略圖

[資料來源：Runyan, Semiconductor I. C. Processing Technology]

（pulsed laser）或同步加速器（synchrotron radiation）的輻射，要做大面積照像可用X光步進照像機（x-ray stepper）。一近接式X-光微影照相系統，如圖3.37所示。影響X光照像解析度的因素有繞射模糊（blur）、半陰影（penumbra）和光罩的陰影（shadow）等。真正的光源並非一點，光罩也有一定的厚度，如圖3.38所示。

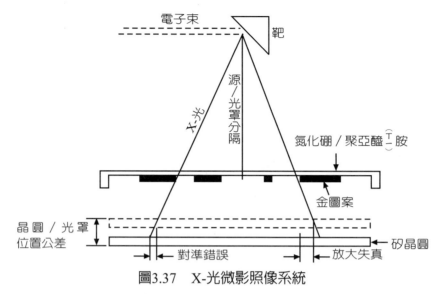

圖3.37 X-光微影照像系統

[資料來源：Bowman Practical I. C. Fabrication]

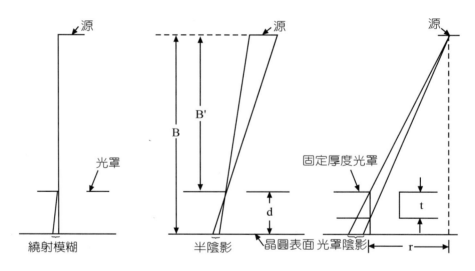

圖3.38 X光照像影響解析度的因素

[資料來源：Runyan, Semiconductor I. C. Processing Technology]

　　另一個X-光曝光系統，如圖3.39所示。電子槍發射的電子束撞擊鈀（Pd）製的靶，速度接近光速，發出X光，穿透鈹（Be）窗而照射到晶圓，完成曝光的動作。靶室內抽真空、曝光室充氦（He）氣，系統以水冷卻。X光曝光系統多用近接

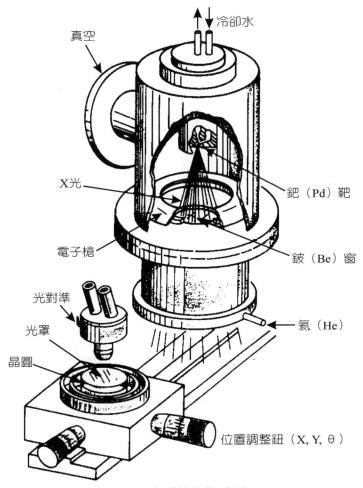

圖3.39　X光曝光系統的概略圖

[資料來源：Maydan, 真空科技期刊（J. Vacuum Science Technology）]

（proximity）式，如圖3.40所示，其所造成的幾何作用，如圖3.41所示。因為光源並不是一個真正的點，因此會有 δ 和d二種模糊。

5.離子束照像（ion beam lithography）

因為離子的密度比電子低，重量卻遠超過電子，離子束照像用阻劑靈敏度大。曝光時間和電子束照像差不多。曾用於照像的離子包括質子（proton）和帶二個電荷的矽（Si^{+2}）。帶二個電荷的離子之優點是在相同加速電壓，對阻劑的穿透力比較大。其餘的優點為繞射效用可以忽略，因阻劑而造成的離子束的散射很小，而且不會有近接作用，近距離的圖案不會連到一起。離子束的直徑約為0.1μm，照像速

度比電子束慢很多。

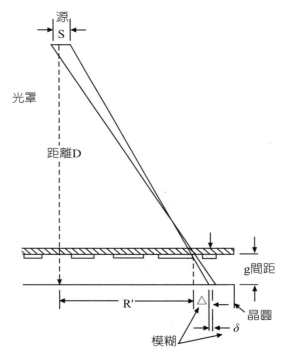

圖3.40　X光近接照像

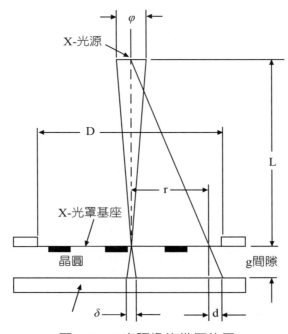

圖3.41　X光照像的幾何效用

[資料來源：Fay, Microcircuit Engineering]

　　幾種微影照像曝光源的比較，如圖3.42所示。照像系統比較，如圖3.43所示。解析度比較，如圖3.44所示。照像技術的優缺點比較，如表3.3所列。整體比較，如表3.4所列。光學接觸式照像可得線寬為2-3μm，電子束照像可得線寬為0.1μm，X-光照像可得線寬0.2μm，離子束照像可得線寬0.1μm。只有光學照像在空氣中進行，

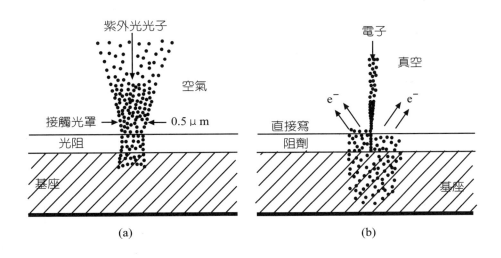

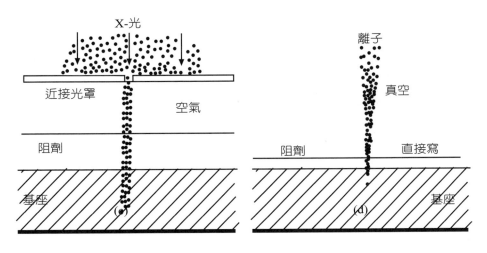

圖3.42　幾種微影照像的比較(a)紫外光，(b)電子束，(c)X光，(d)離子束

[資料來源：Brodie, Physics of Microfabrication]

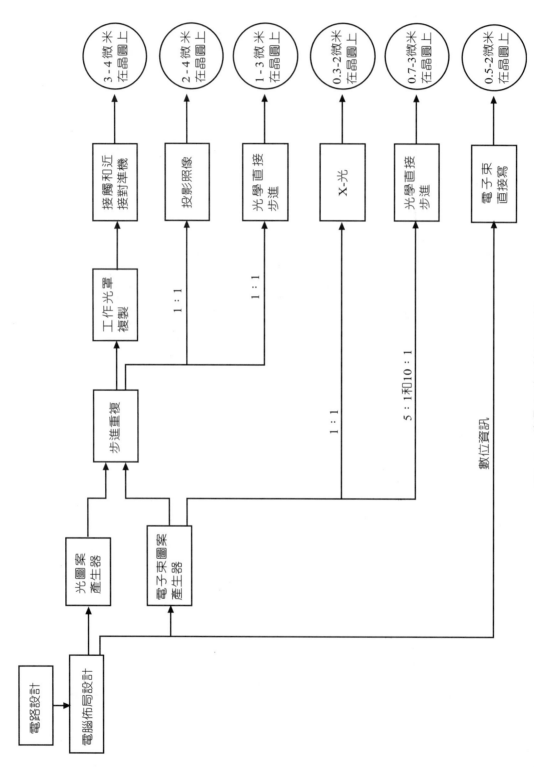

圖3.43　微影照像系統之比較

[資料來源：Bowman, Practical I. C. Fabrication]

其餘三種均要在真空（vacuum）中進行。電子束和離子束是用寫的，不需要光罩，離子束聚焦最好。極小特徵尺寸（minimum feature size）對MOSFET而言，為電晶體的閘極（gate）長度或通道長度。

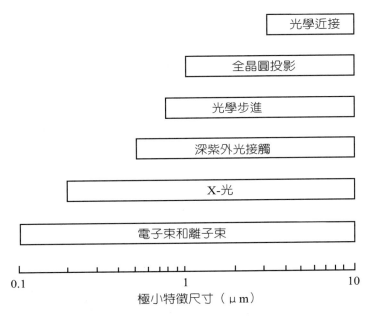

圖3.44　各種照像技術的解析度比較

表3.3　微影照像技術的比較

技　　　術	優　　　點	缺　　　點
接觸照像	不貴、低維修、高產率	傷害光罩、高缺陷
近接照像	不貴、小光罩傷害、高產率、好焦距深度	需定期調整、解析度有極限
掃描投影	解析度好、光罩壽命長、低缺陷	貴、需定期調整、對溫度敏感、對振動敏感、只整體對準
光學直接步進	解析度很好、低缺陷、光罩壽命長、對準好	很貴、需特別光罩、失真／步進錯誤、需環境控制
電子束	解析度極好、不需光罩、很低照像缺陷、圖案變通性大	很貴、低產率、需特別光阻、系統很複雜
X光	解析度極好、高產率	需特別光罩、需特別阻劑、只整體對準

表3.4　0.13微米世代的各種微影技術比較

	光學式 248/193奈米	角度散射極限 之投影式 電子束*	離子束	X－光	極遠紫外光**
光罩	4倍	4倍	4倍	1倍	4倍
	光學近接效應校正	無需校正	光學近接效應校正	光學近接效應校正	光學近接效應校正
	穿透式	穿透式	模板印刷	穿透式	反射式
光阻	單層、光酸催化	單層、光酸催化	單層或多層	單層、光酸催化	表面影像技術
曝光工具	雷射源	燈絲源	多尖端源	同步輻射源	雷射電漿源
	繞射極限	無繞射極限	無繞射極限	繞射極限	繞射極限
	折射光學	折射光學	全區域折射光學	無光學系統	折射光學
	步進及掃描	步進及掃描	步進機	步進及掃描	步進及掃描
產出速率 片／小時	25（193奈米）	30－35	30	30	20－30

[資料來源：郭政達，毫微米通訊]
*只有小角度的電子束才可達到晶圓，可提升解析度。
**波長約10-20nm。

　　一個準分子雷射（excimer laser）系統，如圖3.45所示。其結構主要包括釋放腔、金屬氟化物捕捉系統、電能傳輸系統、光學共振器、控制及真空泵（vacuum pump）等。內鎖（interlock）、繼電器（relay，也稱電驛，一種電子控制器件）和緊急關機（emergency off, EMO）為系統故障時的安全機構。閘流管（thyratron）為高能量的電開關和整流器，有三極（triode）、四極（tetrode）或五極（pentode）式，管內充以汞蒸氣和／或氙、氖、氫氣。它和真空管（vacuum tube）不同，不可做為訊號放大之用。雷射重覆率（laser repetition rate）、雷射輸出功率及各種參數調配是最重要的課題。

　　氟化氪（KrF）曝光設備所使用的阻劑（resist）對環境非常敏感，只要污染超過10 ppb就可能嚴重地降低阻劑的效能。這些污染來源包括塗底的六甲基二矽氮烷（HMDS）、光阻去除劑（photoresist stripper）、由清潔劑（detergent）所產生的氨（NH_3）等。

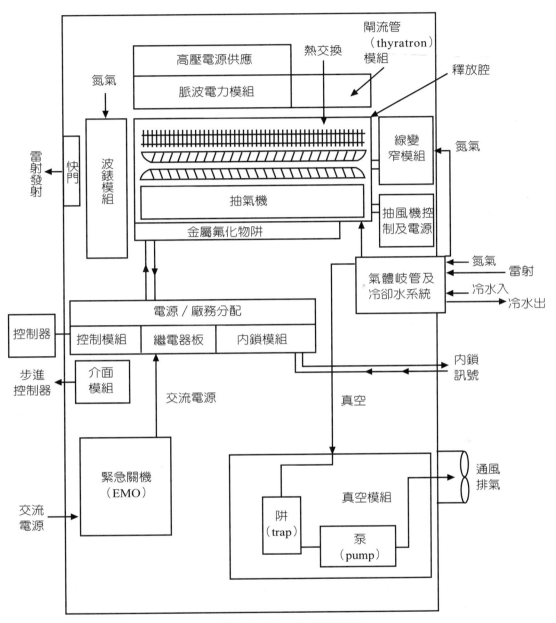

圖3.45　準分子雷射系統示意圖

半導體工業學會（Semiconductor Industry Association, SIA）對微影照像定下的里程碑（roadmap），如表3.5所列。特徵尺寸（feature size）至0.25μm以下，準分子雷射為最適合的光源。

表3.5　半導體工業協會里程碑所顯示之臨界層微影需求

	1997	1999	2001	2003	2006	2009	2012
特徵尺寸（nm）	250	180	150	130	100	70	50
DRAM（位元）	64 M	1G	─	4G	16G	64G	256G
晶片尺寸（mm^2）	22×22	25×32	25×34	25×36	25×40	25×44	25×52
關鍵尺寸均勻度（nm）	20	14	12	10	7	5	4
焦距深度（μm）	0.8	0.7	0.6	0.6	0.5	0.5	0.5
產品覆蓋（nm, 3σ）	85	65	55	45	35	25	20
缺陷密度（m^{-2}）	100 @80	80 @6	70 @50	60 @40	50 @30	40 @20	30 @15
光罩尺寸（mm^2）	152	152	230	230	230	230	230

[資料來源：邱燦賓，電子月刊]

σ 為標準偏差（standard deviation），每一個資料偏離平均值的量。$\sigma = \sqrt{\dfrac{1}{N}\sum_{i=1}^{N}(x_i - \bar{x})^2}$，通常以幾個 σ 表示信心範圍：σ：68.3%, 2σ：95.4%, 3σ：99.7%。

3.7　參考書目

1. 丁志華，以二氧化矽薄膜降低電子束近接效應，毫微米通訊，六卷一期，pp. 41～43，1999。

2. 丁志華等，X光光罩吸收劑材料之評估，毫微米通訊，五卷二期，pp. 28～32，1998。

3. 邱燦賓，光學微影設備，電子月刊，四卷九期，pp. 71～81，1998。

4. 柯富祥、蔡輝嘉，積體電路製程用光阻的發展現況，電子月刊，五卷一期，pp. 92～102，1999。

5. 柯富祥等，修飾電子束阻劑的膜特性及熱分析(一)，毫微米通訊，七卷二期，pp. 31～35，2000。

6. 施錫龍，準分子雷射晶圓步進機及其製程，毫微米通訊，三卷一期，pp. 13～17，1996。

7. 唐光亞，談0.18微米以下ULSI製程的光罩技術，電子月刊，五卷十二期，pp. 120～125，1999。

8. 郭政達，前瞻微影技術簡介，毫微米通訊，五卷二期，pp. 26～27，1998。

9. 郭政達，LEICA EBML 300電子束直寫對準原理及記號辨識簡介，毫微米通

訊，七卷一期，pp. 24～27，2000。

10.張勁燕，電子材料，第二章，2008四版，五南。

11.許世欣，深紫外光微影系統蔚為主流，電子月刊，五卷十一期，pp. 206～208，1999。

12.許進財等，電子束微影系統Leica WEPRINT 200簡介，毫微米通訊，七卷二期，pp. 36～39，2000。

13.莊達人，VLSI製造技術，第七章，高立，1994。

14.楊金成等，金屬雜質於DUV光阻中擴散及吸附行為之研究（I），毫微米通訊，六卷四期，pp. 18～24，1999。

15.楊金成等，金屬雜質於DUV光阻中擴散及吸附行為之研究（II），毫微米通訊，七卷一期，pp. 18～23，2000。

16.廖明吉，積體電路之微影技術的延伸及極限，電子月刊，五卷三期，pp. 112～118，1999。

17.劉臺徽（譯），準分子雷射（Excimer Laser）用光阻劑，電子材料，pp. 129～133，1998。

18. M. Op de Beeck et al., How to Use DUV BARCs over Topogrophy, pp.13～20, Microlithograply World, Summer, 1998.

19.R. R. Bowman et al., Practical Integrated Circuit Fabrication, ch. 7, 學風。

20.C. Y. Chang and S. M. Sze, ULSI Technology, 1996, ch. 6, McGraw Hill, 新月。

21.R. DeJule, Optical Lithography 100 nm and Beyond, pp.78～84, Semiconductor International, Sept., 1998.

22.B. J. Grenon, Mask Technology Challenges and 230-mm Reticles, pp. 46～50, Solid State Technology, Aug., 1998.

23.Lambda Physik, Progress towards sub-100 nm lithography at MIT's Lincoln Laboratory, pp. 1～6, Publication by Lambda Physik, July, 1998.

24.C. A. Mack, Pitch： The Other Resolution Limit, pp. 23～24, Microlithography World, Summer, 1998.

25.M. Madou, Fundamentals of Microfabrication, 1997, ch. 1 , CRC Press，高立。

26.M Op de Beech, et al., How to use DUV BARCs over Topography, pp. 13～20, Microlithography World, Summer, 1998.

27.L. Peteoson et al., Photosensitive Polyimide Lithography, pp. 3～10, Microlithography World, Summer, 1998.

28.W. R. Runyan and K. E. Bean, Semiconductor Integrated Circuit Processing

Technology, 1990, ch. 5, Addison-Wesley，全民。

29.Semiconductor International, Photostabilization： Illuminating Photoresist Treatment, 1999.

30.S. M. Sze, Semiconductor Devices Physics and Technology, 1985, ch.11. 2～11.3, John Wiley and Sons，歐亞。

31.S. M. Sze, VLSI Technology 1st ed., 1983, ch. 7, McGraw Hill，中央。

32.S. Wolf and R. N. Tauber, Silicon Processing for the VLSI Era, vol. 1, chs 5, 12～14, Lattice Press，滄海，1986。

3.8 習 題

1. 試比較三種光學微影照像：接觸、近接和投影之異同。
2. 試比較紫外光、電子束、X-光、離子束對微影照像操作和解析度之區別。
3. 試述光罩對準儀之構造及成像機制，及安全警戒。
4. 試述步進照像機及掃描步進照像機之構造及成像機制。
5. 試述準分子雷射照像之機制。
6. 試述步進照像機中的縮小投影透鏡之構造及作用。
7. 試比較折射光學和全反折射光學的結構及作用之異同。
8. 試述繞射效用，降低方法或有無其他副作用。
9. 試述駐波效用，降低方法或有無其他副作用。
10. 試述晶圓上高地形對微影照像的影響。
11. 試簡述以下各名詞之作用或構造：(a)fly eye lens，(b)mega frost wafer，(c)pellicle，(d)reticle，(e)splitfield microscope，(f)dose，(g)revolver，(h)turret，(i)wafer chuck，(j)micro-manipulator，(k)汞氙燈（Hg/Xe lamp）。
12. 試述以下各名詞之作用：(a)numerical aperture，(b)depth of focus，(c)瞳孔，(d)共軛平面，(e)光圈，(f)十字線對準記號（cross hair alignment mark），(g)暗視野（dark field）。
13. 試述以下各機器（零件）之作用：(a)反射頻譜儀（reflection spectrometer），(b)穿透（transmission）從背面對準（back surface alignment, BSA），(c)He/Ne laser，(d)raster scan，(e)顯影劑噴灑機（spray developer），(f)金吸收劑（Au absorber）。

第 **4** 章　化學氣相沉積爐

4.1　緒　論

　　化學氣相沉積（chemical vapor deposition, CVD）是將反應氣體導入高溫爐，和晶圓發生某種化學作用，在晶圓表面沉積一層薄膜。傳統的CVD用於生長SiO_2、Si_3N_4、氮氧化矽（SiON）或多晶矽（polycrystalline silicon）。近來也有利用CVD生長金屬層，如W、Ti、Cu、Al，生長阻障層如TiN、TaN等，生長高介電常數材料鈦酸鋇鍶（$BaSrTiO_x$, BST）等，生長鐵電材料如鉭酸鉍鍶（$SrBiTaO_x$, SBT）等，生長低介電常數的摻氟的氧化矽（SiOF）等等。

　　CVD沉積爐，傳統式的有常壓式（APCVD）、低壓式（LPCVD）和電漿加強式（PECVD）。而III-V化合物半導體專用的為MOCVD，近來有用以微波電源產生高密度電漿製作的電子迴旋共振式（ECR CVD）等型式。以鎢鹵素燈加熱的快速CVD（RT CVD）以及光CVD、極高真空CVD、混合能源CVD等等。反應爐有水平式、垂直式、桶狀式等多種型式。

　　一般而言CVD需要380-440V，3相4線或5線電源，有高達84-100 KW的功率消耗，溫度以矽控整流器（SCR）控制。加熱方式有輻射加熱，射頻感應加熱或電阻式加熱。CVD製程皆需安全考慮，製程用矽甲烷（SiH_4）會燃燒，而且沒有滅火的材料。有些危險氣體會溶解，或和真空油起反應，使油含毒性。製程氣體和空氣反應生成固體物，會阻塞管路或質流控制器（MFC）。

　　化學氣相沉積的主要要求是在一可接受的基座溫度，系統的殘餘物不傷害到晶圓表層。有害的物質，例如碳的導入可能會摻入化合物半導體，或在矽表面生成SiC的晶體。CVD有可逆的化學反應，如以$SiCl_4$加Cl_2製Si時可以先通Cl_2以清潔矽晶圓表面。CVD也有二項缺點，第一是需要高溫以分解分子，因而影響摻質的重新分佈或向外擴散。第二是不易使成分濃度陡峭改變。分子束磊晶（molecular beam epitaxy, MBE）則無此二種缺點。

4.2　常壓化學氣相沉積爐

　　常壓化學氣相沉積（atmospheric pressure CVD, APCVD），如圖4.1所示。將矽晶圓樣品放在輸送帶（conveyor belt）上，反應氣體通入反應器的中央部分，二端以惰性的氮氣罩住。樣品以對流（convection）方式加熱。產率大，但氮氣消耗量也非常大。APCVD容易遭受氣相反應，沉積膜的梯階覆蓋（step coverage）差。目前APCVD主要用來做低溫氧化物（low temperature oxide, LTO）的沉積。

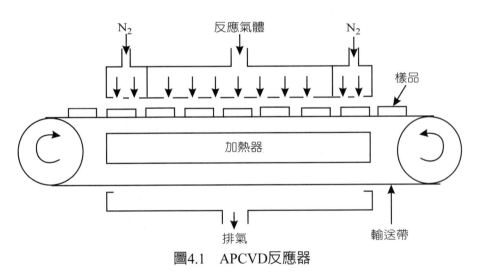

圖4.1　APCVD反應器

[資料來源：Sze, VLSI Technology]

　　幾種常用的APCVD，如圖4.2所示。圖4.2(a)為一水平式APCVD，晶圓放在固定的水平石英板上面，氣流和晶圓表面平行。晶圓架稍微傾斜，目的為得較為均勻的沉積。反應氣體計量後，由一端送入，未用完的氣體或副產物（by-product）氣體從另一端抽走。熱能以輻射熱從繞在石英管上的電阻加熱線圈提供。此系統可沉積多晶矽和SiO_2，但產率低、均勻度差、有微塵污染，因此很少用於VLSI製造。圖

4.2(b)和圖4.2(c)為連續製程APCVD,最常用來沉積低溫SiO$_2$膜,晶圓移動是用傳送帶或移動板帶動。圖4.2(b)二種反應氣體以冷氮氣覆蓋的噴孔噴出,二反應氣體之間以惰性氣體分隔開,圖4.2(c)反應氣體充滿於一限制的空間。二端以惰性氣體覆蓋,以免反應氣體和空氣中的氧起作用。APCVD工作時,沉積膜也會落在傳送板或輸送帶上,所以需要經常清洗系統,氣體噴孔的耗損率也相當大。

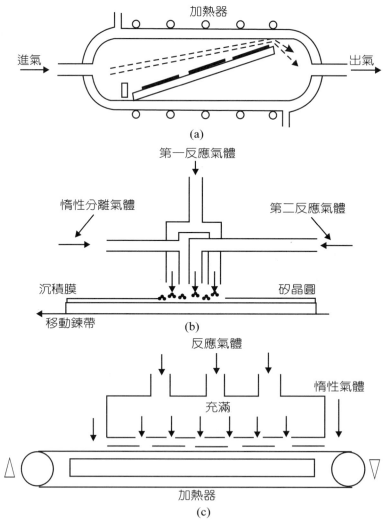

圖4.2　(a)水平管APCVD反應器,(b)氣體注入式APCVD反應器,(c)充滿式APCVD反應器
[資料來源:Hammond, 固態科技期刊(Solid State Technology)]

　　在一大氣壓或稍微降壓〔±100～10千帕（KPa）〕的CVD，主要用來作矽和化合物半導體如GaAs、InP和HgCdTe的磊晶膜（單結晶），以及高速率沉積SiO$_2$膜，此種以SiH$_4$和O$_2$在低溫300-450℃反應的反應式稱為低溫氧化（low temperature oxidation, LTO）。在矽和化合物半導體的磊晶製程以及氣相磊晶（vapor phase epitaxy, VPE）溫度分別為850℃以上，或400-800℃。此APCVD反應器的牆，典型地要冷卻，以使因沉積在牆上的微塵和雜質造成的難題降為極小。此種反應器，如圖4.3所示。晶圓底部加熱，為提升沉積物和晶圓的附著力。

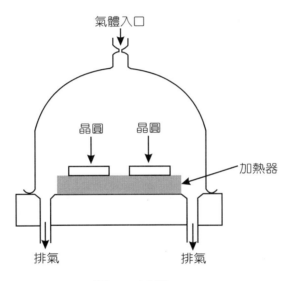

氣體入口

晶圓　　晶圓

加熱器

排氣　　　　　排氣

圖4.3　冷牆APCVD

[資料來源：Madou, Microfabrication]

　　APCVD和低溫CVD可以利用四乙烷基氧矽甲烷（TEOS, Si(OC$_2$H$_5$)$_4$）和臭氧（ozone, O$_3$），可生長氧化物膜。同形（conformal，或稱順應）、低黏滯度（viscosity）、梯階角可以用O$_3$濃度控制，如圖4.4所示。液態有機物三甲基氧磷（TMOP, P(OCH$_3$)$_3$）或三乙烷基硼（TEB, B(C$_2$H$_5$)$_3$）可作為摻質源，如O$_3$-TEOS作用則生成無摻質矽酸鹽玻璃（non-doped silicate glass, NSG），如O$_3$-TEOS-TMOP-TEB作用則生成硼磷矽酸鹽玻璃（BPSG）。可以做次微米（submicron）高深寬比（aspect ratio）的填洞、中間絕緣層、自行平坦化等作用。在此系統，以N$_2$為載送氣體，分散頭將液態源材料及其蒸氣散開，以提高均勻度（uniformity）。

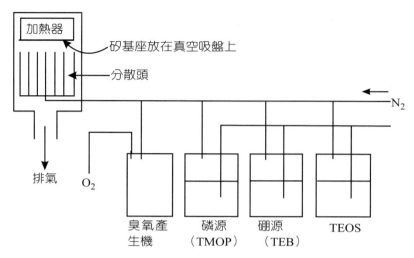

圖4.4　O₃-TEOS CVD系統的概略圖

[資料來源：Chang and Sze, ULSI Technology]

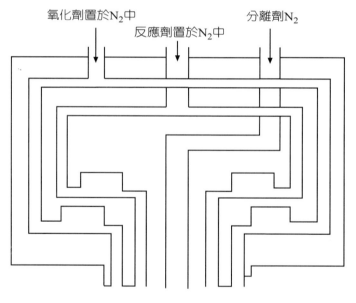

圖4.5　WJ　APCVD的噴氣分離器

　　一個沃特金斯－強生（Watkins-Johnson）的APCVD用的噴氣分離器，如圖4.5所示。它的特徵是控制氣體的擴散混合，使氣相反應降為極小。以N_2將O_2和反應氣體隔開，使反應在晶圓表面發生。可得到高品質的膜、低微塵。

　　圖4.6所示為一平床反應爐式APCVD。製程於沉積區完成，加熱區分三段，有

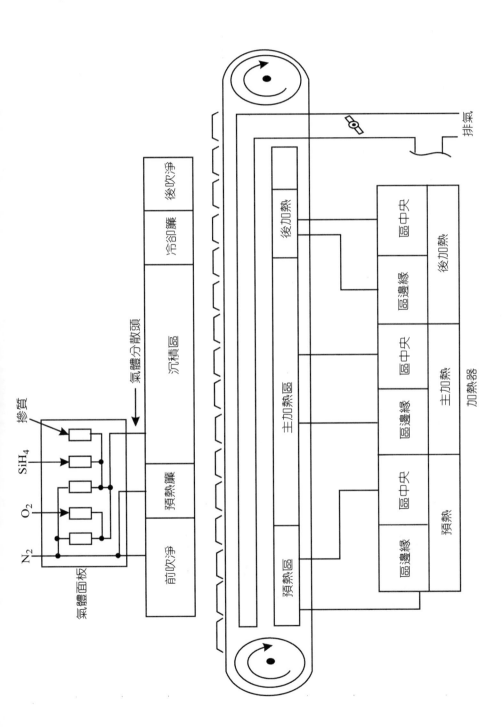

圖4.6 平床APCVD反應爐

[資料來源：應用材料（Applied Materials）]

輸送帶。圖4.7所示為一水平板APCVD反應爐。晶圓靜置於承載器上，溫度控制比較容易。此二圖更詳細地敘述了反應爐的構造。

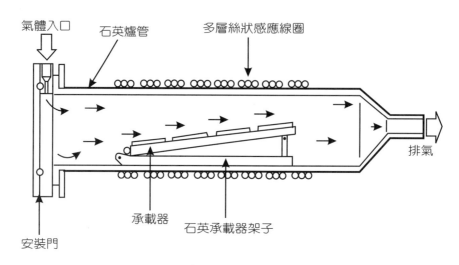

圖4.7　水平板APCVD反應爐

[資料來源：應用材料（Applied Materials）]

4.3　低壓化學氣相沉積爐

　　一個熱牆低壓的化學氣相沉積（LPCVD）爐，如圖4.8所示。此LPCVD系統用以沉積多晶矽、SiO_2和Si_3N_4。反應器以石英爐管，三加熱區，晶圓放於爐內，裝／卸門關閉，抽真空（evacuate）。反應氣體由一端導入，由另一端將未反應的氣體抽出。真空泵可以用路茲泵（Roots blower），壓力大約為30～250帕（Pascal）（0.25～2.0托爾（torr）），溫度在300-900℃，氣流在100～1000每分鐘立方公分（sccm）。感測器可以為測量真空（壓力）、溫度或氣體流速的型式。晶圓直立，放置於石英晶舟（quartz boat）之上，垂直氣流方向，每批可製50～200片晶圓。

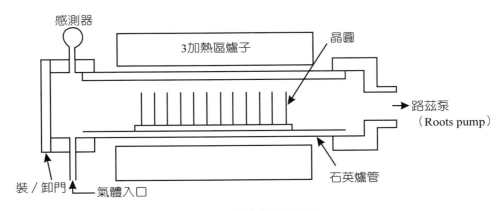

圖4.8　LPCVD系統的概略圖

[資料來源：Sze, VLSI Technology]

　　氣體壓力低，膜的成長為表面反應速率限制，而不是受傳送到基座的質流速率限制。表面反應速率對溫度敏感，但溫度比較容易控制。典型地反應物不需稀釋。LPCVD可得均勻、梯階覆蓋（step coverage）好、污染少的薄膜。

　　二個大容量、熱牆LPCVD，如圖4.9或圖4.10所示。氣體在晶圓的間隔或晶圓和沉積反應室的間隔，作強迫對流，沉積膜的品質均勻。冷凍陷阱（cold trap）內灌液態氮（liquid nitrogen, LN$_2$），以協助抽真空。調壓器（pressure regulator）的右耳顯示鋼瓶內氣體含量，左耳顯示調降後通入反應爐的氣體壓力。

　　一般而言，此類反應爐的沉積速率在氣體入口端較高。加氧到反應氣體中，此效用會降低。因為氧有高反應性，會增加入口的反應速率，而使反應物空乏。

　　圖4.11所示為早期交大半導中心的LPCVD系統，用以沉積摻磷的多晶矽。如要製Si$_3$N$_4$則氣體中的SiH$_4$和PH$_3$改為SiH$_2$Cl$_2$和NH$_3$。N$_2$是用來吹淨（purge）爐管，HCl用以除去N$_2$無法吹淨的污染物。因為製程氣體可能有酸性、鹼性或腐蝕性，真空泵（vacuum pump）的材質必須能承受這些的侵蝕。熱偶用以測真空度。

　　為了確保LPCVD的製程安全，沉積製程之前要先經過抽氣、吹淨和測漏（leak test）等步驟，反應氣體以斜坡（ramp）漸進增加的方式通入。其流程如圖4.12所示。製程完成後，也要先抽掉未反應的氣體，才可破真空（back fill），取出晶圓。

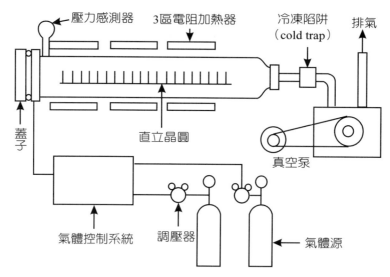

圖4.9 熱牆LPCVD爐的概略圖

[資料來源：Chang and Sze, ULSI Technology]

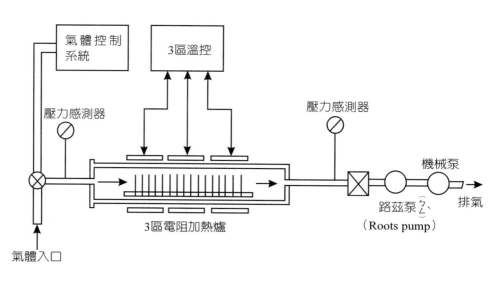

圖4.10 LPCVD系統

[資料來源：Bowman et al., Practical I. C. Fabrication]

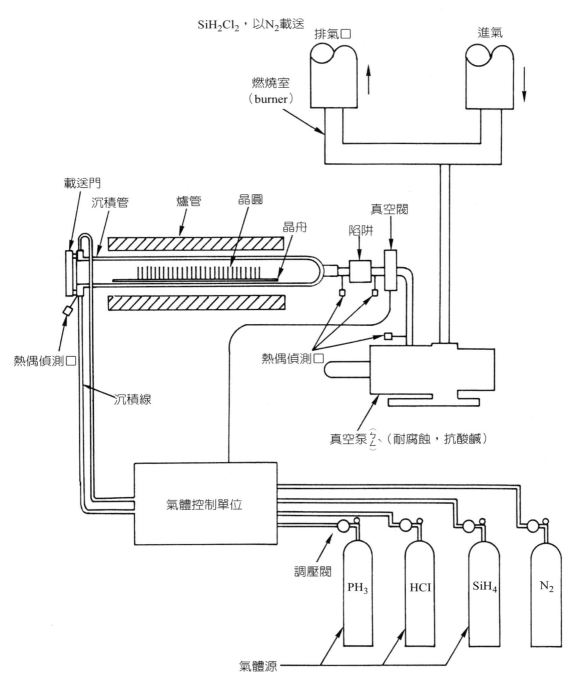

圖4.11　複晶矽LPCVD系統

[資料來源：交大半導體中心]

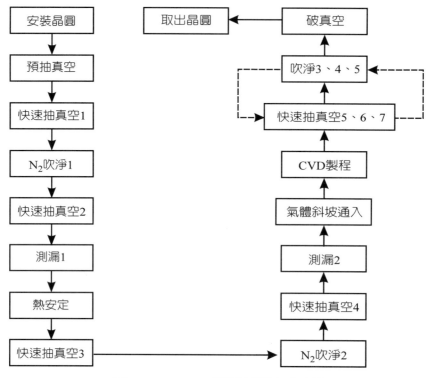

圖4.12　LPCVD確保製程安全步驟

　　近來為配合製程的自動化（automation），一個Thermco公司的垂直LPCVD系統，如圖4.13所示。溫度控制以R型熱電偶（thermocouples，鉑－鉑銠（13%）可測溫度達1600℃），提供溫度控制在±1.0℃，溫度在500～1000℃，管路經電解拋光（electro-polishing），氦氣測漏到（helium leak test）10^{-4} cc/min，壓力於30磅／平方吋（psi）、8小時。真空以電容式壓力計（capacitance manometer）測量。氣體櫃（gas cabinet）的主要零組件有質流控制器（mass flow controller, MFC）、流動開關（flow switch）、整流閥或逆止閥（check valve）和過濾器（filter）等。

　　因為爐管可能污染晶圓，一個懸桁式（cantilever）LPCVD，如圖4.14所示，可以減少微塵的污染。也有連鎖裝置（interlock）和電眼（electric eye）避免操作錯誤。懸桁式也可適用於PECVD系統。

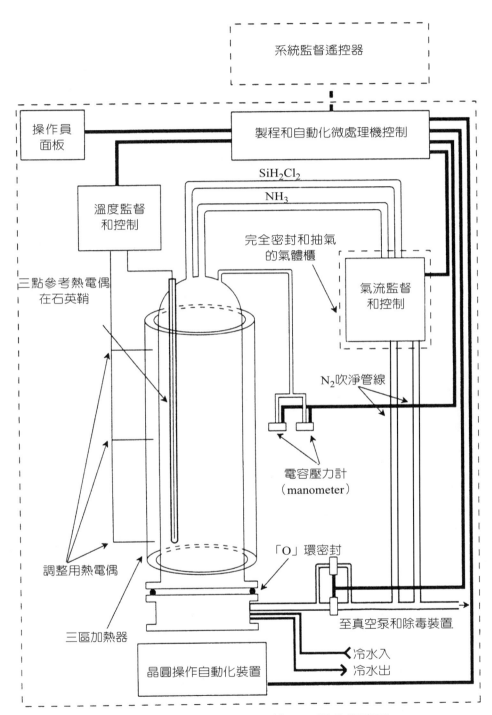

圖4.13　垂直LPCVD，沉積Si$_3$N$_4$膜的概略圖

[資料來源：Thermco]

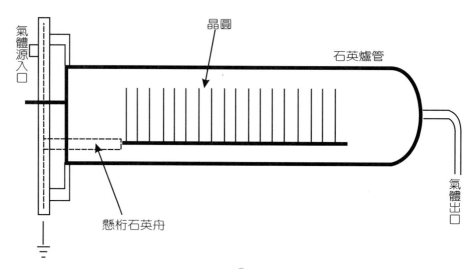

圖4.14　懸桁式 LPCVD系統

[資料來源：Chang and Sze, ULSI Technology]

LPCVD使用到許多危險的氣體，有毒（poisonous）、自燃（pyrophoric）、可燃（flammable）、爆炸（explosive）、腐蝕性（corrosive）和各種危險的集大成。因此安全考慮要格外注意。使用SiH_4時之安全對策，如圖4.15所示。SiH_4氣體外洩時以噴水吸收，著火或爆炸分別由感知器偵測警示。CVD系統的除毒裝置（scrubber），如圖4.16所示。廢氣經過三道液體吸收和過濾，如果過除不去，就把它燒掉。

為了確保LPCVD的製程安全，一個廢氣燃燒系統，如圖4.17所示。當可燃氣體進入此系統，交流電源同步開啟，對RC電路充電，使雙向二極體（diac）導通，再使矽控整流器（SCR）導通，然後升高電壓100倍，最後以火花點火，引燃廢氣，將其燃燒，以斷絕危險的發生。

4.4　電漿加強化學氣相反應爐

PECVD的基本構造為二金屬電極板，13.56 MHz的射頻（radio frequency, RF）電源加到其中之一電極板，藉由交流電使二電極板間之自由電子產生震盪，而撞擊

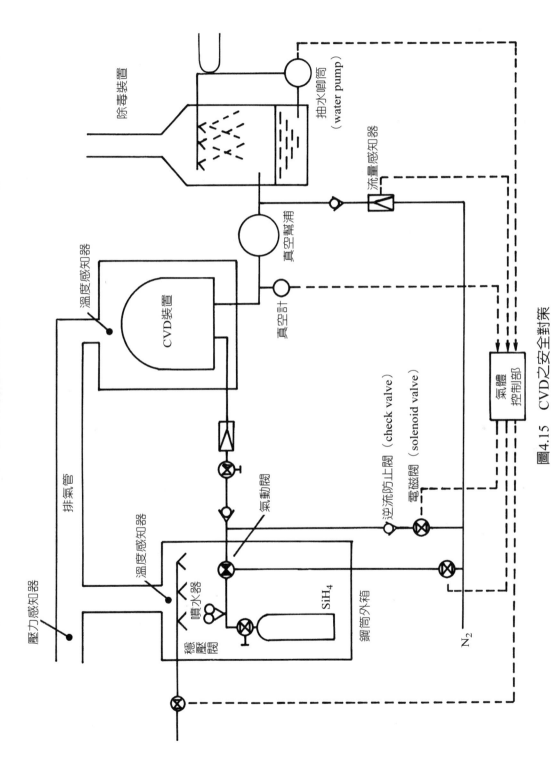

圖4.15　CVD之安全對策

[資料來源：張勁燕，半導體廠務設施之教學研究]

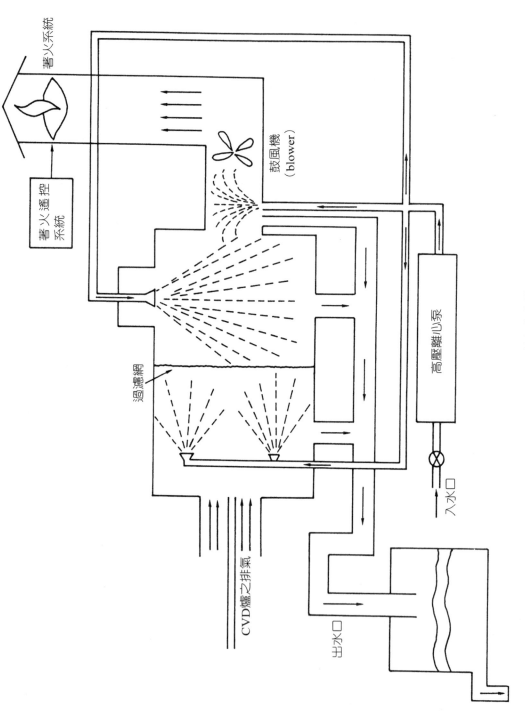

圖4.16　CVD系統除毒裝置

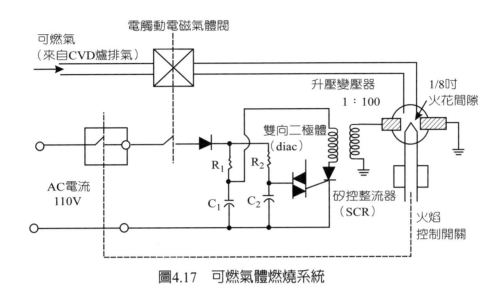

圖4.17 可燃氣體燃燒系統

反應室之氣體，使其游離，並因碰撞時能量之移轉而產生大量之活性基（radical，如CH_3、SiH_3、CF_3）。PECVD的解離度只有10^{-6}～10^{-4}，電子能量約1-12 eV。電子溫度高，約為10^4～10^5K，是提供電漿反應之關鍵，因碰撞而帶高能量之活性基，為化學反應之主要來源。高能電子和離子復合（recombination）而釋放之光子（photon）是電漿產生之表徵。電漿之生成與否，主要決定於氣體壓力和二電極板間距之乘積。其構造的基本形式，如圖4.18所示。圖4.18(a)為電容偶合（capacitively coupling），平行板放射狀反應器。圖4.18(b)為電容偶合，平行板管式反應器。圖4.18(c)為電感偶合（inductively coupling），垂直反應器，外線圈自沉積區移出。圖4.18(d)為電感偶合水平反應器，沉積區在光輝放電區內。一個PECVD系統的概略圖，如圖4.19所示。抽真空以機械式泵和路茲泵二階段完成。

　　一放射狀流動、平行板、電漿加強的CVD反應爐，如圖4.20所示。反應室是一圓柱體，玻璃或鋁材質，上下放有鋁板做為電極（electrode）。晶圓放在下電極之上，並接地。一射頻（radio frequency, 13.56 MHz）電壓加在上電極，以在二電極板之間造成光輝放電。氣體以放射狀流動，經過放電區。以機械泵（mechanical pump）和路茲泵（Roots pump, Roots blower）抽走氣體。接地的電極是以電阻加熱器或高強度燈加熱到100～400℃。可以沉積SiO_2、Si_3N_4、SiON、磷矽玻璃（PSG,

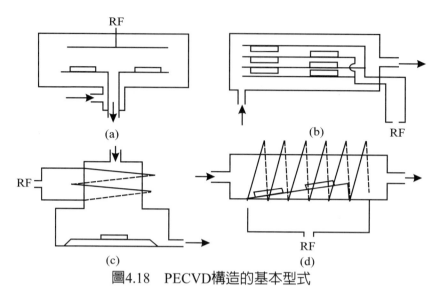

圖4.18　PECVD構造的基本型式

[資料來源：游萃蓉，科儀新知]

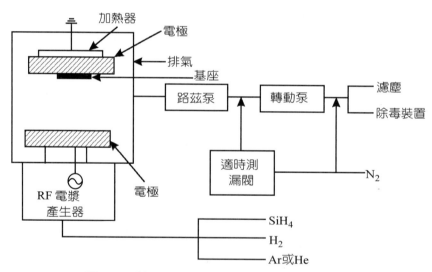

圖4.19　簡單的PECVD系統概略圖

[資料來源：游萃蓉，科儀新知]

phosphosilicate glass）等介電質及多晶矽。此爐之缺點為容量不大，晶圓裝／卸費時，易受污染。一熱牆電漿加強沉積爐，如圖4.20(b)所示。晶圓直立的放置於石英爐管中，和氣流平行。電極為石墨或鋁板。在電極之間產生放電。此反應爐的優點是容量大，沉積溫度低，缺點是電極會造成微塵，晶圓的裝／卸費時。

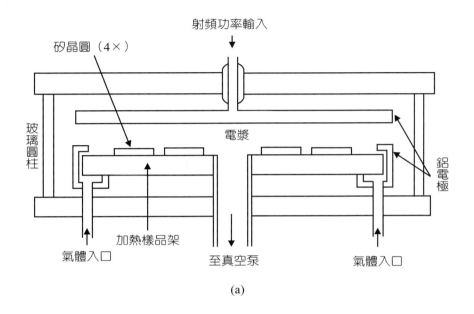

(a)

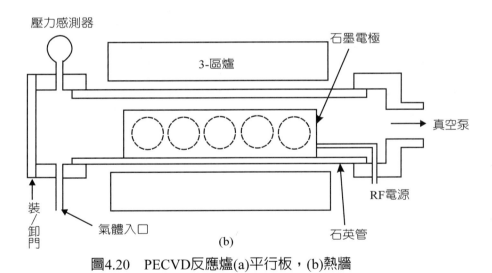

(b)

圖4.20　PECVD反應爐(a)平行板，(b)熱牆

[資料來源：Sze, VLSI Technology]

　　另一個放射狀氣流的平行板PECVD系統，如圖4.21所示，此圖顯示氣體流動的路徑。電極距離為5～10公分，工作壓力為0.1～5托爾（torr）。正確地平衡電漿密度和氣流，可得均勻的沉積膜。PECVD也有單片晶圓（single wafer）反應方式的。如圖4.22所示，輻射加熱透過石英窗使晶圓加熱以完成反應，RF電極（electrode）

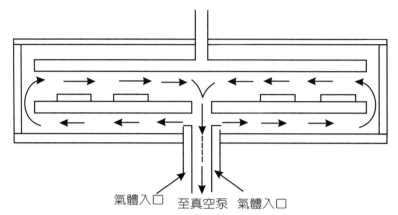

氣體入口　至真空泵　氣體入口

圖4.21　輻射狀氣流PECVD反應爐（雷恩伯格（Reinberg）設計）

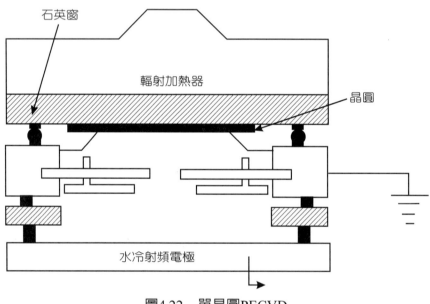

圖4.22　單晶圓PECVD

[資料來源：CVD Spectrum, Inc.]

並以水冷卻。此種快速加熱式將於4.5節詳細敘述。

　　一個多數平行板反應爐，如圖4.23所示。晶圓放在石墨電極之間，在電極間製造電漿，可確定沉積的均勻度。因為晶圓直立，可減少微塵之附著。製程裝／卸時，石墨組件是整件放入和取出的。裝／卸時要仔細，勿使晶圓落塵。

　　一管式PECVD反應爐，如圖4.24所示。調節加熱器造成一溫度斜坡，可以提高

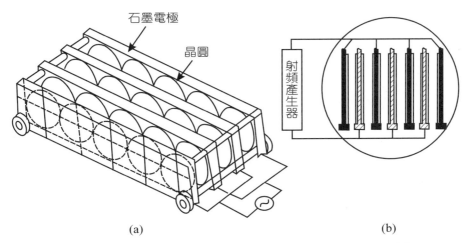

(a)   (b)

圖4.23 (a)多平行板PECVD系統，(b)電極組件和晶圓的剖面

[資料來源：固態科技期刊（Solid State Technology）]

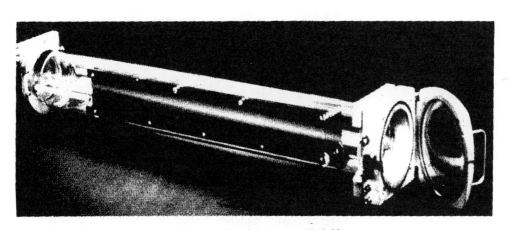

圖4.24 管式PECVD反應爐

[資料來源：美國西太平洋公司（Pacific Western Systems）]

沉積膜的均勻度。以脈波控制電漿，使新鮮的反應氣體適時充入爐管，並取代用過的氣體，也可提高均勻度。有些管式PECVD有石英外管，以維持真空完整，不需經常清洗，另有石英襯裡管，可以方便取出清洗。

　　一個PECVD系統，晶圓承載器（wafer susceptor）利用磁力轉動，如圖4.25所示。射頻感應的電漿將能量移轉到反應氣體，使基座可以在較低溫度完成反應。晶圓放在接地電極，使其遭受高能量的轟擊較少。

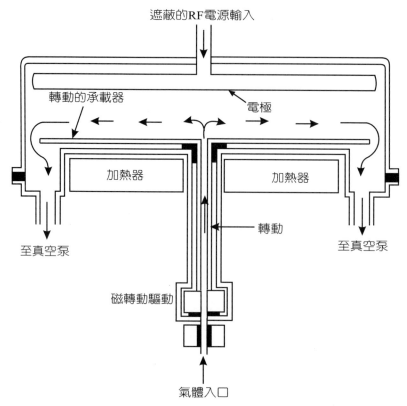

遮蔽的RF電源輸入

轉動的承載器

電極

加熱器

加熱器

至真空泵

轉動

至真空泵

磁轉動驅動

氣體入口

圖4.25　PECVD反應爐、晶圓承載器可以轉動

[資料來源：應用材料（Applied Materials）]

　　一個商用的PECVD系統，如圖4.26所示，氣體岐管（manifold）有自動流速控制。壓力（即真空）有精密的控制系統，包括閥（valve）、開關和感測器。

　　PECVD以TEOS成長SiO_2的同時，內部摻入含氟物質，生成SiOF的低介電常數材料（low dielectric constant material, low k），此類材料和以旋轉塗佈製作的含甲基的矽酸鹽（methyl sequioxane, MSQ），含氫的矽酸鹽（hydrogen silsesquioxane, HSQ）等，最小介電常數為2.6～2.8，非常符合ULSI的製程需求。低介電常數材料另一種製法為氣相沉積，可製作聚對二甲苯（parylene）、鐵弗龍（teflon）等。

　　在PECVD系統，電源電極和接地電極的電位，相對於電漿大致是相等。射頻調節網路通常是利用電感，將電源電極旁路（shunt）到接地電極。接地阻止電源電極產生一自我偏壓（self bias），因此使電漿和電源及接地電極之間維持大致相等的電位。平行板反應爐的牆是用石英、陶瓷或在鋼上敷蓋氧化鋁，使它們相對於電漿能

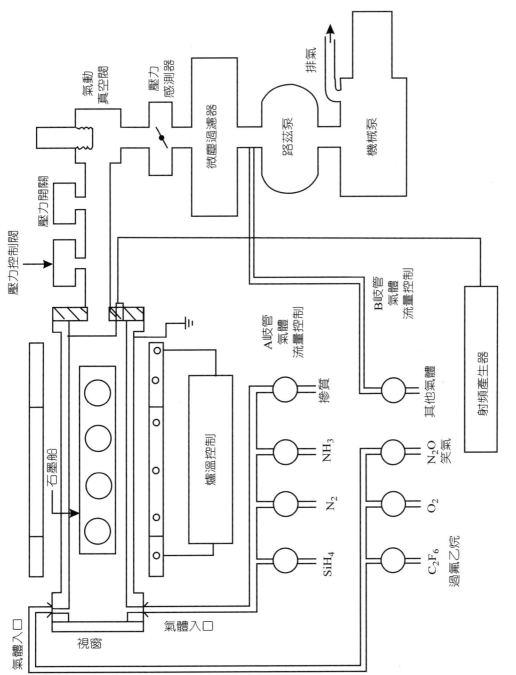

圖4.26 商用PECVD系統

[資料來源：西太平洋公司（Pacific Western Systems）]

維持一漂浮電位（floating potential）。這可以減少牆的轟擊（bombardment）和濺擊（sputtering），降低沉積膜的污染。較低的功率密度、較高的壓力、較高的基座溫度（>200℃），使PECVD比濺鍍（sputter deposition）遭受的輻射傷害少。因此如化合物半導體等對輻射敏感的基座，可以用PECVD製程，但是PECVD的化學成分比例不夠好，是其一大缺點。

在金屬上敷蓋SiO_2或Si_3N_4，必須使用PECVD，才可能得到熱安定性。PECVD的其他優點為附著性好、針孔（pinhole）密度小、階梯覆蓋（step coverage）好、電性良好，和其他細線圖案移轉製程相容，因此很適於VLSI的應用。

一個PECVD的整體系統，如圖4.27所示。CVD反應爐有矽源（SiH_4、$SiCl_4$）、摻質源（B_2H_6、PH_3、AsH_3），NH_3是用來製造Si_3N_4，以及其他輔助氣體、吹淨用氣體（N_2、HCl）。液態氮可提升純度，氫氧產生機（H_2/O_2 generator）用電化學電解製造氫氣，適於實驗室型反應器。以及射頻產生器、超純水熱交換機、除毒裝置及遙控的燃燒室等。

4.5　進步的化學氣相沉積系統

1. 金屬有機化學氣相沉積

金屬有機化學氣相沉積（metal organic CVD, MOCVD）可以替代鹵素氣相磊晶方式。一MOCVD的反應爐，如圖4.28所示。生長砷化鋁鎵（AlGaAs）使用三甲基鎵（TMGa）或三乙烷基鎵（TEGa, $Ga(C_2H_5)_3$）以提供鎵，三甲基鋁（TMAl）以提共鋁，氫化砷（AsH_3）以提供砷。二乙基鋅（DEZn）做p型摻質用。氫氣做載氣，以感應加熱或輻射加熱砷化鎵基座。化學反應方程式為：

$$x(CH_3)_3Al + (1\text{-}x)(CH_3)_3Ga + AsH_3 \rightarrow Al_xGa_{1-x}As + 3CH_4 \tag{1}$$

$$(CH_3)_3Ga + AsH_3 \rightarrow GaAs + 3CH_4 \tag{2}$$

H_2S是做為n型摻質用，也是用氫氣做載氣。

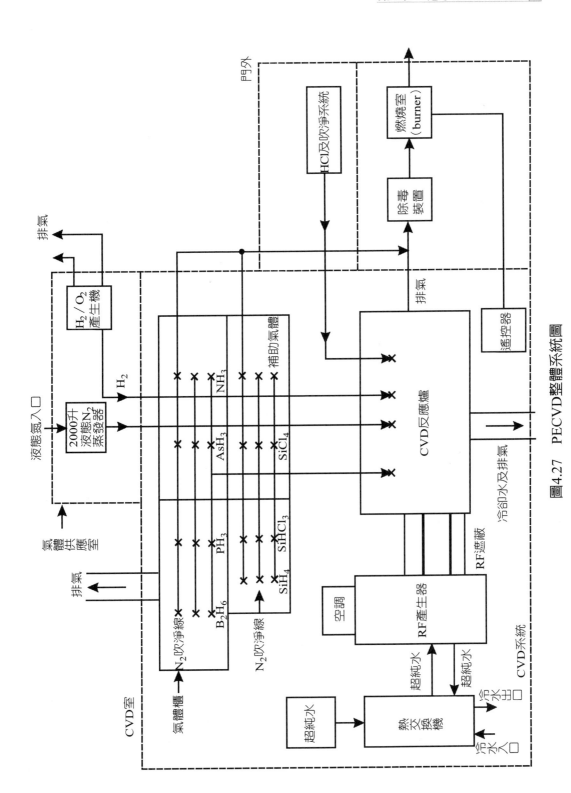

圖4.27 PECVD整體系統圖

[資料來源：交大半導體中心]

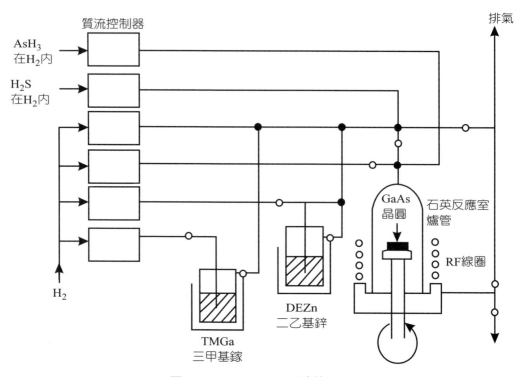

圖4.28　−MOCVD沉積爐的概略圖

　　二個常壓MOCVD系統，如圖4.29和圖4.30所示。它們是用來生長AlGaAs半導體層。摻質氣體為氫化物（hydride，如H_2Se或B_2H_6，有毒），以氫氣（H_2）載送，經質流控制器（MFC）調節後流入。金屬有機物如二乙基鋅（DEZn）、三甲基鎵（TMGa）和三甲基鋁（TMAl）以恆溫加熱槽（thermostat），使其成為蒸氣，在石英反應器中混合而完成化學氣相沉積。硒化氫（H_2Se）為n型摻質源，以H_2為載氣。

　　金屬有機化學氣相沉積爐（MOCVD）也可以用來製造鐵電介電質（ferroelectric dielectric）如鉭酸鉍鍶（SBT, $BiSrTaO_x$）或摻鑭的鈦鋯酸鉛（PLZT, La doped $(Pb(Zr, Ti)O_3)$。以液體金屬有機化合物如五甲基氧鉭酸鹽$Ta_2(OCH_3)_5$（PMOTa），和五乙烷基氧鉭酸鹽$Ta(OC_2H_5)_5$，可製造氧化鉭（Ta_2O_5）高介電常數材料（high dielectric constant material, high K）。利用熱能分解這些金屬有機化合物，反應方程式為：

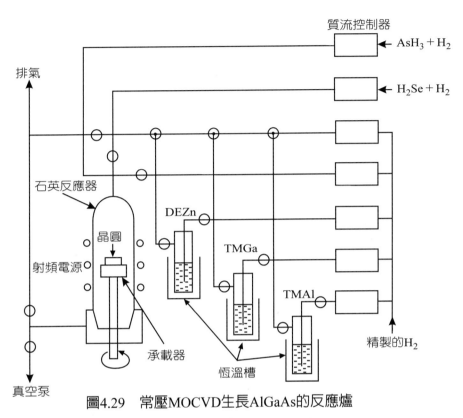

圖4.29　常壓MOCVD生長AlGaAs的反應爐

[資料來源：Dupuis, 美國電話電報公司貝爾實驗室（ATT Bell Labs）]

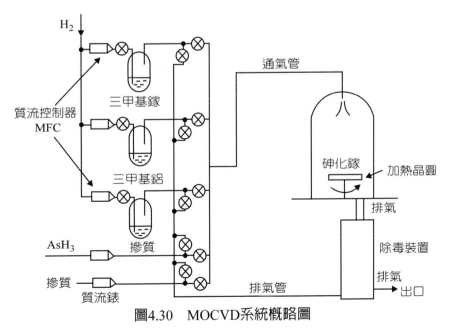

圖4.30　MOCVD系統概略圖

[資料來源：Schumacher, 微電子製造及測試期刊（Microelectronic Manufacturing and Testing）]

$$Ta(OC_2H_5)_5(\ell) \rightarrow Ta(s) + 5OC_2H_5(g) \tag{3}$$

$$2O_2(g) \rightarrow 2O(g) + O_2(g) \tag{4}$$

$$2Ta(s) + 5O(g) \rightarrow Ta_2O_5(s) \tag{5}$$

$$OC_2H_5(g) + O_2(g) \rightarrow CO_2(g), CO(g), H_2O(g), C_2H_4(g), CH_4(g) \tag{6}$$

以有機溶劑四氫呋喃（tetrahydrofuran, THF, $(CH_2)_4O$，無色低黏度液體）CVD製造高介電常數材料鈦酸鋇鍶（$BaSrTiO_3$, BST）的反應爐，如圖4.31所示。Ba、Sr、Ti進入反應爐前各自加四氫呋喃溶液，加壓氣化，通過液體質流控制器（liquid MFC）。此法可於深寬比5的基座上，製造出良好階梯覆蓋的介電質。

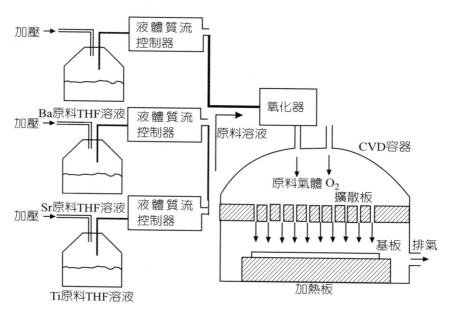

圖4.31 以溶液氧化CVD法製鈦酸鋇鍶薄膜的裝置概略圖

[參考資料：藤田健，半導體世界期刊（Semiconductor World）]

CVD可生長金屬阻障層（barrier layer）氮化鈦（TiN）。無機的TiN使用$TiCl_4$為原料，有機的Ti源使用的前驅物（precursor）為四二甲基胺鈦（TDMAT,$Ti[N(CH_3)_2]_4$和四二乙烷基胺鈦（TDEAT, $Ti[N(C_2H_5)_2]_4$，一個金屬有機CVD系統，如圖4.32所示。此系統包含七個真空腔，晶圓先由真空卡匣升降腔傳到軟濺擊蝕刻腔，以Ar作預清潔，而後再做CVD Ti或CVD TiN。無機TiN的反應方程式為：

$$TiCl_4 + 2H_2 \xrightarrow[\text{電漿}]{650^\circ C} Ti + 4HCl \qquad\qquad (7)$$

$$Ti + 2Si \xrightarrow{650^\circ C} TiSi_2 \qquad\qquad (8)$$

$$2TiCl_4 + 2NH_3 + H_2 \xrightarrow{\hspace{1.5cm}} 2TiN + 8HCl \qquad\qquad (9)$$

　　MOCVD熱解沉積TiN膜，可以用快速熱退火（rapid thermal anneal, RTA）改善品質。導入氨（NH_3），經800℃的處理，電阻率（resistivity）可由6000 Ω-cm降為320 Ω-cm，可降低C和O的含量。

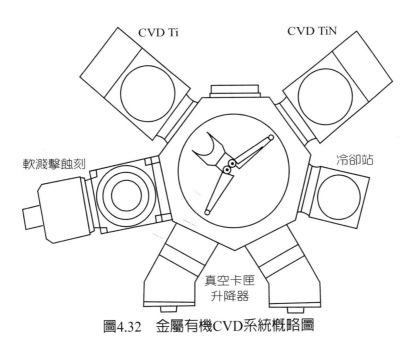

圖4.32　金屬有機CVD系統概略圖

[資料來源：MRC]

　　MOCVD長金屬銅，前驅物以一價的銅Cu(I)、六氟乙醯丙酮（hexafluooacetyacetonate, hfac）、三甲基乙烯基矽甲烷（trimethylvinylsilane, tmvs）、即Cu hfac（tmvs）為主要原料，一反應系統，如圖4.33所示。He為載氣，Ar或H_2協助液態源蒸發。淋浴板（shower）使源材料分布均勻。無機物銅源氯化銅（$CuCl_2$）則因沉積溫度過高，無法用於ULSI製程。

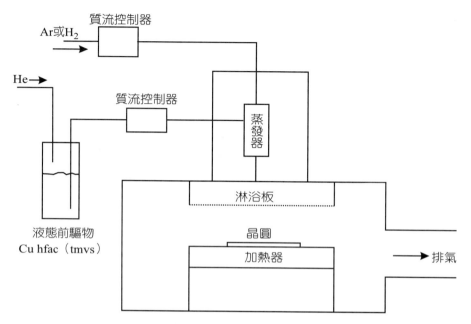

圖4.33　化學氣相沉積銅薄膜之反應系統概略圖

[資料來源：張鼎張等，電子月刊]

鋁的電阻率比鎢低，鋁栓塞（Al-plug）有可能取代鎢栓塞（W-plug）。CVD鋁還沒有商用機型出現，大多為實驗機構式，以氫化二甲基鋁（dimethyl aluminum hydride, DMAH）為前驅物，MOCVD熱分解的裝置，如圖4.34所示。反應方程式為：

$$[(CH_3)_2AlH]_3 \rightarrow Al_2(CH_3)_6 + Al + \frac{3}{2}H_2 \qquad (10)$$
三甲基鋁雙聚體

前驅物經由H_2載氣送入反應室，再熱分解沉積Al在晶圓上。此系統可同時沉積鋁及銅。渦輪分子泵（turbo molecular pump）為高真空泵，必須用轉動泵輔助，先將反應室抽到分子流（10^{-3} torr），才可啟動（將於第十一章討論）。三乙烷基磷化氫（triethylphosphine, $(C_2H_5)_3P$）提供P，環狀五雙烯銅（Cp Cu TEP）提供Cu。

選擇性CVD（selective CVD）的裝置，如圖4.35所示。方法是反應時加矽化試劑如六甲基二矽氮烷（hexa methyl disilazane, HMDS），目的是在將SiO_2的表面所含親水性基保護，以阻絕銅膜在親水性基的表面沉積。

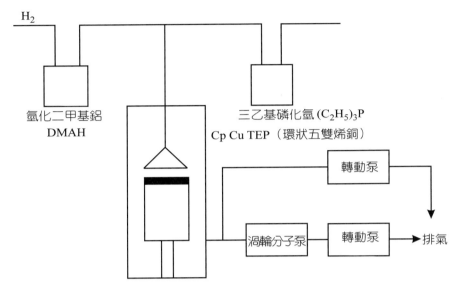

圖4.34 冷壁式化學氣相沉積鋁的裝置圖

[資料來源：張鼎張，電子月刊]

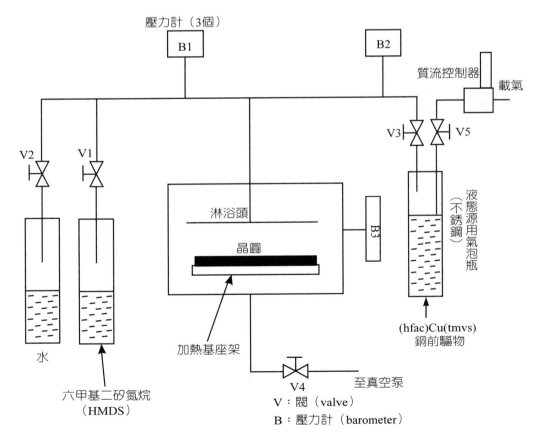

圖4.35 選擇性化學氣相沉積銅薄膜之反應系統概略圖

[資料來源：張鼎張，電子月刊]

金屬化學氣相沉積（MCVD，原料不含有機物成分）也可以生長鎢、鋁、氮化鉭（TaN）等材料。CVD-W以六氟化鎢（WF_6）製鎢栓塞（W-plug）對貫穿孔（via）的注填有很好的梯階覆蓋。TaN亦被證實其阻障性質比TiN還好。

MOCVD經常使用液體源材料，其輸入量之控制要使用液體源專用的質流控制器（liquid-MFC）。液體直接控制法避免了蒸汽壓對流量控制之影響。源材料不需加溫，所以化學特性不會改變。控制後之液體仍需汽化處理，所以要安裝加熱汽化器（vaporizer，或稱蒸發器）。在高真空製程室，在液體專用的注入口要加裝口孔，以抑制液體在質流控制器中沸騰，此時壓力損失是無可避免的。在常壓狀態的製程，液體需加熱，並由載氣（carrier gas）來運載。一個液體源專用的琳得科（Lintec）質流控制器其構造，如圖4.36所示。而低壓製程的液體蒸發系統，如圖4.37所示。常壓製程的液體蒸發系統，如圖4.38所示。二個系統均以He為載氣，液體源以LM-110M控制流量。區別為蒸發器不同。

Arxtron的化學氣相沉積設備，除了可供Ⅲ-Ⅴ化合物製程和金屬製程。還有Ⅱ-Ⅵ化合物製程，如CdTe/HgCdTe，CdZnTe，ZnS，ZnSe，ZnMgSSe，ZnTe等。高溫超導（high temperature superconductor）－氧化物，如釔鋇銅氧化物（YBaCuO），(Bi, Pb)SrCaCuO，TlBaCaCuO，HgBaCaCuO。Ⅵ-Ⅵ化合物，如Si/Ge，鑽石，SiC。太陽電池（solar cell）材料GaAs/Se，$CuInSe_2$，透明導體（transparent conductor）如氧化銦錫（$In_2O_3 \cdot SnO_2$, ITO）。鐵電和金屬合金，如鈦酸鉛鋯（$Pb(Zr)TiO_3$），FeTi，NiTi，Fe_3Si，$SrTeO_3$。感測器材料，如$SrTiO_3$，TiO_2，$Pb(Zr)TiO_3$等。

2. 電子迴旋共振化學氣相沉積

電子迴旋共振（electron cyclotron resonance, ECR）CVD是利用微波（microwave 2.45 GHz）電源供應，產生大量電子，經導波管（waveguide），配以磁線圈，以製造高密度電漿。ECR CVD要求的真空度比PECVD高，功率比PECVD小很多。因為離子能量低，可製造高品質、低缺陷密度的膜。沉積速率也比PECVD高。以ECR CVD製造的Si_3N_4膜顯示良好電性絕緣，是品質良好的保護膜。一個ECR CVD的概略圖，如圖4.39所示。

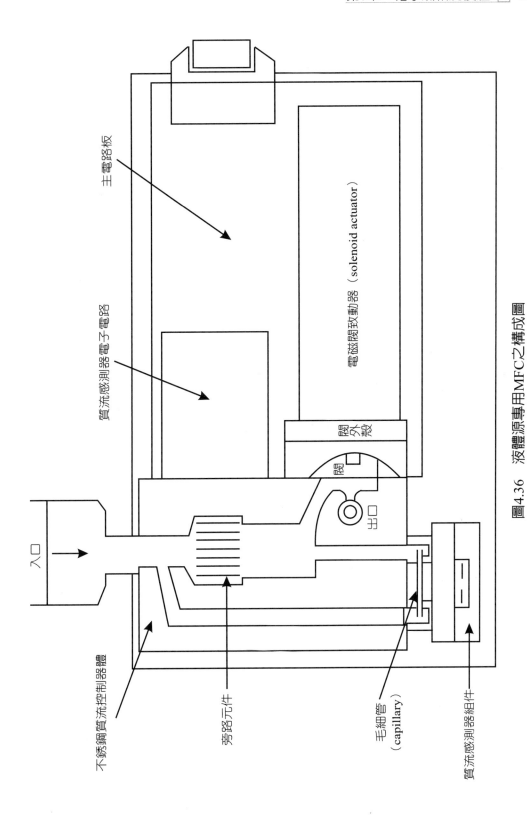

圖4.36　液體源專用MFC之構成圖

[資料來源：琳得科（Lintek）LC-1100]

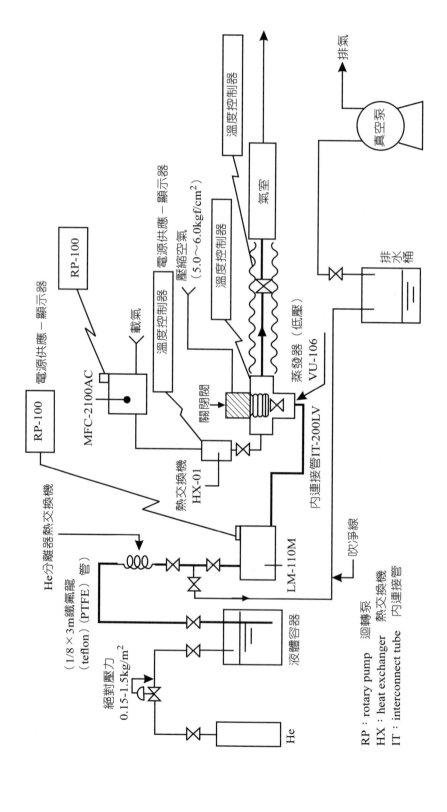

RP：rotary pump　迴轉泵
HX：heat exchanger　熱交換機
IT：interconnect tube　內連接管

圖4.37　低壓製程液體蒸體發及供應系統

[資料來源：琳得科（Lintek）LV-1100M]

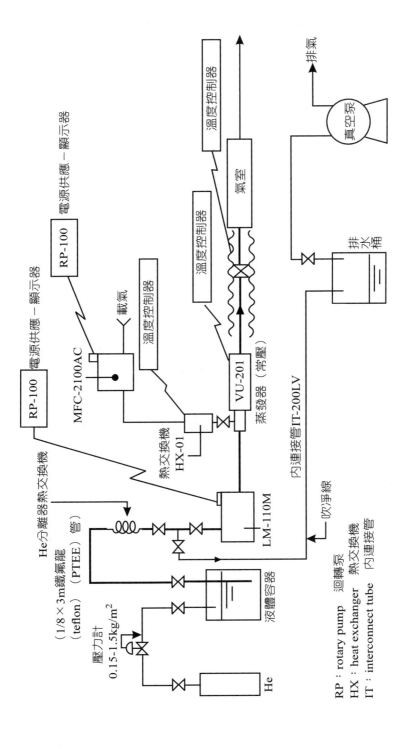

圖4.38　常壓製程液體蒸體蒸發及供應系統

RP：rotary pump　迴轉泵
HX：heat exchanger　熱交換機
IT：interconnect tube　內連接管

[資料來源：琳得科（Lintek）AV-1100M]

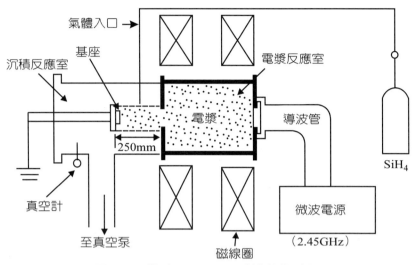

圖4.39　微波ECR CVD系統的概略圖

[資料來源：Chang and Sze, ULSI Technology]

　　ECR CVD的沉積狀況大約為背壓（back pressure，排氣壓力）2×10^{-6}托爾，氣體流率4-30 sccm，壓力$1 \times 10^{-4} \sim 2 \times 10^{-3}$托爾，微波功率200瓦，磁場875高斯（Gauss），基座不需刻意加熱。

　　另一個ECR CVD，同時可以濺擊蝕刻（sputtering etching）基座的系統，如圖4.40所示。濺擊使次微米空間打開，直到它被填滿。仔細平衡此二製程，

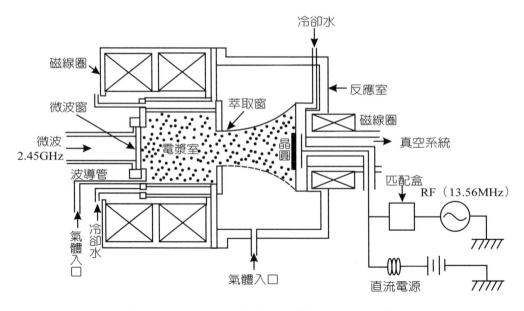

圖4.40　ECR CVD電漿可沉積膜同時濺擊蝕刻

[資料來源：Madou, Microfabrication]

可使高深寬比（aspect ratio）的空間完全填滿，而且氧化物表面得以平坦化，如需作到更好的平坦率，可以再加上回蝕（etch back）製程。匹配盒（matching box）用以提高功率。

　　ECR CVD之所以有吸引力，主要是它沒有產生電子束之熱絲，電漿電位低，因而對反應器壁之濺鍍可忽略，電離度高（>10%），在低壓下（10^{-5}～10^{-3}托爾）分解氣體為離子。其優點為能量損失小，對活性及腐蝕性氣體有競爭力，操作時穩定性強等。系統的體積大為其主要缺點。而且仍有許多問題待解決後，始能用於量產。如製程之均勻度不足，高能離子對晶圓表面的損傷。又一個ECR CVD系統圖，如圖4.41所示。順通器（circulator）將微波功率送到反應室。反應室上部的真空度較高，以不同的真空計量測。

　　一Plasma Quest的ECR CVD系統圖，如圖4.42所示。用來產生電漿的氣體為H_2或Ar等載氣，上磁場為875高斯（Gauss），使電子迴旋共振以增加電子與氣體之間的碰撞，而增加氣體之游離率（ionization rate）。微波電源功率較高，可增加沉積速率（deposition rate），也可在低基座溫度下，沉積一些平常需要在高溫下合成，或不容易合成之化合物。下磁場可為電磁鐵（electromagnet）或永久磁鐵（permanent magnet），做為控制電漿分佈用，以增進鍍膜之均勻度。步進馬達（stepping motor）以微電腦（microcomputer）精密控制加熱器之高低。

3. 快速加熱化學氣相沉積

　　快速加熱CVD（rapid thermal CVD, RTCVD），適於做單一晶圓製程，如圖4.43所示。加熱器為鎢鹵素燈（tungsten halogen lamp）。反應室的牆以水冷卻，以免反應物沉積於反應室的牆面。和LPCVD相比較，沉積相同量的材料，RTCVD所需之製程溫度較高，反應時間較短，沉積製程利用溫度做開關，以避免長時間的加溫和冷卻。矽控整流器（silicon controlled rectifier, SCR）是電器控制裝置，為四層PNPN元件，有陽極（anode）、陰極（cathode）和閘極（gate）三端子。光學高溫計（optical pyrometer）利用紅外線輻射（infrared radiation）感應測溫度。

　　另一冷牆LPCVD系統，如圖4.44所示。RTCVD製作的多晶矽膜，晶圓與晶圓間的均勻度比LPCVD好，因此製造DRAM的電容值也比較一致。

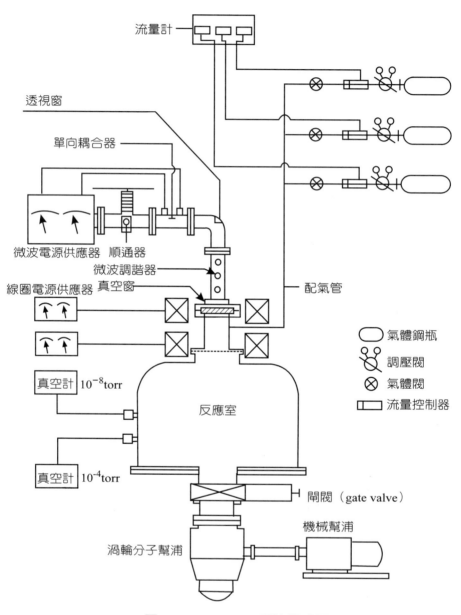

流量計

透視窗

單向耦合器

微波電源供應器　順通器

微波調諧器

線圈電源供應器　真空窗

真空計 10^{-8}torr

反應室

真空計 10^{-4}torr

配氣管

氣體鋼瓶

調壓閥

氣體閥

流量控制器

閘閥（gate valve）

機械幫浦

渦輪分子幫浦

圖4.41　ECR CVD系統概略圖

[參考資料：蘇翔，科儀新知]

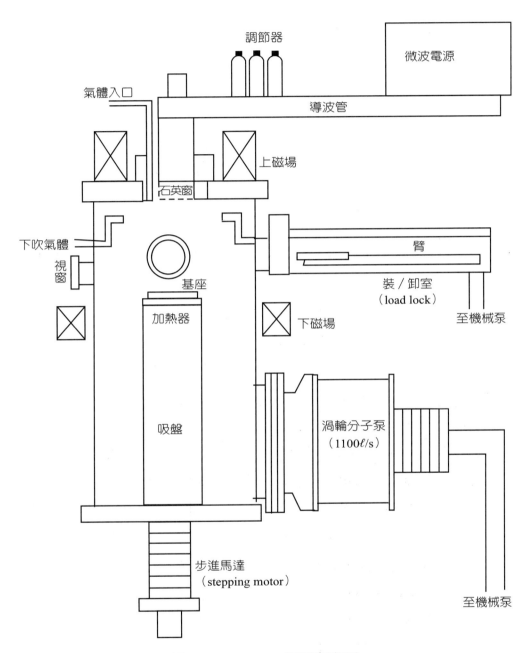

圖4.42 ECR CVD系統示意圖

[資料來源：等離子快思特（Plasma Quest）]

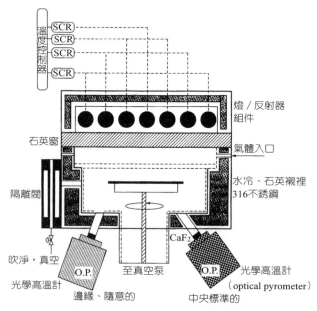

圖4.43 RTCVD系統的概略圖

[參考資料：Ozturk, 快速熱製程科學與技術（RTP Science and Technology）]

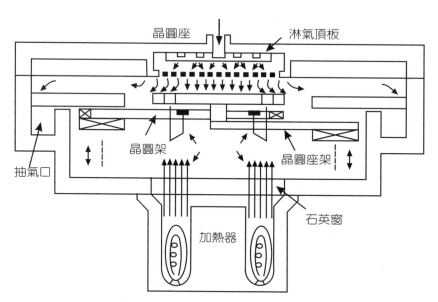

圖4.44 冷牆LPCVD系統的概略圖

[資料來源：應用材料（Applied Materials）]

　　另一個以鎢鹵素燈（tungsten halogen lamp）提供快速加熱的PECVD，如圖4.45所示。此系統利用一淋浴板使氣體進入並分散均勻，此板並同時作為上電極用。

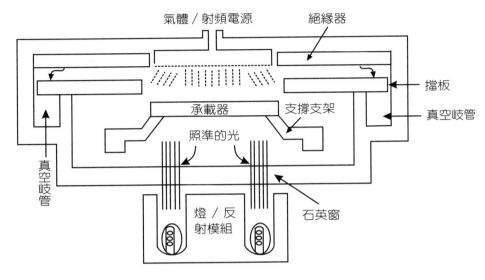

圖4.45　快速加熱PECVD反應爐

[資料來源：應用材料（Applied Materials）]

4.6　其他沉積爐

1.光引發的化學氣相沉積

　　光引發的化學氣相沉積（PHCVD, photon induced CVD）適合極低溫的沉積製程，PHCVD利用高能量。高強度的光子（photon）以加熱基板表面，或游離並激起一氣相反應物。以汞（Hg）蒸氣在室溫下即可進行反應。生成物缺陷密度低。也可以用雷射（laser）或紅外光燈（infrared lamp）。紫外光輻射波長為253.7nm，為汞原子吸收，能量再移轉到反應物。一個反應爐，如圖4.46所示。Fomblin真空泵油（vacuum pump oil）為全氟聚醚潤滑油（lubricant）。以紫外光輻射方法沉積的SiO_2膜，溫度50℃可得沉積速率150 Å/min。圖4.46(a)的汞代表類似微影照像用的汞燈（Hg lamp）裝置。矽源為矽甲烷（silane, SiH_4）或乙矽烷（disilane, Si_2H_6）。反應方程式為：

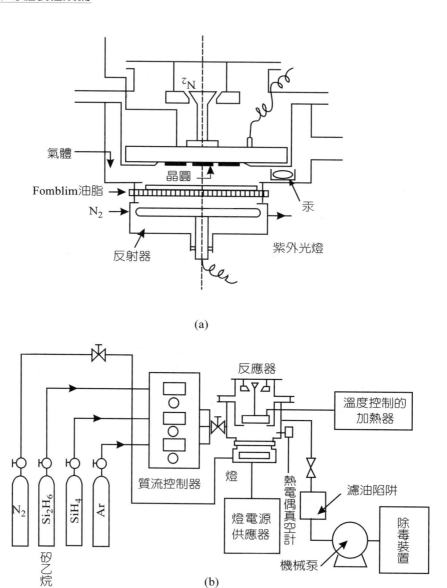

(a)

(b)

圖4.46　(a)光CVD（PHCVD）反應爐室，(b)光CVD系統的概略圖

[資料來源：Peters et al., 固態科技期刊（Solid State Technology）]

$$Hg(g) + h\nu(253.7 \text{ nm}) \rightarrow Hg^*(g) \qquad (11)$$

$$Hg^*(g) + SiH_4(g) \rightarrow Hg(g) + SiH_4^*(g) \qquad (12)$$

$$SiH_4^*(g) \rightarrow Si(s) + 2H_2(g) \qquad (13)$$

Hg^*、SiH_4^*分別為Hg、SiH_4的高能量狀態（激發態）。h為普朗克常數（Planck constant），值為$6.626\times10^{-34}J \cdot s$。$h\nu$為紫外光能量，紫外光波長253.7 nm。

$$Hg(g)+h\nu(253.7nm)\rightarrow Hg^*(g) \tag{14}$$

$$Hg^*(g)+N_2O(g)\rightarrow Hg(g)+N_2(g)+O(g) \tag{15}$$

$$SiH_4(g)+2O(g)\rightarrow SiO_2(s)+2H_2(g) \tag{16}$$

雷射PHCVD的頻率可調，高強度。紅外光燈可快速加熱，可供快速熱CVD（RTCVD），可沉積SiO_2，Si_3N_4和多晶矽。

2. 極高真空化學氣相沉積

極高真空CVD （ultra high vacuum CVD, UHV CVD）的系統概略圖，如圖4.47所示。使用前先烘烤並以氫（H_2）電漿洗滌，使其達10^{-9}托爾或以上。使未摻雜膜有極低的雜質濃度。氧、碳的濃度以二次離子質譜儀（secondary ion mass spectrometer, SIMS）均測不出來，也可沉積多晶矽、多晶矽鍺（SiGe，在微機電製作高精密感測器），或多晶矽膜摻硼（以$SiH_4+B_2H_6$）。或製作液晶顯示器的玻璃基板上的薄膜電晶體（thin film transistor, TFT）和光導體（photoconductor，非金屬固體材料，遇電磁輻射會增加電導率）等。此UHV CVD的真空系統包括機械泵，以Al_2O_3濾油，左側的路茲泵（Roots blower）和渦輪分子泵（turbo molecular pump）為二階段抽到高真空用。質譜儀（mass spectrometer）是用來分析殘餘氣體，以便利提高真空度。

3. 混合激發化學氣相沉積

混合激發CVD （hybrid excitation CVD）系統利用感應耦合光輝放電管以產生電漿，協助直接光分解（photolysis），並利用光加強的CVD，如圖4.48所示。此圖以SiH_4和NH_3可製得Si_3N_4膜。

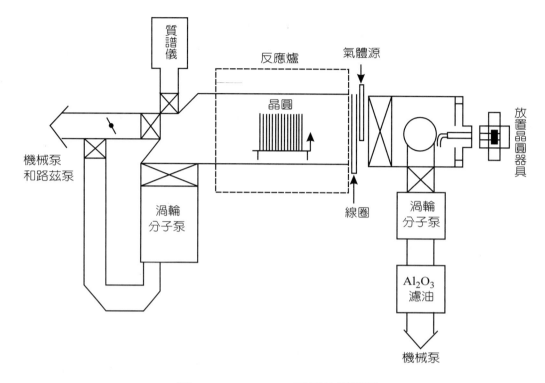

圖4.47　UHV CVD系統的概略圖

[資料來源：Meyerson, 應用物理簡訊期刊（Appl. Phys. Letter）]

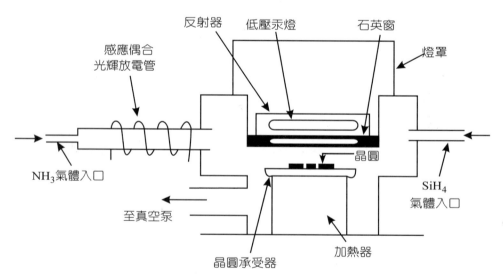

圖4.48　混合激發CVD系統的概略圖

[參考資料：Yamamoto et al., 日本應用物理期刊（Jpn. J. Appl. Phys.）]

4.噴灑熱分解

　　噴灑熱分解（spray pyrolysis）是一種最簡單的CVD，適用於製造大面積元件，如太陽電池（solar cell）和抗反射窗覆蓋（antireflective window coating）。一噴灑熱分解系統，如圖4.49所示。一試劑在載液中溶解，利用壓縮空氣對液體加壓，使液體自噴孔口以細滴的型式噴灑在一熱表面上。製程變數有基座溫度、環境溫度、載氣或載液的化學成分、流率、噴孔到基座距離、細滴半徑、溶液濃度，以及基座的移動速率等。

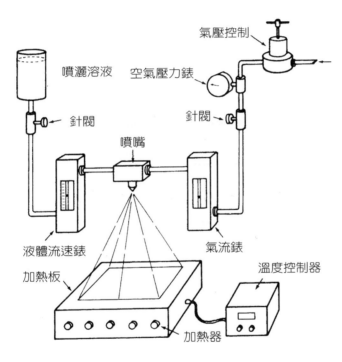

圖4.49　噴灑熱分解CVD系統

[資料來源：Mooney, SRI International（公司）]

5.聚焦電子束

　　雷射束（laser beam）和或離子束（ion beam），以聚焦能源使反應室的氣體局部分解，局部的膜沉積熱分解（pyrolysis）或光分解（photolysis）製程。聚焦能源可能也可以用來沉積金屬膜，在選定的地方，以修補積體電路的晶片。以雷

射源，用掃描微尺寸的光束，利用適當的反應氣體，直接在表面寫出一個圖案。連續調整雷射的焦點，甚至可以成長三維的微結構、纖維和彈簧，可以利用多種材料，如B、C、W、Si、SiC、Si_3N_4等製作。一聚焦電子束系統，如圖4.50所示。

CVD製程摘要，如表4.1所列。一般常用的為APCVD、LPCVD、MOCVD和PECVD。

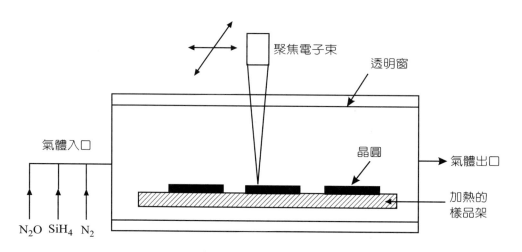

圖4.50　以聚焦電子束做CVD

[參考資料：Chen et al., Chemical Vapor Deposition]

表4.1　CVD製程摘要

製　程	優　點	缺　點	應　用	備　註	壓力／溫度
APCVD	簡單、沉積速率快	梯階覆蓋差 微塵污染	摻入和無摻入的低溫氧化物	質量傳送控制	100-10KPa/ 350-400℃
LPCVD	極佳純度、均勻度 同形梯階覆蓋 大晶圓容量	高溫 低沉積速率	摻入和無摻入高溫氧化物，氮化矽、多晶矽，W、WSi_2	表面反應控制	100 Pa/ 550-600℃
VLPCVD （很低壓）			單晶矽 化合物半導體	表面反應控制	1.3 Pa
MOCVD	極佳作磊晶 大表面積	安全考慮	化合物半導體 製太陽電池、雷射、發光二極體（LED）	大量 大表面積生產	

製　程	優　點	缺　點	應　用	備　註	壓力／溫度
PECVD	較低基座溫度 快、附著好 梯階覆蓋好 低針孔密度	化學（如氫） 及微粒污染	低溫絕緣物在金屬上 保護層（Si$_3$N$_4$）		2-5 torr/ 300-400℃
噴灑熱分解	便宜	不易控制 和IC不相容	氣體感測器 太陽電池 透明導體 大面積		大氣壓／ 100-180℃

[VLPCVD：very low pressure CVD]
[資料來源：Jensen, 微電子製作期刊（Microelectronics Processing）]

4.7　參考書目

1. 吳文發、黃麒峰，銅製程之擴散阻障層，毫微米通訊，六卷四期，pp. 30～34，1999。

2. 吳世全，高介電材料在記憶元件應用的最近發展，電子月刊，四卷七期，pp. 134～145，1998。

3. 李裕鉅、洪子起（譯），薄膜量測技術，真空科技，十二卷一期，pp. 37～41，1999。

4. 林俊賢、陳仕卿，皺褶多晶矽層在堆疊型動態隨機存取記憶體電容器之形成與運用，電子月刊，五卷五期，pp. 130～135，1999。

5. 孫旭昌等，氟化非晶相碳膜製程參數及熱穩定性之研究(一)，毫微米通訊，pp. 22～28，2000。

6. 張勁燕，電子材料，第四章，五南，1999初版，2008修正四版。

7. 張鼎張、胡榮治，金屬化學氣相沉積在積體電路技術的發展，真空科技，十二卷二期，pp. 35～43，1999。

8. 張鼎張、胡榮治，金屬（W、Cu、Al、TiN、TaN）化學氣相沉積技術，電子月刊，五卷四期，pp. 116～136，1999。

9. 張鼎張、劉柏村，無機類低介電常數材質積體電路上之應用，電子月刊，四

卷十一期，pp. 130～143，1998。

10. 張鼎張等，銅導線在積體電路上之應用，電子月刊，四卷十一期，pp. 122～128，1990。

11. 許世南（譯），2000年以後克服半導體工業挑戰的生產設備，電子月刊，六卷四期，pp. 138～143，2000。

12. 莊達人，VLSI製造技術，第六章，高立，1984。

13. 陳碧琳譯，BST電容膜形成技術，電子月刊，五卷六期，p. 203，1999。

14. 陳錦山等，泛談銅內連接導線與低K介電製程特性，真空科技，十二卷二期，pp. 26～34，1999。

15. 游萃蓉，電漿輔助化學氣相沉積，科儀新知，十七卷二期，pp. 66～73，1995。

16. 曾俊元、蔡明憲，高介電材料鈦酸鍶薄膜的缺陷與電性探討，電子月刊，五卷五期，pp. 147～154，1999。

17. 趙天生，深次微米元件之超薄氧化層製備，電子月刊，四卷十一期，pp. 86～91，1998。

18. 鄭晃忠等，極大型積體電路之鐵電材料，電子月刊，五卷六期，pp. 94～103，1999。

19. 劉繼文等，低介電常數材料機械性質之研究，毫微米通訊，七卷二期，pp. 16～21，2000。

20. 謝嘉民等，低介電常數材料FLARE 2.0熱穩定性及基本特性之研究，毫微米通訊，七卷一期，pp. 39～42，2000。

21. 蘇翔，ECR微波放電之蝕刻及沉積，科儀新知，十二卷一期，pp. 70～76，1990。

22. J. Baliga, Options for CVD of Dielectrics Include Low-k Materials, Semiconductor International, pp. 139～144, 1998.

23. R. R. Bowman et al., Practical Integrated Circuit Fabrication, Integrated Circuit Engineering Corporation, ch. 10，學風。

24. C. Y. Chang and S. M. Sze, ULSI Technology, ch. 5, McGraw Hill，新月，1996。

25. M. Madou, Fundamentals of Microfabrication, pp. 105～112，高立，1997。

26. L. Peters, Pursuing the Perfect Low-k Dielectric, Semiconductor International, pp. 64～74, 1998.

27. W. R. Runyan and K. E. Bean, Semiconductor Integrated Circuit Processing Technology, ch.4 , Addison-Wesley，民全，1999。

28. S. M. Sze, High Speed Semiconductor Devices, pp. 36～38, Wiley-Interscience，新智，1990。

29. S. M. Sze, VLSI Technology, 1st ed., ch. 3, McGraw Hill，中央，1983。

30. S. M. Sze, Semiconductor Devices Physics and Technology, ch. 9, John Wiley and Sons，歐亞，1985。

31. S. Wolf and R. N. Tauber, Silicon Processing for the VLSI Era, vol. 1, ch. 6, Lattice Press，滄海，1986。

4.8 習 題

1. 試述APCVD反應爐之構造。

2. 試述LPCVD反應爐之構造。

3. 試述PECVD反應爐之構造。

4. 試述MOCVD反應爐之構造。

5. 試述ECR CVD反應爐之構造。

6. 試述RT CVD反應爐之構造。

7. 試述UHV CVD反應爐之構造。

8. 試述hybrid excitation CVD反應爐之構造。

9. 試述photon induced CVD反應爐之構造。

10. 試述spray pyrolysis CVD反應爐之構造。

11. 試述以下各名詞：(a)Roots blower，(b)turbo molecular pump，(c)cantilever，(d)燃燒室(burner)，(e)scrubber，(f)RF generater，(g)precursor，(h)Al-plug，(i)back pressure，(j)back fill，(k)Pascal。

12. 試述以下各零組件之作用：(a)cold trap，(b)氣體分離器(gas separator)，(c)capacitance manometer，(d)check valve，(e)SCR，(f)diac，(g)W-halogen lamp。

13. 試述以下各材料之特質：(a)SiOF，(b)HSQ，(c)MSQ，(d)CpCu TEP，(e)Cu (I)hfac tmvs，(f)DEZn，(g)DMAH，(h)ferro-electric dielectric，(i)BST，(j)HMDS。

第 **5** 章　氧化擴散高溫爐

5.1 緒 論

氧化（oxidation）是指矽和氧或其替代物化合成為二氧化矽（SiO$_2$），以做為後續製程的幕罩（mask），或做電性絕緣物，或做為保護晶圓表面之用。擴散（diffusion）是指將摻質（dopant）驅入矽晶圓，通常經過一窗子，該窗子是以氧化物為幕罩層。二者相同的地方，是都需要高溫（800～1200℃）爐。因此電源電壓多用480V，電源電流高達175A，3相4線或5線（RTS三相，加地線（ground）和／或中性線（neutral line））。加熱器（heater）要有84KW的功率。此類高溫爐大多分為3個或以上的加熱區，以便利控制或調整溫度。溫度控制需要使用S或R型熱電偶（thermocouples，鉑（Pt）和鉑銠（Pt-Rh）合金製），溫控系統多使用冷接合盒（cold junction box），並有過溫保護裝置（over-temperature protection）。

氧化製程所生成的二氧二矽（SiO$_2$），其O$_2$來由外加的氣體，Si來自矽晶圓，因此一層SiO$_2$，就有56%是取自原來的矽可以從Si和O的原子量計算得到。這是所有半導體製程中一個獨特的性質。類似的CVD長SiO$_2$，則為Si和O均由外部供應。

擴散（diffusion）是將摻質（dopant）打到矽晶圓之內，它和離子植入（ion implantation）相似，但因擴散的溫度較高，會造成較大的側向擴散，使半導體的幾何尺寸無法更加縮小。在ULSI製程漸漸多用離子植入取代擴散。然而擴散在離散元件（discrete device，如單粒的二極體（diode）、電晶體（transistor）、閘流體（thyristor，包括 SCR 和 triac）等）製程，仍然有它無可取代的重要性。擴散之後，通常還要氧化及驅入（drive-in），以使摻質進入更深，並且避免摻質再跑出來。

5.2　氧化高溫爐

　　半導體可以用很多方式使其氧化。包括熱氧化（thermal oxidation），電化陽極處理（anodization），和電漿反應。其中熱氧化是矽元件最常使用的一種方法。它是現代矽積體電路技術的一個關鍵的製程。

　　一個熱氧化的高溫爐之概略構造，如圖5.1所示。使用的氧（O_2）以氣態的型式存於鋼瓶內供應，或以液態氧（LO_2, liquid oxygen）氣化供應，也可以用水蒸氣供應。氮（N_2）是用來吹淨（purge）爐管用的。爐溫是以電阻加熱器使其升溫。矽晶圓放在石英晶舟（quartz boat）之內。

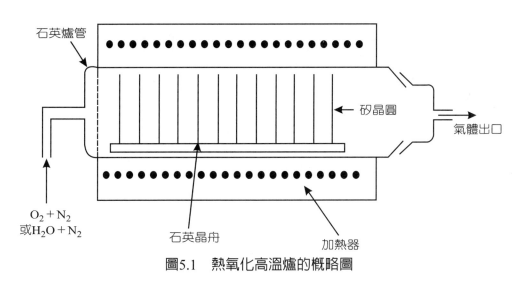

圖5.1　熱氧化高溫爐的概略圖

[資料來源：Runyan and Bean, Semiconductor Integrated Circuit Processing Technology]

　　另一個熱氧化高溫爐，如圖5.2所示。矽晶圓放置於圓柱形融合石英爐管，垂直地立於有刻槽的石英晶舟之上。晶圓裝載是以垂直層流罩（laminar flow hood）以維持潔淨無塵的環境。溫度控制以微處理器（microprocessor）調節，氧化製程溫度可

維持到±1℃，包括剛放入晶圓的升溫，到預定溫度後保持恒溫，以及製程完成後
的降溫等過程。

又一個半導體用高溫爐管，如圖5.3所示。一般而言，大多氧化爐都可以用來氧
化或擴散，只要稍微改變輸入的氣體或溫度。

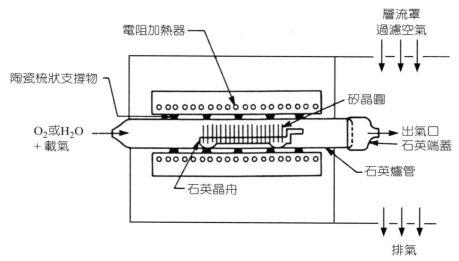

圖5.2　電阻式加熱氧化爐的概略剖面圖

[資料來源：Nicollian and Brews, MOS Physics and Technology]

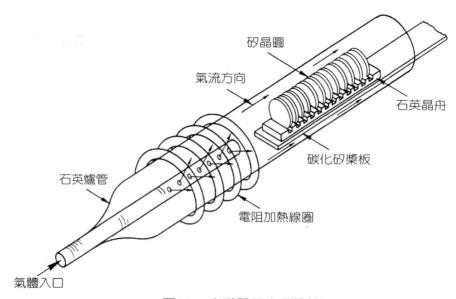

圖5.3　半導體用高溫爐管

[資料來源：Bowman et al., Practical I. C. Fabrication]

在氧化製程，晶舟進出爐管，要適當控制溫度變化率，以免矽晶圓或晶舟因受應力而裂開。爐管中心線也要對準。

矽的熱氧化方程式為：

$$Si（固）+O_2（氣）\rightarrow SiO_2（固） \tag{1}$$
$$Si（固）+2H_2O（氣）\rightarrow SiO_2（固）+2H_2（氣） \tag{2}$$

矽於室溫下在空氣中也會長一層10～20Å的天生氧化層（native oxide）。但要有足夠緻密的SiO_2以做為擴散或離子植入的幕罩層，就必須要升溫到600℃或以上。二氧化矽層為非晶石英（amorphous quartz），是一種好的介電質（dielectric），即為電性絕緣的。它和矽的附著力良好。非晶二氧化矽在1710℃以下不安定，會漸變為安定、結晶的型態。但此種改變速率在1000℃以下很慢。因此在室溫下，它是安定的。

矽的氧化大致分為乾氧化（dry oxidation），即利用乾燥的氧做製程氣體。濕氧化（wet oxidation）將氧氣泡通過超純水（super pure water）的容器。或利用水蒸氣氧化（steam oxidation）。水蒸氣的產生是利用氫和氧燃燒（稱為高熱（pyrogenic）蒸氣）。要注意氫會爆炸，必須將未反應的氫除去或燒盡。三種氧化系統，如圖5.4所示。製作金氧半（MOS）元件，先以乾氧氧化10分鐘，再做濕氧氧化或蒸氣氧化，可提升氧化物的特性，提高元件的電性可靠度。

爐管設備之組成，可以分為爐體、晶圓裝／卸部、溫度控制系統、氣體管路系統和製程控制系統。另外還有附加的異常警報系統（alarm system），管理系統和自我安全保護系統等。一個水平式爐管，如圖5.5所示。此系統有四層，如圖之安排，由上至下四層爐管分別供乾氧化、濕氧化、磷擴散（液態源三氯氧磷（$POCl_3$））和硼擴散（液態源三溴化硼（BBr_3））之用。爐管內層是石英，外面包以石綿（asbestos）以絕熱，再包以不銹鋼。加熱裝置以電阻式線圈（resistance coil），使電能轉變為熱能。石英的純度高、耐高溫。近年來碳化矽（SiC）材料已被用於高溫爐管，碳化矽耐溫更高，更純，但價格仍高。整體碳化矽爐管仍不多見。碳化矽

目前只被用來製造晶舟或晶舟傳送裝置。

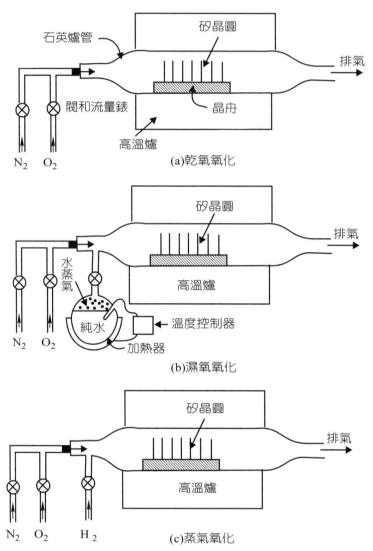

圖5.4　三種氧化系統(a)乾氧氧化，(b)濕氧氧化，(c)氫氧點火蒸汽氧化

[資料來源：Bowman et al., Practical I. C. Fabrication]

　　裝／卸晶圓的層流罩（laminar flow hood）裝置主要是用超低穿透空氣過濾器（ULPA, ultra low penetration air filter，除去0.12μm微粒子，流速100 ft³/min，效率99.9999%）或高效率微粒子空氣過濾器（HEPA, high efficiency particulate air filter，除

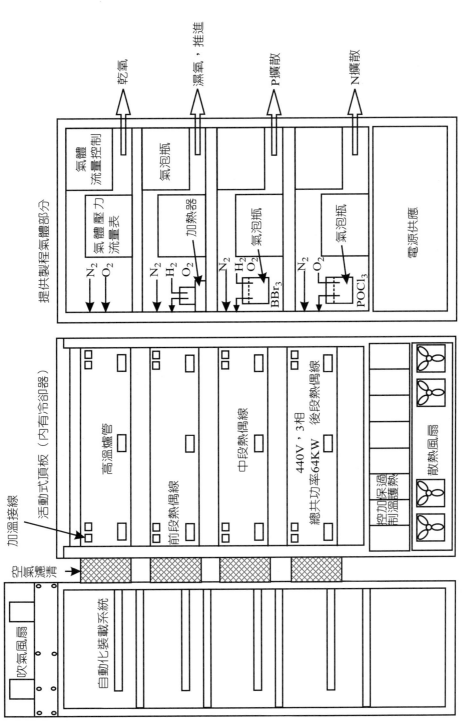

圖5.5 一個四層水平氧化擴散爐管

[逢甲大學電子系]

去0.3μm微粒子，效率99.97%）所構成之超潔淨空間。使用水平式爐管，晶圓傳送裝載時，需要操作員利用夾具放在晶舟上，再將晶舟推入爐管。在這段時間，晶圓會受應力而且易受污染，近來ULSI氧化多改用垂直式爐管（vertical furnace tube）。

溫度控制是爐管是最重要的部分，溫度不對，會使元件電性漂移，良率降低。一支水平爐管大約分為3－5個加熱區，各組獨立作業，以達微調之功能。用三組熱電偶（TC, thermocouples），如圖5.6所示。測量溫度用低速度的低階掃描器（low level scanner）。TCA為三氯乙酸（trichloro acetic acid; CCl$_3$COOH）或三氯乙烷（trichloro-ethane, C$_2$H$_3$Cl$_3$）用以清洗石英爐管。現代化的爐管，溫度可以控制在設定溫度的±1℃以內。熱電偶為二支材質相近的導線組成。常用的熱電偶有R、S、J、K等型式，如表5.1所列。

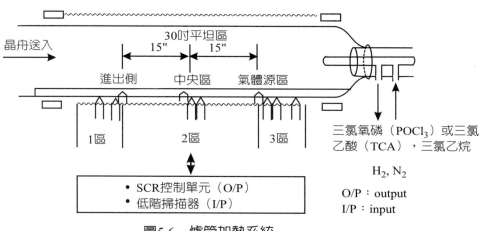

圖5.6 爐管加熱系統

表5.1 常用的熱電偶

型 式	材	質	適用溫度範圍
K	鋁鎳合金－鉻鎳合金	alumel-chromel	～800℃
J	鐵－銅鎳合金（康銅）	iron-constantan	～500℃
R	鉑－鉑銠（13%）合金	Pt-Pt Rh（13%）	～1450℃
S	鉑－鉑銠（10%）合金	Pt-Pt Rh（10%）	～1450℃
B	鉑－鉑銠合金	Pt Rh(30%)-Pt Rh（6%）	～1700℃
C	鎢錸合金	W Re(5%)-W Re（26%）	～2000℃
D	鎢錸合金	W Re(30%)-W Re（25%）	～2000℃
	鉑鎳合金	platinel	～1100℃

　　熱電偶又可分作槳式（paddle，測溫度分佈）和突波（spike，測突波）二種款式。分別用來測量爐管內外的溫度。這二個溫度差與最終溫度差會送到數位溫度控制（DTC, digital temperature control）模組，經運算後，將結果傳到功率模組而加減電能。溫度調整的目的是使個爐管中的晶圓，能感受到相同的溫度，使整批晶圓之氧化膜厚度一致。數位溫度模組多利用比例積分微分（PID, proportional integral differential）控制，使溫度能快速到達最終設定值。過溫和欠溫等漣漪均儘可能減少，如圖5.7和圖5.8所示。過溫或欠溫即為二次微分方程式的特徵方程式的欠阻尼（under-damping）（共軛複根）或過阻尼（over-damping）（相異實根），理想或臨界阻尼（critical damping）即為重複實數根。

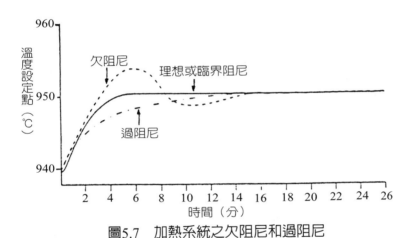

圖5.7　加熱系統之欠阻尼和過阻尼

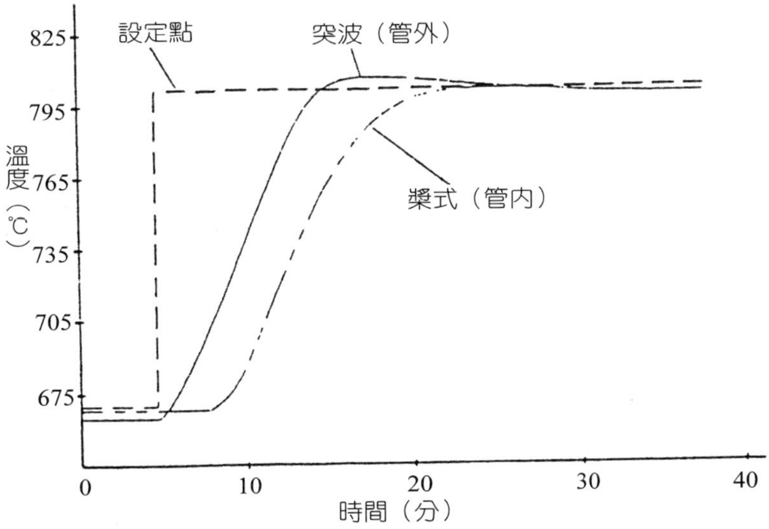

圖5.8　設定溫度及管外管內測量到的溫度對時間之關係

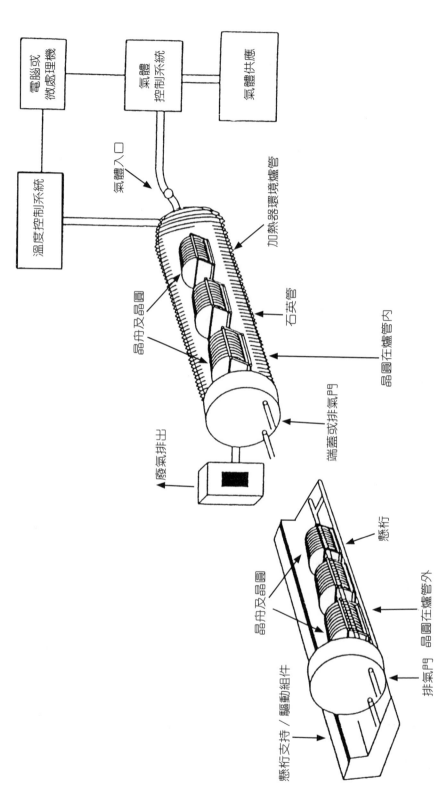

圖5.9 一水平式爐管及其控制系統

[資料來源：趙天生，電子月刊]

又一個水平式爐管，如圖5.9所示（見上頁）。控制系統包括氣體控制（流率、壓力、時間），溫度控制系統及微處理機。

蒸氣氧化（steam oxdation）要注意先通氧，再通氫。製程完畢，先關氫後關氧。製程氣體之管制，如圖5.10所示。圖示之氣體流速SLPM為每分鐘升（standard liter per minute）。氧化爐外面有外火炬（OTS, outside external torch）。要適時點燃，把反應不完全的氫氣燒掉，以策安全。一個外火炬的概略圖，如圖5.11所示。一般外火炬設定溫度約800℃，有紫外光火焰檢知器，以偵測點火是否成功。燃燒氫氣以後，再以大量N$_2$吹淨。

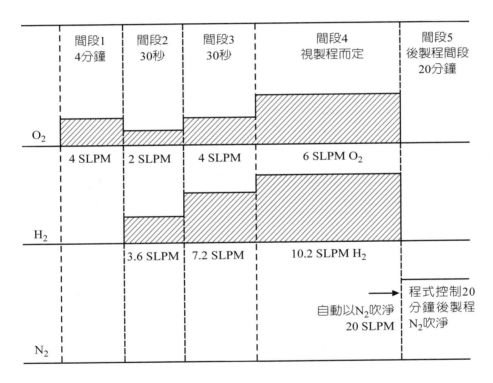

圖5.10　蒸氣氧化之通氣過程

氫在內管，氧在外管，以加強火焰。氫、氧在加熱器加熱到700～800℃。氫和氧在石英製飛船（ballon）內同時點火。製程爐管內的溫度相當均勻。外火焰系統是目前濕式氧化的標準選擇。又一個外火炬系統，如圖5.12所示。

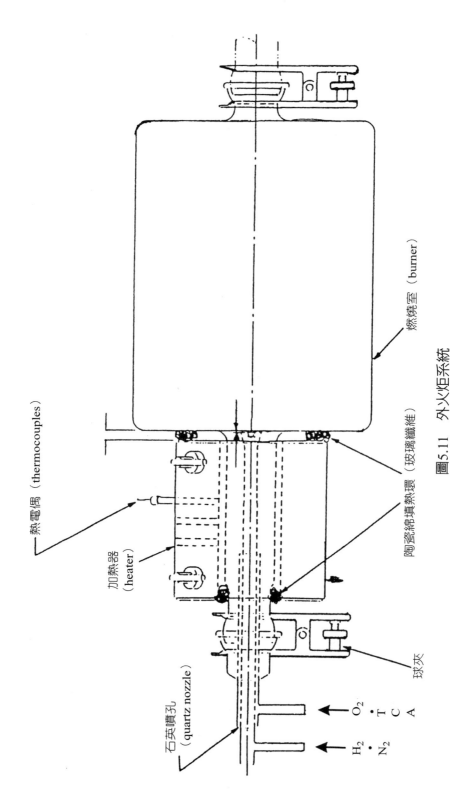

熱電偶（thermocouples）

加熱器（heater）

石英噴孔（quartz nozzle）

燃燒室（burner）

陶瓷綿填熱環（玻璃纖維）

球夾

$O_2 \cdot TCA$

$H_2 \cdot N_2$

圖5.11　外火焰系統

[資料來源：BTU]

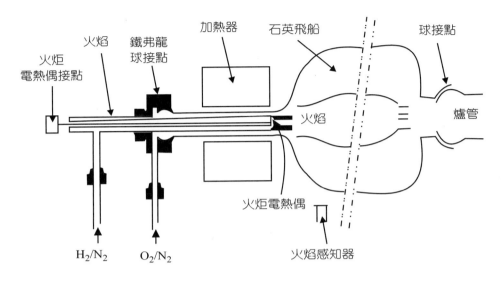

圖5.12　外火炬系統

[資料來源：趙天生，電子月刊]

5.3　高壓氧化

高壓氧化（high pressure oxidation）可以增加氧化速率或降低氧化溫度。利用高壓容器，如圖5.13所示。在H_2/O_2環境，950～1100℃，以氫／氧燃燒造成的H_2O，其分壓力（partial pressure）大約為4～8kg/cm²（57～110psig）（1kg/cm²＝14.2psi）。一層SiO_2厚1.0μm，可以在950℃，4kg/cm²下100分鐘長出。如果以濕氧化950℃同樣厚度需要長15小時。

高壓氧化長出的SiO_2品質較佳。可限制接面移動，製作淺接面（shallow junction），製造高密度動態隨機存取記憶體（DRAM, dynamic random access memory），可以使其充電時間大大改進。高壓氧化製做之局部矽氧化（LOCOS, local oxidation of silicon）也可提升雙極接面電晶體（bipolar junction transistor, BJT）之特性。可降低磷矽玻璃（PSG）和硼磷矽玻璃（BPSG）的回流（reflow）溫度。高壓可能導致石英爐管破裂，或間接引起工作人員受傷，一定要注意安全措施。

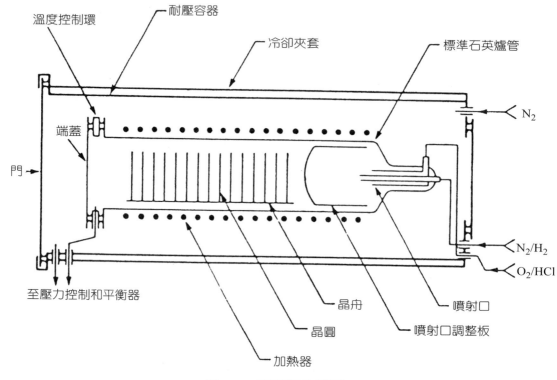

圖5.13　高壓氧化容器

[資料來源：應用材料（Applied Materials）]

　　高壓氧化可以在低溫下成長SiO_2。水蒸氣的壓力可加到25大氣壓。加壓的方法可以使用加壓水泵機器或以氫氧點火燃燒（$H_2 + 0.5O_2 \rightarrow H_2O$）。在如此高壓下，要特別小心處理這些材料。又一個高壓氧化系統，如圖5.14所示。石英管的二側均有高壓，這樣才可以消除升溫造成的壓差（presure difference）。自動化操作之微處理器控制系統內有安全措施。

　　然而，高壓氧化仍然有以下幾種難題：

⑴氧體在高壓下，有安全的顧慮。

⑵機器佔地大，但製程容量的晶圓片數少。

⑶氧化物厚度不均勻，原因是高壓下氣體對流造成的溫度不均勻。

⑷微塵藏在氧化物之內。

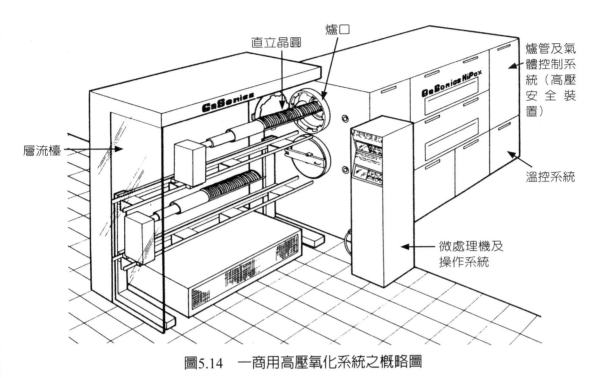

圖5.14　一商用高壓氧化系統之概略圖

[資料來源：Gasonics公司]

5.4　垂直氧化爐

ULSI對氧化製程的要求也日趨嚴格，自動化使氧化由水平爐管（horizontal furnace tube）改為垂直式爐管（vertical furnace tube），以便利機械手臂（robot）的自動裝／卸晶圓。目前的垂直爐管，乾氧化可達到（當氧化物厚度在50～250Å範圍內）厚度變化在±2～3Å。厚的濕氧化或乾氧化製程，當厚度在250～2000Å，厚度變化可控制在±1.5%。Thermco的垂直式氧化爐，其餘製程參數如下：

‧微塵附著（操作及製程）：<0.01/cm^2≧0.3μm。

‧晶舟每次可裝150～160片，4～5吋晶圓，或8吋晶圓100片。

‧自動化可靠度，≧10,000片晶圓操作不需作業員協助。

‧製程溫度750～1100℃，±0.5℃。

‧外火炬溫度：800℃。

‧爐管壓力：0.05～0.5吋水柱（aqueous）。（水柱1單位等於水銀柱的1/13.6）

‧需要的氣體：H_2、O_2、N_2，三氯乙烷（trichloroethane, TCA; CH_3CCl_3）用於氣泡瓶（bubbler），HCl（隨意的，替代TCA）。

系統安裝以後，Thermco會提供測試用程式。測試要用最好品質的，未使用過的生產晶圓（prime wafer）吸氣（gettering），安裝前不要清洗。乾氧化至少要通1%HCl或TCA，或相當的氯含量。製程的均勻度包括同一片晶圓、同一批、每一批、每一天製程，都要有相同的均勻度。

一個Thermco的垂直氧化爐，如圖5.15所示。使用控制器工作站，可以對6～8個系統作搖控操作。氣體櫃（gas cabinet）有排氣感測電路，當排氣故障時，它會停止所有反應性氣體的流通。

氣體輸送系統有真空連接支持件（vacuum connection retainer, VCR）配件、防漏。氣體入口管路為不銹鋼316L（stainless steel 316, 含鉬2-3%，耐腐蝕）、電拋光、無縫合線，以軌道銲接（orbital weld，沿管子圓周旋轉的銲接）。管件在銲接後，還要再清洗。氦漏（helium leak test）測到10^{-9}sccm/sec，壓力測到30psi，測量時間8小時以上。氣體控制以質流控制器（MFC, mass flow controller）和迴路氣動閥（pneumatic valve）。再以系統的製程控制器控制MFC和氣動閥。三氯乙烷（TCA）氣泡瓶（bubbler）使用單獨的溫度控制電子裝置。如果用氯化氫可以不用氣泡瓶。外火炬有垂直的石英膨脹室，獨立的加熱元件，火焰感測器和溫度控制器。火炬提供一可靠的蒸氣源，不會影響爐管內的溫度。系統也有安全和內鎖（interlock）、緊急關機（emergency off, EMO）等設施。廠務支援設施需要潔淨的乾燥空氣（CDA, clean dry air），冷卻水流速3～4加侖／分，18～250℃；排風管、真空以傳送晶圓。有排水系統及排放HCl的管路。

垂直式爐管一般而言，管內微塵粒較少，晶舟（wafer boat）於製程中可以用機械手臂操作。晶舟在製程中可以水平旋轉，使氧化層的厚度比較均勻。晶圓水平放置，可以利用馬達帶動整個晶舟旋轉，因此會有較佳的氣流均勻性。另一個垂直爐管，如圖5.16所示。

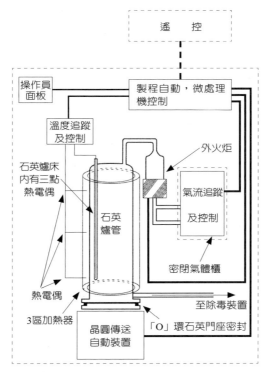

圖5.15　垂直氧化系統的概略圖

[資料來源：Thermco]

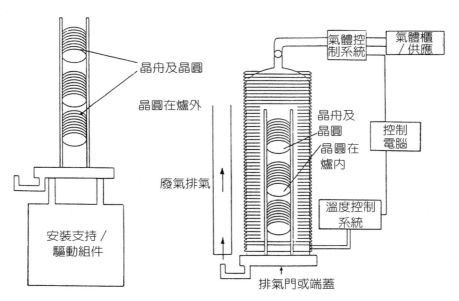

圖5.16　垂直爐管構造圖，包含載晶圓爐體及石英管等模組

[資料來源：趙天生，電子月刊]

一垂直式爐管的溫度控制系統，如圖5.17所示。突波熱電偶（spike thermocouples）置於爐管外，測快速溫度變化。

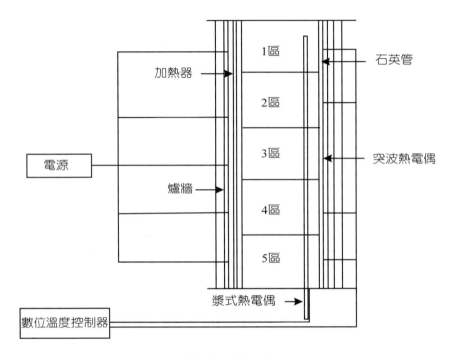

圖5.17　垂直式爐管加熱系統

[資料來源：趙天生，電子月刊]

二氧化矽主要用來做導體製程的幕罩。一些材料在二氧化矽的擴散常數（diffusion constant）如表5.2所列。用於VLSI製程的熱SiO_2的厚度範圍，如表5.3所列。熱SiO_2的物理特性，如表5.4所列。

表5.2　一些材料在不定形SiO_2的擴散常數

材料	本質擴散常數*D_0（cm^2/sec）	D（1000℃,cm^2/sec）	D（300℃, cm^2/sec）
磷（P）	5.3×10^{-8}	8.1×10^{-14}	1×10^{-25}
硼（B）	1.7×10^{-5}	1.0×10^{-18}	4.0×10^{-30}
鎵（Ga）	3.8×10^{-5}	8.0×10^{-12}	2.5×10^{-31}
金（Au）	8.2×10^{-10}	5.54×10^{-15}	2.5×10^{-19}
鈉（Na）	6.9	5.2×10^{-5}	2.8×10^{-11}
鉑（Pt）	1.2×10^{-13}	4.5×10^{-17}	2.0×10^{-20}

材料	本質擴散常數*D_0（cm^2/sec）	D（1000℃, cm^2/sec）	D（300℃, cm^2/sec）
氫（H_2）	5.65×10^{-4}	9×10^{-6}	6.3×10^{-8}
水（H_2O）	1.0×10^{-6}	7×10^{-10}	1.1×10^{-13}
氧（O_2）	2.7×10^{-4}	1×10^{-4}	1.6×10^{-14}

*和材料的濃度無關

表5.3 用於VLSI製程的熱SiO_2厚度的範圍

SiO_2厚度	應 用
60～100Å	穿透氧化物（EPROM、EEPROM、快閃記憶體（flash memory）等用）
150～500Å	閘極氧化物，電容介電質
200～500Å	矽局部氧化（LOCOS）的墊氧化層（pad oxide）
2,000～5,000Å	罩氧化物，表面保護氧化物
3,000～10,000Å	場氧化物（FOX, field oxide）

[資料來源：Wolf, Silicon Processing for the VLSI Era, vol. 1.]

表5.4 熱SiO_2的物理常數

直流電阻率（Ω～cm），25℃	10^{14}～10^{16}
密度（g/cm^3）	2.27
介電常數*	3.8～3.9
介電強度**（V/cm）	$5～10 \times 10^6$
能隙（eV）	～8
在緩衝氫氟酸（BHF）的蝕刻速率（Å/min）	1000
紅外光吸收帶（μm）	9.3
線膨脹係數（cm/cm℃）	5.0×10^{-7}
熔點（℃）	～1700
分子量	60.08
分子 / cm^3	2.3×10^{22}
折射率	1.46
比熱（焦耳 / 克℃）	1.0
在矽上的膜之應力（達因 / cm^2）	$2～4 \times 10^{19}$（壓縮）
熱導率（瓦 / cm℃）	0.014

[資料來源：Sze, Physics of Semiconductor Devices, 2nd ed.]

*介電常數（dielectric constant）$C = \epsilon \dfrac{A}{d}$中的 $\epsilon = \epsilon_0 \epsilon_r$，此處的值為$\epsilon_r$。$\epsilon_0$為真空介電率，$\epsilon_r$為相對介電率，$\epsilon$的大小表示以此介電質作電容器時電容量的大小。

**介電強度（dielectric strength）：單位厚度介電質的耐電壓，即介電質可承受的電場強度。

5.5　氧化製程之吸氣及將來趨勢

　　二氧化矽中如有正離子，尤其是鈉離子（Na^+），會造成金氧半元件的電性不安定。導入氯（Cl_2）會使得至少部分鈉離子進入正在成長的氧化層，而成為電的不主動，在高溫並加高電場下，也不會移動。氯的導入會改進金氧半的電性。此現象稱為吸氣（gettering），氯化氫（HCl）會使氧化速率增加，因為它會使O_2和H_2O加速透過氧化層而擴散。HCl也會催化Si～SiO_2介面的氧化，因而增加速率。HCl也會提供H_2O，因為$4HCl+O_2 \rightarrow 2H_2O+2Cl_2$。通常氧化製程中，大約在氧中加入2～3%HCl。此外，氯會使下層矽的少數載子生命期（minority carrier lifetime）加長。使氧化物缺陷密度降低，因而提高SiO_2的介電強度（dielectric strength）。

　　使用三氯乙烷（TCA, trichloroethane）控制氧化速率時，O_2供應要充分。當氧充足或不足時，其反應方程式分別為：

$$O_2充足 \qquad C_2H_3Cl_3+2O_2 \rightarrow 3HCl+2CO_2 \qquad (3)$$

$$O_2不足 \qquad 2C_2H_3Cl_3+O_2 \rightarrow 2C+2COCl_2+2H_2+2HCl \qquad (4)$$

　　其$COCl_2$是光氣（phosgene）具高毒性及腐蝕性，(4)式中C與$COCl_2$反應再與空氣反應，產生黑色粉狀物，而污染爐管。

　　HCl和Cl_2腐蝕性強，在室溫下易與水氣作用，而形成鹽酸，會腐蝕不銹鋼管件，目前已不使用。三氯乙烯可能致癌（carcinogenic），也不再使用了。三氯乙烷因為生產過程會產生氯氟碳（CFC, chlorine fluorine carbon，如$CFCl_3$, CF_3Cl）化合物，破壞大氣中的臭氧層（ozone layer），現在也被禁用了。目前已有較佳的替代品，反二氯乙烯（trans-dichloro-ethylene, $C_2H_2Cl_2$ 結構式為
$$\begin{matrix} H & & Cl \\ | & & | \\ C & = & C \\ | & & | \\ Cl & & H \end{matrix}$$
），其功能與三氯乙烷相似，但不會破壞臭氧層。

ULSI的矽晶圓由8吋（200mm）增加到12吋（300 mm）。爐管由整批作業（batch）轉變為單一晶圓（single wafer）處理的系統。可以結合其他的系統而成為集結式系統（cluster），在不破真空（vacuum）的情況下移動晶圓於不同的反應器，使其功能更強大。例如以矽氧化加上低壓化學氣相沉積長氮化矽（Si_3N_4），將此二種不同的爐管放在同一製程系統，一次完成矽局部氧化（LOCOS, local oxidation of silicon）。集結式系統，如圖5.18所示。其優點為：

1.由機械手臂（robot）傳送晶圓，減少人為錯誤。

2.減少曝露之污染（即使無塵室也不如製程系統潔淨）。

3.有晶圓貯存區，可以放置大量的等待晶圓，可提升生產速率。

反應器1可設計為氧化爐，反應器2為LPCVD沉積Si_3N_4。每一爐管區內，晶舟有二個位置，一個做製程，另一個備便。晶圓升降機（elevator）表示爐管為垂直式。熱交換機（heat exchanger）表示系統需要冷卻，通常是用循環水冷卻。

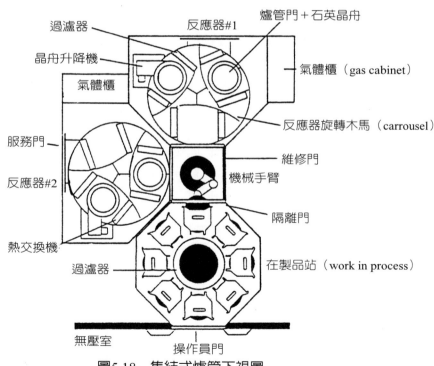

圖5.18 集結式爐管下視圖

[資料來源：ASM公司]

5.6 擴散高溫爐

擴散（diffusion）是以高溫（～1000℃）使摻質（dopant）進入矽晶圓的一種製程。固態擴散（solid state diffusion）是指含磷、砷或硼的源材料，以固態、液態或氣態等三種形式，使其驅入固態的矽晶圓，如圖5.19所示。固態或液態摻質源需要載氣。驅入的機制是濃度的梯度（concentration gradient），驅入的動力是熱能，如雙極接面電晶體（bipolar junction transistor, BJT）之製作，即是利用擴散製程。一般情形，擴散分為二個階段，先是前置（predeposition），利用摻質源氣體在飽和蒸氣壓之下，沉積於矽晶圓表面，或進入表面的薄薄一層。然後是推進（drive-in），是將摻質源取出，升高溫度，使摻質進到矽晶圓較深的地方。推進的同時要氧化，以使摻質在矽晶圓冷卻後，仍能停留在原位置。所以第二製程常稱為推進氧化（drive-in oxidation）。二階段完成後，摻質在矽晶圓內呈高斯分布（Gaussian distribution，即常態分布normal distribution）。最高濃度的地方是晶圓表面。擴散製程中，爐管也要保持高度潔淨，尤其是要避免銅、鐵、金等重金屬，以免造成漏電流或降低元件可靠度。

擴散源（dopant source）材料很多為有毒的，如氣態的PH_3、AsH_3、B_2H_6，液態的$POCl_3$、BBr_3，以及旋塗用的砷或銻源材料，如表5.5所列。

表5.5　用於矽晶圓擴散之摻質源

摻質	氣態源	液態源	固態源
砷（As）	AsH_3，AsF_3	亞砷矽石[s]（arsenosilica）	$AlAsO_4$[d]，As_2O_3
磷（P）	PH_3，PF_3	$POCl_3$ 磷矽石[S]（phosphosilica）	$NH_4H_2PO_4$[d]， $(NH_4)_2H_2PO_4$[d]，P_2O_5
硼（B）	B_2H_6，BF_3，BCl_3	BBr_3，$(CH_3O)_3B$ 硼矽石[S]（borosilica）	BN[d]
銻（Sb）	SbH_3[I]	Sb_3Cl_5　銻矽石[S]（antimonysilica）	Sb_2O_3，Sb_2O_4

I：只用於離子植入源，d：碟片源，S：旋塗（spin on）源
[資料來源：Wolf, Silicon Processing for the VLSI Era, vol. 1]

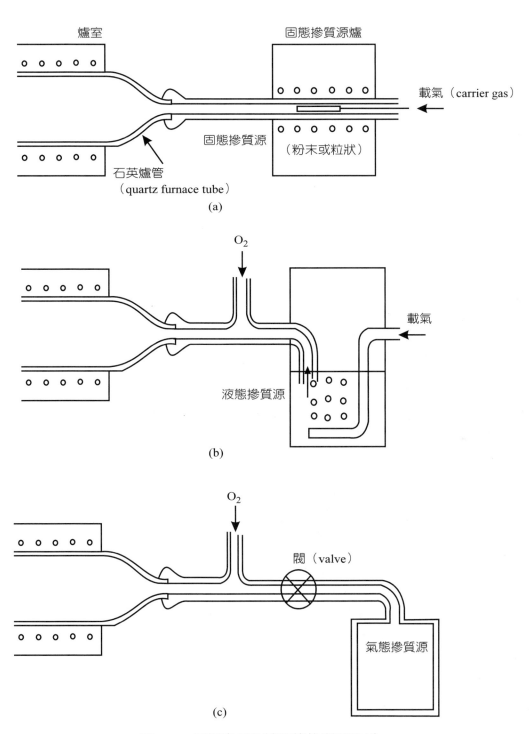

圖5.19　三種常見的擴散爐摻質源設計

[資料來源：Gise and Blanchard, Modern Semiconductor Fabrication Technology]

有時氣態源以載氣（carrier gas）或稀釋氣體（diluent gas）輸送。一般稀釋用 N_2，如源氣體為氫化物（如 AsH_3、PH_3、B_2H_6）可用 H_2 稀釋或載送。PH_3、B_2H_6 以 O_2 做反應氣體，其反應方程式為：

$$2PH_3+4O_2 \rightarrow P_2O_5+3H_2O \tag{5}$$

$$B_2H_6+3O_2 \rightarrow B_2O_3+3H_2O \tag{6}$$

在矽表面形成一摻質氧化物，然後這些摻質氧化物再擴散進入矽，形成一均勻的摻質分佈。一個氣態源擴散系統，如圖5.20所示。

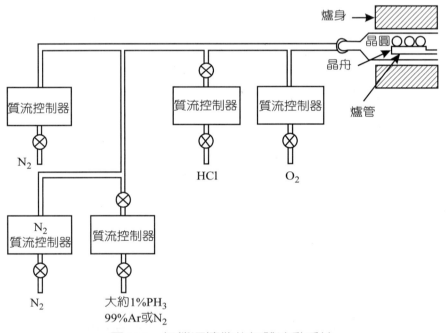

圖5.20 氣態源擴散的氣體流動系統

[資料來源：Bowman, Practical I. C. Fabrication]

液態源（liquid source）常以氣泡瓶（bubbler）或旋塗（spin-on）摻入方式製作。氣泡瓶把液態源轉變為蒸氣，再以載氣使摻質蒸氣進入爐管，達到晶圓表面。例如溴化硼（BBr_3）加熱分解為B和Br_2，而B擴散進入矽晶圓。液態源也可能和氧反應生成摻質氧化物。

$$4POCl_3 + 3O_2 \rightarrow 2P_2O_5 + 6Cl_2 \qquad (7)$$

三氯氧磷

　　此製程可以利用啟動或停止通入氣泡瓶的氣流加以控制，液態源擴散可提供良好的均勻度和純度。有些液體源為鹵素化合物，它又可做為吸氣（gettering）重金屬污染（以Fe, Au為主）之用。

　　一個使用氣泡瓶的液態擴散系統，如圖5.21所示，一個以溫度控制的液態擴散系統，如圖5.22所示。矽晶圓置於恆溫區內，長度約24吋，製程溫度約950～1100℃，溫度變化±0.5℃。

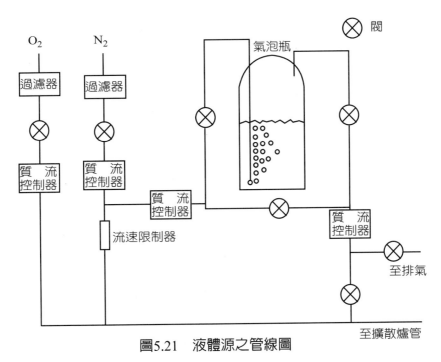

圖5.21　液體源之管線圖

[資料來源：Runyan, Semiconductor I. C. Processing Technology]

　　旋塗（spin coating）摻質和上光阻塗佈相似。摻質濃度可以用添加有機溶劑（如乙二醇ethylene alcohol, $C_2H_4(OH)_2$）來稀釋。通常要先把晶圓在200℃烘烤15分鐘，以密化薄膜，避免在摻質推進（drive-in）之前吸收水氣。

　　固體源可以有三種形式，(1)片狀或粉狀，(2)碟式晶圓狀，(3)粒狀或粉末狀。

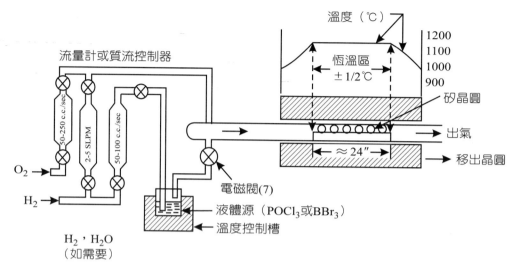

圖5.22　擴散系統，液態源摻質，及溫度分佈圖

[資料來源：Bowman, Practical I. C. Fabrication]

(1)(2)的製程通常是先加熱（500～700℃），使其成為蒸氣，源材料和矽晶圓反應而釋出摻質，然後擴散進入矽晶圓，如：

$$2Sb_2O_3 + 3Si \rightarrow 3SiO_2 + 4Sb \tag{8}$$

碟片源有硼、磷、砷等擴散用材料。最常用的是氮化硼（BN）碟片，如圖5.23所示。它會有少許氧化硼（B_2O_3）作為接著用。BN先於750～1100℃氧化為B_2O_3，再做為擴散源。通少量氮氣以避免空氣媒介的（airborne）污染物進入爐管。通氫（H_2）進入BN碟片，可生成偏硼酸（boric acid, HBO_2）蒸氣、HBO_2有高蒸氣壓，使硼在矽表面有高濃度，此製程稱為氫注入（hydrogen injection）。Carborundum的BN擴散準備工作，如表5.6所列。

擴散製程造成良率下降的主要原因為：

　1.放錯了擴散爐管。

　2.製程順序錯誤。

　3.溫度或氣體流速錯誤。

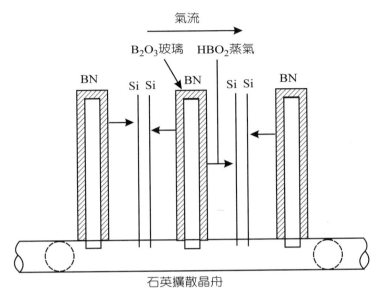

圖5.23 固體摻質碟片用於擴散爐

[資料來源：標準油工程材料（Standard Oil Engineered Materials）]

表5.6 氮化硼碟片之擴散的準備工作

I 清洗	
1.去脂（degrease）	1,1,1三氯乙烷（TCA）／5分鐘
2.溶劑清洗	丙酮（acetone, CH_3COCH_3）／2分鐘
3.水清洗	去離子水／5分鐘
4.酸洗	濃HF／1公克
5.水洗	去離子水／5分鐘
6.烘乾	360～400℃／乾燥氮氣
II 活化	
1.氧化	900～950℃／乾氧／30分鐘
2.安定	以使用溫度／乾氮／30分鐘
III 儲存	
1.爐管或特定烤箱	350～400℃／乾氮，或
2.實驗用烤箱	100～250℃／乾氮，或
3.乾燥盒	室溫／乾氮

4. 推－拉石英晶舟（quartz boat）及晶圓的速率錯誤。

5. 晶舟放錯爐管的加熱區。

6. 漏了某一製程步驟或重覆某步驟二次。

7. 爐管（furnace tube）或晶舟未按期清洗。

8. 氣體管路（gas piping）漏氣或有裂痕。

9. 液態源（liquid source）在製程進行中載氣供應不足。

利用計算機控制擴散製程可以做以下幾件事：

1. 控制爐管功能（時序、氣流、溫度、溫度升／降速率、推－拉速率）。

2. 資訊收集、爐管難題診斷。

3. 批號（lot number）鑑定。

4. 依批號和步驟而設定爐管。

5. 按排爐管時序，以達爐管最大使用效率。

氧化或擴散爐管，常見的問題及其處理方法，如表5.7所列。

表5.7　氧化或擴散爐管之難題

難題現象	處理方法
1. 管路漏氣	關閉適當的閥，以靈敏的流量計測量殘餘氣體流率。
2. 爐本體出問題	檢查冷卻水流動狀況及溫度、空氣流通、線電壓等等。
3. 爐管預調	檢查上次使用爐子的時間，如果需要，循環通氣體源。
4. 爐管潔淨	檢查上次清洗爐管的時間，如果到了該清洗的期間，不要啟動爐子。
5. 熱電偶漂移	檢查溫度控制系統。
6. 質流控制器（MFC）障礙	以二個MFC比較讀值。

一些和矽晶圓擴散製程相關的資料，分別如表5.8～表5.10所列。

表5.8　一些摻質在SiO_2和Si的擴散常數（900℃），cm^2/sec

摻質	在SiO_2	在Si（本質的）
硼（B）	$2.2 \times 10^{-19} \sim 4.4 \times 10^{-16}$	$\sim 1.5 \times 10^{-15}$
鎵（Ga）	1.3×10^{-13}	$\sim 6 \times 10^{-14}$
磷（P）	$9.3 \times 10^{-19} \sim 7.7 \times 10^{-15}$	$\sim 4 \times 10^{-17}$
砷（As）	$4.8 \times 10^{-18} \sim 4.5 \times 10^{-19}$	$\sim 2 \times 10^{-14}$
銻（Sb）	3.6×10^{-22}	$\sim 8 \times 10^{-17}$

註：摻質在矽的外質擴散常數比本質的要較高

表5.9 一些對矽有快速擴散作用的元素之本質擴散常數D_0（cm²/sec）

元素	擴散常數D_0	元 素	擴散常數D_0
鈉（Na）	1.6×10^{-3}	銀（Ag）	2×10^{-3}
鉀（K）	1.1×10^{-3}	鉑（Pt）	1.6×10^{-2}
銅（Cu）	4×10^{-2}	鐵（Fe）	6.2×10^{-3}
金（Au）	1.1×10^{-3}	鎳（Ni）	0.1
		氧（O_2）	7×10^{-2}
		氫（H_2）	9.4×10^{-3}

$D = D_0 \exp(-\triangle E_a / KT)$，D：擴散常數，$E_a$：活化能（activation energy）
k：波茨曼常數（Boltzmann constant）1.38×10^{-22} J/K，T：絕對溫度

表5.10 一些元素在多晶矽的擴散常數

元素	本質擴散常數D_0（cm²/sec）	活化能量E_a（eV）	擴散常數（溫度）
砷（As）	8.6×10^4	3.9	2.8×10^{-14}（800℃）
砷（As）	0.63	3.2	3.2×10^{-14}（950℃）
硼（B）	$(1.5 \sim 6) \times 10^{-3}$	$2.4 \sim 2.5$	9×10^{-14}（900℃）
硼（B）			4×10^{-14}（925℃）
磷（P）			6.9×10^{-13}（1000℃）
磷（P）			7×10^{-13}（1000℃）

5.7 化合物半導體的氧化擴散爐

砷化鎵（GaAs）的熱氧化會產生非化學量的（non-stoichiometric）膜，即砷和鎵的比例不再是1：1。含有鎵和砷的氧化物，同時也有砷離子。砷化鎵氧化物的電絕緣不佳，對半導體的表面保護也不夠好，因此這些氧化物很少用於砷化鎵光電元件的技術。

化合物半導體（compound semiconductor）的擴散也比矽製程困難，原因是高溫時其成分因素會揮發。特別是砷（As）、磷（P）等Ⅴ族元素的分解壓力大，在500℃以上的大氣中，無論何種的表面保護膜，都會隨時間從表面進行分解，很難避免漸漸解離而失去其化學量（stoichiometry）。通常化合物半導體的擴散是用閉

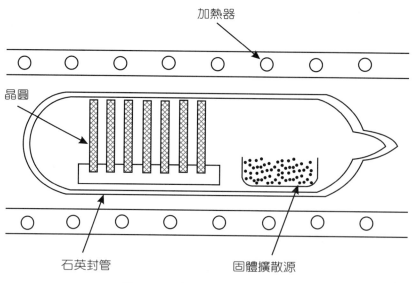

加熱器

晶圓

石英封管

固體擴散源

圖5.24　密閉石英管擴散方式

[資料來源：張家榮，電子月刊]

石英管方式，如圖5.24所示。固體擴散在密封石英管之前，就預置管內。但在晶圓直徑加大時，石英管熔接技術比較困難，而且切割密閉石英管時，也要注意勿破損晶圓。在密封石英管之擴散，原料用Zn_3P_2或Zn_3As_2等化合物，同時引入 II 族和V族氣體。擴散後的毒物（toxic substance）集中在冷卻部，所以能夠安全地後續處理。理想的擴散設備是開管式作業，閉管式的性能，以及具備安全性。凸緣（flange）式擴散設備終於開發了，如圖5.25所示。此設備的特徵是採用垂直式石英爐管，管內放入三重結構密閉容器及固體原料。可同時處理3吋、4吋的晶圓10～20片。

利用內部加熱控制管內氣氛，固體原料的添加量可小至250mg／週期，擴散後的晶圓表面不會粗糙，也沒有異常沉澱物。

關於操作方面，在下吹式櫃（down flow booth）前面作晶圓設定，若按下啟動鈕，會經過幾個程序，對其後反應管內的設定，往後部擴散爐內移動。加熱擴散處理製程、冷卻製程、V族氣體的捕取，擴散晶圓以及固體原料會回到下吹式櫃，屬於一系列全自動方式。

對InP及InP/GaAs磊晶晶圓，使用Zn_3P_2及Zn_3As_2擴散時，晶圓之擴散溫度及擴散深度。使用設備，如圖5.25所示。二個捕取（trap，即陷阱）裝置均為提升真空度

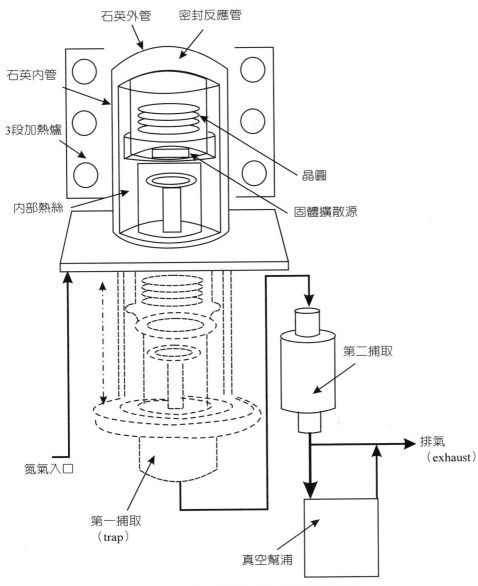

圖5.25　化合物半導體用擴散設備概略圖

[資料來源：本間孝治，半導體世界期刊（Semiconductor World）]

之用。擴散表面濃度在擴散溫度520℃約3×10^{18}/cm^3，和密閉式比起來，數值稍微低一點，但稍微提升管內壓力就可得相等的數值。

　　關於安全性，使用固體源比使用AsH$_3$等有毒氣體安全多了，且可以在一般的製程室內使用。此外，固體源的消耗量也極少（100毫克（mg）以下，擴散時間1小

時），擴散後微量的As及P，利用溫度差控制，並採用二重捕取方式，收集在筒罐捕器，可以簡單地去除。

對外管的沉澱，可使用由二重管結構的縫隙與吹淨氣體，使沉澱物一起流出來，幾乎不用維護系統。若使用相同的擴散源，長時間下來幾乎不必清洗。

5.8 氧化擴散製程監督與量測

1.四點探測

電阻率（resistivity）的定義為1公分立方的材料之電阻，以二相對面測量。實例有四點探測（four point probe），如圖5.26所示，和展佈電阻（spreading resistance），如圖5.27所示，等二種方法測量。四點探測是以電流通過二外側探針，以高阻抗電位針側量二內側探針的電位差。

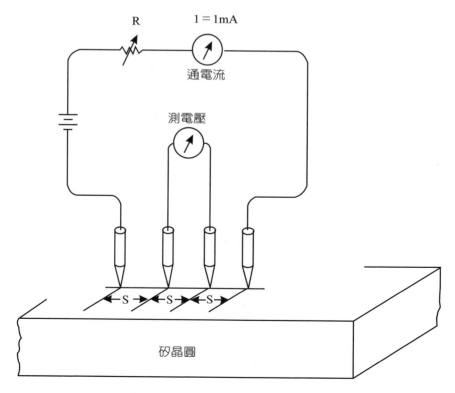

圖5.26　以四點探針測量電阻率

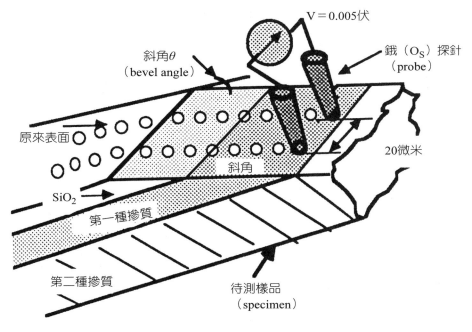

圖5.27　展佈電阻測量系統

[資料來源：固態科技期刊（Solid State Technology）]

$$\rho = V/I \cdot (2\pi s) \tag{9}$$

(9)式s為探針間距（cm），ρ為電阻率（$\Omega \sim$cm）。V為內側二點之及壓降（volt），I為通過外側二點之電流（ampere）。

當晶圓厚度t小於$\frac{1}{2}$s，電阻率值需要修正

$$\rho = (V/I)\frac{t}{86.9} \times \text{直徑修正} \tag{10}$$

2.展阻電阻

展佈電阻（spreading resistance）的基礎是金屬和半導體之間的一圓形點接觸，總接觸電阻（total contact resistance）為：

$$R_c = \rho/4a \tag{11}$$

ρ為半導體的電阻率（resistivity），a為圓接觸的半徑。

此方法可測量大約1微米見方面積的電阻率，R_s為片電阻（sheet resistance），單位為歐姆／平方（Ω／□）。

$$R_s = \rho/x_j \tag{12}$$

x_j 為接面深度（junction depth，單位公分），□為平方，□即順電流方向的長度和垂直電流方向的寬度相等的正方形面積。二種不同摻質，磨斜角可增加長度，便利測量，接面交界處會有明顯的電阻率變化。

3. 磨斜角和凹槽蝕刻法

測量接面深度（junction depth）可以用磨角和染色（angle lap and stain），或稱斜角和染色（bevel and stain）如圖5.28所示，一小角度（$\theta \leq 2°$），以硫酸銅（$CuSO_4$）染色n區域，8克（$CuSO_4$：$5H_2O$），10c.c. 49%HF，在1升去離子水，以強光照射可看出n和p區。以100c.c. HF加幾滴HNO_3（HF：HNO_3：冰醋酸（glacial acetic acid, CH_3COOH）＝1c.c.：3c.c.：10c.c.）可染色p區域。HF：H_2O_2：H_2O＝1c.c.：1c.c.：10c.c.，以強光可染色砷化鎵。

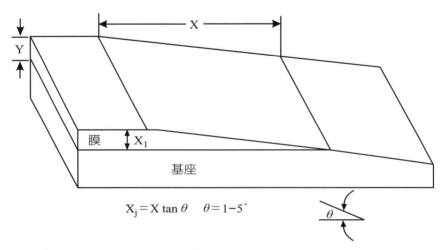

$$X_j = X \tan \theta \quad \theta = 1-5°$$

圖5.28 磨斜角測量接面深度

[資料來源：Bowman, Practical I. C. Fabrication]

另一種磨角方式為凹槽染色（groove and stain），如圖5.29所示。要測量摻質分佈（dopant profile）也可以用電容～電壓法（C－V method），或以二次離子質譜儀（SIMS, secondary ion mass spectrometer）測量。

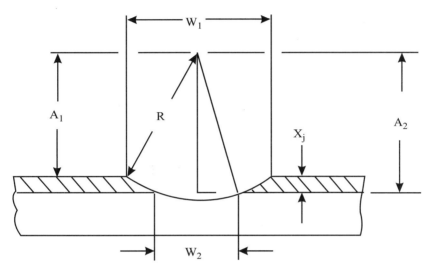

圖5.29 凹槽蝕刻以量接面深度

[資料來源：半導體國際期刊（Semiconductor International）]

4.光反射法

耐諾（Nanometrics）的測厚儀，可以測量透明膜（如SiO$_2$，Si$_3$N$_4$）的厚度，是屬於光反射譜，有高解析度（±5Å）的分光光度計（spectrophoto-meter）掃描系統。使用的照明燈為可見光（400～900nm）或附紫外光，可從200到900nm連續掃描。顯微鏡的物鏡（object lens）將待測樣品形成一反射光的影像。光然後利用繞射光柵（diffraction grating）而色散（dispersion），再以線性陣列GaAs偵測每一波長的強度。測量的原理是待測膜和下層基座之間的光干涉（interference）現象。通常測膜厚的同時，也測量折射率（refractive index）。配合電腦及資料儲存、資料分析。適用晶圓4～8吋直徑。可測單一層膜厚，如氧化物、氮化物、光阻和聚亞醯胺（polyimide）。也可測量多層膜厚。如氧化物在多晶矽上。膜厚範圍100Å～500μm。基座（substrate）可以為矽、鋁和砷化鎵。

5.光偏振法

橢圓儀（ellipsometer）採用大斜角入射光（與垂直線成75°的角），可測極薄的膜厚和折射率。較多層或結構複雜的膜，橢圓測試儀利用已知波長的線偏振（linear polarization）光，以一入射角照於待測膜表面，反射光為橢圓偏振（elliptic polarization），它的組成為氦氖雷射（He-Ne laser）或多波長的光源，照射光大小為$250\mu m \sim 100\mu m$，精密對準。待測樣品的參數，可以用鍵盤輸入，並可儲存。

5.9　參考書目

1. 李裕鉅、洪子起（摘譯），薄膜量測技術，真空科技，十二卷一期，pp. 37-41，1990。

2. 段定夫，半導體工業用高純度氣體與化學品的應用，電子月刊，四卷五期，pp.67～76，1998。

3. 島田孝、賴俊輔，半導體製程用除害裝置，電子月刊，四卷四期，pp. 93～100，1998。

4. 張勁燕，電子材料，三、四章，1999初版，2008修正四版，五南。

5. 張家榮、梁美柔（譯），化合物半導體領域之專用設備，電子月刊，四卷十二期，pp. 104～107，1998。

6. 陳佳麟、趙天生，超薄氧化層的研製，毫微米通訊，六卷一期，pp. 35～37，1999。

7. 陳孟邦等，淺層溝渠隔離技術，電子月刊，四卷十一期，pp. 92～98，1998。

8. 郭慶祥，半導體化學品供給系統及安全使用，電子月刊，四卷四期，pp. 101～106，1998。

9.趙天生，高溫爐管，電子月刊，四卷九期，pp. 82～88，1998。

10.趙天生，深次微米元件之超薄氧化層製備，電子月刊，四卷十一期，pp. 86～91，1998。

11.鄧宗禹，半導體製程排設之揮發性有機廢氣之控制，毫微米通訊，六卷四期，pp. 1～5，1999。

12.R. R. Bowman et al., Practical Integrated Circuit Fabrication, ch. 4, Integrated Circuit Engineering Corporation，學風。

13.A. B. Glaser and G. E. Subak-Sharpe, Integrated Circuit Engineering, Design, Fabrication and Application, 2nd ed., 1983, pp. 227～237, Addison Wesley，臺北。

14.S. M. Sze, Semiconductor Devices, Physics and Technology, 1985, ch. 9 and ch. 10, pp. 341～404, John Wiley and Sons，歐亞。

15.S. M. Sze, VLSI Technology 1st ed., 1983, ch. 4 and ch. 5, pp. 131～218, McGraw Hill，中央。

16.S. M. Sze, VLSI Technology, 2nd ed., 1988, ch. 3 and ch. 7, pp. 98～140, 273～326, McGraw Hill，中央。

17.S. Wolf and R. N. Tauber, Silicon Processing for the VLSI Era, vol. 1, 1986, ch. 7, pp. 198～241, Lattice Press，滄海。

5.10 習 題

1.試比較(a)乾氧氧化，(b)濕氧氧化，(c)蒸氣氧化，高溫爐構造相異之處。

2.試述水平氧化爐之構造及特點。

3.試述高壓氧化爐之構造特點。

4.試述垂直氧化爐之構造及優點。

5.試述群集式氧化系統之特點。

6.試述熱二氧化矽的主要物理常數，(a)介電常數，(b)介電強度，(c)折射率，(d)在 BHF 的蝕刻速率。

7.試比較幾種常用的熱電偶(a)K，(b)R，(c)S型。

8.試述HCl和TCA對SiO_2製程之吸氣作用。

9.試述擴散爐的三種型式(a)氣態源，(b)液態源，(c)固態源之構造及特點。

10.試述擴散製程良率下降的原因，又應該如何改進。

11.試述化合物半導體擴散設備之構造及特點。

12.試述如何以耐諾（Nanometric）測厚儀和ellipsometer測氧化膜之厚度。

13.試述如何以磨角和凹槽蝕刻測擴散接面深度。

14.試述以下各名詞：(a)高熱的（pyrogenic），(b)resistance coil，(c)外火炬系統（OTS），(d)氣泡瓶（bubbler），(e)旋塗（spin-on），(f)密閉石英管，(g)空氣媒介的（airborne）。

15.試述以下各名詞：(a)SiC，(b)三氯氧磷（$POCl_3$），(c)生產的晶圓（prime wafer），(d)BN，(e)HEPA，(f)ULPA。

第 **6** 章　離子植入機

6.1 緒 論

離子植入（ion implantion）是一種將摻質（dopant）在控制的條件之下導入晶圓的方法，此技術利用摻質離子，以靜電加速去轟擊靶半導體材料。以分析器磁鐵（analyzer magnet）選擇適當的摻質離子，分析器磁鐵依據電荷對質量的比率（charge to mass ratio），而使離子以不同角度轉向。

離子植入的主要優點是摻質離子束（ion beam）可以便利地掃過一個大面積，摻質的穿透深度可以用離子能量來控制。它可以取代擴散製程的前置，而離子植入的側向摻質比擴散少，植入深度和均勻度都容易控制，更適合ULSI的小幾何結構。離子植入可以使摻質穿透薄氧化層，這是擴散製程所辦不到的。離子植入的製程溫度由室溫到125℃，遠比擴散的溫度900～1200℃為低。化合物半導體如砷化鎵（GaAs），離子植入是唯一的摻入方法，因為高溫會使化合物材料分解。

離子植入的摻質濃度是由總離子電流（ion current）的積分，基座材料、離子加速度能量等而決定。摻質的量可以精確地控制，總劑量（dose）小到$10^{10}/cm^2$，精確度可以做到±2%。在室溫做植入，可以利用光阻做植入幕罩，使製程可更靈活運用。植入的能量為20～200KeV。

離子植入也可能造成不均勻的摻質分佈。主要原因為⑴不適當的消除中性束，⑵掃描系統的非線性，⑶離子源輸出不安定，⑷加速器或質量分析器（mass analyzer）的電源供應不安定，⑸不適當地抑制了二次電子。離子植入有二項最大的缺點，第一是晶圓可能由單晶變為多晶或非晶，因此要以退火（anneal）處理。第二是通道效用（channel effect），有些離子植入比預期的深。因此，植入機要稍做修正。

離子植入使用的氣體大多有毒或可燃燒，電源電壓可高達80KV，分析器磁鐵的電流大到200A。大磁場有輻射，設備一定要有內鎖（interlock）裝置，內鎖不

可被旁路，除非是機器維修有必要時，而且只有合格的維修人員才可以這麼做。有緊急關機裝置（EMO, emergency off），電子吸收線圈必須定時檢查。工作人員要佩帶X光劑量檢查的識別胸章。機器要經常測漏，氣體供應大多使用小鋼瓶裝（lecture bottle），即使如此，漏氣仍然會造成非常嚴重的後果。進氣管路系統因操作而生的薄膜有毒，不可隨地拋棄或飛揚，清洗的珠砂必須定時更換，廢棄的珠砂必須適當處理。

6.2　離子植入機概略圖

　　離子植入是引導具有能量的、帶電的粒子進入一基座，如矽晶圓。半導體用植入機，離子能量在30～300KeV，離子劑量在10^{11}～10^{16}離子／平方公分，主要的優點是摻質植入可精確控制，可重複。和擴散製程相比較，它有較低的製程溫度。

　　一離子植入系統的概略結構，如圖6.1所示。離子源含游離的摻質原子（如P^+和B^+）。離子通過質量分離的分析器磁鐵（analyzer magnet），以除去不要的離子。被選中的離子進入加速管，被電場加速到高能量。高能離子通過垂直和水平掃描器（scanner），並被植入半導體基座。

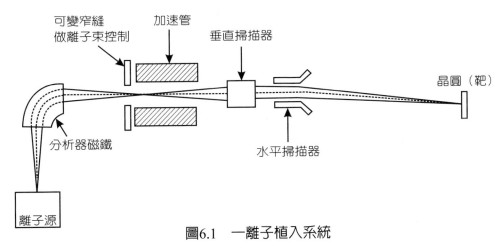

圖6.1　一離子植入系統

［資料來源：Brodie and Muray, Physics of Microfabrication]

　　另一離子植入機的概略圖,如圖6.2所示。其中質量分離即為分析器磁鐵,離子束掃蕩即為掃瞄器。最後離子束進入一真空室(vacuum chamber)。離子束電流為數毫安培(mA),表示每秒有多少離子傳送,是決定產率的因素。離子束直徑大約1公分,發散角度0.1°,離子束電流為10μA～2 mA。

　　一個類似的概略圖,如圖6.3所示,此圖強調植入系統要抽真空,離子掃描的電極(electrode),以及待植入晶圓的放置位置。離子植入機多使用超高性能的冷凍泵壓縮機(cryopump compressor)抽真空,真空度超過10^{-6}托爾(torr),並以游離計(ionizatiom gauge)測量真空。

　　一個商用的離子植入系統,如圖6.4所示。氣體源(gas source)含BF_3或AsH_3,在高電位,一調整閥控制氣體至離子源的流率。電源供應使離子源(ion source)具能量,也在高電位。離子源含離子電漿,如$^+As^{75}$、或$^+B^{11}$和電子,真空約為10^{-3}托爾。上標75或11為原子量,砷或硼有其它的同位素(isotope)。擴散泵(diffusion pump)抽真空,以降低離子氣體散射(scattering)。鋸齒電壓加於X和Y偏移板(deflection plate),以掃描離子束,並得到一均勻的植入。離子束線和終站擴散泵保持真空,以避免電荷交換作用。靶室(target chamber)由一口孔、法拉第籠和晶圓饋送機制組成。法拉第籠(Faraday cage)為以導電性材料,網狀結構形成為圍籬,用以遮蔽電磁輻射(electromagnetic radiation)。

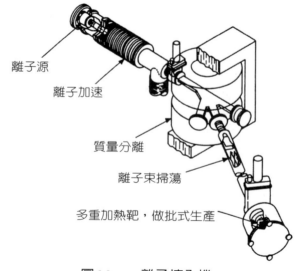

離子源

離子加速

質量分離

離子束掃蕩

多重加熱靶,做批式生產

圖6.2　一離子植入機

[資料來源:Glaser, I.C. Engineering]

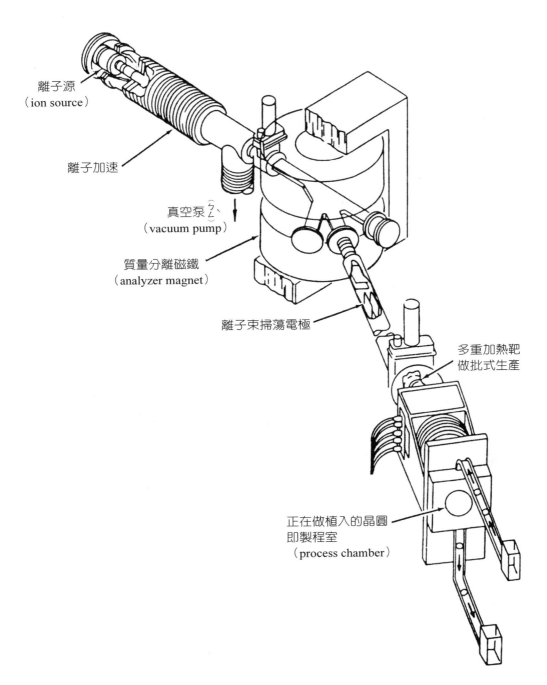

離子源
（ion source）

離子加速

真空泵
（vacuum pump）

質量分離磁鐵
（analyzer magnet）

離子束掃蕩電極

多重加熱靶
做批式生產

正在做植入的晶圓
即製程室
（process chamber）

圖6.3　又一離子植入機

[資料來源：Bowman, Practical I.C. Fabrication]

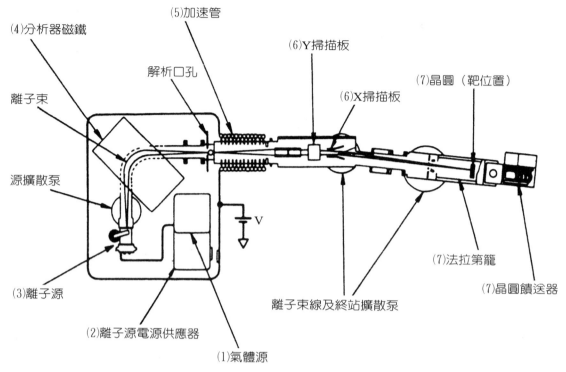

圖6.4　一商用離子植入系統的概略圖

[資料來源：瓦裡安（Varian）-Extrion]

　　又一個離子植入機（ion implanter）的概略圖結構，如圖6.5所示。離子源（ion source）可以為氣體或液體，如用液體源需先蒸發。離子源的原子在電漿室內先游離（ionize），大多為使分子或原子失去一個外圍價電子（valence electron），成為帶正電的離子，並給予一個啟始速度。磁鐵依原子量（特別是，電荷對質量的比（charge to mass ratio, q/m）），使離子偏移。離子束（ion beam）然後以電磁線圈（electromagnetic coil）聚焦，並得到一最終加速度。不帶電的中性束（neutral beam）以阱（trap）和閘除去。在機器的另一端，放置晶圓以截獲離子束。離子束的掃描以靜電偏移（electrostatic deflection）做XY光柵掃描（raster scan）。或以機械方式轉動一個上面裝載有晶圓的旋轉木馬（carrousel）或碟盤（disk）。撞擊晶圓的離子的數目，以一法拉第杯（Faraday cup）精確地量測。整個系統保持在高真空。離子帶正電，並被加速，電壓為−30KV到−200KV。為了操作員的安全起見，機器在操作晶圓的那一端是接地的（ground）。

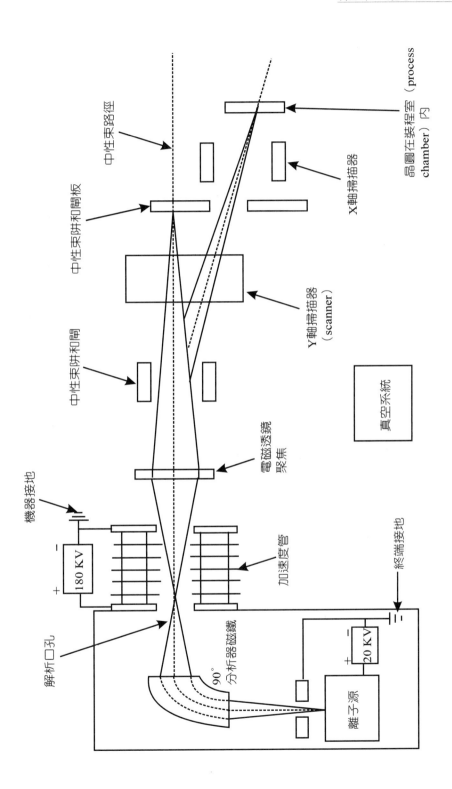

圖6.5 一離子植入機

[資料來源：Ong, Modern MOS Technology]

　　一個更詳細的離子植入機（ion implanter）的系統，如圖6.6所示，加速（200KV）和萃取（50KV-150KV）部分為高電壓，靜電透鏡（electrostatic lens）也有10KV，用以使離子束（ion beam）收斂為直徑大略為四分之一吋。追蹤植入劑量（dose）的方法，如圖6.7所示。中性束陷阱用以移除掃描電極無法偏轉的中性粒子流（neutral stream）。因為離子有時候碰撞殘餘氣體（residual gas），會有殘餘氣體分子獲得一個電子而成為中性。圖6.6並明確地顯示出使離子束收斂的電磁透鏡（electromagnetic lens）和靜電透鏡。圖6.7的法拉第籠（Faraday cage）是用來偵測離子和電子，用金屬或石墨（graphite）製成的箱子。可以隔離靜電（electrostatic charge），但不影響磁力線（magnetic line）。離子和電子的電荷通過連結於箱內的放大器，經放大後來測定。電子氾濫槍（electron flood gun）或稱電子淋浴（electron shower）用以消除晶圓的氧化層或光阻上的電荷。

　　離子植入常用的材料為氣態或固態，植入的種類可達12種之多，如表6.1所列。

表6.1　植入源材料

植入種類	源材料
銻（Sb）	$Sb_2O_3(s)$
砷（As）	AsF_3，AsH_3，$GaAs(s)$
鈹（Be）	$Be(s)$、$BeCl_2(s)$，$BeF_2(s)$
硼（B）	BCl_3，BF_3，B_2H_6
鎘（Cd）	$Cd(s)$，$CdS(s)$
磷（P）	P（s，紅），PCl_3，PF_3，PH_3，PF_5
硒（Se）	$Se(s)$，$CdSe(s)$，$SeO_2(s)$
矽（Si）	$SiCl_4$，SiF_4，SiH_4
硫（S）	$S(s)$，SO_2，$CdS(s)$，H_2S
碲（Te）	$Te(s)$
錫（Sn）	$Sn(s)$，$SnCl_2(s)$
鋅（Zn）	$ZnCl_2(s)$

[資料來源：A Axmann，固態科技期刊（Solid State Technology）]
s：固體材料，未註明者為氣體材料

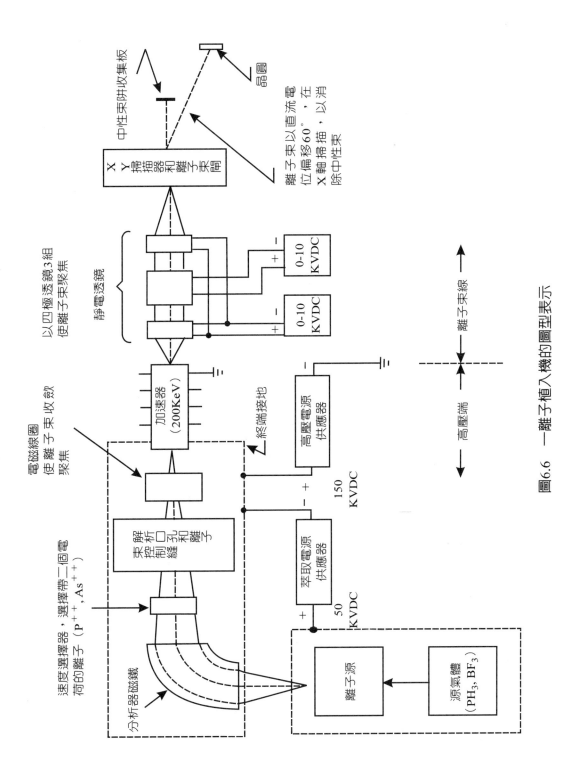

圖6.6　一離子植入機的圖型表示

[資料來源：Bowman，Practical I.C. Fabrication]

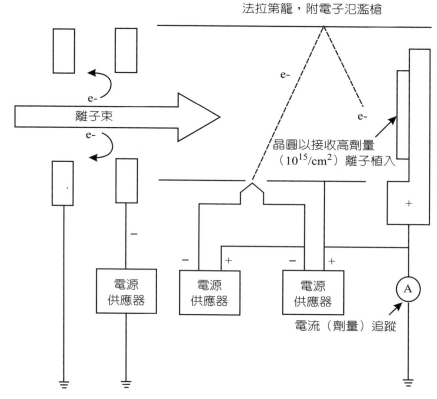

法拉第籠，附電子氾濫槍

離子束

e-

e-

e-

e-

晶圓以接收高劑量
（$10^{15}/cm^2$）離子植入

電源
供應器

電源
供應器

電源
供應器

A

電流（劑量）追蹤

圖6.7　植入劑量追蹤器

[資料來源：Bowman，Practical I.C. Fabrication]

　　離子植入可能造成二種副作用（side effect），一是晶格傷害（lattice damage），使單晶晶圓變為多晶（polycrystalline）或非晶（amorphous），此種傷害可以用退火（anneal）法以消除（見6.7節）。另一種副作用是通道效應（channeling effect），即有些地方，植入比較深，使摻質分佈不再是預期的高斯分佈（Gaussian distribution），而有一尾部。消除通道效應的方法是把晶圓平臺作一φ角度的偏移，一軸向的傾斜及一方位角的旋轉，如圖6.8所示。高斯分佈在統計學上稱為常態分佈（normal distribution），中央部分最多，偏高或偏低的部分越來越少。

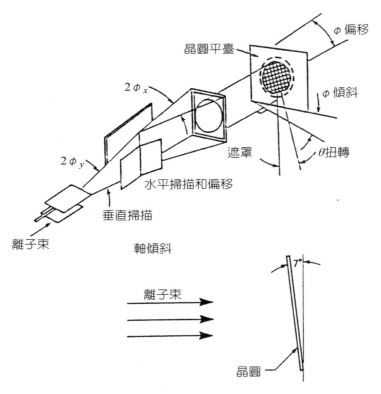

圖6.8 避免通道效應的方法

[資料來源：Dun & Bradstreet，固態科技期刊（Solid State Technology）]

6.3 離子植入機型式

離子植入機依功能可區分為以下三種型式：

1.中電流植入機

離子束電流為3～5mA。單一電荷之離子的能量範圍在2～250KeV。晶圓裝置為單一晶圓，依序存／卸。

2.高電流植入機

離子束電流極大為25mA。單一電荷的離子之能量範圍為2～200 KeV。晶圓裝置以批式旋轉碟（輪）。

3.高能量植入機

離子束電流小於1mA。單一電荷之離子的能量範圍高到1.5MeV。晶圓裝置為批式旋轉碟（輪）。

離子植入機在I.C.（integrated circuits）元件製造之用途為：

(1)中電流式可製作互補金氧半元件（CMOS）的井，調整臨限電壓（threshold voltage），通道阻止（channel stop），通常在場氧化層（FOX, field oxide）的下方，與通道型式相反的摻雜。抑制沖穿（punch through），避免源極／汲極的空乏層碰頭等的佈植，一般劑量在$1 \times 10^{12} \sim 5 \times 10^{13} cm^{-2}$。

(2)高電流式可製作源極／汲極、多晶矽負載，或做多晶矽閘極的佈植，因元件縮小時，接面深度必須精準的控制。因此必須降低離子佈植的能量。一般常用的劑量為$5 \times 10^{14} \sim 5 \times 10^{15} cm^{-2}$。

(3)高能量式可製作後退井（retrograde well），即摻質濃度峰值不在表面。埋下層（buried layer）通常做在主動元件之下方，為降低功率消耗用的高濃度區），以及矽在絕緣體（SOI, silicon on insulator）之佈植。

一個依植入劑量分類的應用，如圖6.9所示。

1997年美國半導體工業協會（Semiconductor Industry Association, SIA）針對未來技術發展所做的預測，如表6.2所列。其中，1997年可進入0.25微米製程，製作256M DRAM；1999年可進入0.18微米製程，以製作1G DRAM；2003年可進入0.13微米製程，製作4G DRAM；2006年可進入0.1微米製程，製作16G DRAM。由以上半導體工業協會對元件尺寸的預測可知，積體電路製作技術的要求將朝向高度集積化及尺寸縮小化發展。而隨著尺寸的縮小，生產技術對元件尺寸精確度的要求也將更為嚴格。0.25微米製程所需的接面深度（junction depth）約為50～100nm；0.18微米製程、0.13微米製程或0.1微米製程所需的接面深度分別約為36～70nm，26～52nm或20～40nm。因此，在整個元件的結構上，接面深度亦必須有良好的控制。此一要求直接突顯出，用來製作超淺接面（ultra shallow junction）之離子佈植技術及快速熱退火（rapid thermal anneal, RTA）處理技術的重要性。

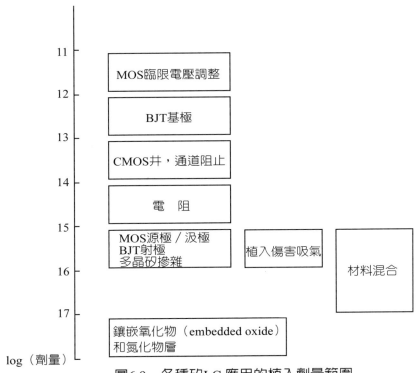

圖6.9　各種矽I.C.應用的植入劑量範圍

[資料來源：Runyan，Semiconductor I .C. Processing Technology]

表6.2　1997年美國半導體工業協會對未來技術發展所做的預測

極小特徵尺寸	$.25\mu m$	$.18\mu m$	$.13\mu m$	$.1\mu m$
年份（第一個產品出貨）	1997	1999	2003	2006
DRAM容量	256M	1G	4G	16G
V_T變化（mV）	60	50	40	40
在通道的濃度（cm^{-3}）	$4\sim6\times10^{17}$	$6\sim10\times10^{17}$	$1\sim2\times10^{18}$	$2\sim3\times10^{18}$
電源電壓（V）	2.5～1.8	1.8～1.5	1.5～1.2	1.2～0.9
氧化物厚度（Å）	40～50	30～40	20～30	15～20
通道接面深度（Å）	500～1000	360～720	260～520	200～400
片電阻（Ω/□）	400	400	400	500
金屬污染	5E 10/cm^2	2.5E 10/cm^2	1E 10/cm^2	
Al、Ca、Fe、Na、Ni、Cu、Zn	2.5E 10/cm^2	1E 10/cm^2	5E 9/cm^2	
粒子毒害／晶圓極小尺寸	30	35	25	
	$0.08\mu m$	$0.06\mu m$	$0.04\mu m$	

一個中電流的離子植入機的概略結構，如圖6.10所示。離子源開始是一種適當的分子材料源，轉變為離子。離子被加速，而進入質量分析器作離子選擇。離子的選擇是依據電荷對質量的比率（q/m ratio），分析器通常是夠靈敏，以去掉鄰近質量數的離子。離子再被加速，離子束稍微電偏移，使它和任何中性原子分開。離子束被掃描到晶圓表面，靜電式或機械式或二種方式的集合。同時，電子源可能靠近晶圓，電子汜濫（electron flood）在晶圓表面，造成電荷堆積在絕緣物如SiO_2或Si_3N_4或隔離的導體的表面，太多就會使氧化物崩潰。

離子源提供離子，通常為帶一個正電荷，離子量大到足以形成束電流（$10\mu A\sim$100mA）。離子然後被萃取（extract）而形成一離子束（ion beam）。製程原料可以是氣態或液態汽化，靠近離子源，被導入一氣室（chamber），被電子的撞擊游離，而形成電漿。離子然後被萃取，透過氣室的開口，方法是在離子限制室和萃取電極之間加上幾千伏的負電壓，形成一靜電透鏡（electrostatic lens），使離子在分析器口孔聚焦為離子束。多加幾個透鏡，使離子束在晶圓表面再聚焦。

大多情形，電子是利用熱燈絲（陰極），也有用冷陰極（cold cathode）產生電子的。電子撞擊氣體源撞出二次電子（secondary electron），而繼續撞擊，直到氣室內形成大量的電漿，磁場用來使電子作渦旋狀行進，以增加行進路徑，增進游離效率。大致說來，此離子植入機的基本功能有游離、萃取加速、離子束控制、分析、追蹤、晶圓帶電的控制和掃描。

一個雙機械掃描的高電流植入機，如圖6.11所示。大轉輪以快速掃描像公轉，小轉盤以慢速掃描像自轉。

一個在德州大學（University of Texas）的高電流（能量為400KeV）離子植入機，如圖6.12所示。離子束流對時間積分，得到離子劑量。矽晶圓置於靶室。

又一個高電流離子植入機的概略圖，如圖6.13所示。離子束從加熱陰極（hot cathode）的電子放電產生。利用電磁同時聚焦，並選擇適當的電荷對質量比的離子種類。被選中的離子再被加速，並掃過晶圓，以使摻質均勻。掃描可以以電的方式移動離子束或移動樣品以完成。

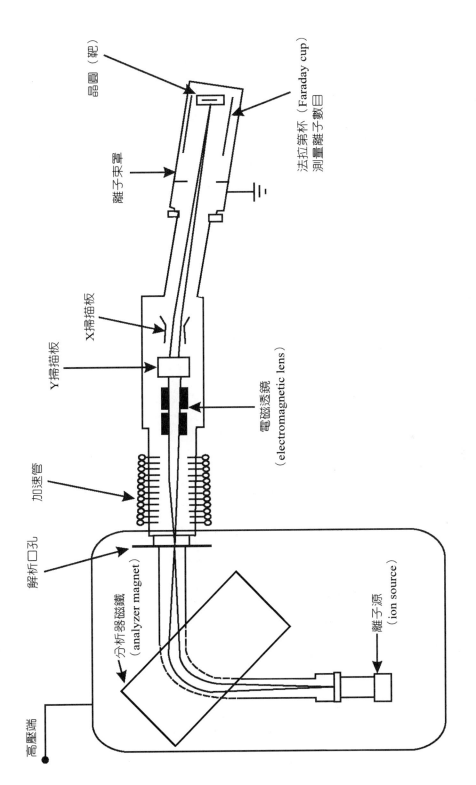

圖6.10　中電流離子植入的概略圖

[資料來源：Runyan, Semiconductor I. C. Processing Technology]

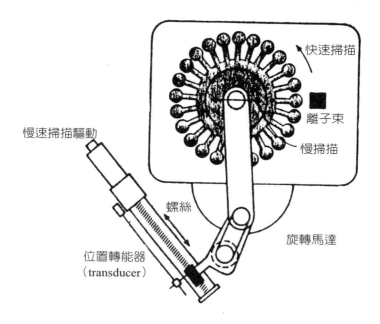

快速掃描

離子束

慢掃描

慢速掃描驅動

螺絲

旋轉馬達

位置轉能器
（transducer）

圖6.11　雙機械掃描的高電流植入機[資料來源：應用材料（Applied Materials）]

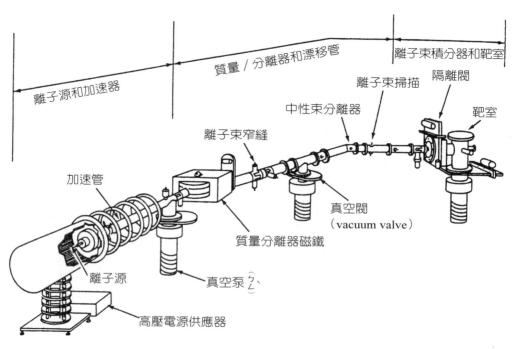

離子束積分器和靶室

質量／分離器和漂移管

離子束掃描

隔離閥

離子源和加速器

中性束分離器

靶室

離子束窄縫

加速管

真空閥
（vacuum valve）

離子源

質量分離器磁鐵

真空泵

高壓電源供應器

圖6.12　400KeV離子植入機

[資料來源：B. Streetman, Solid State Electronic Devices]

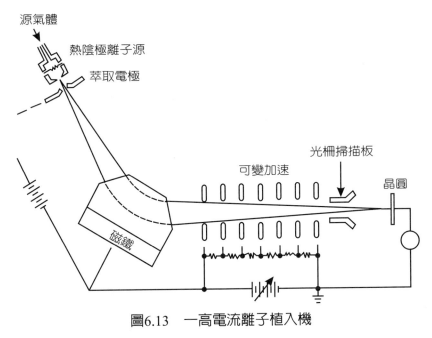

圖6.13　一高電流離子植入機

[資料來源：Sze, High Speed Semiconductor Devices]

　　高電流植入機的掃描方法，如圖6.14所示。晶圓放在旋轉碟的周邊，以1000轉／分（rpm）的轉速轉動，以做旋轉機械掃描。晶圓每轉一次，就會經過離子束（ion beam）一次。離子束也線性地掃描整個晶圓，以離子束的靜電掃描（electrostatic scan）或將轉動碟做另一種線性移動。使整片晶圓得到均勻的植入劑量（dose）。高電流植入機的操作時間為每片晶圓約10秒，即每小時300～400片。批式操作時，反應室會暴露於大氣數分鐘，植入前要再抽真空（evacuate）。晶圓要以水冷散熱方式，使溫度維持在80℃以下。圖6.14(a)為機械和磁掃描，圖6.14(b)為混合掃描，同時利用機械和靜電。

　　當矽晶圓工業進入12吋量產，解析度（resolution）0.18μm的技術，高電流植入機必須形成極淺的接面（ultra shallow junction）（≦100nm）的源極和汲極，以及超低能量（ultra low energy）、自動化系統、統計製程控制以及現場監督製程。高電流離子植入的製程條件，如表6.3所列。

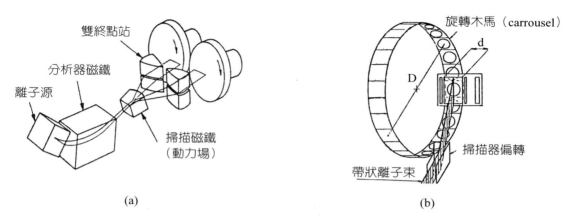

(a)   (b)

圖6.14　高電流植入機的各種掃描方法

[資料來源：半導體國際期刊（Semiconductor International）]

表6.3　高電流離子植入製程條件

製　　　程	0.25微米製程		0.18微米製程	
	能量（KeV）	劑量（原子／平方公分）	能量（KeV）	劑量（原子／平方公分）
源極／汲極 B$^+$	3	7×10^{14}	1	5×10^{14}
源極／汲極 的接觸 B$^+$	5	3×10^{15}	2	2.5×10^{15}
多晶矽 B$^+$	10	6×10^{15}	10	6×10^{15}
源極／汲極 As$^+$	30	6×10^{14}	15	5×10^{14}
源極／汲極 的接觸 As$^+$	40	3×10^{15}	25	2×10^{15}
多晶矽 P$^+$	20	6×10^{15}	20	6×10^{15}

　　高能量1MeV的植入機，將整個高壓部分置於一加壓容器，含高壓絕緣氣體六氟化硫（SF$_6$），於七大氣壓可提高崩潰電壓（breakdown voltage）20倍。一串級加速器如果每級提升電壓3倍，總計可提升電壓3^{n}倍，n為級數，如圖6.15所示。帶負電的離子被注入加速器，它們從接地加到二分之一的終電壓，通過一去電子運河（stripper canal），和氣體分子碰撞而變為帶正電，然後再度被加速。此種去電子運河的主要缺點是它只能改變50%的B$^-$為B$^+$。其餘部分出現B$^-$、B^{0}和B^{++}。在不同的去電子氣體壓力，可以產生B^{++}離子，效率可高達50%，進而增加有效的能量。此種植入機要求晶圓座加熱至600℃，以自行退火（self anneal）減少表面層的傷害，

此時並以機械掃描替代靜電掃描。

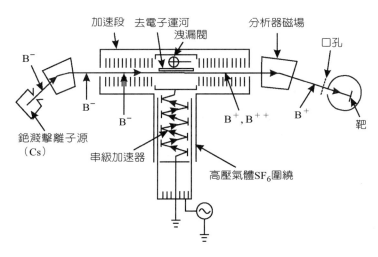

圖6.15　一串級離子植入機

[資料來源：Purser, Ionex MeV Implantation System]

6.4　離子植入機實例一

一個伊頓半導體設備（Eaton Semiconductor Equipment）的離子植入機，其主要成分除了植入機本體，還有氣體櫃（gas cabinet）、真空冷凍泵壓縮機（cryopump compressor）、冰水機（water chiller）等廠務設施（utility）。以及控制掃描和旋轉驅動的控制器、工作站（work station）及電子儀器。

使用氣體源時，以小鋼瓶（lecture bottle）貯存氣體，氣體管路以閥（valve）做開關控制，調節器（regulalor）調氣體壓力，其餘零件有隔離閥（isolation valve）、旁路閥（bypass valve）、洩漏閥（leak valve）、吹淨閥（purge valve）等。一個氣體源系統，如圖6.16所示。

使用固體材料時，要以蒸發器（vaporizer），將固體源置於坩堝（crucible）內，以線圈加熱，並以載氣將蒸發後的源材料送入電弧室。常用的固體源材料和其工作溫度，如表6.4所列。使用氣態源可直接通入電弧室。

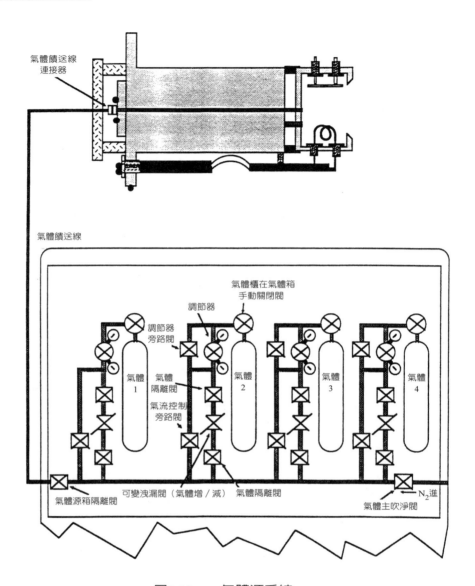

氣體饋送線
連接器

氣體饋送線

氣體櫃在氣體箱
手動關閉閥

調節器

調節器
旁路閥

氣體
1

氣體
隔離閥

氣流控制
旁路閥

氣體
2

氣體
3

氣體
4

可變洩漏閥（氣體增／減）　氣體隔離閥

氣體源箱隔離閥

N₂進

氣體主吹淨閥

圖6.16　一氣體源系統

表6.4　半導體常用固體源及工作溫度

砷（As）	380℃
磷（P）	385℃
銻（Sb）	760℃
三氧化銻（SbO₃）	550℃

　　電弧室（arc chamber）內有一燈絲（filament），通電源就會發射電子，電子撞擊源氣體（source gas），大多情形是撞出一個電子，而成為帶正電的陽離子（positive ion, cation），被撞出的電子可以再撞其他源氣體。電弧室內有一排斥板（repeller plate），接負電壓使電子較為集中，如圖6.17所示。配合源磁鐵（source magnet），放在適當位置，使源磁鐵電流（source magnet current）有最佳的效率，如圖6.18所示。此時電弧室內有大量的電漿，其組成成分有數種離子，如以BF_3為源氣體，可產生$^{10}B^+$，$^{11}B^+$，$^{11}B_2^+$等十種正離子。各種正離子之束電流大小，如圖6.19所示。以固體砷源，60KeV、10 mA，則有As^{++}，As^+，As_2^+等三種離子。以固體磷，60KeV、10mA有P^{++}，P^+，P_2^+等三種離子。原子核+5表示磷（P）或砷（As），和最外層軌道的5個價電子（valence electron）對應；價電子被撞出一個，為+1離子，價電子被撞出2個，則為+2離子。

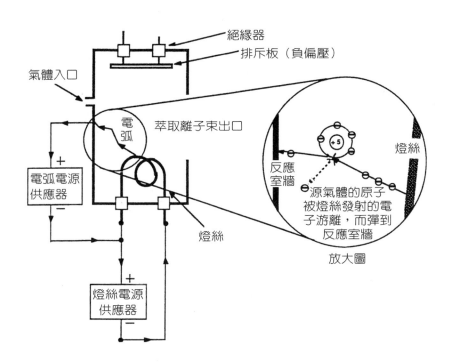

圖6.17　電弧室內源氣體的游離

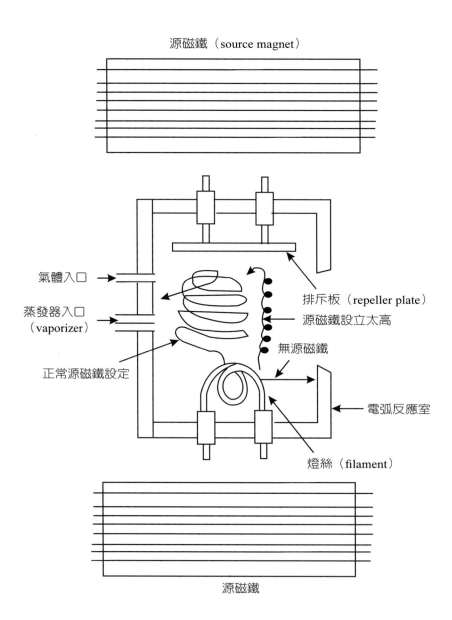

源磁鐵（source magnet）

氣體入口

蒸發器入口
（vaporizer）

正常源磁鐵設定

排斥板（repeller plate）

源磁鐵設立太高

無源磁鐵

電弧反應室

燈絲（filament）

源磁鐵

圖6.18　源磁鐵電流，以三種設定

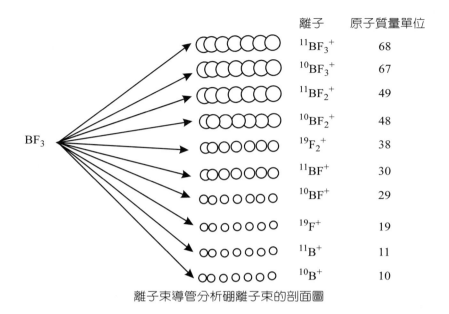

離子	原子質量單位
$^{11}BF_3^+$	68
$^{10}BF_3^+$	67
$^{11}BF_2^+$	49
$^{10}BF_2^+$	48
$^{19}F_2^+$	38
$^{11}BF^+$	30
$^{10}BF^+$	29
$^{19}F^+$	19
$^{11}B^+$	11
$^{10}B^+$	10

離子束導管分析硼離子束的剖面圖

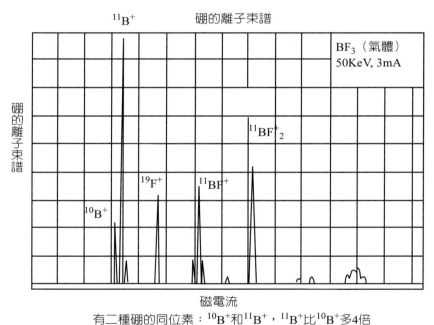

有二種硼的同位素：$^{10}B^+$和$^{11}B^+$，$^{11}B^+$比$^{10}B^+$多4倍

圖6.19　BF_3產生的各種離子及其離子束電流

砷（As）和磷（P）的離子束電流對磁電流的變化，如圖6.20所示。此處植入的源材料分別為固態的砷或固態的磷。

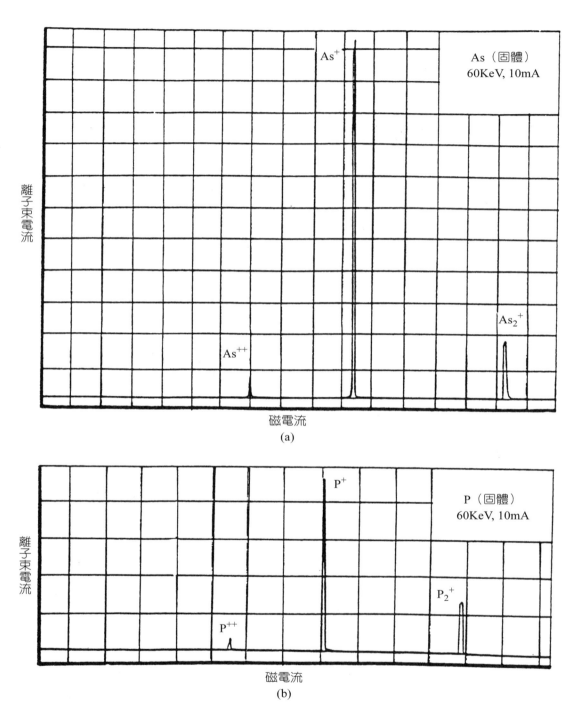

圖6.20　砷和磷的離子束譜，(a)砷、(b)磷

萃取（extraction）是置一接地電極，其上有一口孔，加高電壓（如80KV）到電弧室，離子被吸引趨向接地電極，並加速通過口孔。再以第二高壓電源（如80KV）萃取，此時離子的能量升高到160 KeV。如圖6.21所示。

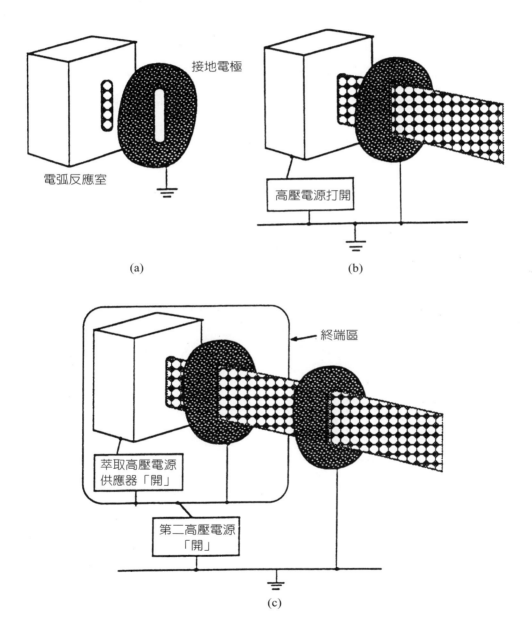

圖6.21　萃取和加速度，(a)離子在電弧室內，(b)離子得到一高壓，(c)離子的能量升高到160KeV

　　源孔口加偏壓協助控制離子束膨脹,因為帶正電的離子會相互排斥,萃取電極組件使離子束到孔口時有極大的密度,並引導離子束進入孔口,調整磁電流及離子的能量,經過離子束導引(ion beam guide),只有想要的離子能通過後孔口,不要的離子打到離子束導引的牆,並從牆材料中擊出二次電子(secondary electron),如圖6.22所示。此二次電子可以利用正電壓板(80KV)消除。分析器磁鐵(analyzer magnet)使離子束依電荷質量比分散開。完整的離子束控制,如圖6.22所示。抑制電極(suppression electrode)可以使二次電子保留在離子束之內。使離子束不致於膨脹,如圖6.23所示。離子束撞擊抑制電極,打出二次電子,再撞到電弧室(arc chamber),發出X射線(x-ray),產生輻射(radiation)的危險,所以離子植入設備附近都有輻射危險的警告標誌。法拉第旗(Faraday flag)引導離子束,使離子束朝向晶圓行進,如圖6.24所示。電子淋浴(electron shower)導入低能量電子,使晶圓上氧化物或光阻表面的正離子所造成的正電壓中和(neutralization),以避免接面損壞,提升良率,如圖6.25所示。

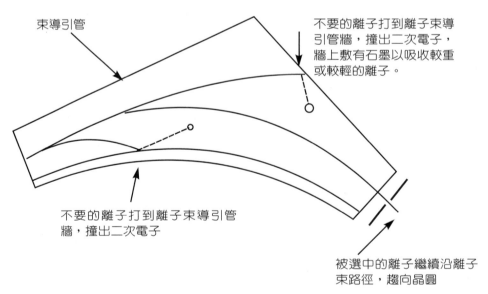

圖6.22　離子束導引選出想要的離子

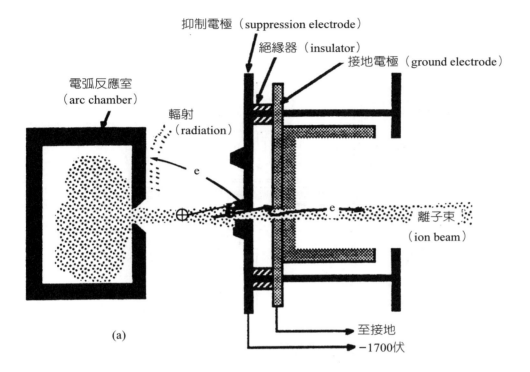

(a)

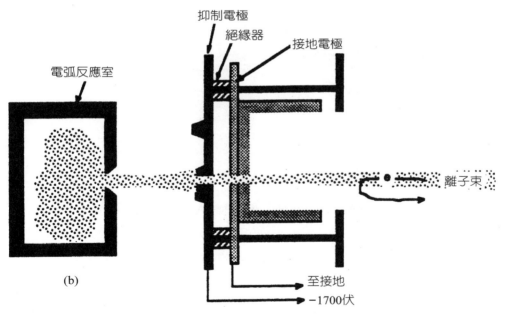

(b)

圖6.23　(a)抑制電極留住二次電子，(b)使離子束不膨脹

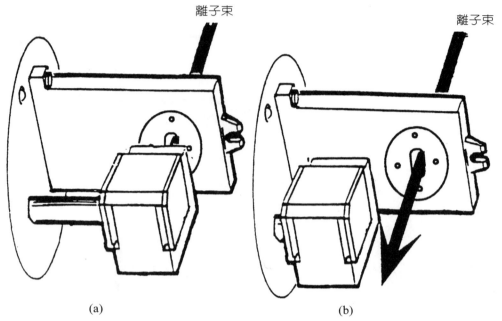

(a)   (b)

圖6.24   法拉第旗（Faraday flag）：(a)設定位置，法拉第杯（Faraday cup）捕捉並追蹤離
子束，並阻擋離子束繼續往下走   (b)植入時，杯收回，離子束可植入晶圓

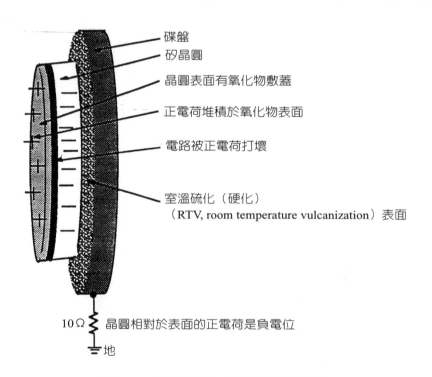

碟盤

矽晶圓

晶圓表面有氧化物敷蓋

正電荷堆積於氧化物表面

電路被正電荷打壞

室溫硫化（硬化）
（RTV, room temperature vulcanization）表面

10Ω   晶圓相對於表面的正電荷是負電位
地

圖6.25   晶圓帶電，以電子淋浴消除

　　法拉第旗和法拉第杯為同一裝置，改變位置有不同的作用。圖6.24(a)為捕捉離子，此時作用如杯，即稱為法拉第杯（Faraday cup），離子束打在法拉第杯上，變成中性原子，其需要的電子是從接地端經電流錶供應，所以錶上顯示的電流值，也就是離子束的劑量值。杯子收回就成為法拉第旗（Faraday flag），離子束得以通過。

　　一臺離子植入機由離子源至製程室的詳細構造，如圖6.26所示。室溫硫化（room temperature vulcanization, RTV）做為彈性密封，做矽晶圓和碟盤的接著劑。

　　整臺離子植入機，各組成成分之位置，如圖6.27所示。其中氣體櫃（gas cabinet）、蒸發器（vaporizer）、絕緣變壓器（isolation transformer）。電弧室萃取／加速器，分析器磁鐵等都是高電壓，所以用粗黑線框起來。氣體櫃下方裝有絕緣礙子（insulator）以提高安全。冰水機（water chiller）利用去離子水（D.I. water）冷卻機器，機械泵和冷凍壓縮泵為二段式抽到高真空。

　　離子束打在晶圓表面時，是利用雙重的機械掃描，一方面以1200 rpm的旋轉，一方面以1吋／秒～5吋／秒的速度在Y軸掃描，晶圓盤則一方面傾斜，一方面扭動。

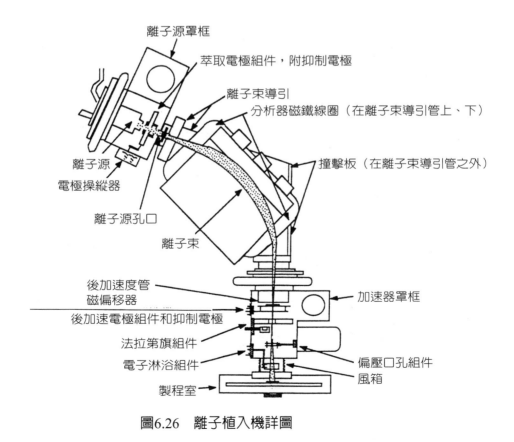

圖6.26　離子植入機詳圖

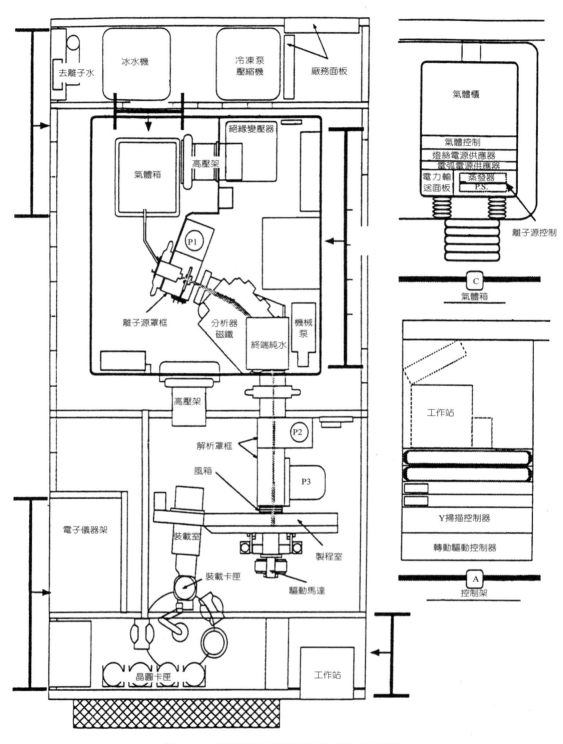

圖6.27 離子植入機各組成成分位置圖

P.S. power supply 電源供應器，p1-p3　pump 泵

6.5　離子植入機實例二

現在以瓦裡安（Varian）Extrion的離子植入機為例，其系統和各部分之功用分別敘述如下。

1. 真空系統：分為氣體源，離子束線和植入室三部分，以閥門間隔，分別抽真空，並以熱電偶真空計（TC，thermocouples vacuum gauge）或熱陰極離子計（HCIG，hot cathode ion gauge）測量真空。

2. 氣體系統和電源供應器：有氣體櫃，氣體存放於小鋼瓶（lecture bottle），離子源束控制器，蒸發器電源供應器，燈絲電源供應器，電弧電源供應器，高電壓部分以絕緣礙子（insulator）和地隔離。

3. 離子源：有電連鎖（interlock）、水分配岐管（manifold）、離子源（ion source）、接地鉤（ground hook），和冷凍幫浦壓縮機（cryopump compressor）等。接地鉤為一導電金屬棒，附絕緣把手，操作員或維修工程人員可以用手握住把手，使植入機上的電荷排放至地，以策安全。冷凍泵壓縮機利用氦氣（He），將其壓縮，以熱交換除去其所發的熱，再急速使其膨脹，可使溫度降為$10 \sim 15K$，以有效地抽真空。

4. 高壓電源供應，有主電源斷路器（breaker）、電源分配斷路器、分析器磁鐵（analyzer magnet）、測漏閥、高壓穩壓器（regulator）、高壓控制器、高壓槽及絕緣變壓器（isolation transformer）。早期絕緣變壓器內充以多氯聯苯（PCB，poly chlorinated biphenyl）做為絕緣油，但因為多氯聯苯會導致接觸者皮疹、眼異常、內臟障礙、中毒者指甲發黑、鼻端發黑等症狀。現已改用六氟化硫（SF_6）或凡力水（varnish water）作為絕緣油。

5. 後圍離，有主氮氣穩壓器（pressure regulator），主空氣穩壓器，源磁鐵電源供應器，分析器離子束控制器，分析器磁鐵電源供應器，電源分配面板，緊

急關機按鈕,主電源開關按鈕,及機械泵數個。

6. 晶圓放置／取出區,有層流罩(laminar flow hood),晶圓碟交換臂,空氣控制器,步進馬達(stepping motor)控制器,微處理機(microprocessor)輸入／輸出。層流罩內裝有高效率微粒子空氣過濾器(HEPA,high efficiency particulate air filter)或超低穿透微粒子空氣過濾器(ULPA,ultra low penetration particulate air filter),使正在裝／卸的晶圓得以保持無塵。

一離子植入機的整體系統,如圖6.28所示。粗抽真空用的機械泵為迴轉泵(rotary pump, RP)。離子源及其餘各部門,分別如圖6.29～圖6.31所示。其中鐵流密封(ferrofluidic seal)是用以隔離磁力線,法拉第旗(Faraday flag)用以引導離子束,法拉第籠(Faraday cage)是隔離靜電但不影響磁力線。

6.6　離子植入機實例三

現在以另一個瓦裡安(Varian)/Extrion的離子植入機為例,敘述其系統及操作注意事項如下:

植入機的離子束產生的概略圖,如圖6.32所示。

其中解析縫(resolving slit)可調整離子束大小,它有一25KV的電壓,所以對離子束有初步聚焦的作用。磁四極二組透鏡(magnetic quadrupole doublet lens),具40KV之電壓,對鬆散的離子束聚焦,以形成結構緊密的離子束。靜電偏折器(electrostatic deflector),將離子束偏向;作X方向的掃描。二極透鏡磁鐵(dipole lens magnet),將X掃描的離子束作平行化。源磁鐵加於電弧室(arc chamber)上下,提供一磁場,使自由電子呈螺旋形運動,增加氣體與電子的碰撞,更有利於氣體之游離。

植入機有保護裝置,有連鎖(interlock)、短路棒(shorting bar)和鑰匙鎖(key lock)。在服務區工作時,應先拔掉高壓鑰匙,按下高壓失效鈕(disable button)。

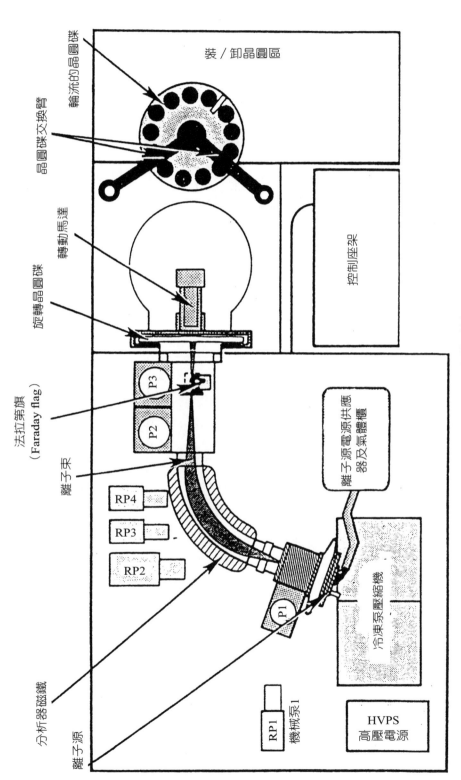

圖6.28 離子植入機整體系統圖

RP: rotary pump 迴轉泵
p1-p3: pump：
HVPS: high voltage power supply

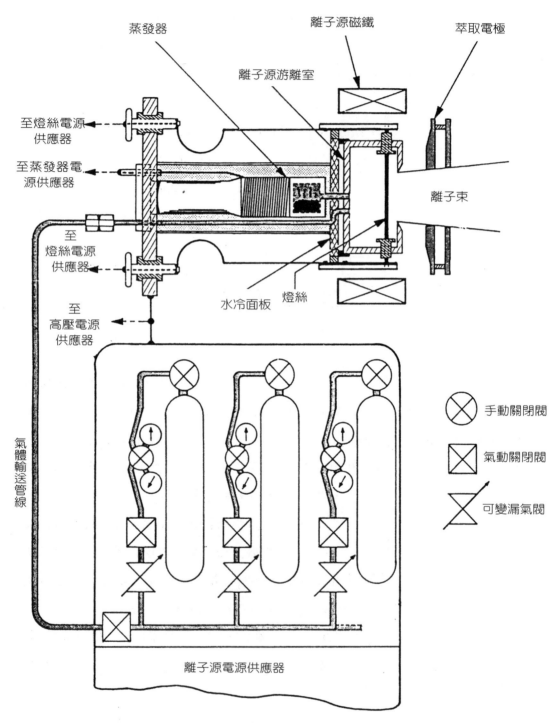

圖6.29 離子束產生系統圖

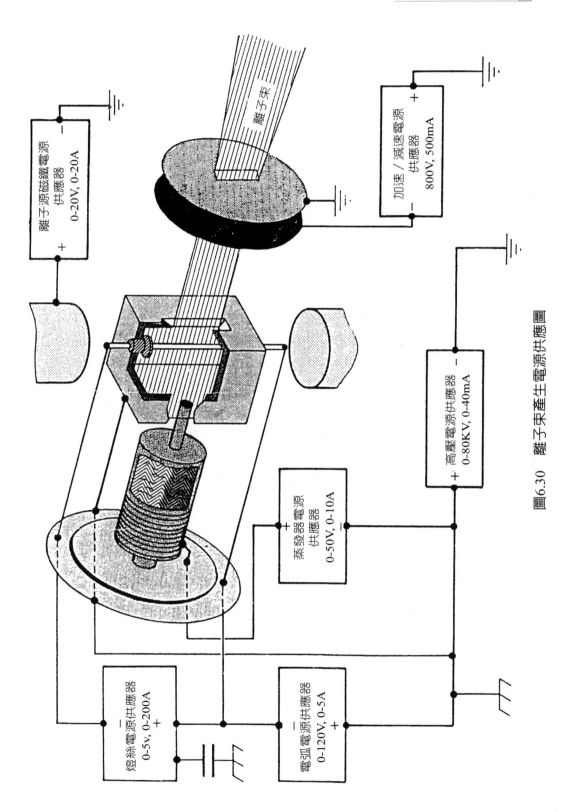

圖6.30 離子束產生電源供應圖

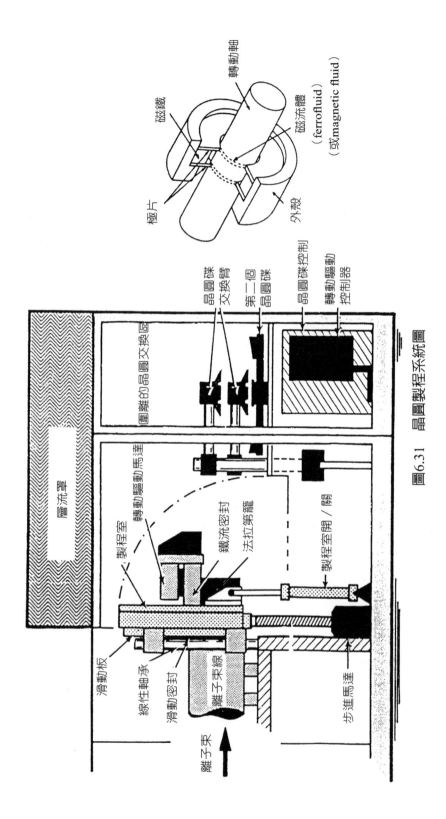

圖6.31 晶圓製程系統圖

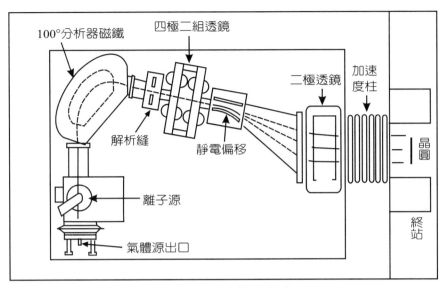

圖6.32　離子束線的概略圖

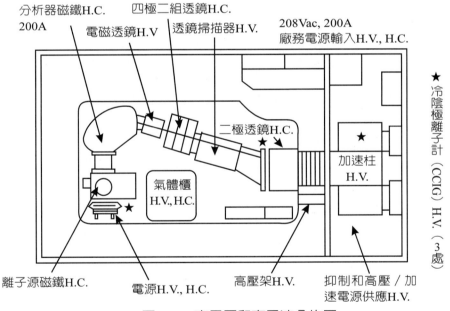

圖6.33　高電壓和高電流分佈圖

CCIG: cold cathode ion gauge

打開門之後，用短路棒接觸高壓端和氣體箱，一臺植入機有很多地方為高電壓
（HV, high voltage）或高電流（HC, high current），如圖6.33所示。這些都是危險的
地區。

　　植入機有游離輻射的危險。輻射（radiation）是從萃取和加速區產生。輻射的安全曝露率為小於0.25毫蘭琴／小時（m Roentgen/hr），距離5公分，從輻射體的表面計算起。操作時機器不要超過電壓和電流的最大值，不要打開滑動門，不要暫時或永久性地移走保護裝置。一蘭琴（Roentgen）為在標準溫度壓力的乾燥空氣，一平方公分面積釋放一靜電單位（electrostatic unit, esu）的正或負電荷。

　　植入機的產生磁場在離子源、分析器磁鐵、四極二組透鏡和二極透鏡等四個區域。如圖6.34所示。一般安全極限量為5高斯（Gauss），當磁場啟動後，工作時不要靠近這些區域。

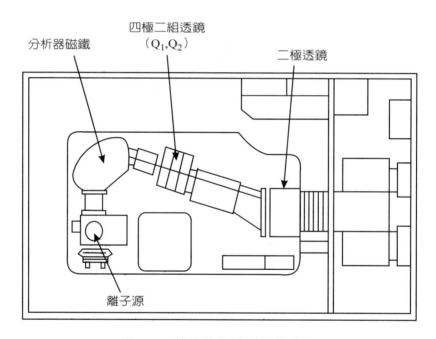

圖6.34　離子植入機磁場的分佈

離子植入機常使用的氣體之特性和危險，如表6.5所列。

表6.5　離子植入機所使用氣體的特性和危險

氣體	氣味	特性	影響
BF_3	刺激味	無色、比空氣重，遇水水解呈白色煙霧狀。	刺激皮膚和眼睛。
PH_3	爛魚味	無色、比空氣重，劇毒，有燃燒性。	影響循環系統，特別是腎、心臟和腦。

氣體	氣味	特性	影響
AsH$_3$	大蒜味	無色、比空氣重，劇毒，有燃燒性。	影響神經與循環系統、徵兆必須在感染後數小時才發覺。

6.7　快速熱退火

退火（anneal）的目的是修補晶格的傷害（lattice damage）。活化能（activation energy）為3～4eV，以減少已植入摻質的擴散。爐退火（furnace anneal）不適合，因為通常放入取出晶圓，為避免應力（stress），退火大約需要15分鐘，這會造成摻質的擴散。快速熱退火（RTA，rapid thermal anneal），加熱晶圓由100秒到數奈秒（ns），可以修補傷害，有極小的擴散。

快速熱退火（RTA）其中有一種型式為恆溫退火（isothermal anneal），適用於半導體製程，加熱時程大於1秒。利用鎢－鹵素燈（tungsten-halogen lamp）或石墨電阻細片或紅外光燈，由晶圓一或二面加熱，如圖6.35所示。快速熱退火在1100℃10秒，移除摻質缺陷的效果相當於爐退火在1000℃30分鐘。另外幾個快速熱製程的

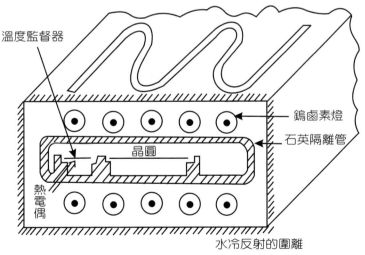

圖6.35　快速熱退火系統的概略圖

[資料來源：AG Associates操作手冊]

概略圖，如圖6.36至圖6.39所示。測量溫度是利用紅外光高溫溫度計
（pyrometer），如圖6.36所示。提升鎢鹵素燈的功效，是安裝反射器如圖6.36
或圖6.38所示。一垂直快速加熱系統，如圖6.39所示，有升降機和伺服馬達
（servomotor）做定位用，伺服馬達利用閉迴路反饋，價位比步進馬達高。

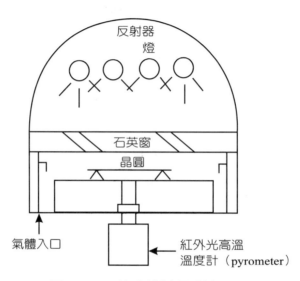

圖6.36　一快速熱製程系統

[資料來源：Chang and Sze，ULSI Technology]

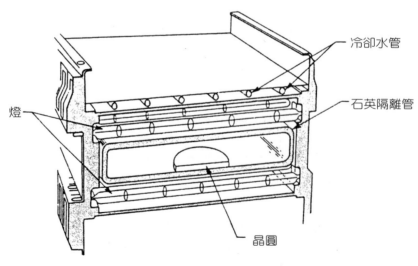

圖6.37　一快速熱退火爐

[資料來源：AG Associates]

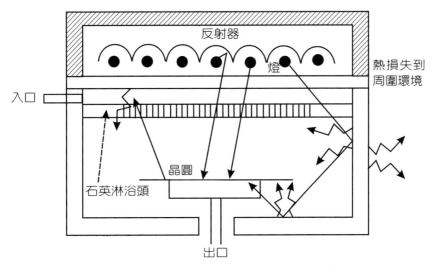

圖6.38　快速熱製程，輻射熱的移轉情形

[資料來源：Merchant]

　　快速升溫設備是為單一晶圓生產而設計的。主體包括製程室、加熱器和晶圓溫度測量和控制。另一個快速升溫設備之簡圖，如圖6.40所示。其特點有製程潔淨、快速升溫、溫度可控制、晶圓溫度均勻、製程靈活等。

　　1. 製程潔淨：大多快速升溫設備為常壓操作，以氮氣（N_2）不斷吹淨。

　　2. 快速升溫：輻射加熱器經過精心設計、模擬（simulation）、試驗，反複修改而達到良好的效果。

　　3. 晶圓溫度測量和控制：以紅外光高溫溫度計（pyrometer）測量晶圓溫度，穩定度在一年內可在0.1℃之內。測量的速度，每秒可讀50次，測量是非接觸式（non-contact），不會干擾晶圓的溫度。但光學高溫計不是絕對的測量，使用前必須利用附在晶圓上的熱電偶（thermocouples）進行校準（calibration）。

　　高溫溫度計的原理為史提芬—波茨曼定律（Stefan-Boltzmann law）。物體受到的熱輻射照度（irradiance）和絕對溫度（absolute temperature, T）的四次方成正比。

$$J = \epsilon \sigma T^4 \qquad\qquad (1)$$

J為輻射度，ϵ為物體的放射率（emissivity），σ為一比例常數。

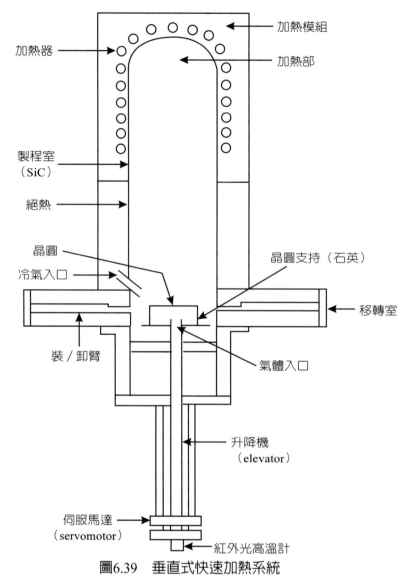

加熱器

加熱模組

加熱部

製程室
（SiC）

絕熱

晶圓

冷氣入口

晶圓支持（石英）

移轉室

裝／卸臂

氣體入口

升降機
（elevator）

伺服馬達
（servomotor）

紅外光高溫計

圖6.39　垂直式快速加熱系統

[資料來源：Lee and Chizinsky，固態科技期刊（Solid State Technology）]

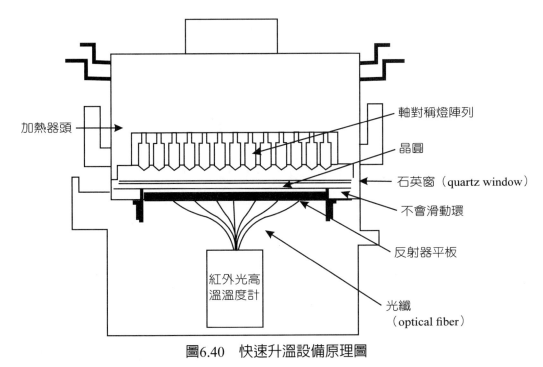

圖6.40　快速升溫設備原理圖

[資料來源：AG Starfire]

6.8　安全輸送系統

　　離子佈植所使用的氣體如AsH_3、PH_3、BF_3為劇毒（highly toxic）或高度腐蝕性的氣體，因此在操作過程中極易因意外造成工作人員的傷亡。

　　美商先進科技材料（ATMI，Advanced Technology Materials Inc.）在1993年發現吸附劑（adsorbent）吸附（adsorption）的原理可應用於離子佈植氣體的充填，氣體經吸附之後使鋼瓶壓力大減，在充填至650托爾時（一大氣壓760托爾）所含氣體的量即為傳統高壓氣體鋼瓶（>400磅／平方吋（psi），1psi＝51.7托爾）的數倍至數十倍。由於鋼瓶壓力小於一大氣壓，因此不虞有鋼瓶爆炸或嚴重洩漏等情事，大幅提高安全性。ATMI將此低壓離子佈植安全氣體源（safe delivery sources, SDS）專利授權給梅森氣體（Matheson Gas）生產及行銷。目前包括美國、歐洲、日本、韓國

及臺灣的主要半導體廠均已使用SDS產品。

目前普遍使用的離子植入源有砷、磷和硼等幾種。砷和磷有固態（As，P）與氣態（AsH$_3$，PH$_3$ 15% 於H$_2$之內）兩種型態，而硼只有氣態（BF$_3$）一種。固態離子源具有離子束純度高、安全等優點，缺點是使用前須先將離子源蒸發，故耗時且機臺清洗不易。相反的，氣態離子源易操作，機臺清洗容易，但有離子束純度較低、氣體易洩漏等缺點。而SDS為百分之百純氣體，且鋼瓶為負壓（negative pressure），無洩漏之虞，兼具二者之優點而無其缺點。SDS鋼瓶，如圖6.41所示：

包括一標準高壓鋼瓶、鋼瓶閥、VCR接頭、吸附劑以及被吸附之氣體（AsH$_3$，PH$_3$，BF$_3$或SiF$_4$）。充填後鋼瓶壓力在室溫下約650托爾。

吸附劑以物理吸附之方式將氣體吸附於孔隙中，此物理吸附為氣體分子和吸附劑的原子間之凡得瓦力（van der Waals force）造成的。具有此力的動物以壁虎為代表。分子間的吸引力，不同於共價鍵或離子鍵，一般而言，其值較小。大小約為5～25千卡／莫爾·度，由於此力相對而言較小，所以此物理吸附為一可逆反應，但已足以局限氣體之活動，而使鋼瓶壓力維持在一大氣壓之下。

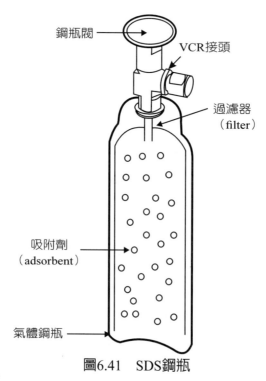

圖6.41　SDS鋼瓶

[資料來源：先進科技材料公司（ATMI）]

目前使用的吸附劑有沸石（zeolite）和活性碳（activated carbon）兩種，沸石用於吸附PH_3，活性碳用於吸附AsH_3、BF_3、SiF_4。新型的吸附劑是以奈米碳管（carbon nano tube, CNT）儲存氫氣（H_2）。

因第一代安全輸送源（SDS）使用的吸附劑沸石會造成微量AsH_3分解，導致鋼瓶壓力上升。目前除了PH_3-SDS外，AsH_3-SDS2、BF_3-SDS和SiF_4-SDS均使用活性碳。以活性碳當吸附劑除了可以完全避免上述之分解反應產生外，還有吸附量增加2.2至2.5倍之優點。

至於SDS之生產流程，因SDS之鋼瓶與標準高壓鋼瓶一樣，其清洗過程亦同，清洗完後裝入吸附劑，鎖上鋼瓶閥，接到真空系統測漏，之後於真空下烘烤24小時，再充填氣體，由於吸附過程會放出大量的熱，每支鋼瓶平均約需充填8小時。回收之鋼瓶先進行分析，確定未受污染再重新充填使用。

SDS氣體輸送系統（safe delivery system），如圖6.42所示，SDS鋼瓶與標準高壓鋼瓶一樣，均為美國運輸部（Department of Transportation, DOT）核准之碳鋼瓶，在操上二者完全一樣。為避免誤接高壓鋼瓶傷害管路，而將SDS鋼瓶接頭改為VCR（vacuum connection retainer）真空連接支持件型式。由於SDS為低壓鋼瓶，因此建議使用量測範圍為0～1000托爾之壓力計，與適用於低壓下操作之質流控制器（mass flow controller，MFC），目前有MSK和Unit等質流控制器廠商聲稱，其產品可讓SDS使用至10～20托爾，此舉將大大提升SDS的使用效率。

SDS與傳統高壓氣體鋼瓶容量比較，如表6.7所列，以0.4升的鋼瓶為例，AsH_3-SDS約為傳統高壓鋼瓶之13倍，PH_3-SDS約為6倍。而$^{11}BF_3$-SDS（B為原子量11的同位素）雖然與高壓鋼瓶的量一樣，但$^{11}BF_3$-SDS為100%的^{11}B，較高壓鋼瓶BF_3多出20%的^{11}B。

由於SDS鋼瓶除了含有氣體外，還有吸附劑，有別於一般高壓氣體鋼瓶，因此特別針對吸附劑可能產生之大於2升／分（實際使用量小於5毫升／分）的情況下，0.2微米以上之粒子少於5顆，符合一般操作標準。

SDS氣體洩漏的機會極低，因為氣體被吸附劑吸附著，鋼瓶內壓力低（室溫下為負壓（negative pressure）），所以不會有類似高壓鋼瓶般之洩漏。

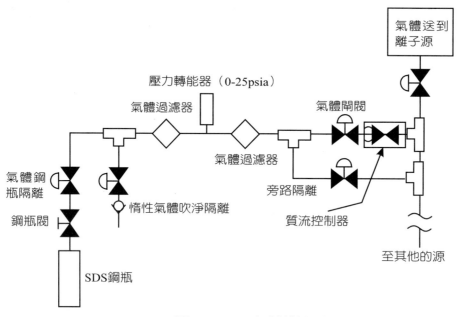

圖6.42　SDS氣體輸送圖

psia（1b/in^2）絕對壓力＝psig（重力　壓力）＋14.65

　　根據模擬在氣體櫃中更換鋼瓶（鋼瓶壓力600托爾）時，鋼瓶閥未關緊會造成漏氣，所得之結果如表6.6所列。其中臨限極限值（TLV，threshold limit value）和立即對生命和健康危險（IDLH，immediately dangerous to life and health）是國家的職業安全健康研究所（NIOSH，National Institute for Occupational Safety and Health）定義之氣體毒性參考值，在1小時之洩漏測試中AsH_3、PH_3和BF_3的平均濃度均低於TLV值，更遠低於1/2 IDLH。

表6.6　離子佈植氣體毒性與SDS洩漏量比較表

氣體	臨限極限值（ppbv）	立刻對生命和 健康危險（ppmv）	曝露程度（SDS） 平均（ppbv）
AsH_3	50	3	<6
PH_3	300	50	57
BF_3	1	50	<300

ppbv：parts per billion, volume十億分之幾，體積比
ppmv：parts per million, volume百萬分之幾，體積比

　　因為SDS鋼瓶低於一大氣壓，在打開鋼瓶閥後可能造成空氣倒灌，而使氣體與空氣中之氧氣燃燒，以PH_3為例，每莫爾的PH_3與O_2反應產生P_4O_{10}，將放熱720千卡，如圖6.43所示。在反應100秒後鋼瓶內溫度上升約35℃，此後熱量逐漸被吸附劑吸收，溫度下降，而壓力則始終維持在740托爾左右，無顯著之變化，因此不會產生壓力急速升高，導致爆炸或大量氣體外洩等意外。

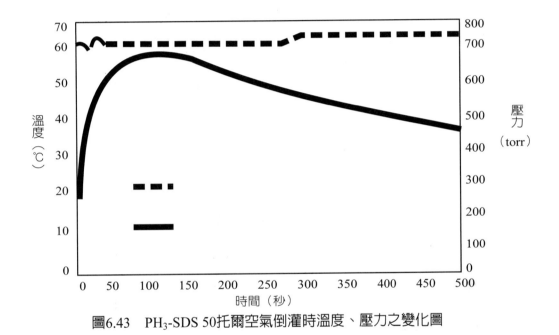

圖6.43　PH_3-SDS 50托爾空氣倒灌時溫度、壓力之變化圖

　　為了增進SDS的使用效率，一般而言SDS氣體源之壓力約為混合氣體源之二分之一，即可得到相同的離子束（從2×10^{-5}到6×10^{-6}托爾）。SDS鋼瓶在壓力越小時，單位壓力可抽取之量越多，如表6.7所列。以2.2升的鋼瓶為例，由687～589托爾（torr）可抽取27克的AsH_3，126～36托爾可抽取166克的AsH_3，36～15托爾可抽取69克的AsH_3，亦即壓力越小，單位壓力可抽取的AsH_3量越多。為提升SDS在低壓時的使用效率，質流控制器（MFC）廠商MSK和Unit針對SDS分別推出之適用於低壓之MFC，目前伊頓（Eaton）、瓦裡安（Varian）和應用材料（Applied Materials）等植入機廠商均對MSK 1640和Unit 1662等MFC提供升級套件，以使SDS得以發揮最大的效益。

表6.7 AsH₃-SDS2鋼瓶壓力與氣體剩餘重量比較表

剩餘量	壓力（托爾）	WY含量（克）	JY含量（克）	UY含量（克）
100%	687	119.1	649.0	1983.0
96%	589	114.3	622.0	1903.0
91.3%	490	108.7	592.0	1810.0
86.6%	401	103.1	561.0	1717.0
79.2%	302	94.3	514.0	1570.0
71.8%	227	85.5	466.0	1424.0
64.4%	174	76.8	418.0	1278.0
56.4%	126	67.2	366.0	1118.0
47.7%	85	56.8	309.0	945.0
40.3%	61	48.0	261.0	799.0
30.9%	36	36.8	200.0	612.0
20.1%	15	24.0	131.0	399.0
10.7%	5	12.8	70.0	213.0

註：1大氣壓＝760托爾（torr）
　　WY容量0.44升，JY容量2.2升，UY容量6.6升
[資料來源：李元斌、工業材料]

　　根據植入機廠商瓦裡安（Varian）以E220型機臺所做的研究顯示，在中電流系統中PH₃-SDS鋼瓶使用壽命較高壓鋼瓶增長3～5倍，而高電流系統中則增長1.8～3倍。此外，使用SDS氣體其離子束的純度與固態源類似，均大於99%，而高壓混合氣體鋼瓶離子束的純度只能到97～98%。

　　隨著半導體產業日益蓬勃，相關的工安衛生問題也逐漸引人關注，尤其離子植入所使用之氣體極具危險性，SDS產品不但能將危險降至最低，同時因含較大量之氣體，減少更換鋼瓶的次數，而提高佈植機的使用效率。

6.9　參考書目

1.李元斌，離子佈植低壓安全氣體源技術進展，工業材料，136期，pp. 146～

149，1998。

2. 張勁燕，電子材料，第三章，1999初版，2008修正四版，五南。

3. 張勁燕（編譯），工程倫理，p. 335，2000，高立。

4. 莊達人，VLSI製造技術，pp. 324～348，1995，高立。

5. 曾堅信，離子佈植機，電子月刊，四卷九期，pp. 89～98，1998。

6. 曾堅信等，離子佈植技術在淺接面之應用，毫微米通訊，七卷一期，pp. 28
～33，2000。

7. 鄭聲彬、胡耀志，快速升溫設備及其在深次微米的應用，電子月刊，五卷四
期，pp. 94～101，1999。

8. R. R. Bowman et al., Practical Integrated Circuit Fabrication, ch. 5. 學風。

9. R. L. Brown, SDS Gas Source Feed Material Systems for Ion Implantation, 1997.

10. C. Y. Chang and S. M. Sze, ULSI Technology, 1996, ch. 4, McGraw Hill，新月。

11. D.W. Duff and L.M. Rubin, Ion Implant Equipment Challenges for 0.18μm and
Beyond, Solid State Technology, pp. 83～99, 1998.

12. A. B. Glaser and G. E. Subak-Sharpe, Integrated Circuit Engineering, Design,
Fabrication and Application, 2nd ed., 1983, pp. 221～226, Addison-Welsey，臺
北。

13. T. Marin, SDS BF$_3$ Update, Applied Material Implant Divison, 1996.

14. Matheson, SDS2 Arsine Safe Delivery Source, Matheson Semi. Gas Systems.

15. D. G. Ong, Modern MOS Technology, Processes. Devices & Design, 1984,
McGraw Hill, pp. 162～171，東南。

16. K. Robak, Issues Facing 300 mm High Current Ion Implant, Semiconductor
International, pp. 75～79, 1998.

17. W. R. Runyan and K. E. Bean, Semiconductor Integrated Circuit Processing
Technology, ch.9. pp. 476～517, 1990.

18. S. M. Sze, High Speed Semiconductor Devices, 1990, pp. 43～46, Wiley-
Interscience, 新智。

19.S. M. Sze, Semiconductor Devices, Physics and Technology, 1985, pp. 405～427, John Wiley and Sons, 歐亞。

20.S. M. Sze, VLSI Technology 1983, lst ed., ch.6, McGraw Hill，中央。

21.S. M.Sze, VLSI Technology, 1988, 2nd ed., ch.8, McGraw Hill，中央。

22.S. R. Walther et al., Implant Test Results for Zeolite Based 100% PH_3 and AsH_3 Gas Bottles on the Varian Implanter.

23.S. Wolf and R.N. Tauber, Silicon Processing for the VLSI Era, vol. 1, ch.9, 1986, Lattice Press, 滄海。

6.10 習 題

1. 試簡述一離子植入機的構造。

2. 試比較離子植入機，(a)中電流，(b)高電流，(c)高能量型式的區別。

3. 試述離子植入機的(a)輻射危險，(b)磁場危險，(c)電器危險，(d)氣體源危險。

4. 試述植入機各成分之作用(a)離子源，(b)萃取電極，(c)分析器磁鐵，(d)抑制電極，(e)聚焦透鏡，(f)離子束掃描，(g)電子淋浴。

5. 試述快速熱退火（RTA）機器的構造及作用。

6. 試述安全輸送源（SDS）的構造及作用。

7. 試述(a)法拉第旗，(b)法拉第籠，(c)法拉第杯的作用。

8. 試述游離計之作用，並比較，HCIG及CCIG的區別。

9. 試述(a)接地鉤，(b)蒸發器，(c)絕緣變壓器，(d)鎢鹵素燈。

10. 試述幾種材料之功用(a)PCB，(b)SF_6，(c)沸石，(d)活性碳，(e)凡力水（varnish water）。

第 **7** 章　乾蝕刻機

7.1 緒　論

　　乾蝕刻（dry etching）即是利用射頻（RF, radio frequency, 13.56MHz）電源，製造電漿（plasma，大陸譯為等離子體），造成光輝放電（glow discharge），產生反應性的物質，以選擇性地移除晶圓上的材料。相較之下，乾蝕刻比濕蝕刻（wet etching）有較好的製程控制，可以高忠實度地移轉光阻製定的圖案，因此更適合VLSI製程。

　　追溯電漿在I.C.的應用，最早是用氧電漿來除去光阻。然後是用$CF_4 + O_2$的混合氣體產生電漿，以蝕刻矽或氮化矽。乾蝕刻製作的圖案是非等方向性的（anisotropic），垂直方向的蝕刻速率遠大於側向的，因此它可以製造高解析度的圖案移轉。其他常用的氣體還有CHF_3、BCl_3、Cl_2，NF_3和HBr等。

　　電漿的產生是將適當的氣體導入一真空室，加射頻電源，使光輝放電發生。氣體被游離（ionize，如$Ar \rightarrow Ar^+ + e$）或解離（dissociate，如$CF_4 \rightarrow CF_3 + F$），產生等量的正的和負的離子（或電子）。電漿中也可能含有一些自由基（free radical）或原子團（radical，如CF_3, CH_3），它是電的中性，化學反應性強。這些自由基對蝕刻也佔有相當重要的份量。

　　電漿蝕刻的步驟是把晶圓放入一反應室鎖好，再以真空泵抽出氣體。工作壓力由特殊製程而定，大約為0.2～1.2托爾（torr）。將反應性氣體送入氣室，以射頻場使其游離。氣流繼續，並不斷以真空泵抽氣，因為部分反應物有毒。製程完成之後，停止送氣，關掉射頻產生器，將反應生成物抽出，以氮氣倒灌破除真空，就可把氣室打開，而取出晶圓。蝕刻製程的部分電源浪費，並且使機器溫度升高。冷卻用水，要用乙二醇（ethylene glycol）為不凍劑。終點偵測是一項重要工作。

　　半導體製程設備一般使用電漿的理由，是電漿可以提供獨特且容易控制的能量形式，符合目前半導體製程趨於小尺寸的特徵。

　　有三個理由可用來說明為何電漿特別適用於半導體製程；第一，電漿可提供的

能量範圍很廣。大部分的能量提供方式，是氣體分子經碰撞轉變成離子或自由基的同時，離子經電場的加速作用而提升可用的能量。第二，經由電場方向精密的控制，受電場加速的離子在撞擊半導體晶圓的方向與能量亦可被輕易的控制；此特性在非等向性的蝕刻製程中特別重要。第三，電漿蝕刻相較於濕式（酸液）蝕刻，可提供相對低量的反應材料，而獲得較高的能量密度；這降低了製程材料成本與廢棄物問題。

　　電漿可由不同的能量型態互相作用而產生；但在半導體製程中，電漿的生成主要是由外加電場或磁場的能量提供，使電子的動能足以克服其離子化能量，一般氣體分子離子化能量約在10～20eV範圍。

7.2　電漿的產生

　　如圖7.1所示，在陽極和陰極之間加上1.5KV的電壓，二極間隔15公分，就產生一電場100伏／公分。在此反應器中如有氬氣（Ar），當電子以此強電場加速，會將大於氬游離能（15.7eV）的動能，移轉給中性的氬。造成一氬離子（Ar^+）和另一個自由電子，這個電子再度獲得能量，如此連鎖反應（chain reaction），終久造成離子和電子的雪崩（avalanche），而發生光輝放電（glow discharge）。雪崩需要二次電子撞擊10到20個氣體分子，當氣體崩潰開始的時侯，電流開始流動，二電極之間的電位差由1.5KV降為150V。要維持電漿的存在，電極間隔和氣體壓力是二個重要的因數。電極太近會阻止游離碰撞，太遠會造成離子的非彈性碰撞，而失去能量。一旦平衡到達，電漿的光輝區（正柱，陽極柱anode column），為一良導體，幾乎不能維持電場，它的電位幾乎為等電位。靠近陰極端的負光輝區是因為正離子撞擊陰極打出二次電子（secondary electron），此二次電子和正離子復合，形成另一段光輝區。電位降只在電極表面，稱為鞘區（sheath），即沒有電漿的區域。在此區域也形成暗區（dark region）。因為電子輕移動率大，在陰極附近少。陽極鞘的形成則是因為高速電子撞擊，使陽極的表面和電漿相比為帶負電，而排斥電子，吸引正離子形成空間電荷區。在直流電漿反應裝置，陰極和陽極的間距放的很近，

整個電漿只剩下陰極暗區與負態發光區，如圖7.2所示。

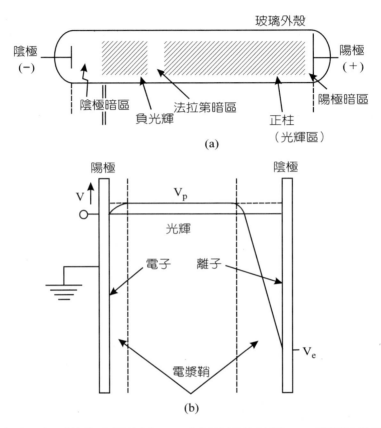

圖7.1 直流二極系統的光輝放電，(a)光輝放電的結構，(b)平衡時的電壓分佈

[資料來源：Madou, Microfabrication]

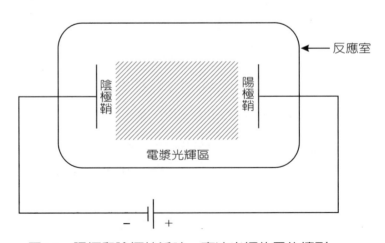

圖7.2 陽極和陰極拉近時，直流光輝放電的情形

[資料來源：Sze, VLSI Technology, 2nd ed.]

交流電源吸引正離子和電子的情形，如圖7.3所示。二種電性相反的粒子在電極間來回，形成振盪。如果交流頻率夠高，使振盪的週期小於電漿到達平衡所需要的時間，電子就聚積在二個電極，而較重的離子只能停留在中間，因而形成發光放電區。以氬為例，氬離子（Ar^+）的重量約為電子的$39.9 \times 1840 + 17 = 73433$倍。39.9為氬的原子量，1840為質子或中子為電子重的倍數，Ar^+外圍還有17個電子。

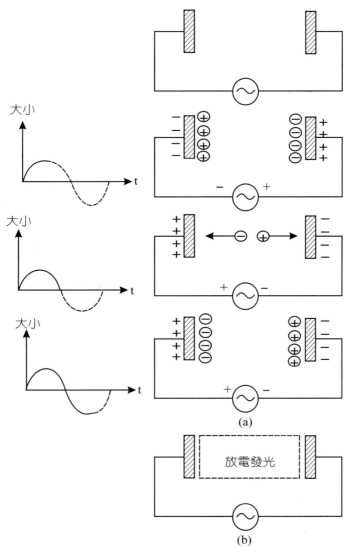

圖7.3 交流電漿產生器的應用，(a)交流電漿的帶電粒子在不同狀態下的情形，(b)RF電漿的整體情形

[資料來源：莊達人，VLSI製造技術]

電漿室內，幾種最常見的反應為：

$$游離：Ar + e \rightarrow Ar^+ + 2e \tag{1}$$

$$O_2 + e \rightarrow O_2^+ + 2e \tag{2}$$

$$分解游離：CF_4 + e \rightarrow CF_3^+ + F + 2e \tag{3}$$

電子數目增加，因此游離或分解游離可以持續。

反應性強的F和Si或SiO$_2$作用，生成揮發物

$$Si + 4F \rightarrow SiF_4 \uparrow \tag{4}$$

$$SiO_2 + 4F \rightarrow SiF_4 \uparrow + O_2 \tag{5}$$

$$CF_x（或CHF_x）和Si反應 CF_x + Si \rightarrow C + SiF_x \uparrow \tag{6}$$

$$CHF_x + Si \rightarrow C + SiHF_x \uparrow \tag{7}$$

　　RF電漿系統需要一匹配網路（matching network），將複數阻抗（complex impedance，有實數和虛數二部分，含電阻、電容、電感）轉換為負載阻抗（load impedance）50Ω，使電源功率能夠極大的移轉到反應室，有最低的反射功率。圖7.4～圖7.6為使用連續的扭力馬達，利用脈波寬調變（pulse width modulation, PWM）控制可變電容之運動。匹配網路的電容C$_B$為直流阻止電容（DC blocking capacitor），C$_m$為阻抗匹配電容（impedance matching capacitor）。電感L為射頻抗流圈（RF choke），提供直流偏壓。以同軸電纜（coaxial cable）連接到電漿室，以降低損失。當功率超過1500瓦，主線圈需要冷卻，射頻電源的頻率為13.56MHz，原因是電信單位要避免半導體製程造成通信干擾。頻率安定度到0.1％，環境溫度範圍0～45℃。RF輸出阻抗（output impedance）50Ω，電源有110/220V二種，諧振波比基本波小55分貝（dB, decibel），雜訊比輸出小30分貝（dB）。分貝（dB）＝10 log(P$_{out}$/P$_{in}$)或20log$\left(\dfrac{V_{out}}{V_{in}}\right)$。

　　此類射頻偶合為電容式的，鞘的面積和厚度決定電容量。如圖7.4所示，陰極有大的電位變化，稱為陰極瀑布（cathode fall），有大電場。如圖7.5和圖7.6所示，三個電位差，V_p是電漿和接地電極間的電位差，V_c是電源電極和地之間的電位差，V_f是飄浮絕緣膜和地的電位差，決定入射離子的能量。平行板之間的電位分佈，如圖7.7所示。

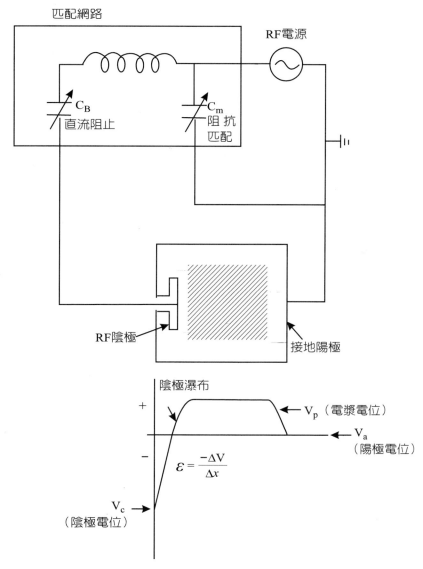

圖7.4　(a)射頻電漿及匹配網路，(b)陽極、陰極和電漿的平均電位

[資料來源：Sze, VLSI Technology, 2nd ed.]

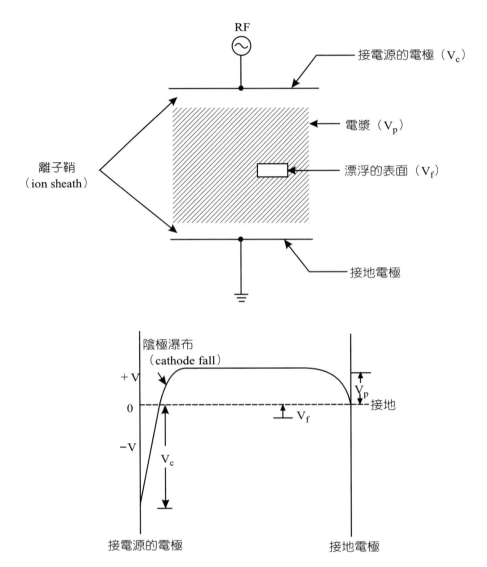

圖7.5　射頻放電的概略圖，電源電極的面積遠小於接地的電極

c: cathode　陰極
p: plasma　電漿
f: floating voltage　漂浮電壓
[資料來源：Sze, VLSI Technology, 1st ed.]

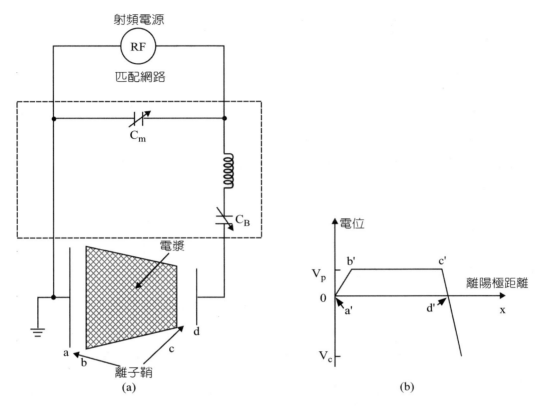

圖7.6　用於反應離子蝕刻機（RIE）的RF電源和匹配網路

[資料來源：Chang and Sze, ULSI Technology]

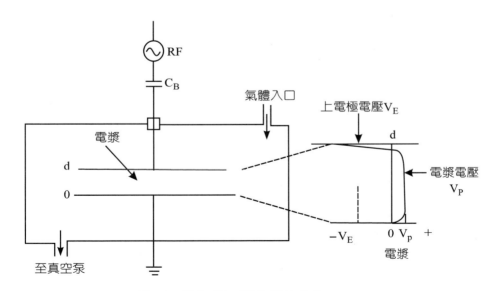

圖7.7　平行板之間的電位分佈

[資料來源：Runyan, Semiconductor I.C. Processing Technology]

7.3 各種乾蝕刻系統的比較

1.圓筒型或圓柱型電漿蝕刻機

　　圓筒型電漿蝕刻機（barrel plasma etcher或cylinder plasma etcher），如圖7.8所示，有半圓柱形的上、下電極（electrode），射頻電源加到兩電極板上，兩極板面積大致相等，晶圓垂直地放在石英製晶舟之上，反應氣體送入，在兩極板之間產生電漿。在電漿區內有一電漿屏障（plasma shield），它把電漿中帶電的粒子擋在外面，使其不和晶圓直接接觸。不帶電的活性很高的自由基（free radical）可以穿透電漿屏障的小孔，而到達晶圓，進行化學反應，反應室的下方接真空泵，將揮發性產物抽走。

　　此種蝕刻系統的蝕刻是等方向性的（isotropic etching），蝕刻選擇性由製程氣體的特性決定，故選擇性好。在VLSI製程，主要用於去除光阻或氮化矽等無關鍵尺寸的蝕刻，常用的氣體為O_2或O_2+CF_4。真空度約為10^{-1}托爾，射頻RF電源的頻率為13.56MHz，也有使用微波（microwave, 2.45 GHz）激發電漿的。

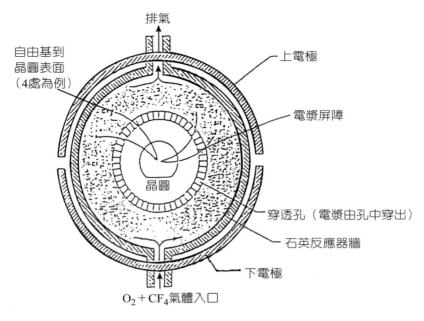

圖7.8　圓柱形蝕刻機的俯視圖

　　另外二個圓筒型蝕刻機之系統，如圖7.9和圖7.10所示。包括氣體流入，真空及射頻電源及匹配器等。

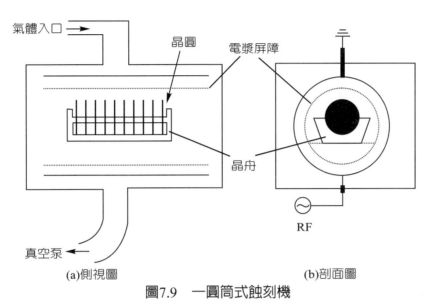

(a)側視圖　　　　　　　　　　　　　　(b)剖面圖

圖7.9　一圓筒式蝕刻機

[資料來源：Chang and Sze, ULSI Technology]

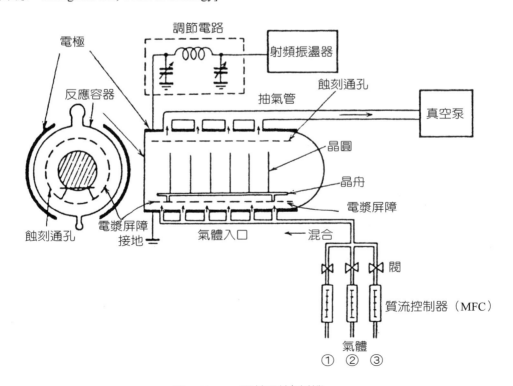

圖7.10　一圓筒型蝕刻機

[資料來源：Wolf, Silicon Processing for the VLSI Era, vol. 1]

2. 平面電漿蝕刻機（planar plasma etcher）

　　如圖7.11和圖7.12所示，射頻電源加到上方電極，晶圓放在下方接地的電極，反應室抽真空、氣體經岐管，由一側連續不斷送入反應室，反應生成物也不斷地抽走。二電極均以水冷卻，以控制晶圓的溫度。接地電極的面積遠大於射頻電源電極的面積，所以跨過離子鞘（ion sheath）的電壓降小，晶圓幾乎是完全浸於電漿之中。自由基直接與晶圓上待蝕刻物反應，電漿中的帶電離子部分受到接地端離子鞘電位差而加速，撞擊晶圓的待蝕刻部分，也有濺擊（sputtering）的作用。蝕刻機制有物理，也有化學的作用。如化學反應較顯著，結果傾向等方向性（isotropic）。如物理反應顯著，結果傾向非等方向性（anisotropic）。至於何種效應較顯著則由工作電壓、二個電極的面積比例、離子鞘電位降等決定。在VLSI製程，此種蝕刻機主要用來蝕刻多晶矽或金屬鋁路。

　　圖7.11和圖7.12的氣體送入方式不同，晶圓浸泡程度也不同。圖7.12的電極幾乎對稱（接地電極的面積和電源電極差不多大小）。電漿限制於一小區域，因而增加電漿電位，晶圓放在接地電極，高電漿電位也會帶來離子轟擊。腐蝕性或有毒的氣體，如CO、氟光氣（COF_2）、光氣（phosgene, $COCl_2$）、F_2、Cl_2等，可能使真空油污染，因此幫浦要定期保養。

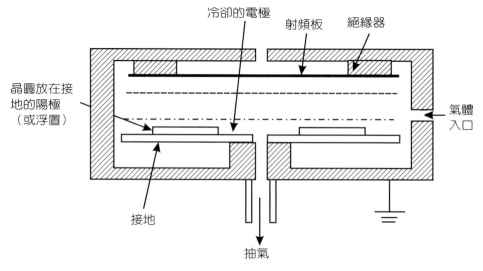

圖7.11　一平行板蝕刻系統

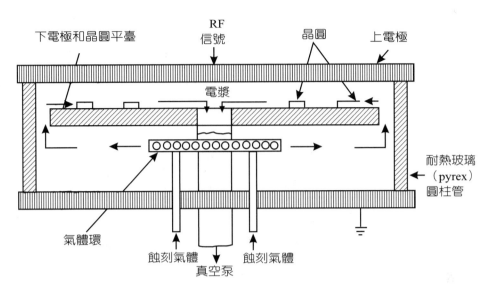

圖7.12　一平行板電漿蝕刻系統

[資料來源：Sze, VLSI Technology, 1st ed.]

圖7.13為一電漿蝕刻系統，包括氣體供應及真空。

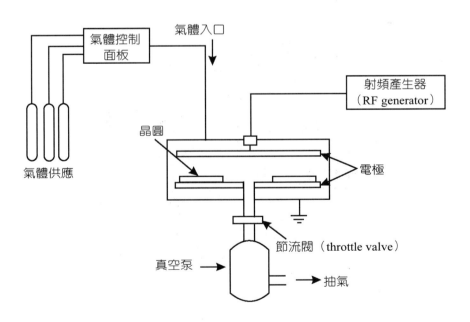

圖7.13　一平板電漿蝕刻系統

[資料來源：Runyan, Semiconductor I.C. Processing Technology]

3. 平面活性離子蝕刻機（planar RIE）

　　如圖7.14所示，活性離子蝕刻機（RIE，reactive ion etcher）的構造和平面電漿蝕刻機類似。但射頻電源（RF generator）是放在放置晶圓的電極上，真空度較高。冷卻水為去離子水（D.I. water），並以乙二醇（ethylene glycol）為抗凍劑（anti-freeze agent）。接地電極的面積遠大於射頻電極的面積，跨過射頻電源端的離子鞘的電壓降遠大於跨過接地端離子鞘的電壓降。因此浸在電漿中的晶圓，除了與到達表面的活性基（active radical, 即free radical）反應，同時電漿中的離子受到強大的壓降（V_p-V_c）壓降加速，以頗高的能量（～500 eV）打到晶圓表面，因此濺擊的效果極為顯著，蝕刻結果為非等方向的（anisotropic），RIE是1990年代的超大型積體電路（VLSI）技術的主流，可製造出1微米的產品，主要用於蝕刻多晶矽，SiO_2和鋁合金。另一個RIE系統，如圖7.15所示。晶圓放在接電源的陰極（cathode），內部接地部分當做陽極（anode），陰極面積遠小於陽極，電漿（plasma）未被限制，而充滿整個反應室內（reaction chamber），接地遮蔽使接電源的電極不被濺擊。

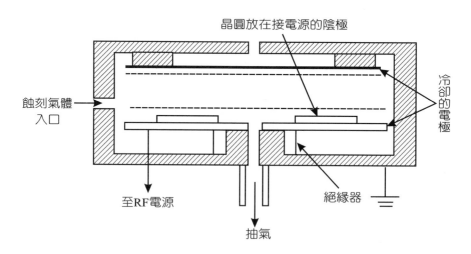

圖7.14　一個反應離子蝕刻系統

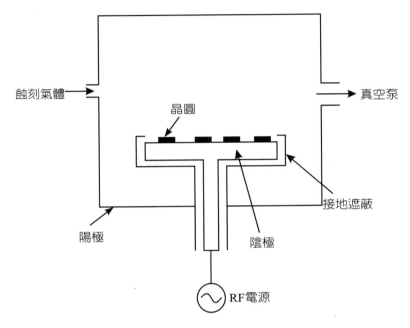

圖7.15 一RF二極系統用於反應離子蝕刻機

[資料來源：Sze, VLSI Technology, 1st ed.]

二種平板電漿反應器的比較，如圖7.16和圖7.17所示。電漿式的RF控制電源功率，在RIE系統的RF電源控制晶圓上的偏壓功率。綜合電漿式和RIE式，同時有電源RF和偏壓RF電源，成為三極式RIE（triode RIE），如圖7.18和7.19所示。雖然這

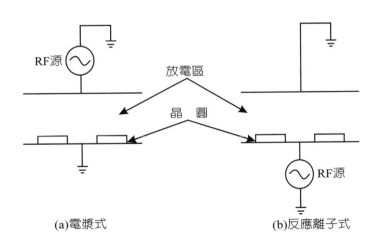

圖7.16 二種平行板電漿反應器之比較

[資料來源：Bowman, Practical I.C. Fabrication]

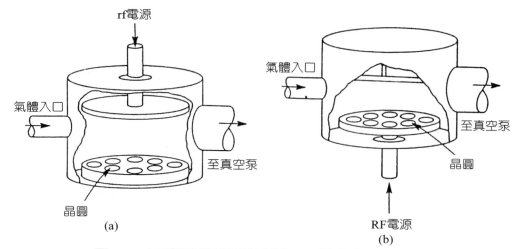

圖7.17 二種平行電極乾蝕刻機，(a)電漿式，(b)RIE式

[資料來源：Wolf, Silicon Processing for the VLSI Era, vol. 1]

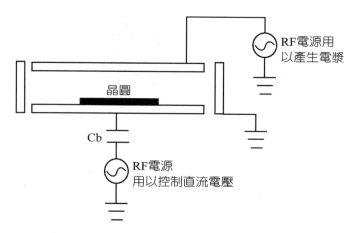

圖7.18 三極RIE（triode RIE）的結構

[資料來源：邱顯光等，電子月刊]

種結構能改進傳統RIE之離子撞擊能量太高，且無法單獨控制之缺點，但事實上這種結構的RF電源及偏壓電源還是會互相影響，而且穩定性不佳。另外，由於三極RIE仍然是電容式平板電極的結構，因此其電漿密度仍無法有效的提高。

一堆疊式平行電極蝕刻機，如圖7.20所示。一個小型批式機器，一次能處理5片晶圓，為每一片晶圓提供一對電極，因此它有單一晶圓和批式蝕刻機的一些優點。

磁場加強型反應離子蝕刻機（MERIE, magnetically enhanced RIE）利用永久磁

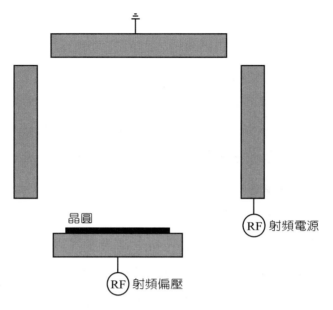

圖7.19 三極RIE（triode RIE）蝕刻機

[資料來源：Chang and Sze, ULSI Technology]

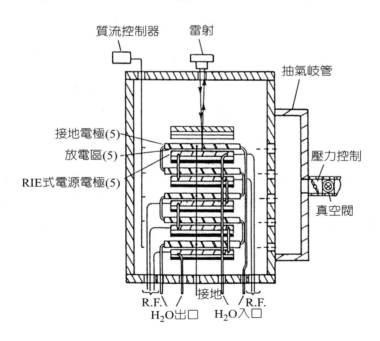

圖7.20 堆疊式電極蝕刻機

[資料來源：Weiss, 半導體國際期刊（Semiconductor International）]

鐵或電磁線圈，以產生一磁場和晶圓表面平行，如圖7.21所示。磁場和電場垂直（因為陰極的直流偏壓），限制電子在陰極附近走圓型軌跡。電子限制使電子和反應室牆壁的碰撞損失減少，而增加了電子和中性粒子之碰撞頻率，因而增加離子的密度。

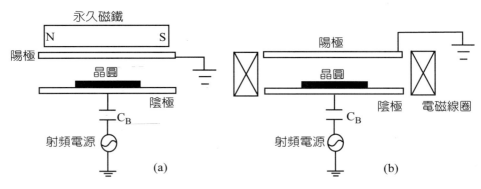

圖7.21　磁場加強RIE機臺的組態

[資料來源：邱顯光等，電子月刊]

　　MERIE雖可提高一些電漿密度，然而由於其為單一的磁場方向（與晶圓面平行），會造成電子不均勻的聚積，因而產生不均勻的直流偏壓，易對元件造成電漿損害。如使用多極的磁場圍繞反應室，可以形成磁桶（magnetic bucket），而限制電子，也可增加離子的密度，如圖7.22所示。

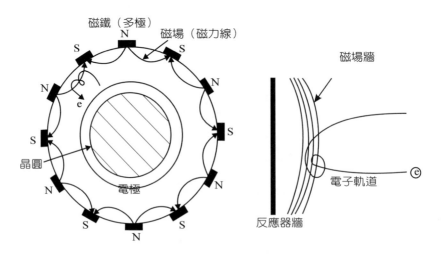

圖7.22　多極磁場構成磁桶

[資料來源：Chang and Sze, ULSI Technology]

4. 活性離子六面蝕刻機（RIE hexagonal etcher）

　　如圖7.23和圖7.24所示，射頻電源加於真空室中央，亦即六角形晶圓盤（wafer tray）上，系統的外殼接地，接地電極的面積遠大於射頻電極的面積，基本上這還是一個RIE系統。有六個面可放置晶圓，容量大、產率大、結構對稱，電場均勻，蝕刻均勻度佳。四極管（tetrode）比一般三極管（triode）多一個簾柵極（screen grid），作用為幫助陽極共同吸引穿過柵極的電子，而且提高工作的穩定性。節流閥（throttle valve）用以調整氣體的流量。

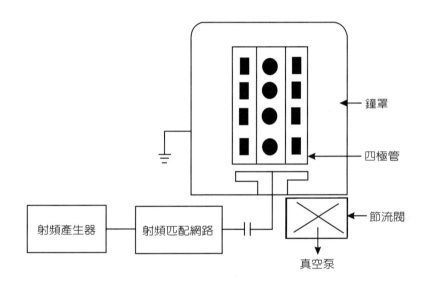

圖7.23　六面式RIE蝕刻機

　　單一晶圓的蝕刻機，以自動化裝/卸晶圓，如圖7.25所示。裝載室（load lock chamber）的利用，使整個製程不需破真空。單一晶圓蝕刻機的優點是整片晶圓上的均勻度好，再配合終點偵測和微處理機，可提供更好的製程控制。製程時，先將晶圓置於晶圓匣，關閉二個半扉門（hatch），將裝載室抽真空，到真空度和蝕刻室同一等級。工作時，取一片晶圓放到蝕刻室，進行蝕刻製程。完成後，換一片晶圓，直到所有晶圓蝕刻完畢。關閉通往蝕刻室的半扉門，打開右下方的半扉門，取出晶圓匣。蝕刻室一直保持高真空。

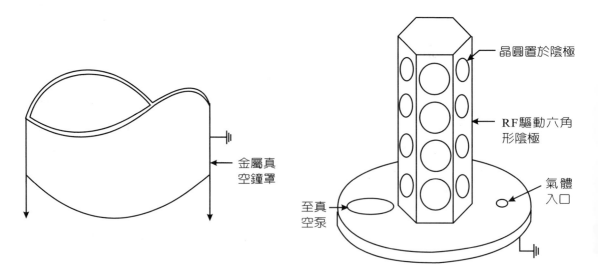

圖7.24 六面式RIE蝕刻機之陰極和鐘罩概略圖

[資料來源:Sze, VLSI Technology, 1st ed.]

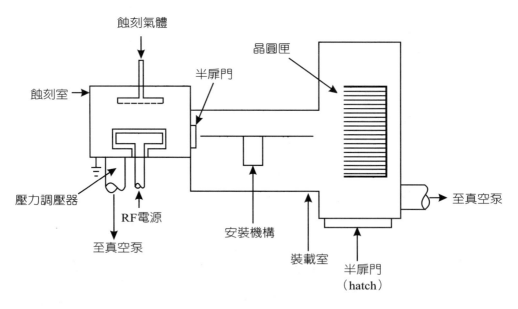

圖7.25 單一晶圓裝載蝕刻機,有一自動裝載器

[資料來源:Sze, VLSI Technology, 2nd ed.]

5.活性離子束蝕刻機（reactive ion beam etcher）

　　如圖7.26和圖7.27所示，在反應室加一個萃取柵（extraction grid），將離子束抽出，並加速至某一能量，垂直轟擊晶圓，離子束平行，有濺擊作用，為非等向蝕刻，可得次微米的解析度。萃取柵為金屬材料，也可能污染製程。圖7.27的陰極發射電子，將氣體撞擊為離子。晶圓架小幅度移動或擺動，使蝕刻更為均勻。

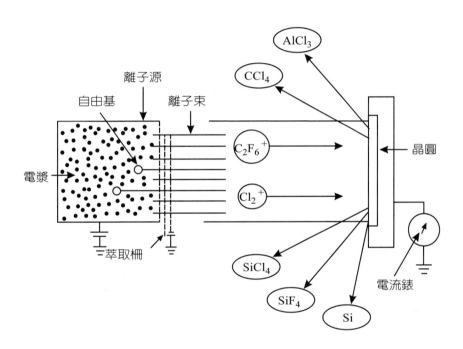

圖7.26　活性離子束蝕刻機

　　以氯（Cl_2）、六氟乙烷（C_2F_6）為原料，在電漿室產生Cl_2^+、$C_2F_6^+$的離子。撞擊矽晶圓，將Si擊出。或和Si化合為$SiCl_4$、SiF_4，和金屬鋁（Al）化合為$AlCl_3$。Cl_2和C_2F_6也可能化合為CCl_4。

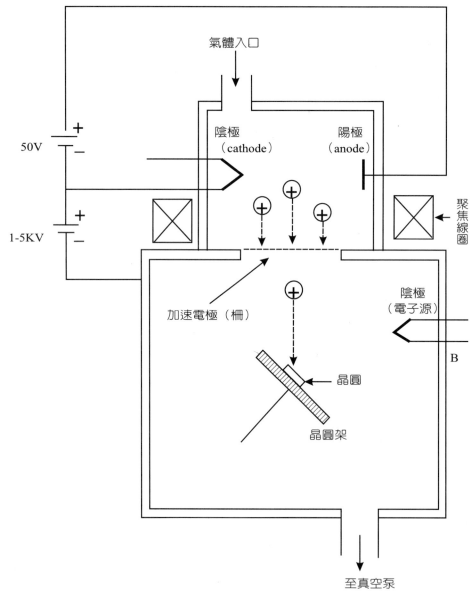

圖7.27 離子束蝕刻設備

[資料來源：Glaser，I.C. Engineering]

　　早期活性離子束蝕刻機利用熱陰極（hot cathode）發射電子，然後產生反應性離子。氯化和氟化的碳氫化合物（如$CHCl_3$，CHF_3等）會侵蝕陰極，而降低其使用期限。微波放電的電子迴旋共振（ECR）利用高密度電漿（HDP, high density plasma）則不會有此問題。

6. 離子研磨機（ion miller）

　　如圖7.28～圖7.30所示。將離子形成區和加速系統與晶圓處理區隔開，可直接控制離子撞擊晶圓時的入射角，精密控制蝕刻的輪廓。因為非反應性濺擊，選擇性比較差，只限於矽的蝕刻。離子研磨需要高真空，故以機械泵配合冷凍泵（cryopump）抽真空。濺擊作用只靠氬離子（Ar⁺）。熱陰極發射電子，使氬游離，磁場提高氬的游離度，氬離子經柵極取出而被導入晶圓室，進行研磨。圖7.28的中性器（neutralizer）使Ar⁺得到電子成為不帶電的Ar，以減少對晶圓的撞擊傷害。

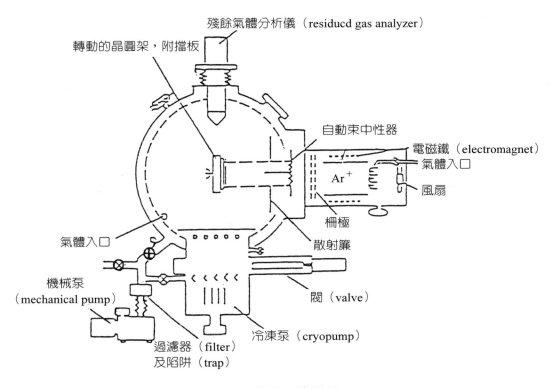

圖7.28　離子研磨設備

　　如圖7.29所示，氬調節流量後進入，被熱陰極（hot cathode）發射之電子游離為Ar⁺，螺線形磁場增加電子路徑，增加游離。Ar⁺經萃取柵（extraction grid）後，燈絲（filament）發射電子使Ar⁺為中性的Ar，中性束直徑10吋，能量500～1000eV，靜電板使晶圓保持低溫，板傾斜以設定入射角。如圖7.30所示，柵極加偏壓，以抑制電子並萃取離子。晶圓桌轉動為提高蝕刻的均勻度。

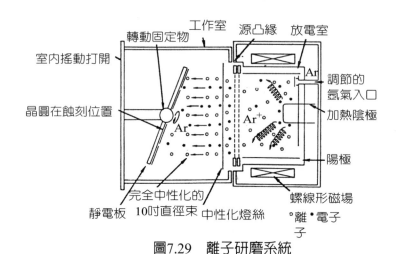

圖7.29　離子研磨系統

[資料來源：Bowman, Practical I. C. Fabrication]

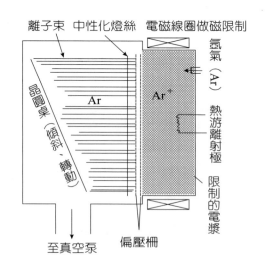

圖7.30　一離子研磨系統

[資料來源：Sze, VLSI Technology, 1st ed.]

　　傳統型的電漿又稱為電容耦合式電漿（capacitance coupled plasma）或電場耦合式電漿（electric field coupled plasma），因為兩電極（electrode）間形成電容，產生電場的等效電路，電容式的電漿系統有缺點存在。當粒子被RF電場加速時，其粒子順著電場方向來回碰撞，造成兩個問題；一為粒子因向上下兩電極板加速產生碰撞造成動能的損耗，二為由於晶圓通常置於其中一電極，易於對於晶圓上的元件造成損傷。由於粒子動能的損耗，效率低，無法提高電漿的密度，只能維持在10^9離子／立方公分的數量級。因此電容式電漿用於蝕刻時，基本上是具有物理蝕刻（physical etch）（轟擊）和化學蝕刻（chemical etch）雙重作用的合成。限於電漿密度無法提高，單位面積內的活化離子（active ion）數目，以及化學蝕刻反應也受到了帶電粒子數目的限制。在低壓狀況下（10毫托爾（mtorr）以下），由於離子數目過低，而造成電漿無法維持的狀況，因此電容耦合式電漿很難用低壓下蝕刻，而且也不是很有效率。為了避免此一困擾，使用者將製程的壓力提高到數十或數百毫托爾的範圍，此壓力範圍若應用於化學氣相沉積（CVD）就很好，但是若應用於蝕刻，就會產生等向蝕刻（isotropic etching）的效應。此效應和化學蝕刻並沒有太大差別，因在此壓力範圍內，粒子的平均自由路徑（mean free path）已小到0.1mm以下，粒子進入晶圓表面，法線（normal line）分量與切線（tangential line）分量已沒有任何差別。因此其縱向蝕刻速率與橫向蝕刻速率幾近相等，即所謂的等向蝕刻。

　　以上幾種乾蝕刻（dry etching）之特性比較，如表7.1所列。

表7.1　乾蝕刻製程之特性比較

蝕刻機	電漿蝕刻		反應離子蝕刻		濺擊蝕刻
	桶　式	平面式	反應離子蝕刻機	反應離子束蝕刻機	離子束研磨
晶圓位置	浸入或以電漿包圍	在電漿，在接地電極上	在電漿，在電源電極上	遠離電漿，在離子束上	遠離電漿，在離子束上
真空（托爾）	$\times 10^{-1}$	$\times 10^{-1}$	$\times 10^{-2}$	$\times 10^{-4}$	$\times 10^{-4}$
氣體流率（sccm）	$\times 10^{2}$	$\times 10^{2}$	$\times 10$	$\times 1$	$\times 1$
離子能量（eV）	0	$1 \sim 10^{2}$	$\times 10^{2}$	$\times 10^{2}$	$\times 10^{2}$
活性物種	原子，原子團	原子，原子團，反應性離子	反應性離子，原子團	反應性離子	Ar^{+}離子
生成物機制	揮發的化學	揮發的化學，化學，化學／物理	揮發的化學／物理（鹵碳氣體）／（離子）	揮發的化學／物理（鹵碳氣體）／（離子）	非揮發，物理動量移轉
選擇性	一般很好，對SiO_2/Si不好	一般很好，對SiO_2/Si普通	通常極好，對SiO_2/Si好	對SiO_2/Si好	不好
邊緣輪廓	等方向	通常為等方向對SiO_2/Si非等方向	通常非等方向對SiO_2/Si非等方向	非等方向	非等方向
備註	比較不易受輻射危險				可能有輻射危險
應用	去光阻，去渣滓（descum），$\sim 5\mu m$	去多晶矽Si_3N_4, Al，$1 \sim 5\mu m$	SiO_2, Al，多晶矽，$\sim 1\mu m$		$< 1\mu m$

乾蝕刻反應室的真空度不可太高，否則反應氣體也被抽走。另一方面，反應生成物必須抽離反應室，否則會再沉積於晶圓表面，造成二次污染。

一般而言，化學蝕刻的選擇性好，工程師針對欲除去物而選用適當的反應氣體。物理蝕刻的邊際輪廓比較好，即為等方向性，而且不易造成底切（undercut）。

各種乾蝕刻反應室的簡圖，如圖7.31所示。

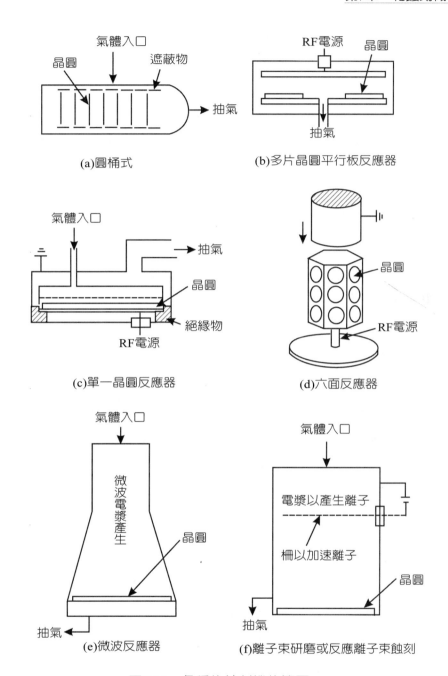

(a)圓桶式

(b)多片晶圓平行板反應器

(c)單一晶圓反應器

(d)六面反應器

(e)微波反應器

(f)離子束研磨或反應離子束蝕刻

圖7.31 各種乾蝕刻機的簡圖

[資料來源：Runyan, Semiconductor I.C. Processing Technology]

7.4 高密度電漿蝕刻機

近代ULSI製程，解析度進到0.25微米或以下，蝕刻的深寬比（aspect ratio），即深度對寬度或直徑的比例愈來愈大，金屬和半導體的接觸（contact），或不同層次的金屬連線間的貫穿孔（via）愈來愈小。待蝕刻層的下層選擇度要提高，蝕刻輪廓的非等向性要求更嚴，以及自行對齊的接觸（SAC，self aligned contact，利用現有結構對齊）等新製程的開發。蝕刻機必須進入高密度電漿（HDP，high density plasma）的領域。幾種高密度電漿蝕刻機，分別介紹如下：

1.電子迴旋共振（ECR）

利用離子束（ion beam）蝕刻機的原理，配合微波（microwave，2.45GHz），迴旋頻率為：$\omega = e\ B/m_e$。e是電子電荷，m_e為電子的質量，當磁場B＝875高斯（Gauss），f＝$\frac{\omega}{2\pi}$＝2.45GHz。ECR蝕刻機的游離率（ionization rate）為10^{-2}，遠大於反應離子蝕刻機的10^{-6}。幾種ECR蝕刻機如圖7.32～圖7.34所示。製程時，晶圓以射頻（RF＝13.56MHz）或直流偏壓控制離子能量，以增強蝕刻的非等向性。以電磁線圈產生磁場，改變電子運動的軌跡，使電子迴旋，電子的平均生命加長，在碰撞室壁前的飛行時間加長，以減少電子的復合（recombination），因而提高電漿的密度。圖7.32有一柵極可使離子成束，但此柵極為金屬材質，也可能污染晶圓。ECR區標示於圖。圖7.33，磁電管（magnetron）用以產生微波功率。圖7.34，使用一面鏡磁場（mirror magnetic field）以限制電子運動的軌跡，提高電漿的密度。

一ECR蝕刻機，如圖7.35所示。加裝補強線圈於蝕刻室外側，此時電漿室的等磁場強度表面，如圖7.36(a)所示，磁場強度提高到875高斯，電漿流向蝕刻室，補強線圈使離子流垂直晶圓，以提高均勻度，如圖7.36(b)所示。

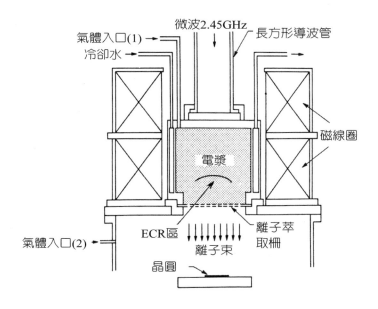

圖7.32　以ECR做為離子源的RIE蝕刻機的概略圖

[資料來源：Matsuo and Adachi, 日本應用物理期刊（J. Japan Applied Physics, JJAP）]

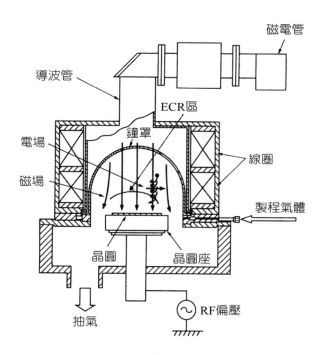

圖7.33　一臺ECR蝕刻機的概略圖

[資料來源：半導體國際期刊（Semiconductor International）]

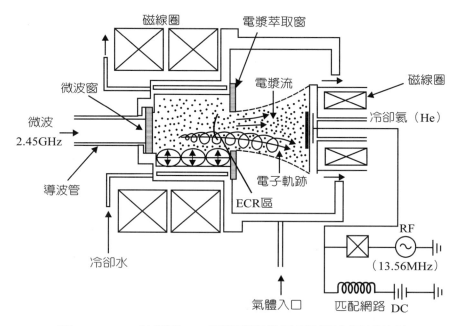

圖7.34　ECR蝕刻機，一面鏡磁場沿晶圓以限制電子軌跡

[資料來源：Chen et al., 電漿製程第八次研討會會報（Proc. of the 8th Symposium on Plasma Processing）]

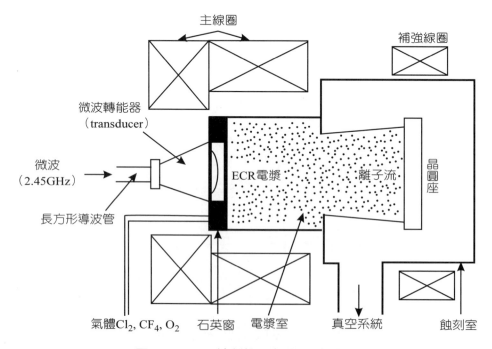

圖7.35　ECR蝕刻機，加裝補強線圈

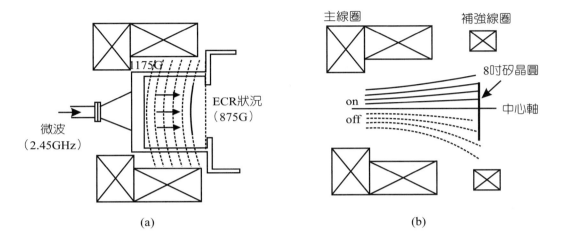

圖7.36　(a)電漿室內的等磁場強度面，(b)離子束流

高密度電漿蝕刻機做氧化物的蝕刻，還有以下幾種優點：

1. 對TiN，TiSi$_x$，SiN$_x$，Si有高選擇性（selectivity），而RIE必須在選擇性和蝕刻輪廓（etching profile）中犧牲一項。

2. 對待蝕刻物之形狀、構造或待蝕刻晶圓之數量比較不敏感，即無微負載效用（micro loading effect）。

3. 較少微塵污染。

4. 低能量，獨立控制能量和劑量。

5. 可利用氟乙烷（C$_2$F$_6$）/氟丙烷（C$_3$F$_8$）解決選擇度（selectivity）問題，RIE則利用氟甲烷（CF$_4$）/三氟甲烷（CHF$_3$）解決對Si的選擇度問題。

2. 微波電漿蝕刻機（microwave plasma etcher）

　　高頻微波放電，無論有或無磁場加強，均可增加電漿的密度，離子鞘電位低，沒有加速柵以增加離子能量和引導離子的方向，此類反應放電可作等方向性蝕刻，高蝕刻速率，輻射傷害小。如以較低壓力（<10^{-3}托爾）操作，可增加非等方向性，減少微波源和晶圓之間的氣相撞擊，可以增加離子的方向性。如在晶圓上加一低功率射頻信號，可得到有方向性的轟擊。一微波電漿蝕刻系統，如圖7.37所示。磁電管（magnetron）為一真空管（vacuum tube），它能把

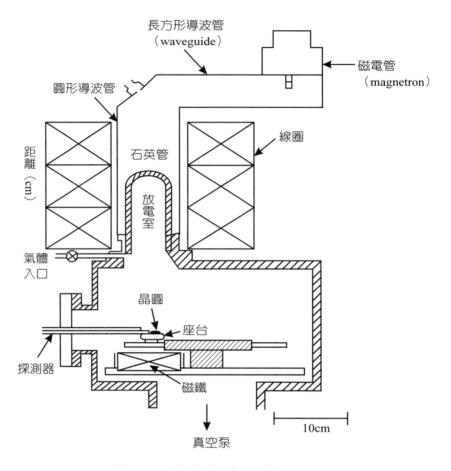

圖7.37　微波電漿蝕刻系統

[資料來源：Suzuki et al.,電化學學會期刊（J. Electrochem. Society）]

電能轉換為微波能，也就是微波的發生源。探測器（probe）用以量測電子溫度、電漿密度或能量分布。

微波電漿的原理是將微波能量耦合進入反應腔內，由於微波必須藉由波導管（waveguide）才能有效傳輸，而且其振盪線路必須以共振腔（resonant cavity）來取代，共振腔沒有輻射損耗，品質因數（quality factor）高。受限於工業科學及醫藥協會（ISM，Industry Science & Medical）之波段標準，2.45GHz是最常被採用的工業頻率，換算成波長，大約在12公分左右，這也就是共振腔的幾何大小。微波電漿系統的缺點，其一為波導元件的龐大體積，以及波導元件的不可塑性，另一則方為

共振腔（resonant cavity）的尺寸限制，以及駐波（standing wave）的產生，不十分適合大尺寸的製程規範。但是藉由向下吹或其他途徑仍有許多克服的方法。

微波（microwave）可產生高密度電漿的原理如下：當頻率為2.45GHz的電磁波（electromagnetic wave）在共振腔中產生振盪時，同時對質子（proton）和電子產生同步且方向相反的加速作用。由於質子和電子在質量上的重大差異（約1840倍），質子的慣性作用使其幾乎靜止不動。相對的，幾乎所有的外層電子全被拋離軌道。由於質子保持近乎靜止狀態，不致於因離子撞擊而產生的動能損耗，因此效率極高且破壞性較低。電子迴旋共振（ECR）電漿是微波電漿的變形，是藉外加磁場的強度（magnetic field strength）與微波頻率（microwave frequency），使得電子產生迴旋共振作用，此共振與前述的共振腔無關。而產生電機理論中的正向回饋（positive feedback）放大作用，可增加電漿的密度，其效率與前述的磁場耦合電漿相當。

3.感應耦合式電漿（ICP）

大部分ECR系統已有適用於ULSI製程的能力。然而，因其結構太過於複雜，所以在工業界的使用上並不普遍。另外一種較為普遍的蝕刻系統為感應耦合式電漿（inductively coupled plasma, ICP）。可說是目前所有高密度電漿（HDP）系統中最簡單的設計。

ICP電漿源可產生不與晶圓偏壓電源（bias power supply）耦合的高濃度、低能量電漿，有二個RF電源，可分別控制離子流量（密度）與離子能量。電漿是由一組螺旋形線圈（helical coil）所產生，並以一絕緣板與電漿分隔。由於晶圓置於螺旋線圈數個集膚深度（skin depth）之遠，所以並不會受線圈產生的電磁場所影響。而且只有少數電漿流失，因此能達到高密度的電漿與高蝕刻速率（high etch rate），如圖7.38所示。

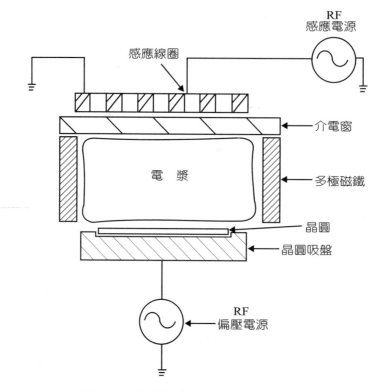

RF
感應電源

感應線圈

介電窗

電　漿

多極磁鐵

晶圓

晶圓吸盤

RF
偏壓電源

圖7.38　感應耦合電漿反應器的概略圖

[資料來源：Keller et al., 真空科技期刊（J. Vacuum Science Technology）]

　　另外二個感應（或變壓器（transformer））偶合電漿反應器，如圖7.39所示。圖7.39(a)線圈沿著反應器側邊繞，圖7.39(b)線圈沿著頂部繞。偶合為非共振模式，而需要直流磁場，也有一些電容偶合，來自線圈所產生的靜電場。二種情形均有二個射頻產生器（RF generator）。反應氣體進入製程室之後，上側RF使其成為電漿，下側RF提供晶圓的偏壓，控制電漿轟擊離子的能量。電漿距離晶圓為集膚深度（skin depth），效果好。真空泵在氣體進入前就要啟動，製程中要繼續抽真空，以將揮發性的反應生成物抽離製程室。

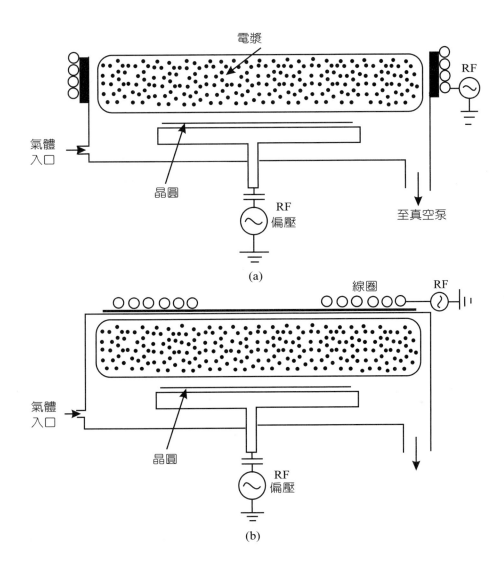

圖7.39 二個感應偶合電漿反應器

一變壓器偶合電漿蝕刻機（transformer coupled plasma etcher, TCP etcher）的概略圖，如圖7.40所示。這些ICP（TCP）的作用原理都相同，各種電漿反應器的離子能量和工作壓力比較如圖7.41所示。ECR和ICP有高密度，蝕刻效率好；低離子能量（<10eV），晶圓傷害少。

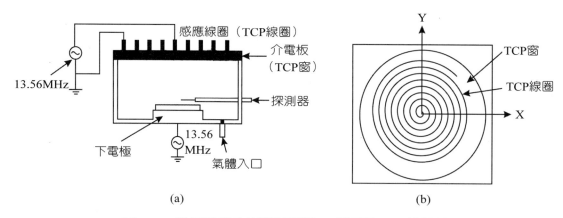

圖7.40 變壓器偶合電漿蝕刻機(a)剖面圖，(b)俯視圖

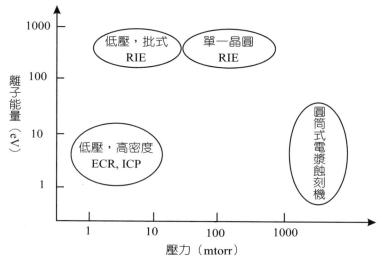

圖7.41 各種電漿反應器的離子能量和工作壓力範圍

[資料來源：Chang and Sze, ULSI Technology]

　　目前各半導體設備商皆以高密度電漿系統為產品主流，而ICP則為其中簡單又具潛力的技術。目前的主要蝕刻設備製造商，還有去偶合電漿源（DPS, decoupled plasma source）與變壓器偶合電漿（TCP, transformer coupled plasma）專利（patent）的設計，且正在各I.C.廠中被廣泛地使用著。DPS的構造，如圖7.42所示。又一TCP的構造，如圖7.43所示。上部線圈所產生的電磁場來回震盪使得反應室內產生了高密度的電漿，下電源稍加偏壓即可驅使電漿蝕刻晶圓。由於此種簡單的設計，使其深具運用於更大尺寸晶圓的蝕刻的潛力。

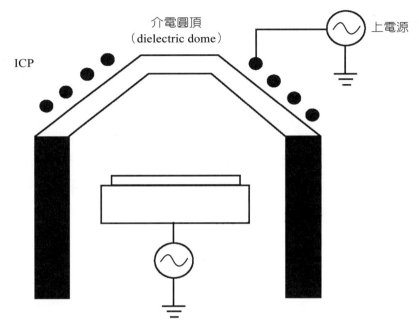

圖7.42　DPS構造示意圖

[資料來源：應用材料（Applied Materials）]

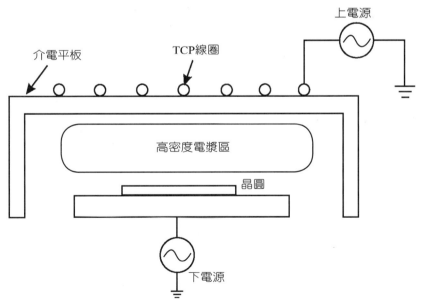

圖7.43　TCP構造示意圖

[資料來源：科林研發（Lam Research）]

　　ICP高密度電漿的基本原理乃是以磁場來產生耦合；以目前對Ⅲ-V族半導體，如藍光發光二極體（LED, light emitting diode）的氮化鎵（GaN）材料有優異蝕刻效果，一NARC-ICP，如圖7.44所示的系統。當電流流過感應線圈時，此線圈產生之電感會感應出一磁場，此一磁場可以透過介質（如空氣，真空或鐵磁心）產生次級感應電流，並使反應腔內分子被加速，激發氣體分子中的電子而產生電漿。由電磁理論得知其電場，即離子加速方向，是以環繞此一磁場且平行於晶圓表面之切線方向。所以當輸入功率（通常以RF頻率為主）加大時，磁場與電場皆相對增加，電漿內之離子加速方向（因平行於晶圓表面之切線方向）因此較不易對晶圓產生傷害。基於此一優點，ICP的輸入功率可以達到相當高的範圍。

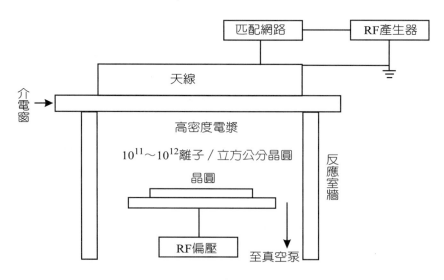

圖7.44　NARC高密度電漿蝕刻系統

[資料來源：李鴻志，電子月刊]

　　高品質的電漿蝕刻有兩項最基本的要求，其一為離子密度要夠高，其二為工作壓力要夠低。離子密度是正比於蝕刻反應的化學物的濃度，因此也直接相關於反應速率和蝕刻速率，並且直接影響產能。

　　ICP系統在1×10^{-3}托爾之壓力狀況下操作，相當容易且非常穩定。ICP的操作壓力和平均自由路徑（mean free path）有直接的關係。所謂的平均自由路徑，係指

在系統中每一粒子在與其他粒子產生前後兩次連續碰撞之過程中，所行經路徑的平均距離。因粒子密度直接正比於系統壓力，且二者皆與平均自由路徑成反比關係。換言之，在低壓系統中，氣體的平均自由路徑會比在高壓系統中大，相對粒子之碰撞機率也較低。當一離子向晶圓方向加速，而欲產生蝕刻反應之過程中，所遭遇到的碰撞機率愈低，而由該粒子對此晶圓所造成的蝕刻方向將愈趨近於垂直，電漿蝕刻效應便是由數千萬次該種反應之集體貢獻所造成的結果。反觀傳統型電漿，由於操作壓力範圍高，離子間碰撞機率相對也非常大。當一離子向晶圓加速而欲造成蝕刻之過程中，因離子向晶圓表面的法線加速分量與切線分量幾近相同，因此，粒子在垂直方向產生蝕刻時，同時也造成水平方向的分量，因此所蝕刻出之圖型，在線寬上難免會產生擴大的失真現象，這種失真現象在小於0.25μm以下的製程技術中無法被接受。因此高品質的ICP高密度電漿源即成為非常具有開發價值的技術。

　　用於Ⅲ-V族半導體蝕刻的反應氣體可大略地區分成Cl_2系電漿蝕刻系統，與H_2系電漿蝕刻系統；其中Br_2、I_2等鹵素（halogen element）蝕刻氣體作用與Cl_2相似。

4.螺線管波電漿（HWP, helicon wave plasma）

　　　螺線管（helicon）電漿反應器的結構，如圖7.45和圖7.46所示，螺線管波由RF電源加在環繞於圓柱型（或稱鐘罩型）之石英管外的天線所產生，且延著軸向磁場的方向傳導。磁場則由環繞在外的雙迴路直流線圈所產生。螺線管波為一種低頻的嘯聲信號波（whistler wave），其產生高密度電漿的原理主要是根據阻尼原理（damping principle），藉由控制天線的長度，使外加電磁場的相速度（phase velocity）相當於電子的熱速度（thermal velocity）時，電子便可從外加電場得到能量而加速。如此便可產生高密度的電漿。

　　高密度的電漿產生之後，晶圓以往下吹的方式置放於下方，並且在製程腔上利用永久磁鐵，以磁限制的方式使電漿更加的緊密化與均勻化。

　　莫里（MORI）電漿源則整合了外加電場、外加磁場、及一可調節的靜態磁場；並由一已激發的電漿波來產生電漿。可變式多磁極（variable multiple poles, VMP）電漿源，則是使用成對且具相反磁極的磁鐵，將其分別放在金屬板上之兩磁極窗上，而產生平面型電漿。

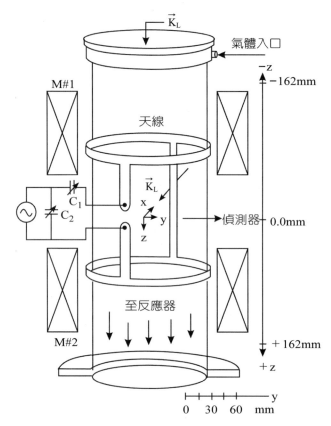

圖7.45　螺線管波電漿反應器，有一個雙迴路天線

[資料來源：Giapis et al., 應用物理期刊（J. Applied Physics）]

　　變壓器耦合電漿（transformer coupled plasma, TCP）的優點在於帶電粒子的加速電場方向為一圓形封閉曲線。這種封閉式的圓形加速路徑，解除了粒子動能損耗的缺點，而使得效率大大提升，藉而提升電漿密度。因為粒子的加速方向平行於晶圓表面的切線方向，因此不致於造成對元件的損傷。

　　這種封閉式的加速路徑使得粒子之間的碰撞機率大大增加，因此，磁場耦合式電漿的密度可高達$10^{11} \sim 10^{13}$離子／立方公分。更重要的一點是由於其效率高，密度大，電漿在壓力低於1 毫托爾以下的範圍仍可維持$10^{10} \sim 10^{11}$離子／立方公分。電漿系統的工作壓力可以延伸到1毫托爾以下，低工作壓力的好處在於粒子的平均自由路徑大，藉由偏壓電場可以輔助帶電粒子游向晶圓的入射方向，不致因受到太多的

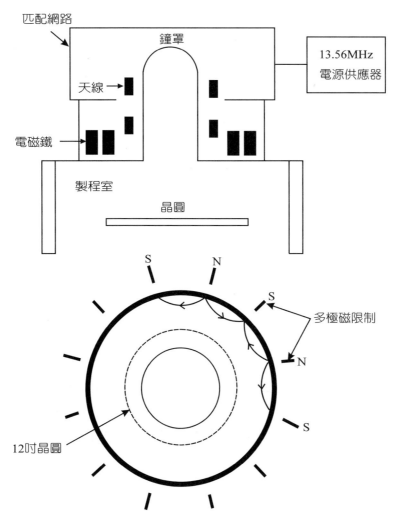

圖7.46 Trikon（PMT）螺線管波電漿蝕刻機

PMT: Plasma & Materials Technologies Inc.電漿及材料科技公司
[資料來源：邱顯光等，電子月刊]

碰撞而產生散射效應（scattering effect），而改變方向降低蝕刻效果。此入射方向為決定蝕刻角度的關鍵參數。在1毫托爾到10毫托爾的壓力範圍下操作，其蝕刻角度可達到近於90°的垂直效果。此乃高密度電漿的重要特性之一。美國半導體工業協會（SIA）對蝕刻技術演進的推測，如表7.2所列。中性粒子游（neutral stream）因為不帶電，可做0.13μm或更小尺寸的蝕刻。

群集式（cluster，也稱枚葉式）電漿製程，如圖7.47及圖7.48所示。晶圓可以在

表7.2　1994年美國半導體工業協會（SIA）對蝕刻技術演進的預測

年　份	1992	1995	1998	2001	2004	2007
矽溝槽（Si trench）蝕刻	RIE					
	ECR					
		ICP				
			螺線管			
					中性粒子流	
溝槽蝕刻後的清洗	HNO$_3$/HF					
	化學下游蝕刻					
矽局部氧化（LOCOS）淺溝渠隔離（STI）程序中的氮化矽蝕刻	RIE					
	ECR					
		ICP				
		螺線管				
				中性粒子流		
閘極邊襯（spacer）蝕刻	RIE					
	ECR					
		ICP				
		螺線管				
				中性粒子流		
接觸（contact）/貫穿孔（via）/金屬鑲嵌（metal damascene）的溝槽及貫穿孔蝕刻	RIE					
		ECR				
		ICP				
		螺線管				
				中性粒子流		
金屬蝕刻	RIE					
	ECR					
		ICP				
		螺線管				
		CMP鑲嵌：Cu/W/Al				

註：RIE：反應離子蝕刻　　ECR：電子迴旋共振蝕刻　　ICP：感應偶合電漿蝕刻
螺線管波電漿蝕刻（helicon）　　中性粒子流（neutral stream）（可降低傷害，提升選擇性）
CMP：化學機械研磨（將於第10章討論）　　化學下游蝕刻（chemical downstream etching, CDE）

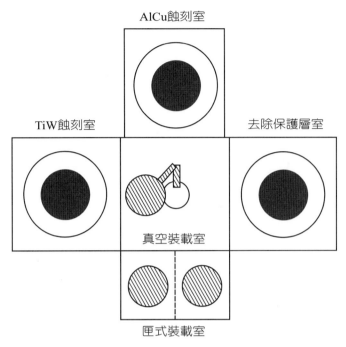

AlCu蝕刻室

TiW蝕刻室　　　　　　　　去除保護層室

真空裝載室

匣式裝載室

圖7.47　群集式反應離子蝕刻系統

[資料來源：Chang and Sze, ULSI Technology]

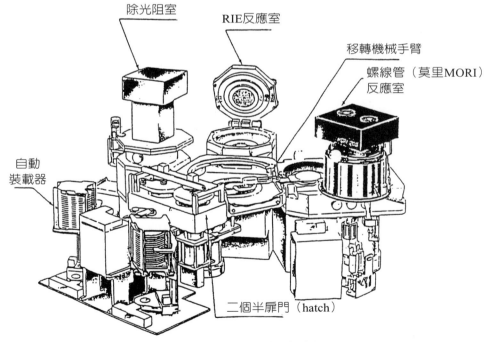

除光阻室　　　RIE反應室

移轉機械手臂

螺線管（莫里MORI）
反應室

自動
裝載器

二個半扉門（hatch）

圖7.48　群集式螺線管波蝕刻機

製程室之間移轉，而不需要曝露空氣，不會受到污染。群集式同時可提升產率，多層CMOS閘極蝕刻、介電層沉積及回蝕平坦化，及金屬蝕刻和光阻去除通常可以用群集製程完成。如果工具足夠可靠，群集式可降低成本。

7.5 終點偵測和失敗分析

　　乾蝕刻需要嚴密的製程控制，所有的製程參數必須維持，以確定每片晶圓，每批製程的重複性。終點偵測（end point detection）是一項非常重要的技術，以避免過份蝕刻降低良率。最常用來做終點偵測的方法有：(1)雷射干涉儀（laser interferometer）和反射率（reflectivity）測量，(2)光發射光譜儀，(3)操作員透過視窗直接觀察蝕刻表面，(4)質量光譜儀（mass spectrometer）。

　　二種終點偵測的設備，如圖7.49所示。

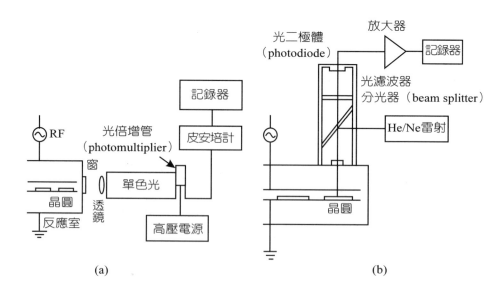

圖7.49　(a)發射光譜儀，(b)光反射法，做終點偵測器

　　乾蝕刻亦可用來做失敗分析（failure analysis）、還原工程（reverse engineering）或稱逆向工程，將一IC產品由後向前逆行方向，逐步分析其製程。保護層（passivation）可以用電漿蝕刻，金屬間的介電層（inter-metallic dielectric）或中間層介電質（ILD, interlayer dielectric）用反應離子蝕刻，可以將元件逐層曝露，直到多晶矽層，仍然維持元件的功能。乾蝕刻亦可做製程中的品質管制（IPQC, in process quality control）。

　　失敗分析過程中要做到沒有青草（grass），造成青草的原因為高分子再沉積，鋁再沉積或金屬再沉積。方法是使用適當的氣體，適當的偏壓。

　　乾蝕刻之使用氣體，基本上要為環保（environmental protection）可接受的氣體，不要用過氟碳（PFC, perfluoro carbon，如CF_4，C_2F_6），或氯氟碳（CFC, chlorine fluorine carbon，如$CFCl_3$, $C_2F_3Cl_3$），因為前者會造成地球暖化（globe warming），高山不積雪造成乾旱或南北極的冰融化造成低處淹水。後者會破壞臭氧層（O_3 layer），使紫外線指數（UV index）增加，使人罹患皮膚癌，也破壞生態和氣候。

　　目前已有可做到20：1的深寬比（aspect ratio）之乾蝕刻。

7.6　新材料的蝕刻

　　隨著ULSI製程進入深次微米（deep submicron）技術，即關鍵尺寸小於0.5微米。在邏輯元件方面，要低電阻及抗電致遷移（electromigration resistance），而引進銅（Cu）導線，層間絕緣膜則引進低介電常數（low k）膜。DRAM為增加電荷儲存，則採用鈦酸鍶鋇（BST，$SrBaTiO_x$）等高介電常數（high K）材料，電極材料則用鉑（Pt）、釕（Ru）及透明導體（transparent conductor）氧化銥和氧化釕（IrO_2, RuO_2）。新材料的蝕刻技術，如圖7.50所示。鐵電記憶體（FeRAM）及1G DRAM的新材料，如圖7.51所示。鐵電氧化物，如鈦酸鉛鋯（$PbZrTiO_x$，PZT），鉭酸鉍鍶（$SrBiTaO_x$，SBT）則已有雙頻電漿反應器，如圖7.52所示的成功應用。

它是利用高密度反射電子的蝕刻機（HRe etcher，high density reflected electron etcher）。

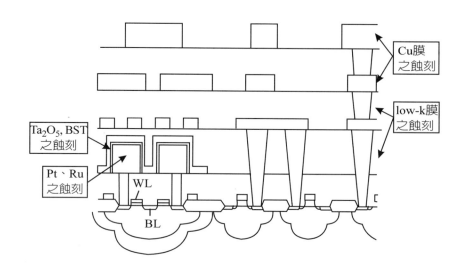

WL: word line　字元線
BL: bit line　位元線

圖7.50　新材料之蝕刻技術

[資料來源：梁美柔，電子月刊]

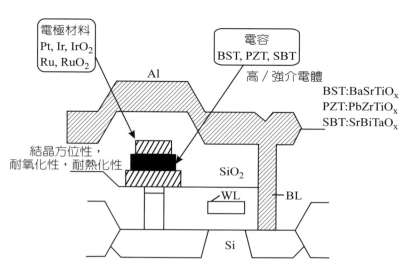

圖7.51　FeRAM及1G DRAM使用的新材料

[資料來源：陳碧琳，電子月刊]

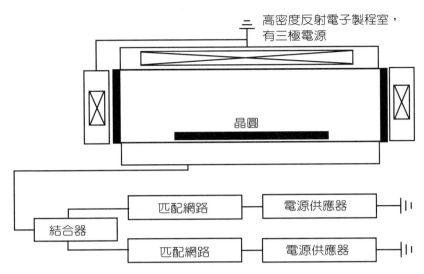

圖7.52　目前成功的應用在鐵電氧化物蝕刻的雙頻率電漿反應器

[資料來源：李鴻志，電子月刊]

7.7　參考書目

1. 江明崇，應用於積體記憶元件之鐵電電容及其電極蝕刻技術，電子月刊，五卷五期，pp.156～162，1999。

2. 李鴻志（譯），電漿源在半導體製程上的應用，電子月刊，六卷四期，pp.150～153，2000。

3. 李鴻志（譯），ICP技術發展及其在Ⅲ-V族半導體之蝕刻應用，電子月刊，六卷四期，pp.132～136，2000。

4. 李鴻志、葉瑞鴻（譯），鐵電氧化物材料的電漿蝕刻系統設計，電子月刊，六卷四期，pp.144～149，2000。

5. 邱顯光等，半導體電漿蝕刻設備介紹，電子月刊，四卷九期，pp.99～106，1998。

6. 張勁燕，電子材料，1999初版，2008四版，第六章，五南。

7. 陳碧琳（譯），降低強／高介電體電容器用鉑電極蝕刻時的圓形光阻側壁沉積，電子月刊，五卷十期，pp.166～171，1999。

8. 梁美柔（譯），新材料蝕刻的挑戰，電子月刊，十卷七期，pp.195～197，1999。

9. 梁美柔（譯），K< 3.0有機系列，low-k絕緣膜之蝕刻製程，電子月刊，六卷四期，pp.182～186，2000。

10. 莊達人，VLSI製造技術，1994，第八章，高立。

11. 莊賦祥等，氮化鎵活性離子蝕刻技術研究，真空科技，十二卷三期，pp.16～21，1999。

12. 葉金娟（譯），高介電材料之電極蝕刻，電子月刊，五卷十二期，pp.126～131，1999。

13. 楊文祿，吳其昌，深次微米元件後段金屬連線技術，真空科技，十二卷二期，pp.44～54，1999。

14. 鄭光凱等，高密度電漿設備及其相關製程技術之研發，電子月刊，六卷四期，pp.126～130，2000。

15. 謝嘉民等，低介電常數材料FLARE™2.0熱穩定性及基本特性之研究，毫微米通訊，七卷一期，pp.39～42，2000。

16. 簡安，12吋晶圓乾蝕刻技術動向及課題，電子月刊，六卷八期，pp.114～125，2000。

17. R. R. Bowman et. al., Practical Integrated Circuit Fabrication，ch.9. 學風。

18. R. Brükner et al., Control of dry etch planarization, Solid State Technology, 1997．

19. C. Y. Chang and S. M. Sze, ULSI Technology, 1996, ch.7, McGraw Hill，新月。

20. S. P. DeOrnellas and A. Cofer, Etching New IC Materials for Memory Devices, Solid State Technology, pp. 53～58, 1998.

21. B. Humphreys and M. Berry, Dual-Mode Dry Etch Processing for Failure Analysis Applications, Semiconductor Fabtech-Asia Special, Oxford Instruments Plasma

Technology.

22. M. Madou, Fundamentals of Microfabrication, 1997, ch.2. CRC Press. 高立。

23. W. R. Runyan and K. E. Bean, Semiconductor Integrated Circuit Processing Technology, 1990. ch.6, Addison-Wesley, 民全。

24. S. Savasticuk et al., Atmospheric downstream plasma-a new tool for semiconductor processing, Solid State Technology, pp. 133～136, 1998.

25. S. M.Sze, VLSI Technology, 1st ed., 1983, ch.8, McGraw Hill, 中央。

26. S. M.Sze, VLSI Technology, 2nd ed., 1983, ch.5, McGraw Hill, 中央。

27. A. Wang et al., Critical drying technology for deep submicron processes, Solid State Technology, pp. 271～276, 1998.

28. S. Wolf and R.N. Tauber, Silicon Processing for the VLSI Era, vol. 1, 1986, ch.16, Lattice Press，滄海。

7.8 習 題

1. 試述乾蝕刻（dry etching）的基本原理。

2. 試述電漿如何產生，(a)直流電源，(b)射頻電源。

3. 試述反應離子蝕刻（RIE）機之構造及其機制。

4. 試述電子迴旋共振（ECR）蝕刻機之構造及機制。

5. 試述感應偶合電漿（ICP）蝕刻機之構造及機制。

6. 試述離子研磨機之構造及機制。

7. 試述高密度電漿（high density plasma）之產生及其用於乾蝕刻之優點。

8. 試述ULSI新材料的蝕刻技術有那些。

9. 試述如何做乾蝕刻的終點偵測（end point detection）。

10.試簡述(a)選擇性（selectivity），(b)微負載效用（microloading effect），(c)高深寬比（aspect ratio）蝕刻，(d)匹配網路（matching network），(e)失敗分析（failure analysis）。

11.試簡述(a)磁桶（magnetic bucket），(b)補強線圈，(c)去偶合電漿（decoupled plasma），(d)高密度反射電子（high density reflected electron），(e)MERIE之作用。

第 **8** 章　蒸鍍機

8.1 緒　論

半導體元件有很多地方用到金屬，例如連接源極／汲極的接觸窗（contact window）、閘極電極、電容器的二個極板，各元件之間的連線，各導線層之間的連接用栓塞（plug），以及最後要接到外電路的銲墊（bonding pad）等等。金屬製程最早是使用熱蒸鍍機（thermal evaporator），而後是電子束蒸鍍機（e-beam evaporator）或濺鍍機（sputter），也有用化學氣相沉積爐（CVD furnace）的。

各種製程機器有著不同的構造，也有其獨特的功能，本章我們介紹其中二種：熱蒸鍍機和電子束蒸鍍機，可合稱為蒸鍍機（evaporator）。下一章我們介紹濺鍍機，以上三種又合稱物理氣相沉積（physical vapor deposition, PVD）。化學氣相沉積爐已於第四章介紹了。

蒸鍍機的基本構造是將製程室抽真空，以能源使欲鍍金屬以物理的方式鍍於基座或晶圓上。熱蒸鍍以電阻加熱，電子束蒸鍍以電子槍對坩堝內的金屬源材料加熱。還有一種射頻感應（RF induction）加熱，以射頻線圈對坩堝內的金屬源加熱，不過使用的地方不多。隨著製程需求的增加，蒸鍍機也有不少改進。從以前製作單一種金屬，到現在的合金或化合物，也可以用蒸鍍製程完成了。

8.2 演　進

最早的蒸鍍系統是用幾種耐火金屬（refractory metal）製的電阻絲，纏繞在一起，並以電流加熱。欲鍍的金屬是線狀，繞在電阻絲上，如圖8.1和圖8.2(a)所示。當金屬被加熱，欲鍍金屬熔化，使燈絲表面潤濕並蒸發。加熱材料（即電阻絲）必

須比欲蒸鍍源材料的熔點高，而且兩者不可變為合金（alloy）。如蒸鍍鋁，熱阻絲可用鎢。另一種替代的方式，燈絲是條狀或板狀，成為一船形，以容納欲鍍物。如圖8.2(b)所示。這樣就不必受潤濕的限制了。但熱阻中間部分為高電阻，以限制蒸發物的流動。蒸鍍物可以為厚片或粉末，如圖8.2(c)所示，以線圈繞坩堝加熱，外層加熱遮蔽，以減少散熱量，用熱電偶測量坩堝溫度並加以控制。一個簡單的熱阻絲蒸鍍系統，如圖8.3所示。原料放在坩堝（crucible）內加熱。做製程之前以閘閥（gate valve）關閉反應室，停止抽真空。

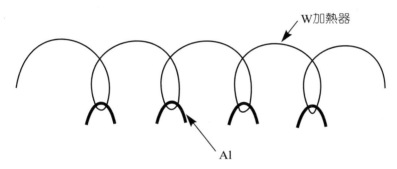

W加熱器

Al

圖8.1　以耐火金屬線圈及加熱源做鋁的蒸鍍

這二種源都無法固持大量材料，以利裝載系統，也無法快速或陸續蒸發，而且燈絲容易燒壞。要解決這些問題，以及燈絲／蒸鍍物潤濕的相容性，便要使用以陶瓷覆蓋的船或陶瓷的大型水冷坩堝。此時便有射頻感應（RF induction）加熱式蒸鍍，如圖8.4所示。又有些材料在蒸鍍溫度非常容易反應，如矽，它甚至會溶解坩堝造成污染。在此情形，就對坩堝含蒸鍍物的中央部分以電子槍加熱，這就是電子束蒸鍍（e-beam evaporation）。替代地，一個非導電的、不污染的坩堝，並以一導電性的蒸鍍物，以電子槍撞擊坩堝內的蒸鍍物，使其蒸發，而鍍於基座上。

當要蒸鍍多種成分金屬時，例如鋁含百分幾的矽和銅（Al-Si-Cu，以防止鋁路接面尖突或電致遷移），控制各成分的百分比非常困難，因為金屬成分的蒸氣壓的不同。此時使用二個獨立的源，各自控制速率。

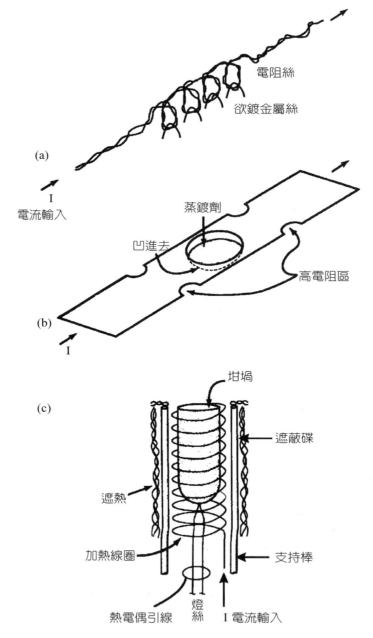

圖8.2　幾種蒸鍍源，(a)捲纏線圈，(b)凹孔板，(c)遮熱坩堝

[資料來源：Smith, Thin Film Deposition]

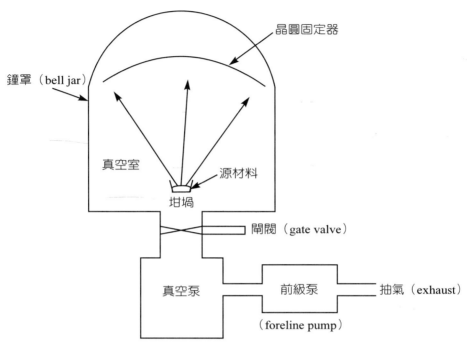

圖8.3　熱阻蒸鍍機的概略圖

[資料來源：Runyan, Semiconductor I. C. Processing Technology]

　　一個射頻感應（RF induction）加熱的蒸鍍源，如圖8.4所示。坩堝是用氮化硼（BN）製作的，它有高沉積速率。它和電子束蒸鍍相比較，它的優點是沒有游離輻射（ionization radiation）。和電子束蒸鍍相同的是，射頻感應加熱，過多的材料會使融滴掉到晶圓上。它的缺點是必須用坩堝，當然也就會受到坩堝的污染。

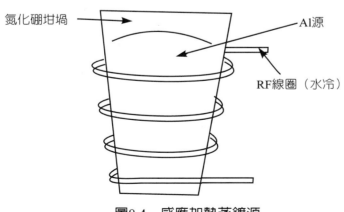

圖8.4　感應加熱蒸鍍源

幾種蒸鍍系統的優缺點，如表8.1所列：

表8.1　用於蒸鍍的熱源比較

熱源	優點	缺點
電阻	無輻射	污染
電子束	低污染	輻射
射頻	無輻射	污染
雷射	無輻射，低污染	慢，貴

8.3　熱阻式蒸鍍機

一個電阻加熱式的蒸鍍系統，如圖8.5所示。在此系統，鐘罩（bell jar）抽真空

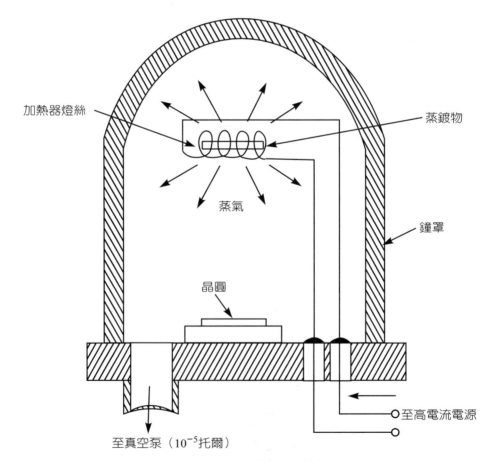

圖8.5　熱阻絲蒸鍍系統

[資料來源：Bowman, Practical I. C. Fabrication]

到10⁻⁵托爾。高電流通過燈絲，使燈絲加熱到超過欲蒸鍍金屬的蒸發溫度，使其蒸發。金屬蒸發而後冷卻，凝結於晶圓上面。從蒸鍍物的質量，燈絲－晶圓的距離，大致可推算出最後的沉積厚度。也可用質量偵測追蹤器來監督。

　　另外，幾種用於熱阻蒸鍍的加熱器，如圖8.6所示。材質有鉬（Mo）、鎢（W）、鉭（Ta）和鈮（Nb）等。

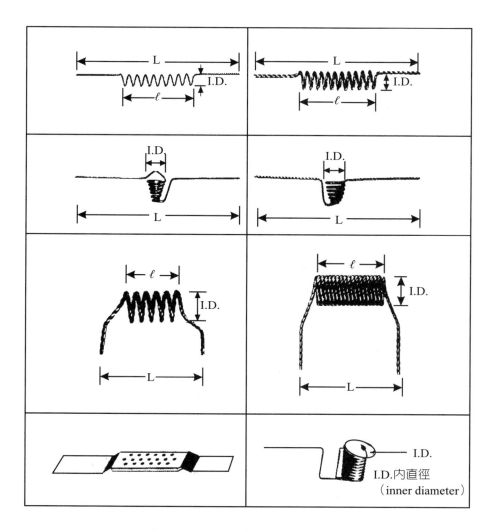

圖8.6　用於熱阻蒸鍍的加熱器

[資料來源：愛發科（Ulvac）]

另外二個蒸鍍機的概略圖，如圖8.7和圖8.8所示。蒸鍍前，抽真空至10^{-6}～10^{-7}

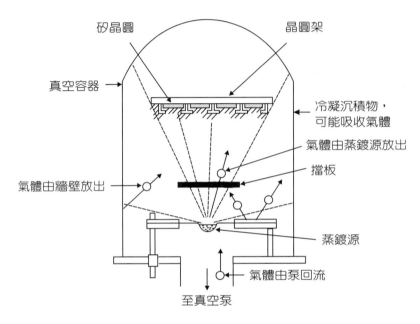

圖8.7　一臺蒸鍍機的概略圖

[資料來源：Glaser, I. C. Engineering]

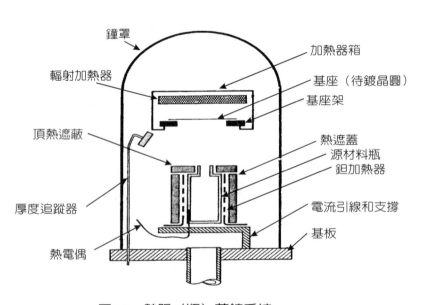

圖8.8　熱阻（瓶）蒸鍍系統

[資料來源：Brodie, Physics of Microfabrication]

托爾。晶圓背後加熱，可以幫助蒸鍍物附著。調節板（baffle）用以阻止來自真空泵系統的氣體倒灌。熱阻絲或船用以放置蒸鍍物。此類製程的污染來源除了熱阻絲，真空系統還有鐘罩（bell jar）內表面所吸附的雜質，當加熱後，這些雜質很容易脫附（desorption），而污染晶圓。要點之一是一臺蒸鍍機只做一種蒸鍍物的製程。

常用一個擋板（shutter），放在燈絲和晶圓之間。因為在到達蒸鍍金屬的蒸發溫度之前，一些雜質會先揮發，先用小電流和擋板去掉這些雜質，可以提高沉積物的純度。鎢（W）絲內常含有鈉（Na），以加強鎢的拉線特性。因此鎢絲蒸鍍會造成元件特性不安定。半導體製程多用鎢絲蒸鍍做晶圓背面的鍍金（Au），即可造成金－矽共晶（eutectic，最低熔點），使封裝的黏晶片於導線架比較方便。

鎢（W）在一已知溫度，在所有元素中有最低的蒸氣壓。所以最常用來做為燈絲，以加熱發射電子。錸（Re）有時會和鎢製成合金，以避免鎢在加熱後會變脆。銥（Ir）是用於有氧的氣體，以避免蝕刻。

鎢絲可以在溫度高到2200K下工作，太高溫就會減短壽命。一個直徑 $\phi = 0.01$ 公分，長L＝10公分的鎢絲的四種特性，如表8.2所列。不同尺寸的鎢絲，可依放大因數而求出其特性。

表8.2　鎢絲的特性

特性	符號	單位	放大因數
電子發射	Ie	mA	L φ
蒸發速率	dh/dt	$nm/10^6 s^*$	1
加熱電流	Ih	A	$\phi^{3/2}$
電壓降	V	V	$\dfrac{L}{\sqrt{V}}$

*鎢絲安定性非常好
[資料來源：Smith, Thin Film Deposition]

蒸鍍時真空度的要求，如表8.3所列。在10^{-5}托爾的壓力下，每秒會有4.4個單層污染會再沉積於晶圓。單位面積原子的數目，對應於一種金屬的一單層約為10^{15}原子／平方公分。更重要的，為避免在蒸鍍源附近有反應，氧的分壓力應小於10^{-8}托爾。

表8.3 不同壓力下空氣的動力

壓力（托爾）	平均自由路徑（cm）	數目撞擊速率（$\sec^{-1} \cdot cm^{-2}$）	單層撞擊速率（$\sec^{-1}$）
10^1	0.5	3.8×10^{18}	4400
10^{-4}	51	3.8×10^{16}	44
10^{-5}	510	3.8×10^{15}	4.4
10^{-7}	5.1×10^4	3.8×10^{13}	4.4×10^{-2}
10^{-9}	5.1×10^4	3.8×10^{11}	4.4×10^{-4}

[資料來源：Brodie, Physics of Microfabrication]

一個高真空的蒸鍍系統，如圖8.9所示。可以為熱阻也可以為電子束式或濺鍍系統。一個機械泵（mechanical pump），俗稱粗抽泵（roughing pump）將系統由一大氣壓降至10～0.1帕（Pa）（7.5×10^{-2}～7.5×10^{-4}托爾），大約為LPCVD的工作狀況。油擴散泵（diffusion pump）將真空提高到10^{-5}帕，加上液氮陷阱（liquid nitrogen trap）可將真空更提高到10^{-7}帕。液態氮陷阱也可降低主工作室內的油污染。如要快速抽真空，則以渦輪分子泵（turbo molecular pump）替代油擴散泵或使用冷凍泵（cryopump）。濺擊離子泵（sputtering ion pump）和鈦昇華泵（Ti sublimation pump）則為高真空慢速泵。而且這些都是無油泵（oilfree pump），尤其適合用於分子束磊晶（MBE, molecular beam epitaxy）系統。

在真空系統方面，泵的抽氣速率和管路（piping）、閥（valve）、岐管（manifold）等都要注意。測真空計、殘餘氣體分析儀（residual gas analyzer）、溫度感測器、污染管制和自動化也要詳細評估。

此蒸鍍系統的製程室為一鐘罩（bell jar），有不銹鋼圓柱形容器，底部有襯墊（liner）和閥。當系統加熱後，蒸鍍源會釋氣（outgassing），而使壓力稍微上升。系統潔淨是非常的重要，所有用於工作室的零件，包括蒸鍍源、加熱器、擋板、鐘罩、電極或速率監督器，都必須徹底洗淨再乾燥。做金氧半（MOS）製程，更必須無鈉（Na）。這包括將晶圓浸氫氟酸（HF），避免人體任何部分接觸系統內部，以及使用純金屬源材料等。行星（planetary）支持器，可以轉動使蒸鍍膜均勻。

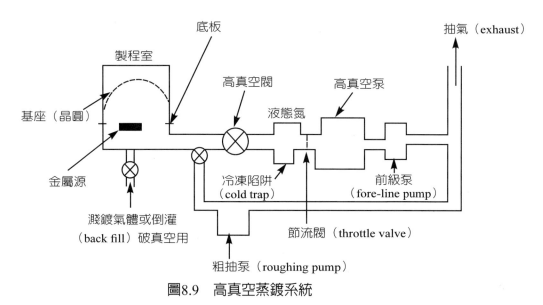

圖8.9　高真空蒸鍍系統

[資料來源：Sze, VLSI Technology, 2nd ed.]

8.4　電子束蒸鍍機

　　電子束蒸鍍機（e-beam evaparator）被應用於MOS製程，最早是人們發現它可以提供無鈉（Na）的鋁層。一個電子束蒸鍍系統，如圖8.10所示。電子束大約有10KeV的能量，電流可大到數安培。坩堝以水冷卻，鋁源材料的外圍是冷的。這使得鋁就像是由一個純鋁的坩堝蒸發出來。因此，只要源材料純，蒸鍍出來的沉積物一定是高純度的。

　　為提高ULSI的梯階覆蓋（step coverage），利用轉動的行星式（planetary）晶圓架，置於蒸鍍機內，使晶圓曝露於金屬源，連續地在一個大範圍的角度，因此晶圓的梯階覆蓋可以改進。當然，ULSI的小貫穿孔（via）及高深寬比（aspect ratio），以電子束蒸鍍，甚至連濺鍍還是無法做到完美的製程，那必須用進步的濺鍍（將於9.4節討論）或化學氣相沉積（CVD）。

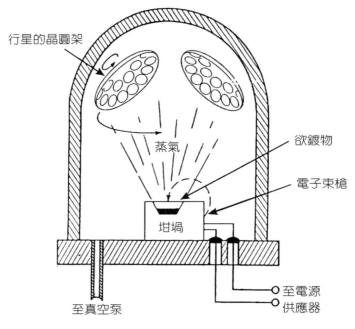

行星的晶圓架

蒸氣

欲鍍物

電子束槍

坩堝

至真空泵

至電源
供應器

圖8.10　電子束蒸鍍系統

[資料來源：Bowman, Practical I. C. Fabrication]

　　另一個電子束蒸鍍系統，如圖8.11所示。發射電子的電流1A，電壓10KV，撞擊時就有10KW的功率。電場和磁場使電子所受的力為：

$$\bar{F} = \bar{F}_E + \bar{F}_B = q\bar{E} + q\bar{v} \times \bar{B} \tag{1}$$

　　在標準國際單位（SI unit, Standard International unit）（MKS制），受力F是牛頓／平方米，q是庫倫，電場E是伏特／米，磁感應B是韋伯／平方米＝特斯拉（Tesla；1 Tesla＝10^4高斯Gauss），v是電子速度，單位為米／秒。銅爐床（hearth）以水冷卻，使得只有中央的金屬熔化，純度可以提高。此圖的特點為源材料可以棒送入方式補充，可作大面積蒸鍍。

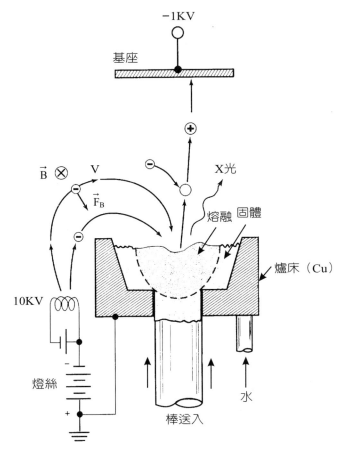

圖8.11 電子束蒸鍍的幾何形狀和製程，⊕表示進入頁面

[資料來源：Smith, Physical Vapor Deposition]

　　電子束蒸鍍（e-beam evaporation）的優點是蒸鍍速率快、無污染、可精密控制、高熱效率，和可能沉積許多新的和奇異的材料。合金即使成分元素的蒸氣壓（vapor pressure）差100倍，也可以用電子束蒸鍍。電子束蒸鍍的缺點是可能會對晶圓造成X-光傷害，甚至離子傷害，因為在電壓大於10 KV，入射電子束會造成X光發射。X光傷害可以避免，利用一個聚焦的高能量雷射束（laser beam）來替代電子束。但是此技巧尚無法做到商業的應用。

　　用於I.C.製程的電子槍（electron gun），功率大約為10KW(5KV, 2A)，電子槍的最高功率，可達1.2MW。用於電子束的坩堝和電子槍，如圖8.12和圖8.13所示。電子槍以磁場使電子束轉彎270°。由熾熱的鎢絲發射電子，以陰極使它成為束狀。陰

極和燈絲在負電位,電子被吸引而趨向接地的陽極。陰極靠近蒸鍍源,但偏離,以免被蒸發的金屬轟擊而污染。電子束朝蒸鍍源射去。蒸鍍源放在一個水冷的坩堝或爐床(hearth)。也有蒸鍍材料做成棒狀,可以慢慢送入蒸鍍源坩堝,使整個製程維持穩態,組成成分的蒸氣壓不變。

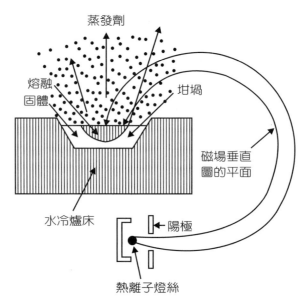

圖8.12　電子束蒸鍍機的坩堝和電子槍

[資料來源:Brodie, Physics of Microfabrication]

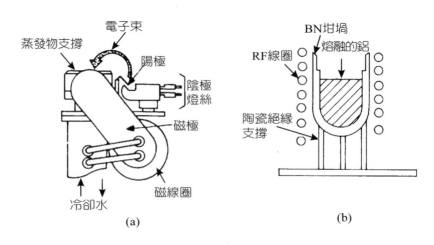

圖8.13　(a)使電子束轉彎的電子槍,(b)蒸鍍鋁用的RF加熱源

[資料來源:Temescal]

　　在沉積製程之中，沉積室的真空維持在10^{-7}到10^{-6}托爾，稍後由於室內各種材料的釋氣，真空會被降到10^{-5}托爾。必須不斷抽氣，以維持想要的真空度。

　　坩堝內可以存放大量的蒸鍍物，它可以用電子束或射頻感應，或以電阻加熱器加熱。電阻加熱器已不用於現代的I.C.製造。電子束加熱的方式，如圖8.11和8.12所示。可以直接供應最少的能量到源材料。坩堝溫度不會超過材料的蒸發溫度。射頻加熱專門用來鍍鋁，坩堝是用氮化硼（BN）和二硼化鉭（TaB_2）的複合材料製作，不會被鋁侵蝕。坩堝以陶瓷支柱支撐，外面繞以射頻偶合線圈。大約三分之二的射頻功率能在很薄的表面吸收。因此，功率大約為500W。注意坩堝上部的厚度減少了，為的是避免熔融的鋁飛濺出來。

　　要加強蒸發能量的方法，有使源材料揮發，如雷射切除（laser ablation，或譯雷射剝離、雷射融蝕、雷射濺鍍）和濺鍍（sputtering）（見第九章）。或在傳送過程中利用光輝放電（glow discharge）。另一種是利用超音波噴孔（supersonic nozzle），如圖8.14所示。它原是用於火箭的引擎，用以增加推力。已有人利用此種超音波噴孔蒸鍍，成功地以鍺乙烷（Ge_2H_6）和H_2製造出單晶鍺膜在GaAs上。

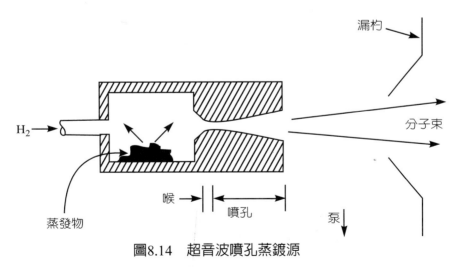

圖8.14　超音波噴孔蒸鍍源

[資料來源：Smith, Thin Film Deposition]

　　監督蒸鍍速率的方法，可以從測量基板附近的蒸發物的濃度，或測量真正的沉積速率。技巧是激勵蒸氣分子並偵測其反應。如以電子束使分子游離。此種離子計（ion gauge），如圖8.15所示。離子計必須加遮蔽，以免蒸發物和燈絲反應。電路也要遮住，以免絕緣沉積物累積。另一種是利用共振的石英晶體（quartz crystal）。結晶的石英是壓電性的（piezoelectric，在晶體中施以壓力，會有電性產生），在共振頻率時，石英晶體產生振盪電壓，經放大並回授以驅動晶體，就可用以監督沉積速率，如圖8.16所示。

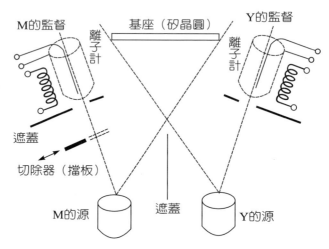

圖8.15　利用離子計分別監督二個源

[資料來源：Smith, Thin Film Deposition]

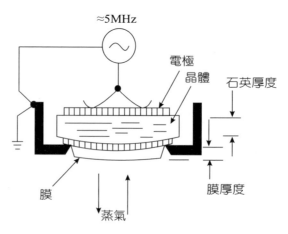

圖8.16　石英晶體沉積監督器

[資料來源：Smith, Thin Film Deposition]

8.5　電子束蒸鍍槍和電源供應器

電子束蒸鍍（e-beam evaporation）和鎢絲（tungsten filament）熱阻式比較，它適合於合金（alloy）沉積，活性金屬（reactive metal）沉積、離子電鍍（ion plating）等。實際應用於硬的保護塗敷，蒸鍍SiO_2膜，也可用於汽車和裝飾品。由於電子槍（electron gun）的開發，多種新材料均可沉積，如純元素、化合物、合金、互溶材料均可用。即使低蒸氣壓（low vapor pressure）元素如鉬（Mo）、鎢（W）和碳均可以電子束蒸鍍。最活潑的金屬，如鈮（Nb）、鈦（Ti）、鉭（Ta）亦可用電子束蒸鍍。

電子束蒸鍍的特點是蒸鍍速率快、無污染、可精密控制，便宜和熱效率高。電子束蒸鍍的整個系統，包括電子發射器、高壓電端子、靶（target）和基座（substrate）（如晶圓），都置於真空室（vacuum chamber）內。真空度為10^{-4}托爾（torr）或以上，屬於分子流（molecular flow）的區域。殘餘氣體（residual gas）在製程室內和室壁的碰撞，或氣體彼此之間的碰撞機率都很小。一個水冷式坩堝（crucible），如圖8.17所示。坩堝之外為爐床（hearth）。電子束撞擊，使坩堝內的源材料部分熔融，像一個池（pool）。電子槍則藏在坩堝下方，利用磁場使電子束轉270°的彎，如圖8.18所示。電子束為帶負電的電子流（electron stream），當它撞擊源材料，會將動能轉變為熱能。電子的能量為5～30KeV。電子槍最高可產生1200千瓦（KW）的功率。電子束加熱的優點是無坩堝的污染，因為只有源材料會熔化。它是理想的熱源，可用以作蒸鍍得到高純度的材料。

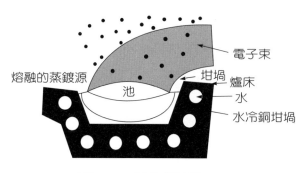

圖8.17　水冷式坩堝

[資料來源：Hill, Physical Vapor Deposition]

圖8.18　電子槍藏起來，以270°轉彎
　　　　打出來

[資料來源：Hill, Physical Vapor Deposition]

1.電子槍

　　電子槍（electron gun）藏在坩堝下方，只為了免於被射出金屬材料傷害。以磁場使電子束轉270°的彎，再加上延長的陰極，可以使電子束發射完全脫離碎片的路徑。也減少遭受射頻輻射（RF radiation）。系統的可靠度因而增加，如圖8.19所示。或把電子槍放在遠距離，如圖8.20所示。射頻輻射會使人中樞神經系統的功能失調，表現為神經衰弱、記憶力減退。

圖8.19　自行加速度的電子槍，拉長的陰
　　　　極，磁場使電子束偏折270°

[資料來源：Hill, Physical Vapor Deposition]

圖8.20　自行加速度（遠距離陰極）的電
　　　　子槍

[資料來源：Hill, Physical Vapor Deposition]

一個1.2MW的高功率電子槍，如圖8.21所示。

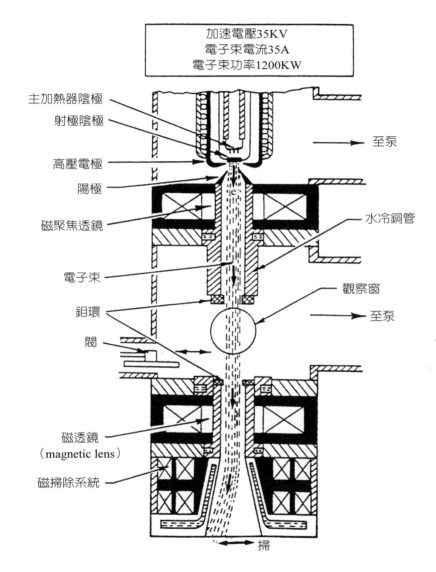

圖8.21　1.2MW的電子槍

[資料來源：皮爾斯（Pierce）]

2.電子槍的電源供應器：

電子槍的電源供應器必須滿足以下條件：

①電子束的位置必須在固定磁偏移場，保持靜態。

②保護電子槍（electron gun）（在電弧向下期間）。

③供應加熱電源。

一個電子束源坩堝的剖開結構，如圖8.22所示。

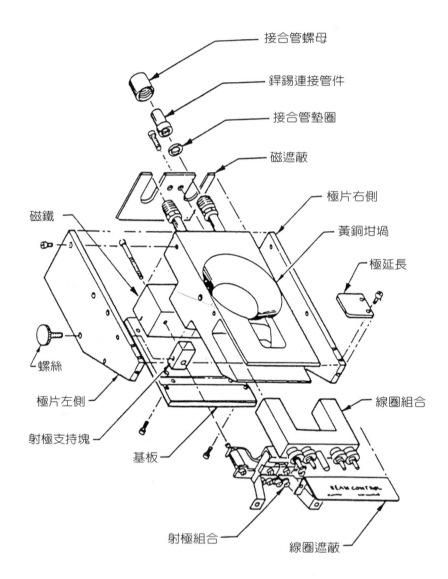

接合管螺母

銲錫連接管件

接合管墊圈

磁遮蔽

磁鐵

極片右側

黃銅坩堝

極延長

螺絲

極片左側

射極支持塊

基板

線圈組合

射極組合

線圈遮蔽

圖8.22　電子束源坩堝的剖開圖

[資料來源：Hill, Physical Vapor Deposition]

　　當足夠氣體原子進入強磁場，離子會傳導電流。電子和離子帶相反電性的電荷，去中和空間電荷，造成大電流，再因碰撞產生更多載子，因而發生雪崩（avalanche），要避免此現象發生。

　　建構真空系統的材料，如銅線、絕緣器等，可能會排氣，產生原子而游離。要消滅電弧（arc）的方法為：

①降低電源電壓。

②利用電阻或電感，開發鐵磁諧振電路（ferroresonant circuit）。

③建立三極管以調節電源供應器，這是最好的方法（利用其柵極，grid）。電流大到某一值時，電壓下降（注意要穩壓）。當電弧消滅以後，電壓很快回到應有的值，當電源供應器大於14KW，一定要用三極管（triode）。

④利用一邏輯電路，裝在控制閘上，做為交換供應（switching supply）。但當計時器電路重新開啟電壓或在ON-OFF交換瞬間，功率消耗大。加長管子關閉時間，以免陽極過熱。管子功率或能量大約為電子束系統的一半。

　　理想的電子束電源為恒電壓降，到某一值再恒電流，並在陽極散掉全部電源電能以免燒壞。

　　各種金屬蒸發單位質量所需的能量和蒸發速率，如表8.4所列。

表8.4　多種金屬的蒸發能量和蒸發速率

材料	輸入功率KW	蒸發速率kg/hr	能量要求KW hr/kg
鋯	72	1.17	61.5
不銹鋼（含20%鉻）	70	4.25	16.5
鈦－6鋁－4釩	70	2.35	29.8
鋁－青銅	80	1.06	75.5
英高鎳（inconel）*	70	2.30	30.4

*英高鎳為鎳基超合金。

　　電源供應（power supply）和電子束控制的系統結構，如圖8.23所示。控制電路控制電子的發射並且抑制電弧，使蒸鍍源有等電功率，等電子束圖案和密度，等蒸發速率，因此系統安全且耐用。

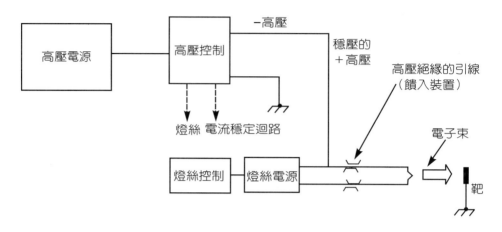

圖8.23　電子束控制系統結構

[資料來源：Hill, Physical Vapor Deposition]

3.蒸鍍源結構

　　蒸鍍源以水冷銅式最常用，不會污染，缺點是效率較低。以耐火（refractory）襯裡（liner）絕緣，效率可提高4.5倍，但蒸鍍源壽命降低，會污染，只適用非活性的蒸發。二種蒸鍍源均有吐唾液（spit）（噴出）的難題，原因和氣體內容和殘餘氣體（residual gas）或真空的反應度有關。

　　基板溫度大約為蒸鍍劑熔點絕對溫度的1/3～1/2，厚的敷蓋物才能有母體（matrix）或塊材（bulk）的特性。沉積速率要大於殘留氣體分子轟擊基板的速率，沉積速率大，基板被吸收氣體所造成的傷害作用會減低。基板溫度也會影響微結構及張力特性。加偏壓，以提升離子轟擊，也可以修改顆粒結構。

8.6　電子束製程技術

1.熱平衡

　　典型的電子束源做270°轉彎，水冷銅坩堝，棒狀送料補充蒸發物供應，如

圖8.24所示。

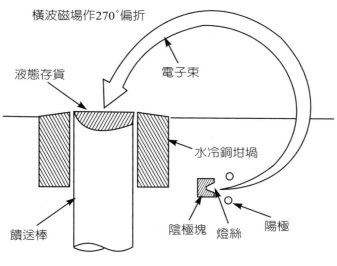

圖8.24　電子束蒸鍍源的概略圖

系統維持熱平衡，熱損失的原因為：

a.電子束打到不是靶的地方。射極（emitter）到陽極電流小，因為電子束導向系統設計不良。

b.液態蒸發物表面的輻射損失。難熔材料鉬（Mo）、鎢（W）輻射損失高。Zn、Al則輻射損失小，但計算不易，因蒸發物池內的溫度梯度（temperature gradient）不知道。

c.蒸發物的潛熱（latent heat）損失，由固態到液態所需的熱量損失。

d.游離和二次電子產生所造成的功率損失佔20%。反射、背向散射電子束和池的入射夾角相關，入射角越小，損失越大。

e.30KV以上的電壓，有X-光（x-ray）的功率損失，需安全措施以保護操作員，大多金屬製的電子束蒸鍍真空槽提供適當的保護，視窗要用鉛玻璃製造。

f.水冷銅坩堝的傳熱損失，可高到入射功率的75%。加耐火絕熱襯墊可以使熱損失減為10%。但可能導致材料不相容或污染。

2.蒸發速率

蒸發速率（evaporation rate）$\dfrac{dm}{dt} = kAP\sqrt{\dfrac{M}{T}}$，其中dm/dt為單位時間的質量變化，即蒸發速率，A為蒸發物的表面積，P為蒸發物的蒸氣壓，M為分子量，T為絕對溫度，k為一常數。

3.製程的變數

(1)真空對蒸鍍的影響：電子束系統可得高純度敷蓋，在10^{-5}托爾真空所得之純度，相當其他方法$10^{-7} \sim 10^{-9}$托爾，雜質可少於百萬分之一（1 ppm, parts per million）。

(2)真空室內的氣體來源有：牆放氣、設計的漏氣、意外的漏氣，由於密封不良，擴散泵中的碳氫化合物、製程材料以及陷在螺牙、平板下的氣體。

(3)活性的蒸鍍物，分子間碰撞，因而沉積化合物（不是元素）。非活性的蒸鍍物，分子會偏向，使蒸鍍速率減低並吸收污染物（contaminant），造成多孔、易碎和不良的特性。

(4)污染物的控制：老方法需要高真空，沉積速率慢。以電子束加熱，蒸鍍劑壓力可高達10^{-7}托爾或以上，失散蒸氣除去污染分子。先用擋板（shutter），直到壓力到達足夠低的程度，蒸鍍材料在真空中先熔化，可降低污染（contamination）。

(5)蒸鍍速率：電子束可以用磁場來改變方向及強度，而改變溫度，因而影響速率。電子束大小可以用特殊電路控制，以閉迴路監督速率。

(6)特殊坩堝構造有多層、多穴或棒狀送料，如圖8.25所示。

4.純元素的蒸鍍

最常作蒸鍍的元素為鋁、鋅、金、銀等。低蒸氣壓元素如鉬、鎢、碳等可用電子束蒸鍍。最活潑的元素如鈮（Nb）、鈦（Ti）、鉭（Ta）等可蒸鍍並凝結在基板上。高溫非常容易反應的元素如鐵、鈷、鎳，電子束蒸鍍可以替代電阻加熱蒸鍍，便宜、品質好。

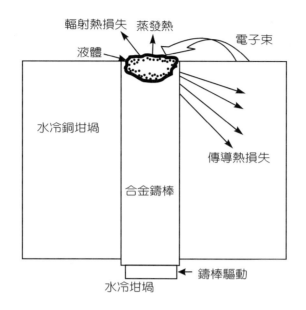

圖8.25　以棒送料坩堝做合金蒸鍍的概略圖

[資料來源：Hill, Physical Vapor Deposition]

5. 合金的蒸鍍

合金（alloy）的組成成分蒸氣壓不同，蒸鍍有較多相互變數。電子束蒸發只發生在表面，整個蒸鍍材料不恒溫，液態源和蒸氣不平衡，連續送料以達穩定狀況的液相和蒸氣，由材料和相圖（phase diagram）可瞭解其平衡狀況。相圖表示單一物質或混合物的固相、液相和氣相，在壓力和溫度或某些變數的組合發生變化時的圖形。

合金中成分元素蒸氣壓（vapor pressure）相差100倍以內，可以用電子束蒸鍍。

a. 銅為基材的合金：青銅（bronze）、蒙耐（monel, Ni 65～75%, Cu 26～30%，少量Fe、Mn、Si）、白銅（white brass）、鋁青銅（aluminum bronze）。

b. 鋁為基材的合金：鋁矽、鋁鐵、鋁銅和相關的三元合金。

c. 鈷為基材的合金：Co-Cr。

d. 鈦為基材的合金：Ti-Al-V。

e. 鐵為基材的合金：Fe-Ni，Fe-Cr，Fe-Al等。

鐵合金的特點為：

a.磁性材料。

b.耐腐蝕（corrosion resistance）、抗氧化（anti-oxidation）。

c.耐摩擦（abrasion resistant）。

d.結構材料：Fe-Cr合金，強度高。

e.電阻材料：Ni-Cr-Al-Fe。

蒸氣壓比超過100：1，應該用多個電子束源，元素分別蒸發，合金在氣相發生，如黃銅（brass），Cu-Zn的蒸氣壓比為10,000：1。

6.化合物的蒸鍍

大多化合物是電絕緣，電子束轟擊後不會造成靜電的難題。氧化物、硫化物、氟化物、氮化物、碳化物等用於光學材料（控制反射、濾波）耐摩擦、耐腐蝕。氧化物或裝飾物如氧化鋯（ZrO_2）用於渦輪葉片之敷蓋。

7.多種材料的蒸鍍

化合物在蒸鍍時分解又不可逆（無法再化合成原來的化合物），不可蒸鍍。低蒸氣壓，高溫材料都可以用電子束蒸鍍。

8.不互熔材料的蒸鍍

利用多個電子束源，氣相混合。一個電子束源，把氣體導入金屬蒸氣，在不平衡狀況下完成淬火（quench），凝結蒸氣以幾乎均勻的相凝結。同時沉積不相熔的材料，技術尚未成熟。

8.7　蒸鍍在ULSI製程的應用

物理氣相沉積（PVD）技術，由於在薄膜沉積的過程中，僅牽涉到單純的物理現象，因此在製程上比化學氣相沉積（CVD）的方式簡單許多。在金屬化製程的發展上，由於PVD金屬比CVD有製程簡易，成本低廉、安全等優點，因此發展得較早、較成熟。以現今的金屬化製程而言，舉凡TiN、TiW等所謂擴散阻障層

（diffusion barrier），或是A1等導線內連接（interconnect），以及高溫金屬如Ti、Co、Ta等，一開始都是使用物理氣相沉積的方式來完成。

隨著積體電路製程技術進入到ULSI的技術世代，小尺寸，高深寬比（aspect ratio）已成為技術發展的必然趨勢。傳統的PVD，由於階梯覆蓋率（step coverage）的問題，因此較難滿足製程上的需要。近年來不斷地有新的改良式PVD技術被提出，以滿足目前及未來製程上的需求。也有以CVD取代的。

在半導體製程的發展上，最主要的PVD技術有蒸鍍（evaporation）及濺鍍（sputtering）兩種。蒸鍍系統主要由一個真空蒸鍍室，和一組真空抽氣系統所組成，對欲鍍物加熱的方式可利用熱阻絲或電子槍等。

使欲鍍物氣化分解進而擴散到達基材，達到薄膜沉積的目的。蒸鍍法由於僅牽涉到一個簡單的加熱過程，因此擁有製程簡易，便宜的優點。但一般而言，蒸鍍法在金屬鍍膜的應用上，仍有許多的限制與缺點。首先，由於不同材料在某一個溫度下的蒸發速率並不相同，因此蒸鍍法對合金或化合物的沉積成分控制上，並不理想。其次，由於加熱用的坩堝或熱阻絲等材料在加熱蒸鍍的過程，其原子或分子亦有一定的蒸發能力，因此在所沉積金屬薄膜純度的控制上並不容易，再則蒸鍍法所沉積的薄膜，其階梯覆蓋的情形普遍非常的差，因此在先進的ULSI製程，少用蒸鍍，取而代之的則是有較佳成分控制能力且階梯覆蓋率較好的濺鍍法。

8.8　先進的蒸鍍系統

1. 離子電鍍

離子電鍍（ion plating）是一種以蒸鍍（以金屬鈦）和電漿（氮氣形成 N_2^+、N^+和e）的合成，它有二種製程的優點。蒸氣團中每一原子（Ti和N）都可能游離，其機率是游離電位和溫度的函數，而在金屬源和矽晶圓基板間被加速，以離子型態到達基板。高速離子會在基板中埋的較深，可能把基板原子趕

出來，使沉積附著力較好，並將基板清乾淨。熱電阻式蒸鍍產生的離子較少。電子束式蒸鍍不平衡，較多離子，並且有離子－電子對和二次電子。

　　加磁場使二次電子（secondary electron）渦旋行走，增加路徑，大量離子被加速到達基板。基板加偏壓，更增加離子產量。利用惰性或活性氣體以維持基板和蒸發源之間的光輝放電。有游離的氣體原子（如N^+），和游離的蒸發劑原子（如Ti）所產生的離子。真空系統為高壓、非分子流。離子電鍍的功率為50KW，穩壓電壓10KV、270°磁偏轉，電子束源和50mm棒送料坩堝，如圖8.26所示。以隔膜（diaphragm）將真空系統隔開，蒸鍍源的壓力比敷蓋室低100倍，沉積的壓力可高達60mtorr。離子電鍍的應用為阻障層氮化鈦（TiN），因為其他技巧無法蒸鍍TiN。如圖8.26所示。以電子束蒸鍍形成Ti，Ti到達基板之前和N^+作用形成TiN。

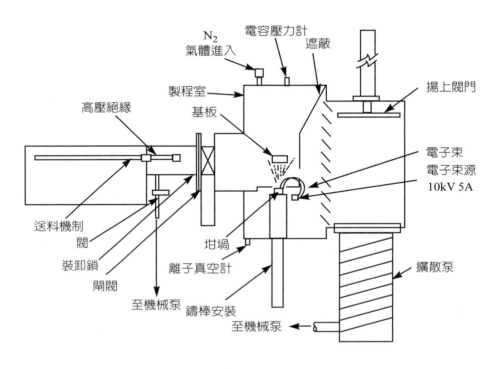

圖8.26　棒送料離子電鍍系統

[資料來源：Hill, Physical Vapor Deposition]

如圖8.27所示，在離子電鍍，金屬材料的蒸鍍和原子的離子結合，利用燈絲產生電子，撞擊氬產生Ar$^+$和電子，濺擊清洗矽晶圓。增加一種氣體（氮）通入反應器，氮氣形成氮離子（N$^+$）和蒸鍍源的鈦反應，可以在基座上製作新的化合物氮化鈦（TiN）。因為撞擊離子有高動能，生成的TiN膜附著性好緻密，低摩擦係數、高硬度（hardness）、沉積速率高。

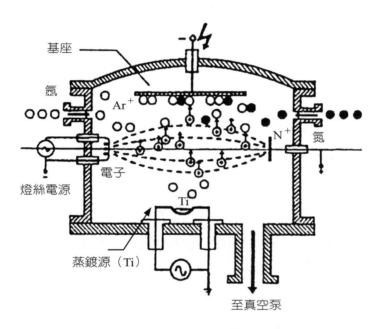

圖8.27　離子電鍍

[資料來源：Menz, 德國微系統期刊（Microsystem, Germany）]

2. 電漿催化的反應熱蒸鍍

利用光輝放電（glow discharge）催化氣體反應物，同時也有熱蒸鍍金屬反應物（如Ti），此種製程稱為催化的反應蒸鍍（activated reactive evaporation），如圖8.28所示。蒸鍍物為金屬，氣體可以是O$_2$、NH$_3$或CH$_4$。目的是製作金屬氧化物（TiO$_2$）、氮化物（TiN）或碳化物（TiC）膜。在催化的反應蒸鍍，利用一個熱離子陰極（thermoionic cathode），先發射電子再加速。

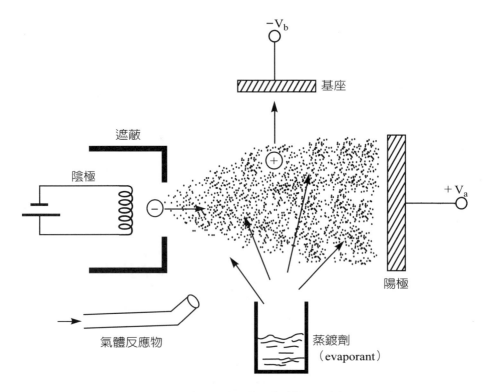

圖8.28　以電漿催化反應的熱蒸鍍，製作化合物膜

[資料來源：Smith, Thin Film Deposition]

3.雷射切除

　　雷射切除（laser ablation）沉積，利用強雷射輻射侵蝕靶材並將材料沉積於基座。高能聚焦雷射束（laser beam）避免像電子束蒸鍍一樣，不會有X射線（x-ray）傷害基座。高能準分子雷射（excimer laser）脈波是用氟化氪（KrF）雷射，波長248nm，能量密度2 J/cm²，對準被沉積材料。短波長的輻射能為靶的上表面吸收，蒸發少量的材料。此材料部分在雷射引發的電漿中游離，沉積在基座上，幾乎沒有分解。此技術主要用於複雜的化合物，如高溫超導（high temperature superconductor）釔鋇銅氧（$YBa_2Cu_2O_{7-x}$）。脈波雷射（pulsed laser）沉積忠實地將成分原子的比例複製。大約10,000次脈波（脈波長20 ns，每秒15個脈波），才能沉積0.1μm的膜厚。雷射沉積膜為非晶（amorphous）。一個雷射沉積系統的概略圖，如圖8.29所示。

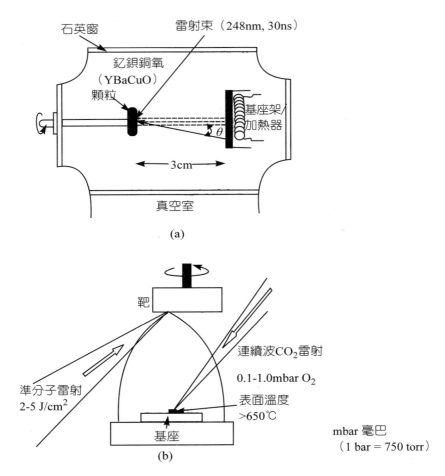

圖8.29　雷射沉積系統，(a)傳統雷射切除系統，(b)多加一雷射做表面加熱

[資料來源：Madou, Microfabrication]

4.脈波雷射蒸鍍

如圖8.30所示，雷射束經石英窗（quartz window）進入真空室（vacuum chamber），以一斜角朝向源材料靶，基座可以直接面對靶表面放置。通常，雷射束以光域掃描（raster scan），掃描整個可能有圖案的地方，靶均勻的被侵蝕。有二個脈波同步裝置，一是旋轉的多面體，每一面有不同的材料，可以蒸鍍不同源材料層或多元素組成。靶材上的材料以蕈狀團的電漿羽（plasma plume）朝向基座。材料之間的交換時間只受雷射脈波速率的限制，因此比其他製程的交換時間短很多。二是旋轉碟，含一口孔和脈波同步，以過濾除去由靶上發射出的大顆粒子。

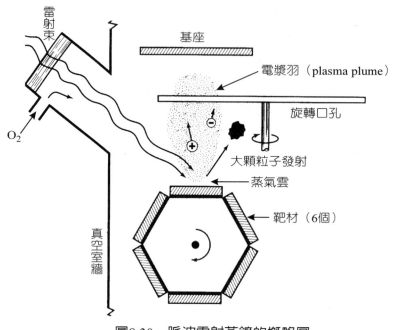

圖8.30　脈波雷射蒸鍍的概略圖

[資料來源：Smith, Thin Film Deposition]

5.群集束技術

　　群集束技術（cluster beam technology）需要高真空（10^{-5}～10^{-7} mbar）（1大氣壓 = 1013 mbar, 1 mbar = 0.75 torr），每一原子群集（100～1000個原子）帶一基本電荷，因此像一個離子。一個特殊的蒸鍍槽，有一小開口，加熱使蒸鍍物絕熱膨脹（adiabatic expansion），因而引發一急速冷卻而形成一原子群集。群集被熱燈絲電子撞擊而游離。一離子群集束沉積系統，如圖8.31所示。

　　群集束技術可用於多種材料的製程，如金屬、半導體、磁性材料、絕緣材料和有機材料。其中一個例子為製造光電池（photocell）。

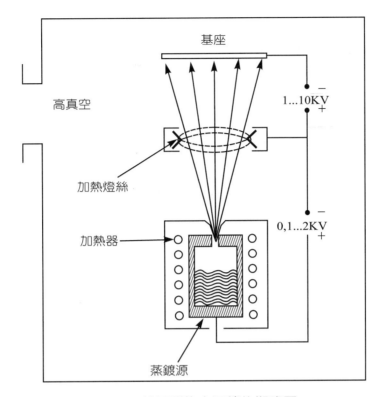

基座

高真空

1...10KV

加熱燈絲

加熱器

0,1...2KV

蒸鍍源

圖8.31 離子群集束沉積的概略圖

[資料來源：Menz, 德國微系統（Microsystem）期刊]

8.9 參考書目

1. 吳文發，積體電路技術中物理氣相沉積製程設備發展，電子月刊，五卷四期，pp. 106～113, 1999。

2. 張勁燕，電子材料，1999初版，2008四版，第七章，五南。

3. R. R. Bowman et al., Practical I. C. Fabrication, chs. 11～4 and 11～5, I. C. Engineering Corporation，學風。

4. A. B. Glaser and G. E. Subak-Sharpe, Integrated Circuit Engineering, 1983, pp. 155～168, Addison Wesley，臺北。

5. R. J. Hill, Physical Vapor Deposition, Temescal.

6. M. Madou, Fundamentals of Microfabrication, 1997, pp. 96～98, CRC press，高立。

7. W. R. Runyan and K. E. Bean, Semiconductor Integrated Circuit Processing Technology, 1990, pp. 566, Addison Wesley，民全。

8. D. L. Smith, Thin Film Deposition, 1995, ch. 4, pp. 63～118, McGraw Hill，歐亞。

9. S. M. Sze, VLSI Technology, 1st ed., 1983, ch. 9, McGraw Hill，中央。

10. S. M. Sze VLSI Technology, 2nd ed., 1988, ch.9, McGraw Hill，中央。

11. S. Wolf and R. N. Tauber, Silicon Processing for the VLSI Era, vol. 1, 1986, pp. 374～379, Lattice Press，滄海。

8.10 習 題

1. 試述熱阻蒸鍍機的構造和蒸鍍機制。

2. 試述電子束蒸鍍機的構造和蒸鍍機制。

3. 試述蒸鍍製程如何監督沉積的厚度和速率。

4. 試述熱阻蒸鍍的污染來源和避免污染的方法。

5. 試述如何製作化合物、合金和不互溶材料的蒸鍍。

6. 試比較幾種真空泵，(a)擴散泵，(b)渦輪分子泵，(c)鈦昇華泵，(d)濺擊離子泵，(e)冷凍泵。

7. 試述以下各零件之作用，(a)crucible，(b)e-gun，(c)hearth，(d)filament，(e)bell jar，(f)石英船（quartz boat），(g)行星架（planetary holder），(h)baffle，(i)shutter。

第 **9** 章　濺鍍機

9.1 緒 論

　　濺擊沉積（sputter deposition）最早是用來沉積薄膜，以塗敷於鏡子表面，或以金（Au）敷蓋薄織品。當真空技術（vacuum technology）成熟，濺鍍（sputtering）就大量地被真空蒸鍍（evaporation）所取代。因為後者的速率較快。無論如何，許多材料無法以電阻加熱蒸鍍。因此濺鍍還是廣泛地被應用於I.C.的製造。金屬如鈦、鉑、金、鉬、鈷、鎳和鎢等，都可以用二極式直流或射頻放電做濺鍍。濺鍍是以離子加速，通常是用Ar^+，經過一電位梯度，以離子去轟擊靶（target）或陰極。靶材表面的原子或分子揮發，而以蒸氣的形式鍍到基座（或晶圓）。介電質如Al_2O_3或SiO_2需要射頻電源。鋁不易濺鍍，因為鋁的表面在濺擊製程中，容易氧化，表面生成一層薄薄的Al_2O_3。因此必須用高電子密度，使離子密度增加，使鋁的表面不氧化。此高密度可以利用一有輔助放電的三極式濺鍍機來完成。或利用磁場以捕捉電子，增加游離的效率，如磁電管濺鍍（magnetron sputtering）。

　　濺鍍的應用包括(1)裝飾的敷蓋，基座包括高分子材料均可使用。(2)保護性的敷蓋，抗磨損（硬）敷蓋；摩擦的（低磨擦）敷蓋，化學惰性的材料，和(3)光學材料的敷蓋，製作別緻的窗子（選擇的透光）或透明導體（transparent conductor）的氧化銦錫（ITO，$In_2O_3 \cdot SnO_2$）等。這些製程的共同的特徵是：要求極好的腐蝕阻抗和附著力，通常是不規則的形狀，典型地濺鍍是用於大面積的敷蓋。

9.2 濺鍍製程

　　濺鍍製程的主要參數為(a)離子動能，(b)離子和靶材的電子構造，晶格結構和取

向（orientation），(c)晶格原子的束縛能（binding energy）。

濺鍍製程的特點為：

1. 產出率（throughput）：沉積速率隨金屬、合金、絕緣物而不同。

2. 可以濺鍍複雜材料。

3. 膜厚控制容易，可再現、均勻、附著（adhesion）好。

4. 大面積靶可以使用。

5. 無蒸鍍的「吐唾液」缺點。

6. 不受地心引力（靶材和電極安排）的限制。

7. 膜厚均勻，可免除快速電子，避免基板因而加熱。

8. 和許多電漿清洗製程相容。負偏壓可增進金屬膜的附著力，並可除去污染。

9. 膜無洞，不會出現針孔（pinhole）。

濺鍍的缺點為：

1. 沉積速率慢。

2. 機器要抽真空，製程比較複雜，比電鍍（electroplating）貴。

3. 不易製作不規則形狀的敷蓋。

4. 除非改變靶（target），否則不易改變膜的成分。

做為濺鍍氣體，氬（Ar）是最好的。它的濺擊率（sputtering yield），即一個氬離子可以打出多少的靶原子，比氦（He）或氖（Ne）高，和氪（Kr）或氙（Xe）相比，雖然濺擊率稍差，它便宜了許多。

靶的形狀可以為平面長方型、圓型、圓柱型、圓錐型或半球型。這些形狀大多可配合適當的電子源，如三極式（triode）的熱偏壓燈絲。其中最常用的靶為平面或圓柱型的。

濺鍍製程室要抽真空，因為氧會對大多材料降低濺擊速率。如工作氣壓太高，被擊出的原子之平均自由路徑（mean free path）短，它被散射（scatter）而重回靶的機率增加。合金材料，只要二成分元素的蒸氣壓（vapor pressure）相差不太大，就可以做濺鍍源。常用的合金材料包括：316不銹鋼（stainless steel 316）、Ti-6Al-4V、蒙耐合金（monel，Ni-Cu合金）、Al-Cu，Al-Si，Ni-Cr和In-Sn等。

　　濺鍍靶（sputtering target）必須滿足以下三個條件，成分均勻；夠堅強，使用中不會破裂；不含雜質。金屬靶如鉑、金、有摻質的鋁，較易滿足以上條件。矽化物材料則較脆、易裂。

　　沉積多層材料時，依序使用不同的靶，比使用多個濺鍍源簡單。可沉積低蒸氣壓、高熔點材料即耐火金屬，如鉬（Mo）、鎢（W）和鉑（Pt）。因為濺鍍不需加熱器。沉積室壓力較高，梯階覆蓋較好。但製程前仍要先抽真空，以除去氧和水蒸氣。濺擊氣體氬必須很純。否則沉積膜會附著不好，而且是霧狀，電阻率（resistivity）也偏高。製程結束後，要抽掉多餘的殘留氣體。

　　沉積耐火金屬（refractory metal），如鈦、鉭、鉬、鎢，以製作矽化物（silicide），可以先用低壓化學氣相沉積（LPCVD）做多晶矽，再同時濺鍍（co-sputter）耐火金屬和多晶矽。但耐火金屬靶不純，會有少量鈉或鉀離子（Na^+或K^+）的污染，使MOS元件臨限電壓（threshold voltage）改變。

　　濺鍍有時也用反應氣體，如氧和氮（電漿處理），以控制或修正沉積膜的特性。少量的反應氣體（reaction gas）加入惰性氣體（inert gas）中，雖然濺鍍也可以完全用反應氣體。此類濺鍍主要用於製作電子電路的薄膜，改變反應氣體的比例，使膜由金屬改變為半導體，或為絕緣體。

　　如欲濺鍍SiO_2或Si_3N_4，當然可以直接用SiO_2或Si_3N_4做靶材，但那種靶材卻不易製作。此時，就以矽做靶材，以氧或氮為濺擊氣體，這就是反應性濺鍍（reactive sputtering）。

　　一濺鍍製程，如圖9.1所示，包括濺擊（sputtering）和沉積（deposition）兩個動作。氬氣被游離為電漿（含Ar^+、e和Ar），氬離子（Ar^+）撞擊靶，使靶材掉下，沉積於基座（晶圓）之上。用於濺鍍的氣體可以為任何氣體，通常多使用惰性氣體，因為它不和靶材起反應。一般而言，濺鍍速率會隨$He-N-Ne-N_2-Ar-Kr-Xe$順序而增加。氦和氬會差到10倍。原因是原子量或分子量增加。

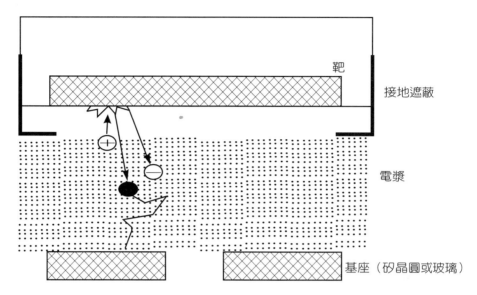

圖9.1 濺鍍製程示意圖

濺鍍和電子束蒸鍍相比較，如圖9.2所示，有較好的梯階覆蓋，因為它的靶源面積遠大於蒸鍍系統的點源。

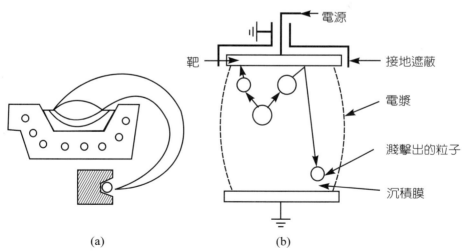

(a)　　　　　　　　　(b)

圖9.2 (a)電子束蒸鍍，(b)濺鍍，用於鋁的沉積

[資料來源：D. Ong, Modern MOS Technology]

9.3　直流濺鍍機

濺鍍機（sputter）大致上可以分為直流二極式、直流三極式、射頻二極式、射頻三極式、直流磁電式和射頻磁電式等數種。

1.直流二極式濺鍍機（DC diode sputter）

以靶架為陰極（cathode），基座（如晶圓）架為陽極（anode），如圖9.3～9.8所示。1,000～5,000伏的電壓加於陰極，將反應室抽真空至大約10毫托爾，通入的氬（Ar）氣，就會發生光輝放電（glow discharge），氬被游離為Ar^+。製程的重要參數為離子密度，殘餘氣體壓力，基板和陰極的溫度等。

平面二極式濺鍍機（planar diode sputter）的優點是構造簡單，可沉積多成分膜，耐火的材料，絕緣膜或絕緣材料。膜的附著力好，可製作低溫磊晶，長出單結晶膜。在大平面區域內膜的厚度均勻。它的缺點是源材料必須是片狀的，沉積速率小於200Å/min，因為電漿產生的離子數目有限，基座必須冷卻，除非是低沉積速率。

二極濺鍍系統，電壓為1,000～5,000伏，電流密度為1～10mA/cm²，電極直徑約在5～50cm。電極的間距為1～12cm。濺擊率（sputtering yield）是指一個氬離子能打出幾個靶金屬原子，和濺鍍設備之壓力有關，增加壓力可提高濺擊率。壓力上限為100 mtorr，沉積速率為100～500Å/min。這幾個系統的區別為：圖9.3的晶圓架是懸浮的（不是接陽極），陰極有遮蔽（shield）。圖9.4的晶圓直接放在陽極上。圖9.5顯示出冷卻水通到陰極靶材。圖9.6顯示製程室和真空泵之間有節流閥（throttle valve），以調節抽真空速率。圖9.7顯示鐘罩的外殼接地。圖9.8的濺鍍系統，概括表示直流和射頻。直流電源的功率可達20KW，射頻只可到3KW，直流的沉積速率比較快。晶圓背面加熱，以提升鍍膜的附著力。冷凍泵（cryopump）用以提高製程室的真空度。

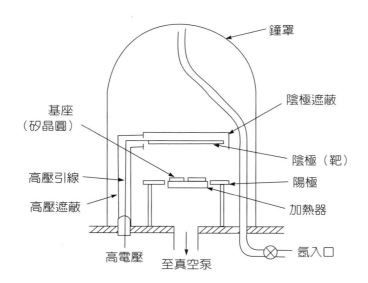

圖9.3　二極濺鍍機的概略圖

[資料來源：Glaser, I. C. Engineering]

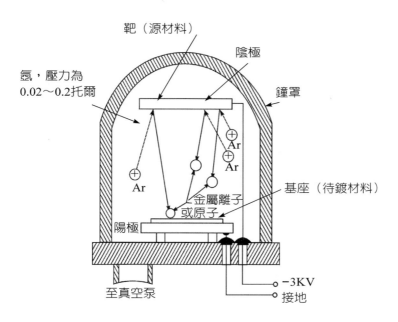

圖9.4　低壓濺鍍機的概略圖

[資料來源：Bowman, Practical I. C. Fabrication]

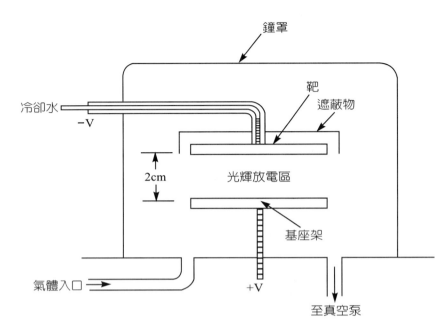

圖9.5　直流二極濺鍍系統的概略圖

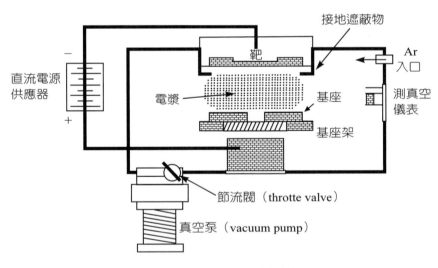

圖9.6　直流二極濺鍍系統

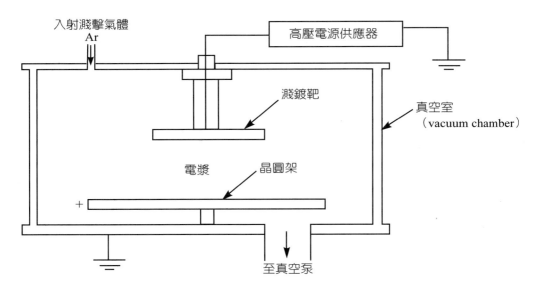

圖9.7　濺鍍室的概略圖

[資料來源：Runyan, Semiconductor I. C. Processing Technology]

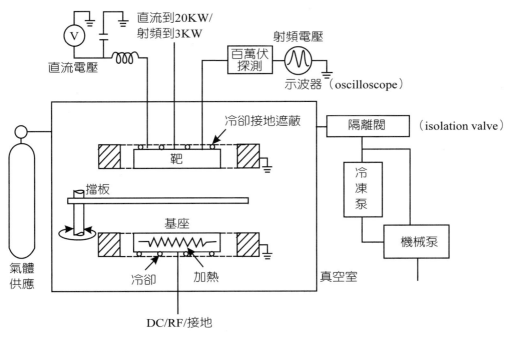

圖9.8　一濺鍍系統的一些零件

[資料來源：Chang and Sze, ULSI Technology]

2.直流三極式濺鍍機

在直流二極式濺鍍機上增加一個電子源，成為直流三極式濺鍍機（DC triode sputter），如圖9.9所示。反應室抽真空通入氬氣，燈絲加熱，電子源發射電子，再加速趨向陽極，使氬游離。電磁線圈增加電子的迴轉路徑，提高氬離子的密度。電漿的產生和靶電極無關，除非負電壓加到靶上，否則不會有濺鍍發生。因此製程參數可以獨立控制，可以得到最佳的沉積膜特性。

此系統的光輝放電的氣體壓力比較低，濺鍍速率較高，沉積膜密度和純度均較好，製程中可以利用遮罩來定義圖案。電漿密度可以控制，沉積膜的特性可以調節。缺點是燈絲會造成污染，也可能燒斷。燈絲的功率消耗使反應室溫度升高。

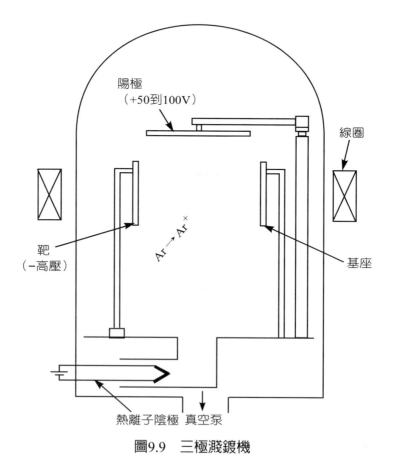

圖9.9　三極濺鍍機

[資料來源：Glaser, I. C. Engineering]

平面二極式濺鍍和三極式濺鍍的比較，如圖9.11所示。靶即使適當冷卻和加接

地遮蓋，靶材料的使用率仍然不會超過70%，功率密度決定靶何時裂開。

又一個三極式濺鍍機，如圖9.10所示。因為氣體壓力低，膜和晶圓附著性好。濺鍍原子能量高，膜內氣體含量少，污染小，膜的品質好，密度高。

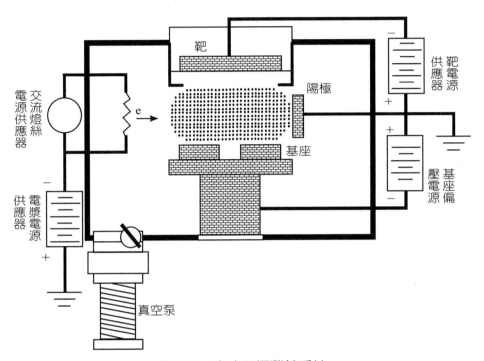

圖9.10　直流三極濺鍍系統

熱離子燈絲（thermoionic filament）放在系統的下方，以免它被濺鍍材料傷害。發射的電子被加速，經過幾千伏的電壓而趨向陽極。電漿在靶和基座之間。當靶上加數千伏的負電壓，吸引帶正電的氣體離子（Ar^+）而排斥電子。控制電漿中的電子密度，可以用改變燈絲電流，或改變燈絲和陽極之間的電壓。

此型三極式濺鍍的缺點為：⑴大面積靶，無法得到均勻的濺鍍，因為離子密度在沿電子束的軸和燈絲的近端最大，⑵在反應性的環境，燈絲壽命會縮短。

此圖包含二種三極濺鍍系統，左邊為一燈絲支持的三極系統，右邊為一分離的陽極三極系統。額外增加的陽極或陰極使基座和靶電壓改變，電漿會比較不靈敏，因而比較安定。平面二極和三極濺鍍系統的概略比較，如圖9.11所示。三極式多了一個燈絲（filament）及電源。

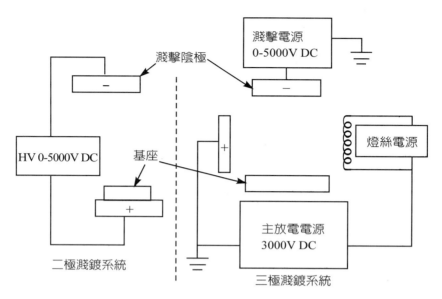

圖9.11　平面二極式和三極式濺鍍系統

[資料來源：Hill, Physical Vapor Deposition]

9.4　射頻濺鍍機

　　射頻濺鍍機（RF sputter）可以用絕緣物來做靶材料。射頻能量加到靶的背面，以電容耦合到正面。RF電漿中電子和離子的移動率（mobility）的差別，使絕緣靶的表面得到一個淨的負電荷，有幾千伏電位。電漿中的氬離子被吸引到靶的表面，使濺擊發生。因為射頻源（RF, radio frequency, 13.56MHz）使絕緣物帶負電，如圖9.12～圖9.15所示。射頻濺鍍需要在電源供應器和反應室之間加一阻抗匹配網路（impedance matching network）。此系統會有寄生電感（parasitic inductance）和寄生電容（parasitic capacitance），要注意基座的接地要確實，以免功率損失，效率降低。此系統的優點為不會有氣態雜質，沉積膜的重現性好，不會被燈絲污染。可以沉積合金或化合物，原成分不改變。類似而進步的反應性濺鍍（reactive sputtering）可沉積氧化物、氮化物、硫化物，甚至氯化物。缺點為濺擊絕緣靶時，鄰近的固定物和基座有時也會被擊中。

射頻濺鍍有二極或三極型式，但三極式尚未廣泛用於I. C.製程。射頻二極濺鍍適用於半導體製程中的介電質濺鍍。

一個射頻二極式濺鍍（RF diode sputter）設備，如圖9.12(a)所示。它包括一個接地的基座架，和一個欲鍍金屬的陰極靶。設備抽真空。一個匹配網路，輸出功率1～2KW，頻率為13.56MHz。射頻濺鍍的優點之一為靶可以為金屬，也可以為介電質。

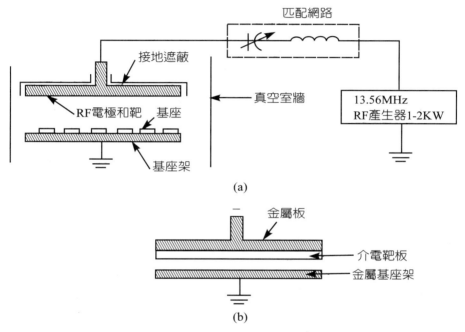

圖9.12 (a)RF二極濺鍍機，(b)用於介電質濺鍍的靶

[資料來源：Glaser, I. C. Engineering]

電子的移動率（mobility）比離子大很多，因此會大量且快速跑到靶（當靶為正電位）。外電路中大部分的電流是來自電子，因此電漿是正的直流電位，隨RF電壓而改變，降低壓力可增加此正電位。匹配網路中有一個電容，會阻止直流（DC blocking），使陰極電位比接地的陽極的電位低。此電壓足夠使靶表面被加速的離子濺擊。在正半週，任何在陰極表面的正電荷都被電子中和（neutralize）了。因此介電材料也可以利用此RF系統做濺鍍。

介電材料做濺鍍，靶的構造如圖9.12(b)所示。介電板用導電的化合物銲接到一金屬板支持板上。利用金屬板吸引氫離子，而撞擊前方的介電靶，當靶是介電質

時，不需要阻擋直流的電容器。

另一個RF二極濺鍍系統，如圖9.13所示。耦合變壓器做直流隔離之用。

一個RF三極濺鍍系統（RF triode sputter），如圖9.14所示。它是在射頻二極濺鍍系統加一個燈絲及電源。

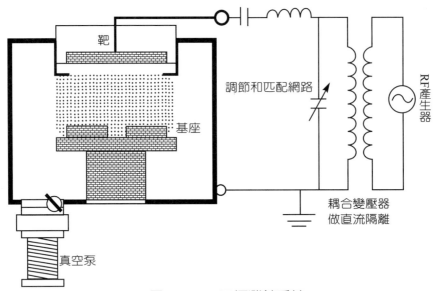

圖9.13　RF二極濺鍍系統

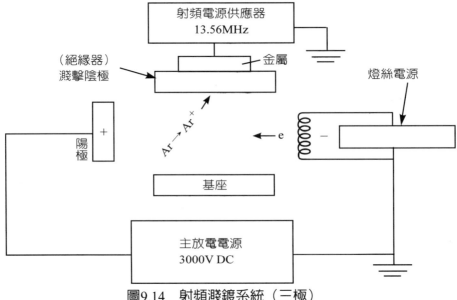

圖9.14　射頻濺鍍系統（三極）

[資料來源：Hill, Physical Vapor Deposition]

燈絲發射電子使氬游離，陽極吸引電子，使電子加速，靶材接RF電源。在此例子以金屬靶協助介電質完成濺鍍。

另一個射頻濺鍍系統，如圖9.15所示。陰極靶的面積較小，整個反應室包括晶圓架面積大很多，接地而且加射頻電源，電漿只存在中央部分，虛線外為沒有電漿的離子鞘（ion sheath）。大面積的電極沒有空間電壓，不會被濺擊。靶接到小面積的電極（electrode），空間電壓大有強濺擊。如果靶為導體，需要加一個直流阻擋電容（DC blocking capacitor），以避免自我偏壓（self bias）經射頻產生器（RF generator）而接地。如靶為絕緣體，就不需要阻擋電容。匹配網路要調到順向功率（forward power）大，而反射功率（reflected power）小。

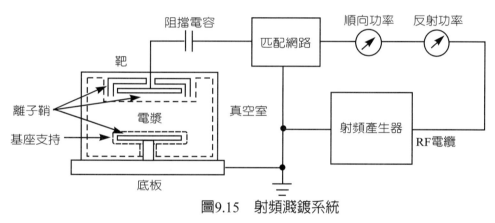

圖9.15　射頻濺鍍系統

[資料來源：Wolf, Silicon Processing for the VLSI Era, vol. 1]

一個用於高頻RF電漿耦合的匹配網路（matching network），如圖9.16所示。可變電容（variable capacitor）C_1調到50Ω電源阻抗（source impedance），或大約200pF（p: pico, 10^{-12}，皮）在13.56MHz。C_2調到400Ω負載阻抗（load impedance），或大約25pF（電容阻抗$Z_C = \dfrac{1}{j\omega C}$，電感阻抗壓$Z_L = j\omega L$）。在電感L電壓領先電流90°，和電容相反，當$X_L = X_C$，I-V相角（phase angle）回到0度。此時網路加上電漿，像一個電阻的負載，反射功率降為0。L為匹配$C_1 + C_2$，電感值為$0.7 + 5.6 = 6.3\mu H$，在13.56MHz。再加上電漿的電容和串聯電容C_C。

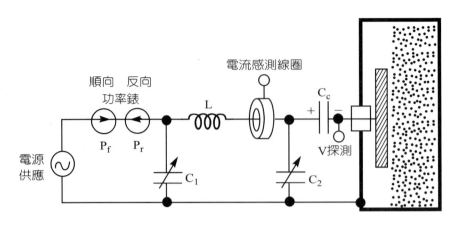

圖9.16 射頻電漿耦合的匹配網路

[資料來源：Smith, Thin Film Deposition]

9.5 磁電濺鍍機

1.平面靶式

　　將磁場加到直流二極濺鍍源上，離開靶的二次電子被偏折且限制了，造成更多碰撞，電漿密度增加。降低電子在放電時的平均自由路徑（mean free path），產生更多的離子，而不會增加系統的氣體壓力。濺鍍速率比其他方法快10倍，最流行的方法是利用磁電管（magnetron）。直流磁電管濺鍍機（DC magnetron sputter），如圖9.17所示。靶上加陰極，再加上磁鐵（magnet）。RF電源也可以加在靶極上。射頻磁電管濺鍍機（RF magnetron sputter）的速率比射頻二極式濺鍍快約5倍，但在半導體的金屬化製程應用並不成功，原因是鋁的反射率（reflectivity）和高電阻率（resistivity）。

無論如何，射頻磁電濺鍍已證實在非導體的濺鍍很有效。

前面幾種直流或射頻濺鍍源有二項缺點，(1)需要大面積陰極以敷蓋大面積基座，(2)二次電子轟擊造成基座過熱。磁電型濺鍍源則沒有這二種缺點。一個磁電源，如圖9.18所示。包括一圓錐狀環形陰極和一中央的陽極。陰極－陽極整組用

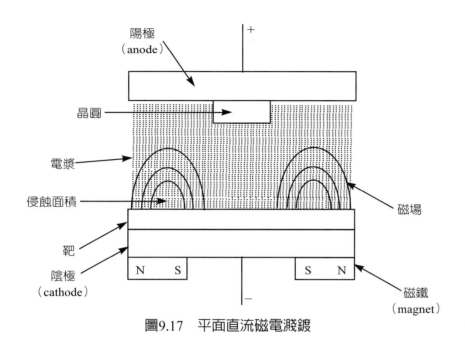

圖9.17　平面直流磁電濺鍍

[資料來源：Bowman, Practical I. C. Fabrication]

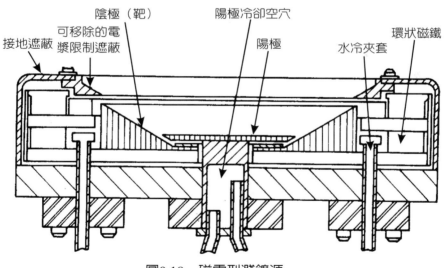

圖9.18　磁電型濺鍍源

[資料來源：瓦裡安聯合（Varian Associates）]

一個環形磁鐵（annular magnet）和接地遮蓋包圍起來。當中央陽極和接地遮蓋之間發生光輝放電時，電場和磁場交互作用，使電子作螺旋形運動。因此增加了電子和氬原子的游離碰撞。當陰極電壓為−700V，氬離子電流大約10A（～150mA/

cm²），比前面幾種源大約高出10～100倍。陰極發射的二次電子被電磁場彎曲，而被接地罩收集，這可降低基座的過熱。

　　圓型的磁電濺擊槍（S-gun）通常用於大製程室，配合行星的（轉動）基座，以提供好的梯階覆蓋。沉積速率大約為數百Å/min，大約是射頻濺鍍的三倍。磁電源也可以用射頻源，以沉積介電質。

　　以磁電管配合行星系統（planetary system），可以同時沉積二種源材料，如圖9.19所示。注意二個源材料要對稱放置，以得到均勻的沉積膜。

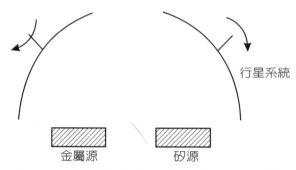

圖9.19　磁電管和行星系統做同時濺鍍沉積

　　平面磁電濺鍍機（planar magnetron sputter）的效率高，因為它能使陰極表面發射的二次電子陷住。陰極和磁力線的方向，如圖9.20所示。帶電粒子被陷在陰影區，電子和氣體分子碰撞機率增加，可擊出更多離子。而靶則被打出一個跑道型的溝槽。靶的其餘部分並沒有用到，當靶材斷裂就要送回原廠回收再加工，靶材的利用率太低。

　　平面磁電式濺鍍的沉積速率比不上電子束蒸鍍。但比較適合VLSI製程，因為稍微提高晶圓溫度，可增進梯階覆蓋，低溫可製得細晶粒的金屬敷蓋。可鍍合金，耐火金屬（refractory metal）如鉬、鉭、鎢及其合金，如Ti-W，不會有熱輻射。半導體最常用的鋁和鋁合金濺鍍則有鏡面反射（specular reflectance），電阻率太大和階梯覆蓋不佳等難題。

　　一平面磁電靶和磁鐵的概略圖，如圖9.21所示。平面磁電可用於大面積靶，靶的幾何形狀簡單，靶可以為長方形或為圓形。磁電系統使靶電流大，平面靶使從靶

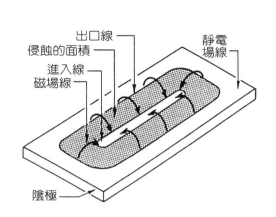

圖9.20 在一平面裝置，陰極後面的
極片產生磁場

[資料來源：Hill, Physical Vapor Deposition]

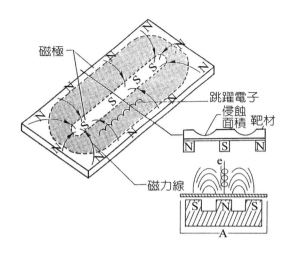

圖9.21 平面磁電靶和磁鐵

[資料來源：Wolf, Silicon Processing for the
VLSI Era, vol.1]

到基座的沉積通量均勻，有些靶甚至可以大到2～3公尺長。因電場和磁場的交互作用，電子跳躍，被磁力線限制，電子只沿一運動跑道（圖的陰暗區）運行。只有這個陰暗區的靶材被侵蝕，被利用。

　　另一個磁電式濺鍍系統，如圖9.22所示。欲鍍材料置入一碟內，用熱銲到陰極。以3～20KW的電力加到氬電漿，使濺鍍速率極大。其中大多功率為濺鍍靶所吸收，它需要以通過和陰極的接觸加以冷卻。通常陰極是以水冷卻。沉積膜的均勻度是另一關鍵因素。尤其是大晶圓的濺鍍。為了高濺鍍速率，高均勻度，靶的設計利用稀土金屬（rare earth metal），高強度永久磁鐵（permanent magnet）如釹鐵硼（NdFeB），並且轉動。此類磁電陰極是近代單一晶圓沉積系統的基礎。

　　另一個平面磁電結構，如圖9.23所示。靶材為碟形，厚為3～10mm，銲到水冷的銅板上。冷卻水要用去離子水（D. I. water），以避免銅板和接地水管之間的電解侵蝕。整個陰極組件以陶瓷支撐物和地隔開。金屬真空牆做為陽極。電漿被激發後，電子束由陰極發出，加速進入電漿。由於電場和磁場的交互作用，電子的軌跡成跳躍狀。此種平面式磁電濺鍍的缺點是靶材的利用率太低，典型地，整個靶以體積算只能用掉30%就要更換了。

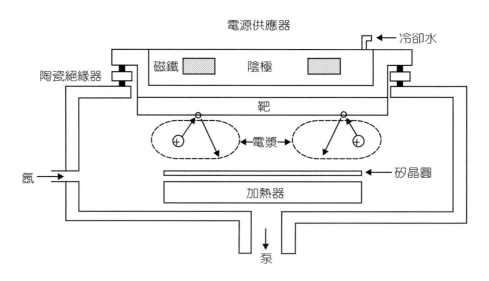

圖9.22　直流磁電濺鍍系統

[資料來源：Chang and Sze, ULSI Technology]

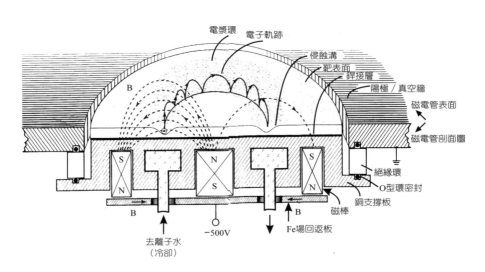

圖9.23　平面磁電結構

[資料來源：Smith, Thin Film Deposition]

2.環形靶濺鍍源

平面或鼓形靶不適用於全自動製程，因為它需要複雜的機械手臂（robot）
來裝／卸，靶的使用率也太低（～30%）。自動化濺鍍利用單一晶圓（single

wafer）式，濺鍍時晶圓不動，靶做成環形，外面繞以環狀的永久磁鐵（permanent magnet）。

一個圓柱型磁電管，如圖9.24所示。使電子在一閉迴路中運動，它可以用來沉積很多小零件，把這些小零件放在圓柱基座的牆壁上，因此靶材料的使用率可以大大提高。在此圖未顯示出陽極環。

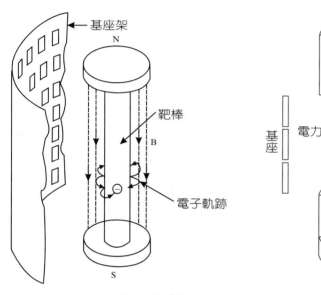

圖9.24　圓柱形磁電管　　　　　圖9.25　圓柱形磁電濺鍍系統

[資料來源：Smith, Thin Film Deposition]

一個圓柱型（cylindrical）磁電濺鍍系統，如圖9.25所示。它有一個中空（hollow）的陰極（cathode），如圖9.26所示。電漿在圓柱體內部。圓柱的直徑，至少要有3公分以上。欲鍍材料塗敷於圓柱內壁，以形成靶（target），此種幾何形狀很有趣，必須為每一系統而特別製作。中空陰極多用於沉積不規則形狀的基座（substrate）。

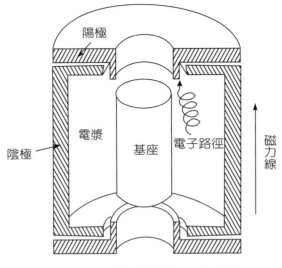

圖9.26　圓柱磁電管的中空部分

3.轉動式的磁電濺鍍

　　如圖9.27所示，靶是一個圓柱型，製程中靶被轉動。靶的表面繼續不斷地通過電漿區，靶材可以被充分利用。它的工作電壓、壓力和電流都和平面式磁電濺鍍很類似，沉積膜的結構也類似。轉動磁電濺鍍機（rotary magnetron sputter）逐漸廣泛地被用來沉積大片玻璃或塑膠製品。

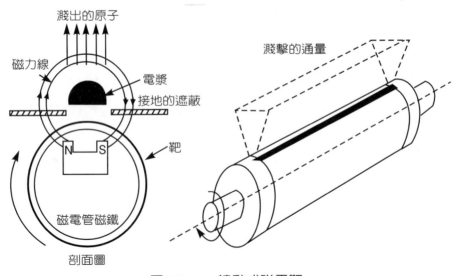

圖9.27　一轉動式磁電靶

4.不平衡的磁電濺鍍

　　一磁電濺鍍系統，如圖9.28所示。有二個陰極和二個靶。電漿分佈於二靶之間。一平面磁電的濺擊通量變化，如圖9.29所示，離靶越遠通量漸弱，但較均勻。通量在一個大靶的中央比較均勻，但變化太大，不好。測量沉積膜的厚度，可得到通量的均勻度，而可做出修正。修正的方法，如圖9.30所示。在基座上加一個遮蓋物，因為中央部分濺擊出的通量較大，將開口寬度和通量成反比，使通量均勻，沉積膜的厚度就均勻了。

　　幾種不同的蒸鍍或濺鍍製程，可能造成的晶圓傷害，原因有反射電子、電漿電子、電漿離子、紫外光輻射和反射的中性粒子。比較的結果，如表9.1所列。

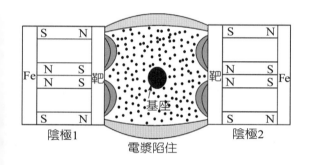

圖9.28　一磁電系統的電漿分析

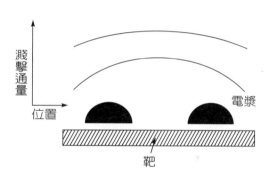

圖9.29　磁電系統的電漿不平衡分佈

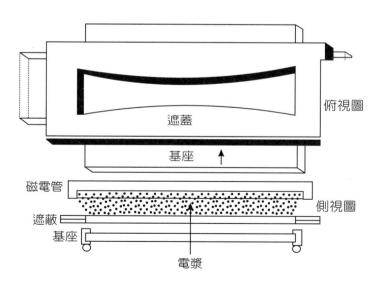

圖9.30　加一遮蔽物使濺鍍均勻

表9.1　濺鍍造成的傷害之比較

技巧 傷害來源	熱蒸鍍	電子束蒸鍍	RF二極濺鍍	磁電濺鍍
反射的電子	無	有	無	無
電漿電子	無	無	有	無
電漿離子	無	無	有	無
紫外光輻射	無	無	有	有
反射的中性粒子	無	無	有	有

　　以上幾種光輝放電（glow discharge）的情形，可綜合如圖9.31所示。氫離子被加速，由電漿中進入靶，利用靶偏壓造成的陰極瀑布（cathode fall）的大幅度電壓降，離子垂直撞在靶上。基座也接負偏壓，離子會由同一電漿中加速度轟擊基座，以加強再濺擊。當基座是電絕緣，必須用射頻電源而不是直流。當靶是絕緣，必須用射頻電源偏壓，在光輝放電的結構。然而在電子槍的結構，要用一個燈絲發射電子，以中和（neutralize）離子束。要把電漿限制在靶的附近，可以加磁場。離子的通量和能量和電漿的阻抗有關。

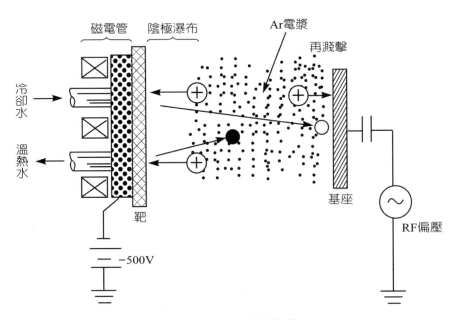

圖9.31　光輝放電

[資料來源：Smith, Physical Vapor Deposition]

濺擊率（sputtering yield）是指一個氬離子能撞出多少個靶原子或分子。通常濺擊率和電源電壓相依，如表9.2所列。

表9.2　各種材料在氬中的濺擊產率（Ar^+的轟擊能以伏特表示）

靶	200V	600V	1000V	2000V	5000V	10000V
濺擊產出率		原子／離子				
Ag（銀）	1.6	3.4	—	—	—	8.8
Al（鋁）	0.35	1.2	—	—	2.0	—
Au（金）	1.1	2.8	3.6	5.6	7.9	—
C（碳）	0.05[*1]	0.2[*1]	—	—	—	—
Co（鈷）	0.6	1.4	—	—	—	—
Cr（鉻）	0.7	1.3	—	—	—	—
Cu（銅）	1.1	2.3	3.2	1.3	5.5	6.6
Fe（鐵）	0.5	1.3	1.4	2.0	2.5[*2]	—
Ge（鍺）	0.5	1.2	1.5	2.0	3.0	—
Mo（鉬）	0.4	0.9	1.1	—	1.5	2.2
Nb（鈮）	0.25	0.65	—	—	—	—
Ni（鎳）	0.7	1.5	2.1	—	—	—
Os（鋨）	0.4	0.95	—	—	—	—
Pd（鈀）	1.0	2.4	—	—	—	—
Pt（鉑）	0.6	1.6	—	—	—	—
Re（錸）	0.4	0.9	—	—	—	—
Rh（銠）	0.55	1.5	—	—	—	—
Si（矽）	0.2	0.5	0.6	0.9	1.4	—
Ta（鉭）	0.3	0.6	—	—	1.05	—
Th（釷）	0.3	0.7	—	—	—	—
Ti（鈦）	0.2	0.6	—	1.1	1.7	2.1
U（鈾）	0.35	1.0	—	—	—	—
W（鎢）	0.3	0.6	—	—	1.1	—
Zr（鋯）	0.3	0.75	—	—	—	—
KCl（100）[*3]	—	—	—	0.9	1.6	1.95
KBr（100）	—	—	—	0.3	0.55	0.6
LiF（100）	—	—	—	1.3	1.9	2.2
NaCl（100）	—	—	—	0.35	0.75	1.0
CdS（1010）[*4]	0.5	1.2	—	—	—	—

靶	200V	600V	1000V	2000V	5000V	10000V
濺擊產出率　　原子／離子						
GaAs（110）	0.4	0.9	–	–	–	–
GaP（111）	0.4	1.0	–	–	–	–
GaSb（111）	0.4	0.9	1.2	–	–	–
InSb（110）	0.25	0.55	–	–	–	–
PbTe（110）	0.6	1.40	–	–	–	–
SiC（0001）[*4]	–	0.45	–	–	–	–
SiO$_2$	–	–	0.13	0.4	–	–
Al2O$_3$	–	–	0.04	0.11	–	–

[*1] Kr$^+$　離子　　[*2] 304不銹鋼　　[*3] 晶體取向　　[*4] 六角晶體有四個軸，a$_1$a$_2$a$_3$和C

　　氬離子（Ar$^+$）對各種金屬（依原子序排列）的濺擊率（sputtering yield），如圖9.32所示。

9.6　濺鍍理論

　　濺鍍（sputtering）是透過高能量粒子，通常為由電場加速的離子（ion），撞擊靶材表面，藉由動能動量的轉移，把靶材粒子（即欲沉積材料粒子）撞擊出沉積於基材（substrate）上。濺鍍過程中必須具備的高能量粒子，是藉由在金屬電極板上施以電壓產生電漿（plasma，包含帶電離子、自由基電子和原來的原子或分子）以達成，一利用直流偏壓（DC bias）產生濺鍍環境，如圖9.33所示。透過電極板端（通常即為靶材）施加一直流負偏壓，將會感應產生一些具備有高能量的電子。這些高能量的電子，受到電力影響運動，會有許多機會和氬原子（Ar）進行碰撞，使氬原子游離成帶正電的氬離子（Ar$^+$），並產生另一個二次電子（secondary electron），因此藉由這種碰撞累增（multiplication）過程，便可產生一部分游離氣體（即電漿）的環境。另外所產生之帶正電荷的氬離子，由於受電場電力的吸引，便傾向於往負偏壓的電極板端（即靶材）運動，因此便能將靶材表面的粒子

撞擊出,因而造成薄膜沉積。陰極和陽極附近的暗空間(dark space)表示只有正離子或電子,無法產生正負電性的復合(recombination),沒有光輝放電(glow discharge)產生。

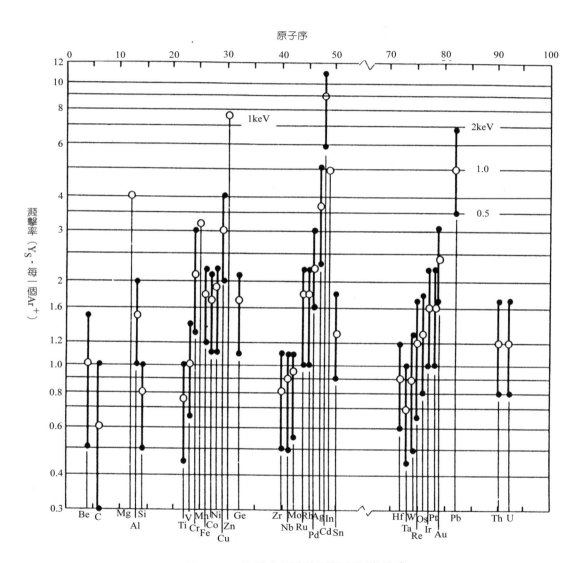

圖9.32 多種金屬對氬離子的濺擊率

[資料來源:D. Swith, Thin Film Deposition]

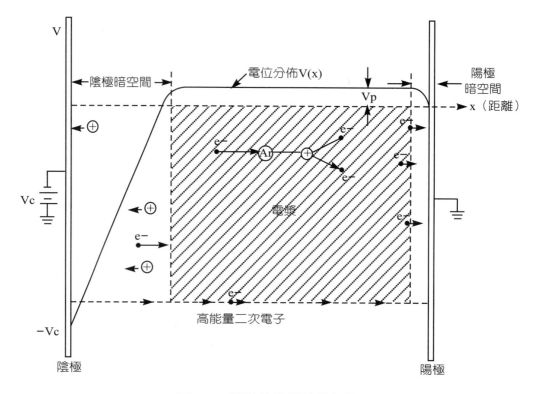

圖9.33　濺鍍的簡單粒子行為

[資料來源：吳文發，電子月刊]

　　電漿的產生和氬離子（Ar⁺）產生的多少有密切的關係，即具備高能量的電子和中性氬原子碰撞機會的多少，明顯影響濺鍍行為的進行。

　　為提高產生離子的機會或濺擊率（sputtering yield），最好的方式是讓電子在被接地端收集前的運動路徑拉長。目前一般最常用的磁電濺鍍，即是透過於靶材端形成一磁場（magnetic field），帶電粒子受到電力、磁力的影響，其運動路徑便會產生偏折，並呈現螺旋運動行為，磁場對稱分布，像鏡面左右對稱，因此有磁鏡效用（magnetic mirror effect）。因此可大大提高中性氬原子碰撞游離的機會，提高濺鍍率，電子在一有磁場的靶材端受磁力影響的運動情形，如圖9.34所示。電子跳躍（hopping）而漂移（drift）的方向，因為受到電場的作用。

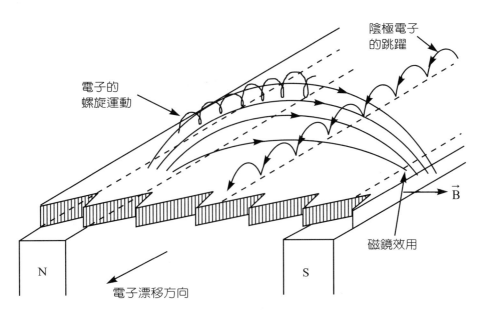

圖9.34　電子於平面磁控之運動

[資料來源：吳文發，電子月刊]

　　濺鍍也可應用於建築用玻璃帷幕，經過濺鍍後可節省能源，省了三分之一的空調費。其餘像太陽眼鏡，可反射紅外光輻射（infrared radiation）。化合物或火箭引擎亦可用濺鍍處理。至於半導體用的金屬材料，鋁、金、銀、銅、鎢等均可以用濺鍍製作。銅（Cu）在600V電壓下每一氫離子（Ar^+）可濺出2.8個銅原子，因此若在外加偏壓的濺鍍下，高的濺擊產率（throughput）使得有較大的沉積速率（deposition rate）。此外容易控制、可以沉積穩定的合金，在沉積前可以先用電漿清洗表面等，也是濺鍍的優點。濺鍍法基本上是利用光輝放電（glow discharge）產生電漿（plasma），其可以分為直流電漿與交流射頻電漿兩種。以直流電漿來進行薄膜的濺鍍時，會有較高的濺擊產率，也就是沉積速率會比交流射頻高，但是電極板（濺擊靶）的材料必須是導體，否則會有電荷累積（charge accumulation）的效應；相反的使用交流射頻電漿就沒有這個限制，但沉積速率較慢，且沉積的膜表面較粗糙是其缺點。

9.7 濺鍍系統

一個成列（in-line）濺鍍系統，如圖9.35所示。它包括裝載室（load lock）、緩衝區（buffer zone）、平面磁電源區（即製程區）、出口區和真空系統。製程重點是除去殘餘氣體，各區間用鎖隔離，緩衝區用以排除基座上的氣體。為降低污染，氫和可能的污染成逆流。殘餘氣體分析儀（residual gas analyzer）可以用來檢查通氫之前的真空系統。紅外光溫度計（pyrometer）可用以測晶圓溫度。

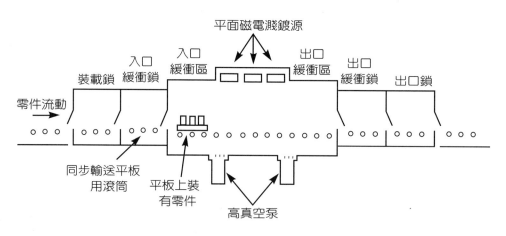

圖9.35 高速率、線上式濺鍍系統

[資料來源：Hill, Physical Vapor Deposition]

另一濺鍍系統，如圖9.36所示。以機械泵（mechanical pump）和擴散泵（diffusion pump）二段式抽真空，液態氮降溫以提高抽真空的速率。濺鍍源（即靶材）和晶圓間先放置一擋板（shutter），以降低污染。

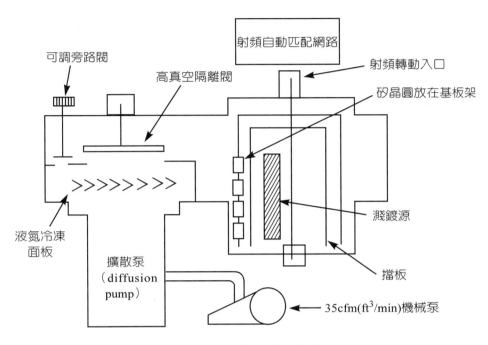

圖9.36　濺鍍系統安排側視圖

[資料來源：Hill, Physical Vapor Deposition]

9.8　進步的濺鍍系統

1.準直器濺鍍（collimator sputtering）

　　如圖9.37或圖9.38所示，於金屬靶材與晶圓之間加裝一種外觀近似蜂巢，由許多六角形管所組成的準直器（collimator）（如圖9.39所示）。透過這個介於金屬靶材與晶圓間的準直器設計，大部分非垂直方向入射的欲沉積粒子，將無法通過，即沉積於準直器上而被過濾。唯有具高垂直入射角度的欲沉積材料粒子，方可通過而到達基材表面。因此大大地提高濺鍍沉積時，到達基材表面為垂直方向的粒子的比例。這種沉積方式大大地提高薄膜之底部覆蓋，降低突懸（overhang）發生的可能性。薄膜沉積速率，也會降低許多。沉積於準直器上之膜層及準直器本身，在濺鍍的過程中，亦有可能被濺鍍撞擊出，而沉積於

準直器上之膜層，於累積沉積一定厚度時，亦可能會由於應力累積過大而剝落，因此將會產生明顯的粒子污染。一般而言，採用準直器濺鍍必須縮短預防保養（PM, preventive maintenance）間隔，以避免由於粒子污染問題過分嚴重而降低產品良率（yield）。

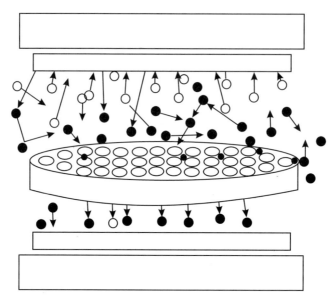

圖9.37　準直器濺鍍（collimator sputtering）

[資料來源：姜志宏，真空科技]

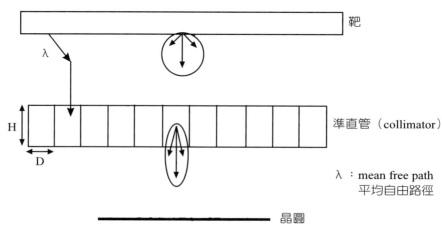

圖9.38　直向準直器濺鍍示意圖

[資料來源：吳文發，電子月刊]

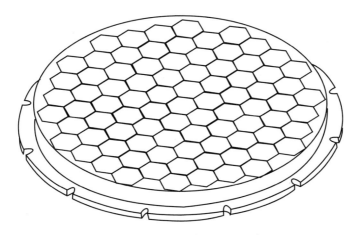

圖9.39　準直器（collimator）

[資料來源：張俊彥、鄭晃忠，積體電路製程及設備技術手冊，1997]

2.長間距濺鍍法（long throw sputtering）

　　利用加大靶材和基材間距離的方式，進而提高濺鍍時欲沉積材料粒子之入射垂直方向性。一般傳統的濺鍍方式，靶材和基材間的距離約為5～7公分，而長間距濺鍍法，則是將其距離加長為30公分左右。如圖9.40所示。由於靶材和基材間距離的拉長，因此欲沉積的靶材粒子相對於基材上各點將會有一較小的入射角度分佈，因此能提高濺鍍時的垂直入射方向性，沉積膜的梯階覆蓋（step coverage）可以大幅提升。

　　通常此法都傾向於在低濺鍍操作氣壓進行，加長粒子運動的平均自由路徑（mean free path），讓從靶材表面被濺射出的欲沉積材料粒子，不致於在沉積過程中，由於和其他欲沉積材料粒子或氣體分子產生碰撞，而導致斜向運動，降低垂直方向入射粒子的比率。

　　長間距濺鍍法也有真空系統負荷增加、低沉積速率的缺點。另有不對稱性的問題，不同位置的晶圓，可能有不同的覆蓋率，如圖9.41和圖9.42所示。

　　長間距濺鍍之優點為硬體結構簡單，價格較便宜，安裝維修容易，製程穩定，目前廣泛應用於0.25μm的製程。銅製程也有用長間距濺鍍的，靶材至基板距離為300mm，壓力（真空）為0.018～0.3帕（Pa）。孔洞深寬比（aspect ratio）為1.0～2.4，可得良好的階梯覆蓋。

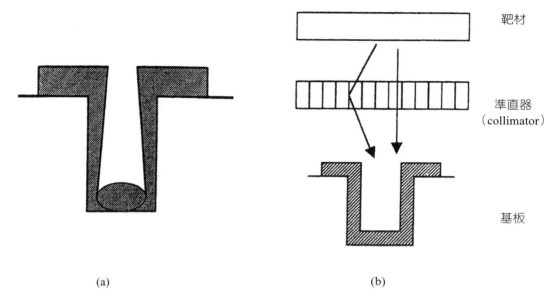

靶材

準直器
（collimator）

基板

(a)   (b)

圖9.40　(a)進行濺鍍沉積時階梯覆蓋的問題，(b)加入準直器的情形

[資料來源：楊文祿，真空科技]

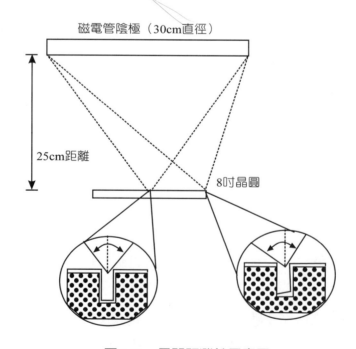

磁電管陰極（30cm直徑）

25cm距離

8吋晶圓

圖9.41　長間距濺鍍示意圖

[資料來源：S. Rossangnel, 真空科學技術期刊（J. Vac. Sci. Technology），1998]

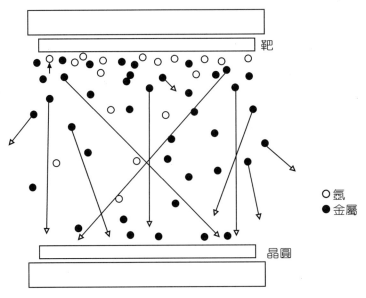

圖9.42　長距離濺鍍法

[資料來源：姜志宏，真空科技]

3.離子化金屬電漿（IMP, ionized metal plasma）

透過靶材電極結構的設計或增加電磁感應線圈，使得大部分的中性欲沉積金屬材料粒子變成離子（如Ti→Ti⁺+e，Ta→Ta⁺+e），進一步藉由電子的吸引而加強粒子入射至基材表面的垂直方向性。如圖9.43和圖9.44所示，除了一組傳統磁控濺鍍施加於靶材電極端的直流電源外，其在靶材和基座間並有一組施加射頻電源（RF power）的線圈設計，另外在基材端通常還會再加上一組能於基材上產生偏壓控制效果的射頻偏壓裝置。

操作氣壓較高（>10 mtorr），由靶材表面被濺射出的金屬粒子，在到達基座之前，將會經過較多次的碰撞，在此同時有一施加電源的線圈存在，由於產生的電磁振盪，將會加速金屬與氣體及電子間的碰撞，因此便有大量的濺射金屬被離子化，因而得到更佳的圖形底部覆蓋率。IMP系統有比較複雜的硬體結構、價格貴，需要調整的參數較多。IMP可用於沉積擴散阻障層（diffusion barrier）鉭（Ta）或氮化鉭（TaN）、銅晶種層（seed layer），也可做填充孔洞與溝槽。阻障層用於防止多晶矽和金屬矽化矽之間的相互擴散，並提高附著力。銅晶種層用於電鍍銅之前，用以提升銅的附著力，並協助銅填入溝槽。

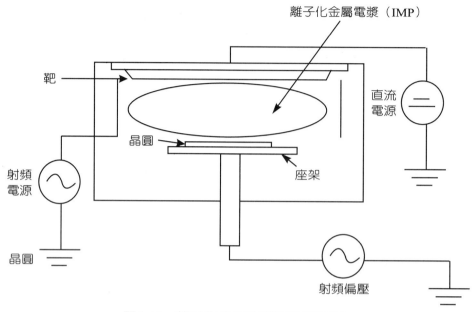

圖9.43 離子化金屬電漿系統示意圖

[資料來源：張俊彥、鄭晃忠，積體電路製程及設備手冊，1997]

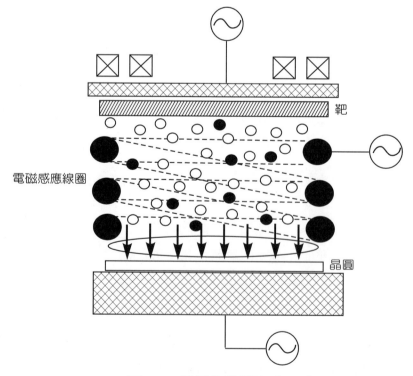

圖9.44 離子化濺鍍法（IMP）

[資料來源：姜志宏，真空科技]

4.凹狀陰極磁控濺鍍（HCM sputtering, hollow cathode magnetron sputtering）

透過靶材電極結構和搭配磁極的精心設計，而達到將濺鍍金屬離子化的效果。凹狀陰極濺鍍法和傳統濺鍍系統最大的不同點，即在杯形的靶材部分電極設計。另外透過精心的磁極設計，使得於杯形靶材處，形成如圖左右鏡面對稱的磁場分佈，有磁鏡效用（magnetic mirror effect），使帶電粒子呈現沿磁力線方向做螺旋狀運動，可侷限帶電粒子於靶材附近，並提高電漿的密度。從靶材表面被濺擊出的粒子，受高能量電子碰撞而離子化。即使沒有被離子化的粒子，也絕大部分再沉積於靶材上，而後再被濺擊而離子化，如圖9.45所示。

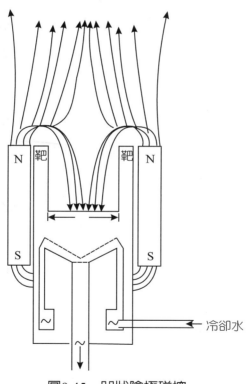

圖9.45　凹狀陰極磁控

[資料來源：K. F. Lai, et al., VLSI多層內連線研討會（VLSI Multilevel Interconnection Conference, VMIC）, 1997]

5.離子束濺鍍

一離子束濺鍍（ion beam sputtering）系統，如圖9.46所示。燈絲陰極

發射電子撞擊氬形成氬離子。離子槍（ion gun）發射離子。兩者都利用柵（grid），使電子和離子分別經柵萃取而出，成為電子束或離子束（ion beam）。靶材被氬離子擊出鍍於基座，如同一般的濺鍍。系統的特點為基座被離子清潔，而可緻密，因真空度高，離子平均自由路徑大，二種離子不會相碰。此處的離子槍也要用惰性氣體如氬的離子，不可以用氧離子。離子束濺鍍的優點是離子能量和離子電流可獨立控制。可避免晶圓過熱或受到晶格的傷害（lattice damage）。但此類系統仍在研發階段，尚無法供工業界做量產使用。

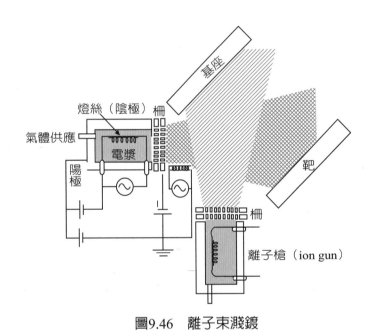

圖9.46　離子束濺鍍

　　另一離子束濺鍍系統的概略圖，如圖9.47所示。離子由氬電漿室內萃取，由離子槍（ion gun）發射，離子槍接正偏壓，使離子加速趨向靶，入射角θ可以改變。有些快速氬也可能把基座上的原子再濺擊（re-sputter）出來，而改善沉積膜的梯階覆蓋。靶材背面加銅板，並以水冷卻，使靶材降溫。

6.高溫熱流

　　　高溫熱流法可提高金屬薄膜的抗電致遷移（electro-migration resistance），使金屬薄膜不會因通電流而在轉角處造成開路。可應用於鋁栓塞（Al-plug）製

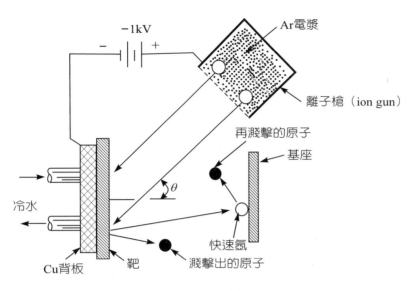

圖9.47　離子束濺鍍

[資料來源：Smith, Physical Vapor Deposition]

程。高壓強迫注入法，使孔洞的金屬能填滿。在400℃，以60MPa的超高壓氫氣壓力填充技術，可填充深寬比10，線寬0.18μm的元件。

9.9　參考書目

1. 吳文發，積體電路技術中物理氣相沉積製程設備發展，電子月刊，五卷四期，pp. 106～113，1999。

2. 姜志宏等，物理氣相濺鍍法在銅配線之應用，真空科技，十二卷一期，pp. 32～36，1999。

3. 張勁燕，電子材料，第七章，1999初版，2008修正四版，五南。

4. 陳松德等，積體電路元件銅內連導線金屬化製程之演進，真空科技，十一卷三、四期，pp. 27～35，1998。

5. 楊文祿、吳其昌，深次微米後段金屬連線技術，真空科技，十二卷二期，pp.

44～54，1999。

6. R. Bowman et al., Practical I. C. Fabrication, ch. 11，學風。

7. C. Y. Chang and S. M. Sze, ULSI Technology, 1996, pp. 209～201, McGraw Hill，新月。

8. B. Chapman, Glow Discharge Processes, John Wiley and Sons.

9. R. J. Hill, Physical Vapor Deposition, Temescal.

10. D. G. Ong, Modern MOS Technology, 1984, pp. 175, McGraw Hill，東南。

11. W. R. Runyan and K. E. Bean, Semiconductor Integrated Circuit Processing Technology, 1990, pp. 567, Addison-Wesley，民全。

12. D. L. Smith, Thin Film Deposition, 1995, ch. 9, pp. 453～556, McGraw Hill，歐亞。

13. S. M. Sze, VLSI Technology, 1st ed., 1983, pp. 358～359, McGraw Hill，中央。

14. S. Wolf, Silicon Processing for the VLSI Era, vol. 1, 1986, pp. 335～373，滄海。

9.10 習 題

1. 試述濺鍍製程之優缺點。

2. 試述直流二極濺鍍機之構造及機制。

3. 試述直流三極濺鍍機之構造及機制。

4. 試述射頻濺鍍機之構造及機制。

5. 試述磁電管濺鍍機之構造及機制。

6. 試比較幾種磁電管濺鍍機，(a)平面式，(b)圓柱型，(c)轉動式。

7. 試述準直管濺鍍機之構造及機制。

8. 試述離子金屬電漿濺鍍機之構造及機制。

9. 試述長間距濺鍍機之構造及機制。

10. 試述(1)reactive sputtering，(2)sputtering yield，(3)impedance matching network。

第 **10** 章　化學機械研磨

10.1 緒 論

研磨技術自石器時代起就是一項歷史久遠，人類文明起始的加工技術。化學機械研磨（chemical-mechanical polishing, CMP）直到最近幾年才引起廣泛的應用，因為可以被應用於矽積體電路製作上。由於晶圓上元件尺寸持續縮小，微影曝光景深（depth of focus）的要求愈來愈嚴苛，且晶片內元件數目大增，需要在平坦化（planarization）表面上製作多層導體連線，才足以形成高元件密度的電路。化學機械研磨首先被應用於後段導體連線製作，導線層間介電質（inter-layer dielectric, ILD）、平坦化製程的貫穿孔（via）、栓塞（plug）、淺溝隔離（shallow trench isolation）、配線埋設等。相關材料還有磷矽玻璃（PSG）、氮化矽保護層和氮化鈦（TiN）阻障層等。如鎢、銅，鋁合金之化學機械研磨亦被應用於嵌入式（damascene）金屬導線，相對於傳統製程以活性離子蝕刻（reactive ion etch, RIE）製作金屬導線，CMP有製程簡化及低損傷控制的優點。1997年10月IBM發表以銅CMP製作速度更快的銅晶片製程，全世界晶圓廠莫不傾全力發展CMP製程。

化學機械研磨的各種製程和材料的組合，會產生各式各樣對元件良率特有影響的缺點，譬如產生微粒（particle）、研磨殘渣（scum）、研漿（slurry）殘渣、磨傷（scratch）、裂痕（crack）、凹痕（recess）、侵蝕（erosion）、空洞（void）及製程的不安定性等等。CMP製程中要得到較好的良率，必須能檢測上述缺點的發生，且能適切地改進。

CMP為了滿足下一代的ULSI元件製程，要有多重步驟製程（multi-step processing）能力、新的拋光頭、終點偵測器（end point detector）和乾進乾出（dry-in and dry-out）的平臺。最迫切的要求也包括以輸送帶做研磨拋光和無研磨料的技巧。要避免CMP對晶圓造成刮傷，要加一個過濾系統，將研漿中乾掉的粒子去除。在製程中的膜厚監督，以及用紅外光反射（IR reflectance）作終點偵測（end point detection）等成為CMP製程中主要的製程控制。

10.2　CMP製程設備

　　研磨拋光技術典型地是利用轉動的、軌道的或線性的運動。並以惰性的研磨劑（abrasive）放在化學溶液之中。幾種不同的表示，如圖10.1～圖10.4所示。不同的方法，在除去速率（remove rate, R. R.）、平坦度（planarization）和晶圓中的均勻度（uniformity）之間取得一平衡。製程參數有壓力、速度和研磨墊的硬度。一般而言，硬的墊子可提升晶片的局部平坦度（local planarization），然而在同一晶圓的均勻度變差了。軟的墊子提升全面平坦度（global planarization）。壓力大速度快可提升移除速率，當壓力降低，平坦度增進，但均勻度變差。研磨墊對晶圓之影響，如圖10.5所示。研磨時，化學作用加強，除去速率增加，但表面會粗糙。機械作用加強，移去速率降低，因此在這二種作用之間要取得平衡。研漿稀釋或粒子尺寸小，移除率均下降，但不均勻度也可降低。研磨造成的小溝孔（gouge）或刮傷，後續製程如貫穿孔、栓塞和次一層金屬製程之後，則可能會造成短路，或降低可靠度。

　　一個CMP研磨機，如圖10.1所示。基本組成包括轉動平臺（platen）、研磨墊（polishing pad）、研漿供料（slurry supply）、晶圓載具（wafer carrier）等部分。圖10.2的晶圓承載是以真空吸盤（vacuum chuck）吸住晶圓，以轉軸（spindle）轉動。圖10.3顯示晶圓和研漿相對磨擦。圖10.4所用的微細研磨粉體包括SiO_2、Al_2O_3、CeO_2（氧化鈰）和ZrO_2（氧化鋯）等。此外還要添加化學助劑，有pH值緩衝劑如KOH、NH_4OH、HNO_3或有機酸；氧化劑如雙氧水、硝酸鐵（$Fe(NO_3)_3$）、碘酸鉀（KIO_3）；界面活性劑（surfactant）如四甲基氫氧化銨（TMAH, tetra methyl ammonium hydroxide）、螯狀配位劑（chelating agent）如乙二胺四醋酸（EDTA, ethylene diamine tetra acetic acid）等。

移除速率（removing rate）R為

$$R = K_p P_v \qquad (1)$$

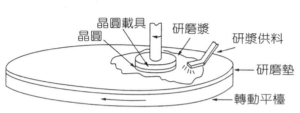

圖10.1　一個CMP研磨機的概略圖

[資料來源：Chang and Sze, ULSI Technology]

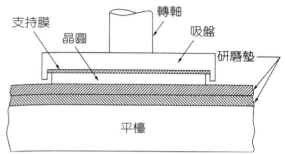

圖10.2　CMP晶圓載具和研磨墊的詳圖

[資料來源：Chang and Sze, ULSI Technology]

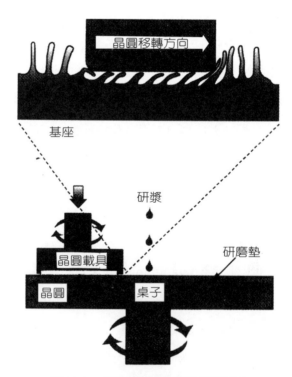

圖10.3　晶圓和研磨墊界面細圖

[資源來源：梅姆特克電子（Memtec Electronics）]

⑴式中P為施於晶圓上的壓力，v為晶圓和研磨墊之間的相對速度。Kp為一比例常數，單位為（壓力）$^{-1}$。它是由晶圓、研漿、研磨墊等機械特性而決定。晶圓表面的壓力，可用流體軸承（fluid bearing）測量。

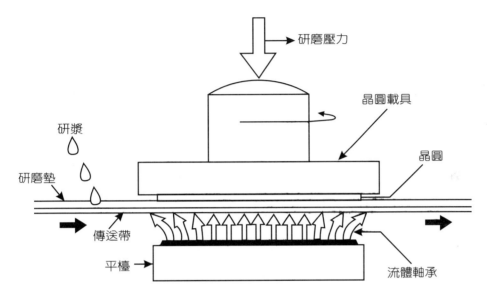

圖10.4　利用流體軸承去測量晶圓表面的壓力

[資料來源：科林研發（Lam Research）]

　　晶圓正面朝下，放在研磨墊上，晶圓背面加一支持膜，它使晶圓和吸盤（chuck）間有彈性。再用吸盤吸住晶圓。支持膜和研磨墊的剛性（rigidity）對研磨結果有決定性的影響，如圖10.5所示。圖10.5(a)為一硬支持膜（和吸盤）使晶圓彎曲，並且支持膜上或吸盤上的任何粒子會把研磨墊上弄一個凹點，晶圓也容易裂開。圖10.5(b)研磨墊太軟，它會隨晶圓表面而同步變形，無法使晶圓平坦。圖10.5(c)研磨墊軟硬適度，把晶圓表面凸出部分磨掉，而做到平坦化，研磨墊的材料之一為聚亞胺脂（polyurethane）。

　　大多CMP機器以轉動方式。如以軌道配合轉動，晶圓在圓形的路徑轉動，而研磨頭依軌道運動。此組合便利研漿（slurry）直接運送到晶圓表面，維持高的相對速度，機臺佔地小。晶圓載具（wafer carrier）的改進使均勻度提升，晶圓邊緣也磨的一樣好，不會有邊緣磨耗（edge exclusion）。

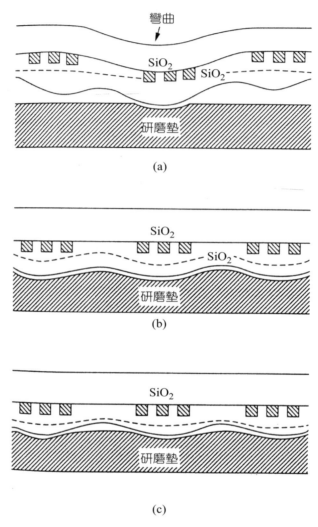

圖10.5 支持膜和研磨墊剛性對研磨的影響

[資料來源：Chang and Sze, ULSI Technology]

　　傳統的載具設計，以一鋼板載具將壓力加到晶圓，鋼板上塗一適當的膜，以減緩晶圓背面的變化。軟膜可配合晶圓的不規則，並得到適當的均勻度，但平坦性被犧牲了。加壓可補償此缺點。缺點是膜的損耗率會提升。用一層柔韌膜皮放在晶圓背面，可使施力均勻。此時較硬的墊和低壓可提升全面均勻度。平均不均勻（non uniformity）可從6～7%降為3%，將晶圓固定於凹處的保持環（retaining ring）改變為可調壓力式的，可控制晶圓邊緣的平坦度和均勻度。

　　一臺高產率的CMP機器，如圖10.6所示。有三個研磨模組平臺（polishing module platen, PMP），都能在原位置調整（in-situ conditioning），有二個交換裝置（turret）。機械手臂（robot）有線性移動式和轉動式兩種。接收卡匣（cassette）為濕式，送出卡匣為乾式，即磨好以後，先弄乾才送出。在線上測量（in-line metrology）可做終點偵測。

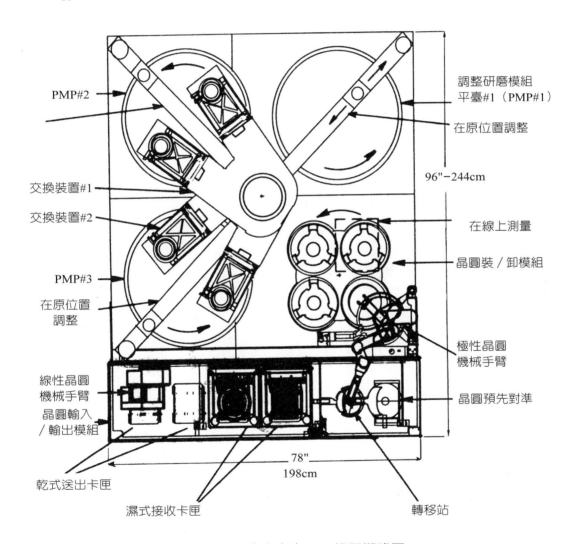

圖10.6　一臺高產率CMP機器概略圖

[資料來源：斯德雷斯巴（Strasbaugh Symphony）]

　　CMP的製程有許多變數，如表10.1所列。

表10.1　CMP製程變數

研磨器	平臺速度、溫度。 載具速度、設計、向下壓力。 研漿溫度、流率。 調節器材質。
研磨墊	材質、可壓縮性、結構、化學相容性。
研漿	顆粒大小、硬度、pH值、含固體百分比、純度、溫度安定性。
晶圓上待磨除的膜	圖型高低、密度、膜內摻質、膜的沉積方法。

　　和CMP製程模組相關的耗材與週邊設備，如圖10.7所示。對此模組技術應特別注意的是研磨後與研磨清潔前，應維持在濕式（例如浸泡在去離子水中）狀態，因為附著在晶圓上的研磨劑在乾涸之後，即難於去除，形成高塵粒數與污染源。另外此系統較特殊的部分即是研磨劑的分佈系統，應維持濕式避免乾涸現象，傳送與存放研磨劑的系統內的乾涸後顆粒，將在研磨時造成晶圓刮傷。整體而言，CMP的製程模組相當的簡單，接近於室溫的製程。相對於現代的電漿蝕刻的高溫、高能量粒子言，CMP的低溫製程更合乎未來ULSI低溫製程的需求。

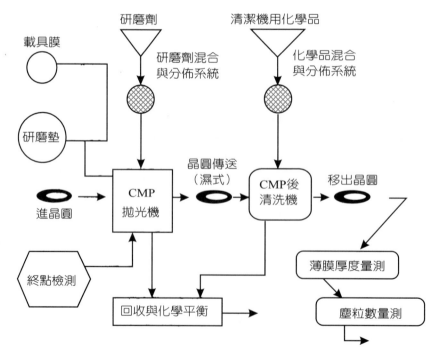

圖10.7　CMP製程模組的示意圖，相關耗材與週邊設備

[資料來源：戴寶通，毫微米通訊]

對第一代機臺言，研磨後平坦度公差（tolerance）在±0.1微米是可接受的規格。為了滿足上述製程的基本需求，第一代CMP機臺的目標有：⑴以熱交換系統控制研磨臺的常溫狀況；⑵精確控制與均勻的加壓在晶圓上；⑶精確控制旋轉速率；⑷維持機臺乾淨，研磨劑及其殘餘物不得乾涸；⑸晶圓裝卸自動化。

CMP的主要困難是整個晶圓上的均勻度（uniformity）。要得到均勻的研磨，必須滿足以下三個條件，⑴晶圓上的每一點和研磨墊以同樣的相對速度轉動，⑵研漿均勻地分佈於整個晶圓之下，⑶晶圓本身是對稱的。第3個條件對8吋晶圓比較有利，因為它有小缺口（notch），而不是大平邊（primary flat）或小平邊（secondary flat）。第2個條件很難滿足，因為研漿會先跑到晶圓的邊緣。

如圖10.8所示，假設晶圓放在離平臺中心R之處，平臺的圓心為O，晶圓的半徑為r。平臺和晶圓的轉動角速度分別為ω_1和ω_2。晶圓上三點A和B是晶圓對邊上的二點，C是晶圓的圓心。假設ω_1和ω_2有四種不同的關係，如圖10.9所示，晶圓上A、B、C三點的軌跡，(a)$\omega_1=\omega_2$，A、B、C三點轉動距離相等。(d)$\omega_1=-\omega_2$，A和B的轉動軌跡比C大，邊緣研磨速率比中央大。(c)也是邊緣研磨速率比中央大。要做到均勻研磨，最好是$\omega_1\geq\omega_2$（即(c)和(a)圖）。

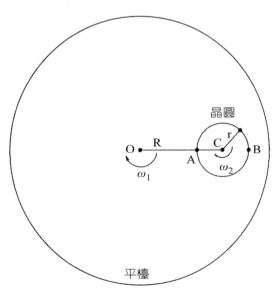

圖10.8　晶圓和平臺的相對運動

[資料來源：Chang and Sze, ULSI Technology]

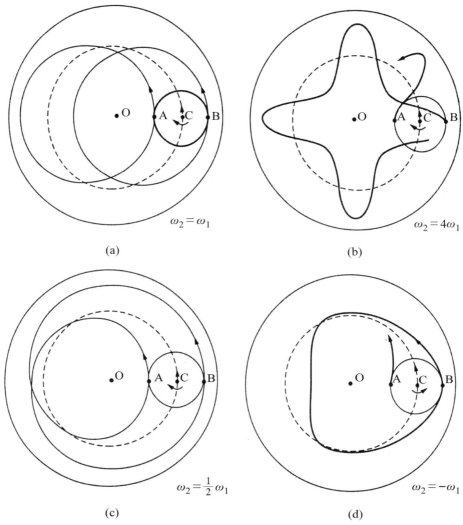

$\omega_2 = \omega_1$

(a)

$\omega_2 = 4\omega_1$

(b)

$\omega_2 = \frac{1}{2}\omega_1$

(c)

$\omega_2 = -\omega_1$

(d)

圖10.9　晶圓和底盤轉速不同，對矽晶圓磨光均勻度的關係

[資料來源：Chang and Sze, ULSI Technology]

　　如圖10.10(a)所示，先用磷矽玻璃（PSG）做一次局部平坦化（local planarization），再做一次CMP的製程。明顯地，局部平坦化之後，I. C.表面仍有大幅度起伏。如圖10.10(b)所示，經過二次CMP，完全平坦，元件的良率（yield）和可靠度（reliability）當然也提高了。

　　圖10.10(a)的雙桶製程（twin tub process）或稱雙井製程（twin well process），是指互補金氧半元件（CMOS）的nMOS做在P桶（p-tub，或稱P井p-well），PMOS

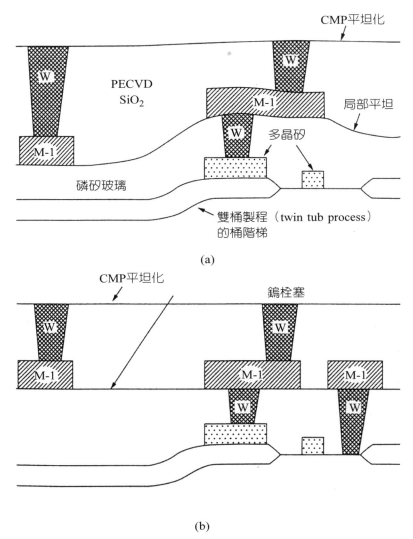

圖10.10 (a)一次局部平坦化配合一次CMP，(b)二次CMP平坦化

[資料來源：Chang and Sze, ULSI Technology]

做在n桶（n-tub，或稱n井nwell）。

　　一個銅、鋁、鎢合成製程的六層導線製程，如圖10.11所示。本圖更顯示出CMP對ULSI製程的重要性。此圖為元件的一個剖面，理論上金屬導線一到會在某處連接到其它元件或接線。大多金屬連線的材料為鋁，進步的製程用銅，而二不同金屬層的連接栓塞（plug）材料為鎢，因為貫穿孔小，鋁或銅製作不易。

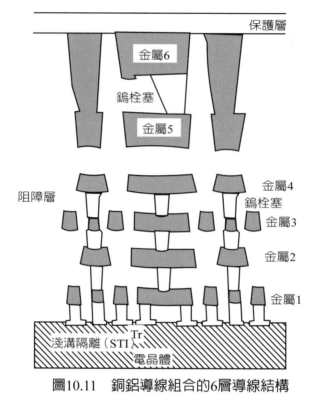

圖10.11　銅鋁導線組合的6層導線結構

[資料來源：藤田健，半導體世界期刊（Semiconductor World）]

10.3　CMP和晶圓拋光製程的比較

　　化學機械研磨是目前唯一可達全域性平坦化（global planarization）的技術，當ULSI的元件尺寸縮小到0.35微米或以下，旋塗玻璃（spin on glass, SOG，如磷矽玻璃或硼磷矽玻璃）或光阻回蝕（photoresist etchback）已不復滿足平坦化的要求。CMP獨特的非等向性磨除性質，除了用於晶圓表面輪廓之平坦化外，亦可經由金屬研磨方式應用於垂直及水平金屬導線內連接（interconnect）的製作、前段製程中元件淺溝槽隔離（shallow trench isolation, STI）製作，及先進元件之製作、微機電系統（MEMS, micro-electromechanical system）平坦化和平面顯示器（FPD, flat panel display）製作等。

　　1980年代中期，IBM首先將研磨拋光技術引入半導體多層導線製程中，利用研磨方式消除因導線圖案所造成之晶圓表面輪廓。當初CMP應用於平坦化製程，所使用的工具及耗材大致沿用矽晶圓拋光（wafer polishing）製程，但平坦化製程與拋光製程上仍有些基本的差異。平坦化製程是晶圓已經做過了很多製程，拋光則是對空白的晶圓施工。因此CMP製程所使用的工具必須改進。平坦化的目的是減少晶圓表面上之高低起伏輪廓，如圖10.10所示，以便利下一個製程的進行。

　　矽晶圓拋光是磨除表面損傷，降低表面粗糙度（roughness）至原子級平坦性（atomic flatness）。如果飛機場跑道要和矽晶圓比平坦度，2哩長的跑道，高度差不可超過1.5吋。適用於矽晶圓拋光之機臺設備及製程，不一定適用於積體電路平坦化製程。主要的差異在於平坦化效能的考量。還有一點要注意，CMP是對已有電路的晶圓磨平，需要有終點偵測（end point detection）。拋光是對空白的晶圓磨平，磨多或磨少一點比較沒關係。矽晶圓拋光及I.C.平坦化製程間之異同，如表10.2所列。主要的差異在於研磨運動方式的改進，及晶圓載具設計上的不同。

表10.2　矽晶圓拋光及CMP平坦化製程之比較

製程	矽晶圓拋光	IC平坦化
研磨材質	單晶矽	沉積介質電膜，如PECVD SiO₂
磨除厚度（微米）	10-30	0.5-2.0
磨除率（微米／分鐘）	0.6-1.2	0.1-0.25
研磨晶圓數／批	12-24	1-6
研磨壓力（psi）	3-6	3-9
研磨墊轉速（呎／分鐘）	150-300	75-150
研磨溫度（℃）	30-60	25-40
研磨漿料	膠質矽土（colloidal silica, SiO₂）懸浮於KOH或NH₄OH水溶液中pH＝10-11	烘製的矽土（fumed silica）懸浮於KOH或NH₄OH水溶液中pH＝10-11
晶圓載具嵌入方式	熱融蠟固定	高分子載具膜固定
研磨墊調整	尼龍刷	鑽石細砂

[資料來源：蔡明蒔，電子月刊]

　　傳統矽晶圓拋光中，晶圓背面以一層熱融蠟黏著於晶圓載具上，以提供在研磨時有足夠之剪切摩擦力（shear frictional force）。以此方式必須確保黏著時晶背與載

具之間無任何的污染物存在，否則晶背上的微粒應力將滲透到晶圓正面，導致局部研磨速率不均勻，如圖10.12所示。蠟著式載具之設計為背面參考，晶圓背面將緊緊附著於剛性的載具面上，在拋光時先將晶面上較為突出之處磨除，以求晶圓厚度及曲率均勻。但背參考方式並不適用於I.C.平坦化製程中，由於初始晶圓上薄膜並非全面性平坦。有效率的平坦化研磨通常藉由前參考方式達成，亦即依照晶圓接觸面進行拋光，而非依賴晶圓背面之輪廓。前參考固定方式是在載具面上貼附一具彈性多孔性載具膜，在研磨施壓時，晶圓可以壓入已潤濕之載具膜內。藉由載具膜之彈性緩衝可使晶圓貼合在研磨墊上。

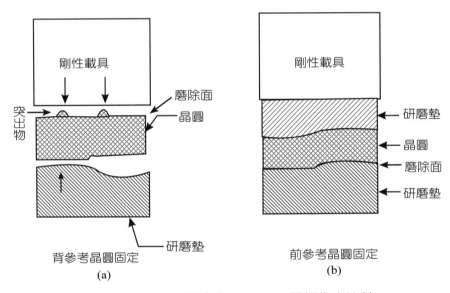

圖10.12　(a)晶圓拋光和，(b)CMP平坦化之比較

[參考資料：蔡明蒔，電子月刊]

　　以載具膜支撐晶圓之力量太弱，無法抗拒研磨時之巨大剪切應力（shear stress），研磨時晶圓易脫離載具。在載具的邊緣設計一導圈以支撐晶圓。以解決晶圓研磨速率不均的問題。一個晶圓載具的剖面圖，如圖10.13所示。載具膜厚度加上晶圓厚度，扣除導圈之高度即為晶圓延伸高度。此延伸高度可藉由導圈下薄墊片的厚度加以調整。由於6吋晶圓厚度約為650微米，此延伸高度設計為200至300微米。真空孔洞連機械泵，用以吸住晶圓。

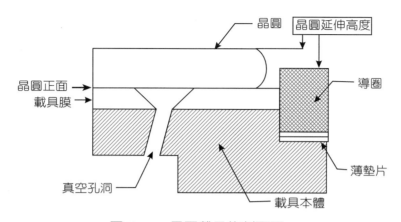

圖10.13 晶圓載具的剖面圖

[資料來源：蔡明蒔，電子月刊，改繪]

此固定式導圈設計，研磨時晶圓邊緣將造成研磨墊局部應力集中，而使晶圓邊緣0.5至1公分區域之磨耗速率比晶圓上其他部分來得快，稱之為邊緣磨耗（edge exculsion），如此將喪失晶圓上10%可用面積。新式載具改採用浮動式導圈設計，如圖10.14所示，將晶圓邊緣之應力轉至導圈上，如此可以減少此邊緣磨耗區域至0.3公分以下，藉由施加一氣壓於導圈上，使之與研磨墊接觸，則可大幅減少在晶圓邊緣上研磨墊變形所造成的應力集中。

除了導圈設計的改變，由於晶圓本身的厚度差異及彎曲度，在研磨時亦會造成整片晶圓的研磨不均勻。

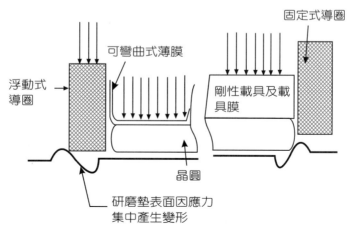

圖10.14 浮動式導圈

[資料來源：蔡明蒔，電子月刊，改繪]

10.4 CMP機器實例

　　一臺IPEC的CMP機器，如圖10.15所示。有四個研磨站（polishing station）、二臺刷洗站（brush cleaner）、三臺機械手臂（robot）和量測器（metrology），操作在超潔淨class 1（1ft³內大於0.5μm的灰塵1粒）的迷你環境（mini-environment）。系統提供乾進－乾出（dry in-and dry out）的製程。晶圓可以用人工送入，也可以用標準機械介面（SMIF, standard mechanical interface），也有在牆壁上開個洞以做晶圓之存取。

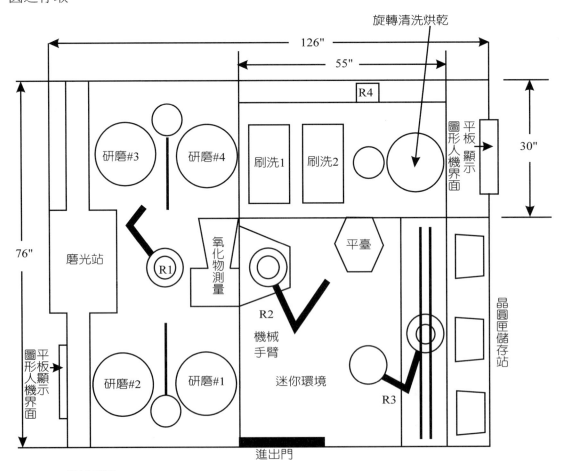

R: robot　機械手臂

圖10.15　IPEC CMP機器的整組配備

製程控制有Nova（以色列廠牌）在線上（in-line）或在製程中監督（IPM, in process monitor）膜的厚度，以做氧化物的終點偵測。有對金屬的在原位置（in situ）做終點偵測，研究中將以光學或紅外光反射做終點偵測。晶圓磨光站（buff station）是將研磨後的晶圓，加上一輕質的磨光棒，配合適當的研磨墊和化學劑，以除去微刮痕和嵌入的微粒子，而且不必接觸到研磨後的晶圓，FPD－GUI為平面顯示器（flat panel display）和圖形人機界面（graphic user interface），是操作員工作處。

軌道迴轉式（orbital）研磨的機制，如圖10.16所示。上下研磨模組以不同的角速度轉動。晶圓和載具放在上模組，研磨墊放在下模組。上下模組均有氣囊（bladder）以控制壓力。

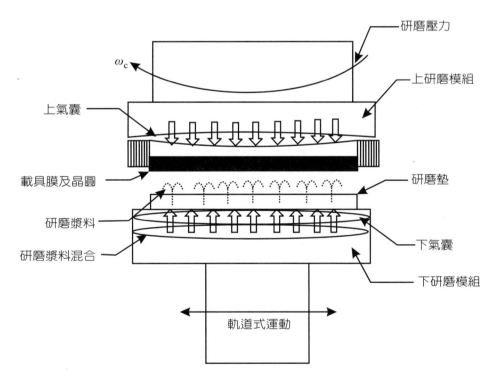

圖10.16　軌道式研磨的機制

[資料來源：美商IPEC-Planar]

　　一個研磨墊的調節器（pad conditioner），如圖10.17所示。圖10.17(a)是俯視圖，圖10.17(b)為側視圖。用於鎢的CMP，以耐隆（nylon）剛毛刷，配合終點作用器（end effector）。圖10.17(c)為用於氧化物CMP，以鑽石的可伸縮的條狀物，加上空氣囊，配合終點作用器。

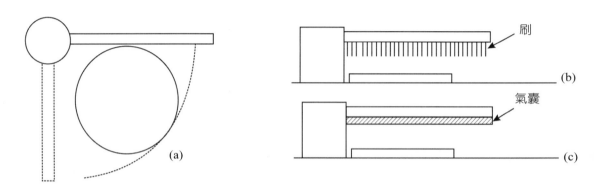

圖10.17　研磨墊調節器

[資料來源：Planar Advantgaard]

　　研磨平坦化有線性和迴旋二種方式。線性研磨平坦化方式，如圖10.18所示。由一迴圈式之研磨墊透過兩個滑輪，線性滑動過晶圓表面。由於研磨墊的運動方式為單一方向，假如晶圓載具不旋轉，晶圓上各點相對於研磨墊的速度皆相同。如果使晶圓旋轉，將使晶圓邊緣的磨除率大於中心處，但在研磨墊線性速度為400呎／分鐘，而晶圓載具轉速為25轉／分鐘，其差異也僅有0.01%。此線性之研磨運動方式，可在低研磨壓力及高研磨速度下有效進行平坦化，而不會造成磨除的不均勻。

　　一迴旋式平臺（rotational platen）研磨機設備的概略圖，如圖10.19所示。研磨平臺（polish platen）和晶圓載具（wafer carrier）以不同的角速度ω_p和ω_c轉動。研磨時，施加壓力（3～10 psi）於晶圓載具上，使晶圓正面壓在舖有研磨墊（polish pad）之研磨平臺上，進行化學機械研磨。研漿順著輸送管持續不斷地供應至研磨平臺上。由於平臺圓周運動，造成晶圓上各點相對於研磨墊的線性速度將會有所差異，故必須在研磨平臺與晶圓載具以相同的方向旋轉，且角速度相同時，以控制晶圓上各處的相對線性速度相同，才可獲得均勻的研磨。

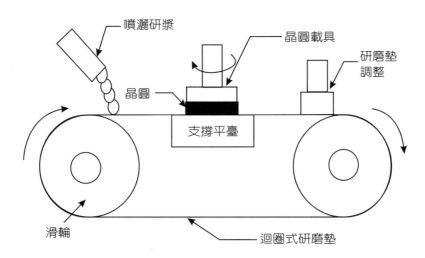

圖10.18　線性研磨

[資料來源：蔡明蒔，電子月刊]

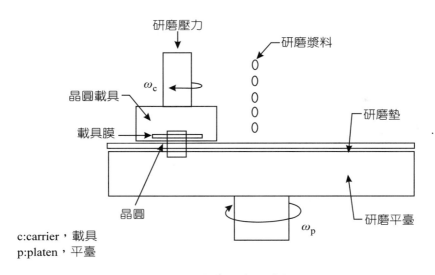

c:carrier，載具
p:platen，平臺

圖10.19　迴旋式平臺研磨機

[資料來源：蔡明蒔，電子月刊]

　　加壓方式是採取對氣囊充氣來控制，如圖10.16所示，上下平臺則各有一個氣囊。相對於以往的力臂加壓和針孔充氣加背壓，這種方式會有較佳的壓力均勻性。平坦化效果比較好。旋轉機制採用軌道迴轉（orbital）的方式，也就是載具旋轉而平臺不旋轉。控制參數為平臺轉速，晶圓載具的轉速以及二個氣囊之間的壓力差。

這種方式降低了研磨時所謂的邊緣耗損（edge exclusion），提高了晶圓的可利用面積，也增進了平坦化的效能。

　　研磨方式是各平臺獨立，機械手臂只負責傳輸晶圓，而且在位置準確度和速度均有所提升，縮短了研磨外的傳送時間。傳輸拋光液是採用拋光墊打孔，將拋光液由這些孔洞由下往上送出，使其均勻傳送到晶圓表面。可以克服以往拋光液不易傳送到晶圓中心的現象，也由於平臺面積大幅縮小，拋光液的消耗量也較為減少，對環境的污染程度也少了。

10.5　銅製程的應用

　　銅（Cu）有兩個主要的本質缺陷：(1)不易以目前之乾蝕刻法（dry etching）蝕刻，(2)對矽與低介電常數材料（low k material）有高度的擴散與反應行為。在有機物光阻〔註：正光阻聚甲基丙烯酸甲酯（PMMA）和負光阻酚樹脂（phenol resin）均為有機物，玻璃移轉溫度（glass transition temperature）低。〕所容許的溫度範圍（約至250℃），銅仍然沒有適當的反應性氣體對其進行乾蝕刻，因此銅內連線不易利用傳統鋁內連接導線的微影製程，以移除蝕刻，進行平坦化處理。IBM公司在1990年代初期以化學機械研磨法順利解決銅不易乾蝕刻之缺點。以CMP配合蝕刻介電層貫穿孔／溝槽（via/trench）雙管齊下的單一或雙重鑲嵌（大馬士革，damascene）平坦化製程，解決銅不易乾蝕刻的難題。單或雙重大馬士革製程（dual damascene）的流程，如圖10.20～圖10.22所示。圖10.20為單大馬士革（single damascene），只有一個凹槽，內填一種金屬，圖10.21和圖10.22有一大一小的二個凹槽，內填同一種金屬，稱為雙大馬士革製程。圖10.22的例子是先挖小溝，後挖大溝，利用SiO_2和Si_3N_4使用不同蝕刻劑而形成雙溝。二溝同時以銅填滿，沉積銅之前還要先長一層阻障層。製程也可以改為先挖大溝，後挖小溝，只要將蝕刻前微影照像的光罩順序倒換即可。

　　銅和其他金屬製程的區別，在銅軟容易侵蝕和擴散到矽石（silica, SiO₂），銅在水中有毒，銅製程的重要考慮之一是廢水處理。大馬士革製程的特點是先以鑲嵌的方式埋入一層金屬再沉積第二層金屬，然後用CMP將多餘的金屬磨掉。栓塞和上層金屬材質不同稱單大馬士革，如圖10.20所示，二層溝渠內的金屬為同一種材料，而且同時填充的稱雙大馬士革（dual damascene），如圖10.21所示。命名為大馬士革，原因是最早以鑲嵌方式彩繪教堂玻璃的都市是敘利亞的首都大馬士革（Damascene）。十字軍東征到敘利亞就學到了這種技術。

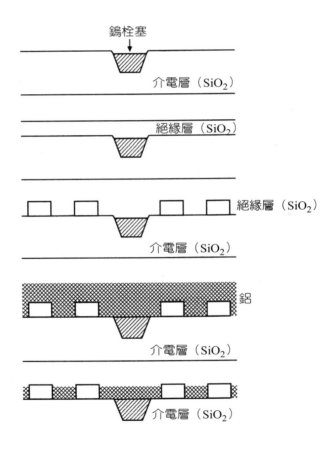

圖10.20　大馬士革製程的流程圖

[資料來源：楊文祿，真空科技]

　　雙大馬士革製程的流程，如圖10.22所示。一次填充大小二個凹槽，可以簡化製程，降低製造成本，在VLSI很受歡迎。

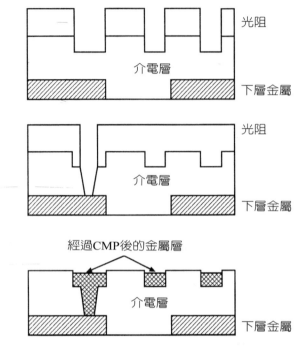

圖10.21 雙大馬士革製程的流程圖

[資料來源：楊文祿，真空科技]

銅導線製程的難題，可綜合如圖10.23所示：

1. 銅會擴散進入上層氧化層。一般常用氮化物上蓋層做為氧化層保護，即做為阻障層（barrier layer）。上蓋層也可使用其他合金替代。

2. 銅和氧化物界面要有阻障金屬，並需要提升附著力。如氮化鈦（TiN），鈦鎢合金（TiW）或氮化鉭（TaN）等。

3. 銅不易用反離離子蝕刻（RIE）去除，一般多用鑲嵌（damascene）製程。但CMP會造成電阻值的變化。

4. 在銅配線製程，CMP設備和CMP後洗淨（post cleaning）設備必須專用，要和其他設備分開，而放在專用的區域。銅CMP產生的廢棄物及其處理方法，如表10.3所列。

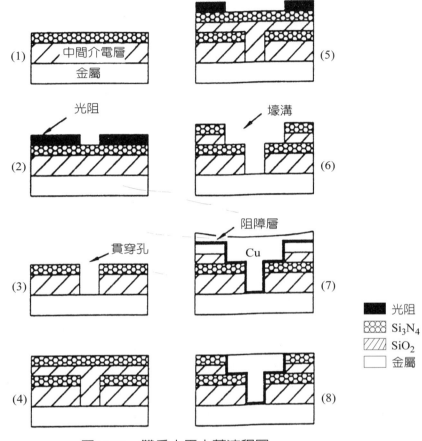

圖10.22 雙重大馬士革流程圖

[資料來源：陳錦山、陳松德，真空科技]

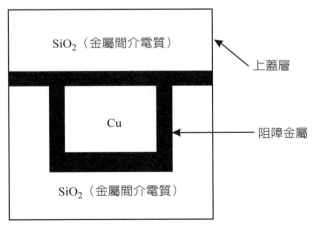

圖10.23 銅導線相關的製程整合技術難題

[資料來源：顧子琨，電子月刊]

表10.3 銅製程產生的化學物質及其處理方法

製程	製程材料	排放材料	處理方法
Cu-CMP	研磨劑（研磨材料Al_2O_3，氧化劑H_2O_2，$Fe(NO_3)_3$，添加劑）水	含有銅的研磨劑 氧化劑 含有銅的廢水	固體沉澱 重金屬沉澱 中和，污泥化
Cu-CMP後洗淨	酸，鹼，添加劑，洗淨用純水	含有銅的廢液 洗淨用廢水	中和，污泥化

5. 銅會造成元件的污染，其相關製程和污染，如圖10.24所示。而去除的方法如圖10.25所示。圖10.24(a)為以三氟甲烷（trifluoro silane, CHF_3）對氧化物和氮化物做乾蝕刻，圖10.24(b)為以氧電漿（含O_2，O，O_2^+，O^+，e）去除光阻，圖10.24(c)為乾蝕刻和去除光阻之後的污染情形。主要污染物為CuO、Cu_2O、CF_x、CuF_x等。圖10.25(a)以Ar^+去除銅污染，要考慮的是濺擊到側牆上的銅不易去除，銅會擴散到介電質，氧化物去除的不完全。圖10.25(b)為以H_2電漿清除銅污染，使氧化銅（Cu_xO）還原為銅。優點為貫穿孔（via）電阻低，元件可靠度提升，不會造成元件傷害。

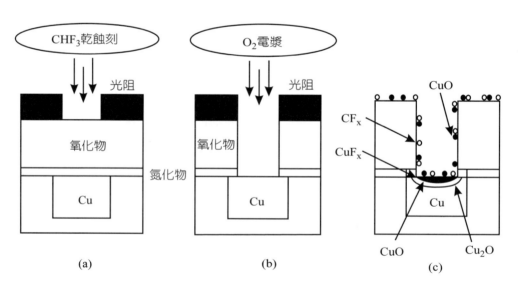

圖10.24 介電質窗側壁在經過介電質蝕刻與光阻去除後遭銅污染之示意圖

[資料來源：顧子琨，電子月刊]

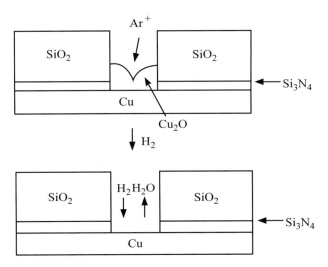

圖10.25　(a)Ar^+離子轟擊清潔和，(b)氫氣還原反應清潔技術的比較

[資料來源：顧子琨，電子月刊]

對銅的CMP不需要什麼特殊的設備，但要注意的是在CMP的後處理時要將晶圓上面和下面的銅離子污染完全清洗掉。在CMP研磨下來的銅會混到研磨劑中，然後隨著研磨劑的循環在晶圓上面和下面來回研磨。如果將CMP設備和後洗淨設備分開獨立使用時，晶圓由CMP設備取出後會有一段放置時間，晶圓表面所殘留的研磨劑（abrasive）有可能會腐蝕表面的銅，所以必須考慮再加一臺設備來做刷磨。

10.6　CMP後洗淨

CMP製程之後，要立刻洗淨。ULSI的目標是8吋晶圓上，大於$0.12\mu m$的粒子要少於100顆。鹼金屬（alkaline metal）陽離子（cation，如Na^+，K^+）的濃度少於5×10^{11}離子／平方公分。洗淨的主要目的是除去微粒子、金屬、有機物和表面缺陷。因為微粒子會使氧化物易崩潰（breakdown），多晶矽和金屬會造成接面漏電

（junction leakage）或橋接，降低良率及可靠度（reliability）。

　　CMP後洗淨可以使用濕式化學槽、超音波（megasonic, 1MHz, ultrasonic 40KHz, supersonic 24KHz；或finesonic）和刷洗機（brush scrubber）等。洗淨之前，要注意晶圓不能乾掉，否則一沖水，pH值改變，微粒子又黏回去。洗淨的時間愈短愈好。儘量使晶圓保持鹼性，也可以添加一些表面活性劑（surfactant），如氫氧化銨加四甲基氫氧化銨（NH$_4$OH：TMAH＝100：1），再用超音波配合刷洗機來做洗淨。

　　氧化物CMP的後洗淨，可用NH$_4$OH＋HF刷洗，螯狀配位劑（chelating agent）如乙二胺四醋酸（EDTA）或檸檬酸（citric acid）。鎢CMP的後洗淨用NH$_4$OH加超音波或刷洗，再用螯狀配位劑和表面活性劑。表面活性劑會使界面由恐水（hydrophobic）變為親水（hydrophilic），而將異物除去。螯狀配位劑將金屬挾除，像螃蟹的螯抓小蟲一般。

　　超音波振盪是非接觸式清洗，由一石英棒產生震盪源。藉由噴灑在晶圓表面的純水或清洗溶液傳遞超音波能，震盪波也可透過晶圓，同時進行晶圓背面的清洗。

　　以氨水（NH$_4$OH）和檸檬酸（citric acid, C$_6$H$_8$O$_7$）等做CMP後洗淨，全反射X射線螢光（total reflection x-ray fluorescene; TXRF）檢測金屬離子殘留量，TXRF能檢測出pg（10^{-12}克），ng/nl（10^{-9}克／10^{-9}升）級以下、用樣量少、準確度高，如表10.4所列，各種研磨膜所使用的後清洗方法，如表10.5所列。

表10.4　以TXRF檢測以氨水及檸檬酸進行後CMP清洗後金屬離子之殘留量

TXRF ×10^{10}原子／平方公分								
	K	Ca	Cr	Mn	Fe	Ni	Cu	Zn
熱氧化物	<20	<8	<3	<3	<1	<1	<8	
CMP 旋轉－清洗－烘乾	800	600	<3	<1	10	3	<1	40
CMP NH$_4$OH刷洗	30	50	20	<1	20	7	50	60
CMP 檸檬酸刷洗	20	<8	<3	1	4	<1	<1	<3

[資料來源：蔡明蒔，毫微米通訊]

表10.5　各種研磨膜所使用的後洗淨方法

待研磨膜	研磨材料	分散劑	微粒子的去除	金屬離子的去除
SiO$_2$	矽土（silica, SiO$_2$）	KOH	純水＋刷磨	稀氫氟酸
W	矽土	NH$_4$OH	純水＋刷磨	不要
	礬土（alumina, Al$_2$O$_3$）	Fe(NO$_3$)$_2$	稀氨水＋刷磨	稀氫氟酸
	礬土	H$_2$O$_2$		有機酸（檸檬酸、草酸）
	矽土	H$_2$O$_2$	純水＋刷磨	
Al	礬土	H$_2$O$_2$	純水＋刷磨 電解水（陽極水＋刷磨）	有機酸
Cu	礬土	氧化劑	純水＋刷磨 陽極水＋刷磨	稀氫氟酸 有機酸

[資料來源：皖之，電子月刊]

　　在銅的CMP製程，銅被氧化為CuO，Cu$_2$O或Cu(OH)$_2$，視研漿的pH值、電化電位和添加劑（additive）而定。在鹽基或中性清洗環境，這些銅氧化物和氫氧化物不溶解，而且會跑到聚乙烯醇（PVA, polyvinyl alcohol）的刷子上，然後會污染晶圓。鎢CMP也用酸和Al$_2$O$_3$研漿，利用稀NH$_4$OH也避免刷子的污染。Al$_2$O$_3$粒子和SiO$_2$表面也會有靜電吸引力，因而造成污染，一個用於銅CMP清洗的刷子，如圖10.26所示。刷子多孔，化學藥劑可以透過刷子而送到晶圓表面。

　　CMP後晶圓的洗淨原理，如圖10.27所示。圖10.27(a)物理性剝離使用刷除或超音波，圖10.27(b)晶圓表面蝕刻，使用APM（NH$_4$OH：H$_2$O$_2$：H$_2$O）和稀釋的氫氟酸（DHF, HF + H$_2$O），圖10.27(c)溶解，使用SPM（H$_2$SO$_4$：H$_2$O$_2$：H$_2$O），HPM（HCl：H$_2$O$_2$：H$_2$O）和DHF。超音波洗淨是利用從KHz到MHz的超音波，附加純水、鹼性藥液雙重之下產生的衝擊力使塵粒能易於離開晶圓的表面。以上縮寫取自化合物的第一個字母，銨（NH$_4$）為ammonium，過氧化物為peroxide，硫酸（H$_2$SO$_4$）為sulfuric acid，鹽酸（HCl）為hydrochloric acid，稀釋為dilute，混合液為mixture。

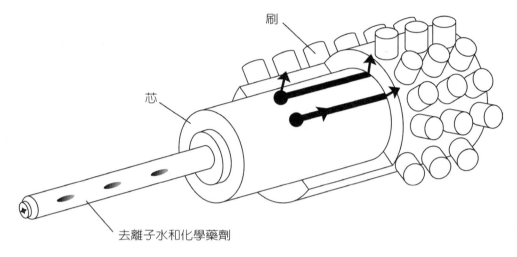

圖10.26　銅CMP後洗淨用刷子

[資料來源：D. Hymes, 半導體國際期刊（Semiconductor International）]

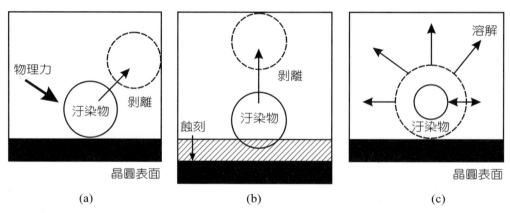

圖10.27　CMP後晶圓的洗淨原理

[資料來源：黃疊（ㄒ丶ㄅ）、電子月刊]

　　還有一種方法是使粒子和晶圓表面之間產生電性排斥力－即所謂的剪面電位（zeta potential，或譯界達電位）。剪面電位取決於水溶液的pH值，如圖10.28所示。一般而言，鹼性水溶液中，物質傾向於負的剪面電位，所以清洗溶劑多用KOH、NH_4OH。添加有機的鹼性溶液，如四甲基氫氧化銨（TMAH）使NH_4OH：TMAH＝100：1，清洗效果更好。

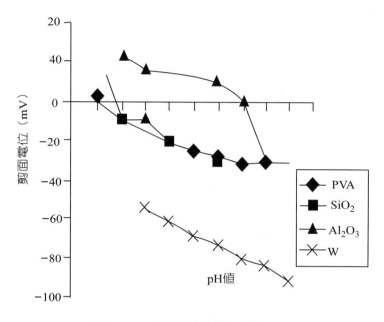

圖10.28　剪面電位對pH值

[資料來源：蔡明蒔，毫微米通訊]

　　CMP對環保（environmental protection）有不良的影響，最直接的就是排出大量的研磨劑（abrasive）。研磨劑和研磨布等的使用量大，廢棄物量增大。在廢液中（waste liquid）也含有被研磨的材料。研磨劑要經過處理，如固體沉澱（precipitation）再分離，液體先中和（neutralization）再沉澱分離，生成的污泥（sludge）可以考慮做為水泥使用。如有排放廢液，一定要放到公共水域。最好的方法是回收（recovery）研磨劑，或再生或再利用。當然這就要改用容易再生的研磨劑。然而近來因CMP的製程中添加了許多新的成分，包括界面活性劑（surfactant）如四甲基氫氧化銨（TMAH）或螯合劑（chelating agent）如乙二胺四醋酸（EDTA），使得CMP後洗淨廢水（waste water）無法再生（regeneration）。

10.7　CMP製程控制

1.缺陷檢查

　　一個CMP的製程後表面缺陷檢查的機器系統，如圖10.29所示。此系統組合了雷射（laser）光斜角入射暗視野照相（dark field photography），及高速影像處理技術。能抑制因氧化膜散亂不均產生的顏色斑點，金屬結晶顆粒產生的雜訊，維持高檢出率。數位式影像處理（digital image processing）裝置為暗視野照明下使用，能檢查出微刮痕、圖案變形、殘留金屬、微橋接等缺陷。

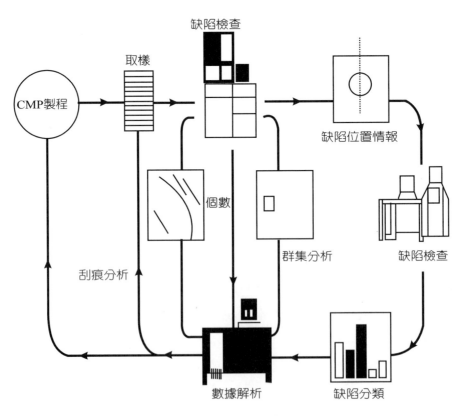

圖10.29　CMP製程後表面缺陷檢查

[資料來源：科磊（KLA-Tencor）]

2.終點偵測

　　終點偵測（end point detection）系統有一些是光學式的，也有一些是利用單一波長雷射測馬達電流（motor current）的。目前的終點偵測是對整個晶圓用整合的儀器工具做繪製（mapping）的。馬達電流法是測二層不同材質間的電流變化，如在淺溝隔離是氧化物對氮化物，大馬士革製程是測金屬對氧化物。多波長反射光譜儀（multiwavelength reflectance spectrometer）做絕對的膜厚測量，對晶圓表面不同的膜做終點偵測，如圖10.30所示。銅CMP製程，曝露阻障層鉭（Ta）和氧化物時，即有不同的輸出。

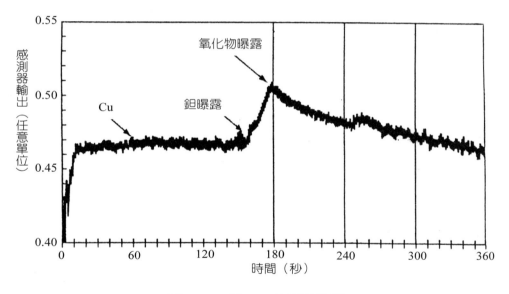

圖10.30　銅CMP的終點偵測

[資料來源：Aplex]

3.乾進乾出

　　CMP之後把晶圓洗淨並弄乾。整合的洗淨可降低50%的粒子。研漿留在晶圓愈久，愈多缺陷發生。乾進／乾出系統還可以降低消耗品，如去離子水的用量可節省30%。

4.多重步驟製程

　　銅和低介電常數（low k）材料的CMP要求在大馬士革製程，一次研磨所有

的層，讓晶圓的表面備便，馬上可以做下一個製程。此時要用多重平臺，研漿和研磨頭。交換裝置（turret）頭可以獨立移動。以銅的CMP為例，第一個平臺用來移除銅，在阻障層氮化鉭（TaN）或鉭（Ta）停止，第二個平臺移除阻障層，第三個平臺移除保護層、介電質。也有可以傳送多種研漿的。目前多重步驟製程可做到凹陷的碟（dish）或侵蝕（erosion）小於800Å的。

5. 不用研漿製程

CMP有可能不用研漿，只用超純水和研磨墊（abrasive pad）。

一種用於研磨氧化物的研漿特性，如表10.6所列。

表10.6　CMP研漿特性

特性	
外觀	不透明
平均粒子（集合體）尺寸，nm	160 ± 15
酸鹼度（pH值）	10.9
含SiO_2%	12-20
比重@25℃	1.07-1.12
重量　磅／加崙	8.93-9.35
黏滯度，分泊（CP）*	6-25
儲存溫度	1℃-43℃（35℉－110℉），密封容器

*泊（poise）是流體黏度的單位，泊的百分之一叫分泊（centi poise, CP）。流體在管中形成層流，在流動方向或垂直方向之流速梯度，假設為1cm/sec/cm²，為維持此速度梯度，沿著流動方向的每一平方公分所作用的力為一達因時，流體黏度為1泊。

[資料來源：奧林（Olin）＆瓦克（Wacker）]

10.8　參考書目

1. 林安如（譯），CMP製程的良率管理，電子月刊，四卷十期，pp. 129～133，1998。

2. 林佳昇，檢視新一代CMP機臺－IPEC 776，毫微米通訊，五卷二期，pp. 33～45，1998。

3. 陳松德等，積體電路元件銅內連接導線金屬化製程之演進，真空科技，十一卷三、四期，pp. 27～35，1998。

4. 陳錦山等，泛談銅內連接導線與低k介電層製程與特性，真空科技，十二卷二期，pp. 26～34，1999。

5. 梁美柔（譯），CMP廢水處理技術，電子月刊，六卷八期，pp. 140～143，2000。

6. 皖之（譯），銅配線元件量產之倒數計時，電子月刊，五卷十期，pp. 176～181，1999。

7. 黃豐，有關CMP之後洗淨方法，電子月刊，四卷四期，pp. 140～148，1998。

8. 楊文祿、吳其昌，深次微米元件後段屬連線技術，真空科技，十二卷二期，pp. 44～54，1999。

9. 蔡明蒔，化學機械研磨機，電子月刊，四卷九期，pp. 114～118，1998。

10. 蔡明蒔，化學機械研磨漿料簡介，電子月刊，五卷一期，pp. 141～147，1999。

11. 蔡明蒔、戴寶通，低介電常數聚亞醯胺膜之化學機械研磨特性研究，毫微米通訊，六卷四期，pp. 6～11，1999。

12. 蔡育奇（譯），Cu-CMP後的洗淨技術及有效溶液，電子月刊，五卷十期，pp. 182～184，1999。

13. 劉繼文，雙鑲嵌結構製作技術及面臨之挑戰，電子月刊，六卷八期，pp. 88～95，2000。

14. 戴寶通，化學機械研磨的應用與技術發展，毫微米通訊，三卷一期，pp. 17～22，1996。

15. 顧子琨，極大型積體電路之銅連結線技術，電子月刊，五卷六期，pp. 117～133，1999。

16. A. Braun, Slurries and Pads Face 2001 Challenges, Semiconductor International, pp. 65～80, 1998.

17. C. Y. Chang and S. M. Sze, ULSI Technology, 1996, pp. 433～445, McGraw

Hill，新月。

18. R. De Jule, CMP Grows in Sophistication, Semiconductor International, pp. 56～62, 1998.

19. D. Hymes et al., The Challenges of Copper CMP Clean Semiconductor International, pp. 117～112, 1998.

20. T. Manabu, CMP技術裝置的最新技術動向，電子月刊，六卷八期，pp. 96～103, 2000。

21. B. Withers et al., Wide Margin CMP for STI, Solid State Technology, pp. 173～170, 1998.

10.9 習 題

1. 試述CMP在ULSI製程之應用。

2. 試述CMP的製程變化。

3. 試比較CMP和晶圓拋光製程。

4. 試述CMP製程乾進－乾出的重要性。

5. 試比較線性和軌道迴轉式研磨的機制。

6. 試述大馬士革和雙大馬士革製程。

7. 試述銅製程可能造成的污染。

8. 試述CMP後洗淨的方法。

9. 試述CMP對環保的不良影響。

10. 試述CMP如何做終點偵測。

11. 試解釋：(a)edge exclusion，(b)in-situ conditioning，(c)in-line metrology，(d)mini-environment，(e)pad conditioner，(f)buff station，(g)fluid bearing，(h)PVA，(i)SMIF，(j)IPM，(k)FPD-GUI。

12. 試解釋：(a)surfactant，(b)chelating agent，(c)zeta potential，(d)TMAH，(e)EDTA，(f)bladder。

第11章 真空泵和真空系統

11.1 緒 論

　　許多半導體製程需要在降壓或光輝放電（glow discharge）的環境執行。如磊晶、LPCVD、PECVD、離子植入、乾蝕刻、蒸鍍、濺鍍等。許多從事這些製程的機器因此加入真空系統。瞭解真空（vacuum）技術的術語和觀念，會讓我們對製程本身有更深入的認識。

　　本章我們介紹各種真空泵（vacuum pump）和真空系統（vacuum system）。

　　為了降低氣體密度，即一定體積內的氣體壓力，必須移除氣體分子或原子。真空泵就是用來執行此工作的。真空泵可以分為二大類；一是將氣體由容器內抽出，並將其運送到容器的外面，經過一級或多級的壓縮，這類泵稱為壓縮泵（compression pump）、排氣泵或氣體移轉泵。二是把氣體凝聚在一固體表面。此類泵稱為凝集泵（entrapment pump）。壓縮泵有入口和出口。凝集泵只有入口，沒有出口，會發生飽和，需要再生。

　　真空泵依照其構造和抽氣原理，而有不同的作用，半導體製程使用的真空大致上可分為二大類；其一是低到中真空，使用的泵稱為粗抽泵（roughing pump）。另一類是高真空或極高真空泵。要從一大氣壓抽到高真空，要先用粗抽泵，再用高真空泵。

　　真空系統有幾個重要的術語：⑴壓力範圍，⑵抽氣速率，⑶終極壓力（ultimate pressure），⑷壓縮比（compression ratio），為入口壓力和出口壓力的比值，⑸臨界入口壓力，超過此值抽氣速度會突然下降，⑹臨界出口壓力，超過此值泵的抽氣動作就會突然地惡化。

11.2 真空系統

半導體製程有許多是在真空（vacuum）中執行，如磊晶、CVD（常壓APCVD除外）、離子植入、蝕刻、PVD（蒸鍍、濺鍍）。一個典型地用於薄膜沉積的真空系統，如圖11.1所示。

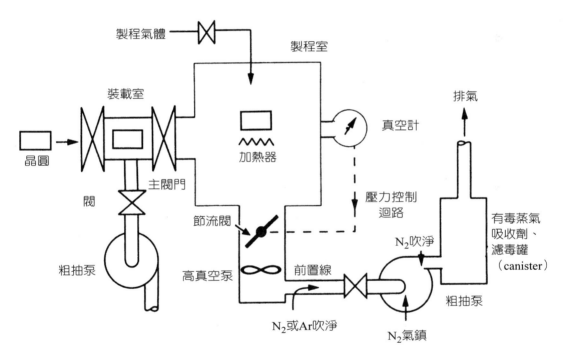

圖11.1 一個用於薄膜沉積的真空系統

[資料來源：Smith, Thin Film Deposation]

裝載室（load lock chamber）的目的是將製程室（process chamber）保持真空，以降低污染並縮短製程周期。粗抽泵（roughing pump）多為機械式泵（mechanical pump），是在晶圓放入後，將裝載室由一大氣壓開始降壓。當裝載室到達一定真空之後，裝載室和製程室之間的主閥門（main valve）打開，晶圓被移送到製

程室。在此之前,製程室先以另一粗抽泵,配合氣鎮裝置(gas ballast,除去水份)抽至一定真空度。此時因利用高真空泵,如擴散泵(diffusion pump)、路茲泵(Roots blower或Roots pump)或渦輪分子泵(turbo molecular pump)、冷凍泵(cryopump),提高製程室的真空度。再將晶圓加熱至沉積或製程溫度。將製程氣體經質流控制器(mass flow controller, MFC),通入製程室。真空度以儀表,如熱電偶計(thermocouples gauge)或游離計(ionization gauge)測量,並做製程控制之用。

製程結束時,把製程氣體或副產物(byproduct)雜質氣體抽走。如果製程的真空度比10帕(Pa)差,如LPCVD,只要一級抽氣就可以。前置線(foreline)用來降低製程污染。有毒氣體(toxic gas)吸收劑或濾毒罐(canister)和排氣(exhaust)是對可燃或有毒氣體做安全的處理。

另一個真空系統,如圖11.2所示。先用轉動泵(rotary pump)粗抽,再用冷凍泵抽至高真空。氦壓縮機是為冷凍泵先壓縮氦氣,再使氦急速膨脹,以達冷凍之效果。真空計1、2分別量粗真空和高真空。

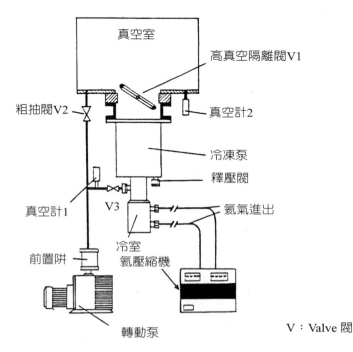

圖11.2　一個真空泵系統的概略圖

[資料來源:愛德華高真空(Edwards High Vacuum Company)]

　　一個用於蒸鍍的真空系統，如圖11.3所示。真空以轉動泵和油擴散泵二級抽氣。蓋斯勒管（Geissler tube）用來監看抽真空的進度。

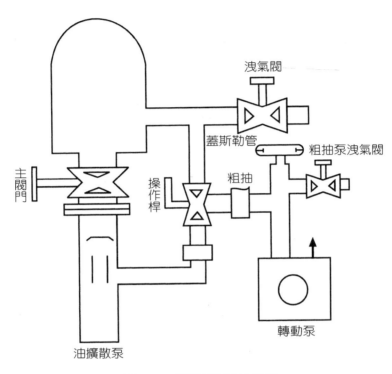

圖11.3　蒸鍍用真空系統

　　又一個真空系統，如圖11.4所示。冷凍泵通至主製程室，有節流閥（throttle valve）和閘閥（gate valve）。多個真空計用以測量不同程度的真空。熱電偶真空計（TC, thermocouples vacuum guage）測低真空，離子計（ion gauge）包括BA型（Bayard-Alpert，巴亞德－阿潑特）和SP型（Schultz-Phelps，舒茲－飛普斯）測高真空。冷凍阱（cold trap）用以降溫以協助抽真空。可以烤的陷阱（bakeable trap）烘烤再生後可再用。機械泵的抽氣速率以每分鐘立方呎（cfm）計。

　　如圖11.5所示，真空系統鐘罩（bell jar）內即為製程室。油調節板（oil baffle）為防止擴散泵的油進入製程室。機械泵和油擴散泵二級抽真空。熱電偶真空計和離子計測量二種程度的真空。風扇吸氣使油擴散泵上端降溫。

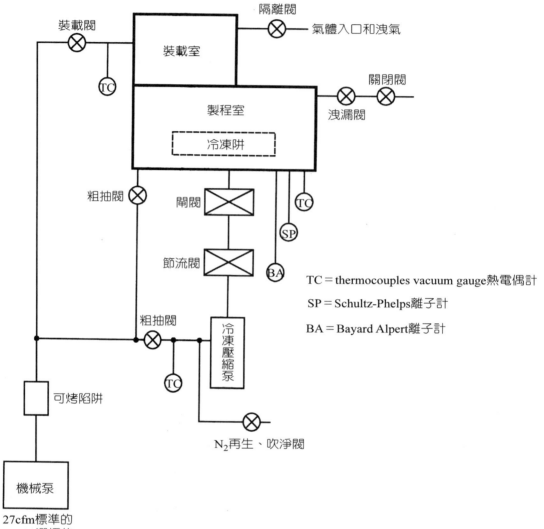

TC＝thermocouples vacuum gauge熱電偶計

SP＝Schultz-Phelps離子計

BA＝Bayard Alpert離子計

隔離閥：isolation valve	cfm：ft³/min，立方呎／分
洩漏閥：leak valve	裝載室：load lock chamber
閘閥：gate valve	製程室：process chamber
節流閥：throttle valve	冷凍阱：cold trap
粗抽閥：roughing valve	

圖11.4　真空系統圖

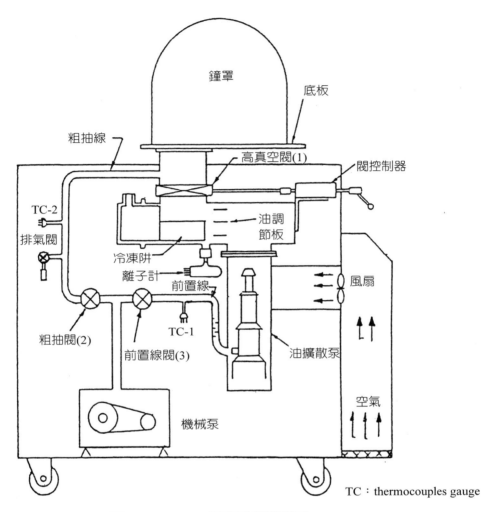

圖11.5　VE-300真空系統概略圖

[資料來源：瓦裡安（Varian）-Extron]

　　真空系統的終極壓力（ultimate pressure）也受泵內的幫浦油（pump oil）的限制。幫浦油是用來密封轉動泵，潤滑渦輪分子泵（turbo molecular pump）和路茲泵（Roots pump）的軸承（bearing）。擴散泵（diffusion pump）更是利用幫浦油來除去空氣。幫浦油有二種作用，一是藉表面遷移而散開到表面，二是油蒸氣逆抽氣方向而倒灌。幫浦油進入製程室（process chamber）不僅限制了終極壓力，而且嚴重地污染了真空製程。它甚至可能進入沉積膜，而使膜的特性劣化，也可能造成膜和晶圓的附著不良問題。

為降低幫浦油的混入和倒灌（back-fill），方法有：

1. 選擇不用油的泵，如冷凍泵（cryopump）。

2. 使用低蒸氣壓的幫浦油（pump oil）。

3. 遵守真空系統的操作步驟，使倒灌降為極小。

4. 使用阻擋器（creep barrier）、調節板（baffle）和冷凍陷阱（cold trap）。

一油擴散泵（diffusion pump），如圖11.6所示。顯示出阻擋器、調節板和冷凍陷阱的相關位置。阻擋器的材質為鐵弗龍（teflon）不沾油，放在沿著擴散油到製程室牆的路途之上，阻止油超過那一點。調節板放在蒸氣進入製程室的路途之上。氣體分子撞到調節板就被彈回泵內。陷阱的作用是冷凝蒸氣。在冷凍泵，這些裝置則是用來遮蔽輻射。

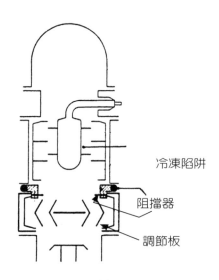

冷凍陷阱

阻擋器

調節板

圖11.6　油擴散泵的概略圖

[資料來源：萊寶－賀利氏真空製品（Leybold-Heraeus Vacuum Products）]

陷阱有冷凍凝縮和非冷凍吸收兩種，用來阻止幫浦油倒灌。冷凍式利用液態氮（liquid nitrogen）將表面降溫到77K，以凝縮倒灌的幫浦油蒸氣。此類冷凍陷阱可以放在高真空閥的泵側，或直接放在真空室內，也稱為米斯那陷阱（Meissner trap），它也有增加抽氣速度的功用。非冷凍式吸收陷阱稱為分子篩（molecular sieve），內部填以沸石（zeolite）或活性礬土（activated alumina）。這些材料的比表面積（specific surface area，單位質量的表面積）大，可以有效地脫附大量的油蒸氣。一個分子篩吸收陷阱的構造，如圖11.7所示。分子篩很快就為水蒸氣或油蒸氣而飽和，此時必須烘烤以再生。分子篩也可能帶粒子進入泵，而使泵提早損壞。

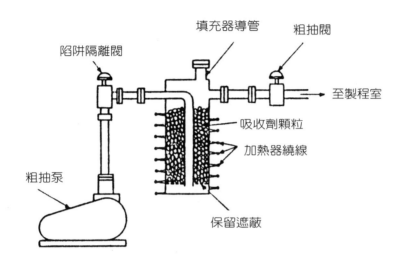

圖11.7 可以再生的吸收陷阱

[資料來源：萊寶—賀利氏真空產品（Leybold-Heraeus Vacuum Products）]

閥（valve）或稱凡爾，是一種開關，用於控制氣體的流動。閥在真空系統是用來將系統的兩部分隔開。真空閥（vacuum valve）是用來將兩個不同壓力的區間隔開，包括粗抽閥（roughing valve）和前置閥（foreline valve），它們是放在前置泵和真空泵之間或前置泵和製程室之間。高真空閥（high vacuum valve）是放在製程室和高真空泵之間。另一種舒壓閥（relief valve），它會自動打開，當底臺側壓力超過一預設值。最常用的高真空閥是閘閥（gate valve）或滑動型閥（sliding valve）。而冷凍泵使用的高真空閥則為一種百葉窗型的，如圖11.8所示。圖11.8(c)以閥板轉動為一種蝴蝶閥（butterfly valve），在此用做調節流量用，即當做節流閥（throttle valve）。

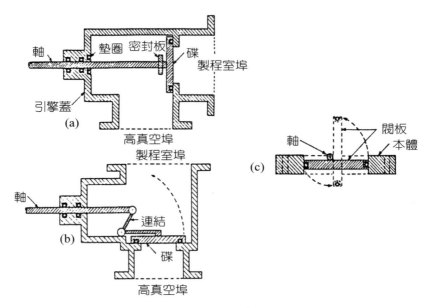

圖11.8　高真空閥，(a)碟閥，(b)鼓翼閥，(c)蝴蝶閥（節流閥）

[資料來源：Maissel, Handbook of Thin Film Technology]

　　閥（valve）也用來做真空製程室（vacuum chamber）的排氣（exhaust），或調節並維持特定的氣體流速。如針閥（needle valve）和漏氣閥（leak valve），如圖11.9所示。這些都是小型閥、構造簡單。針閥控制流率，以改變硬不銹鋼針和黃銅底座之間的空間。

　　半導體製程真空泵系統，多裝有殘餘氣體分析儀（residual gas analyzer），以監控抽氣過程，其作用為測真空封合與銲接處之真漏，裝置元件的釋氣（outgassing）和流量控制系統的洩漏（leakage）。殘餘氣體分析儀作為診斷工具，幫助工程師連續監控製造過程所產生的污染氣體，並檢驗目標過程氣體的含量。它所適用的真空度高達10^{-14}托爾（torr），可偵測出污染達ppm級以上。也可以做為系統測漏之用。

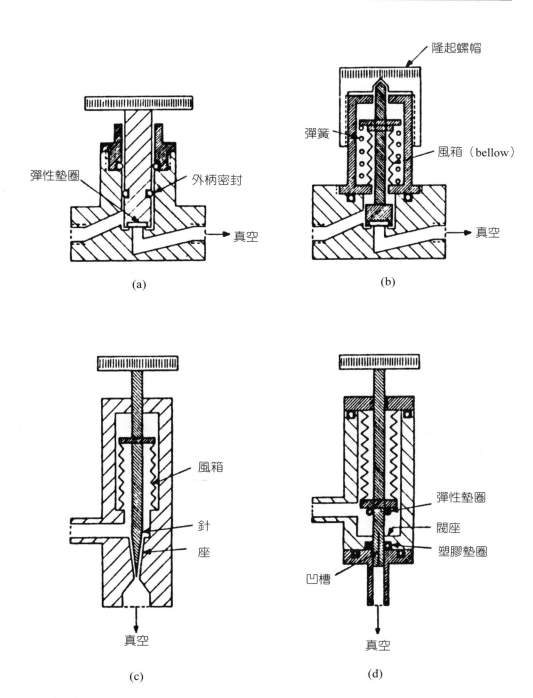

圖11.9 氣體閥，(a)填塞碟閥，(b)無填塞碟閥，(c)無填塞針閥，(d)無填塞可變洩漏閥

11.3 真空泵的分類

真空泵的分類大致如下：

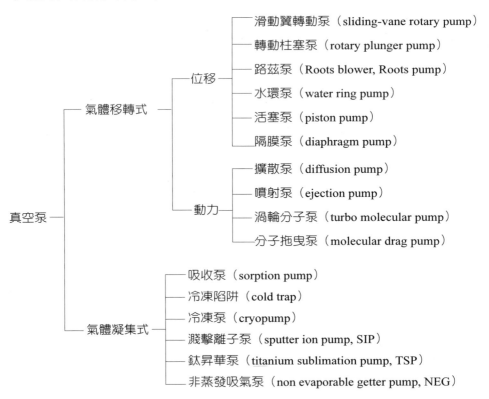

移轉式泵是把製程的氣體抽到大氣之中。凝集式泵是把氣體陷在泵本身。移轉式通常用油潤滑，要小心勿使潤滑油污染製程室。它們的優點是可以連續不斷抽氣，不會像凝集式泵飽和。半導體製程則常使用乾式泵（dry pump）或無油泵（oilfree pump或oilless pump）。

在一個真空系統之內，除了泵以外，重要的零件還有壓力計（或稱真空計）（pressure gauge或vacuum gauge）、管件（tubing）和閥（valve）等。選擇真空泵

時，要考慮的因素有終極壓力（或終極真空度）、抽氣速度、有效的壓力範圍、使用的氣體、排氣壓力、工作狀況（如污染的程度）和成本等。

各種真空泵的工作壓力範圍，如圖11.10所示。

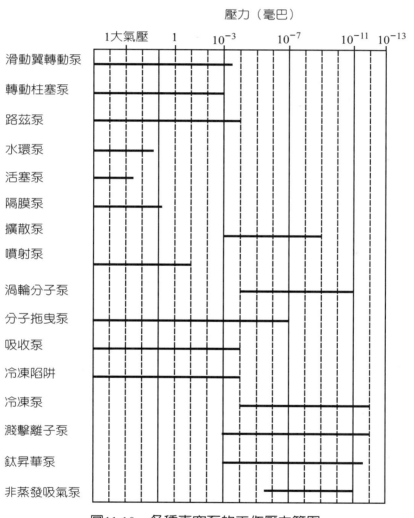

圖11.10　各種真空泵的工作壓力範圍

真空係針對大氣而言，一特定空間內的部分氣體被排出，其壓力就小於1大氣壓。表示真空的單位相當多，在大氣的情況下，通稱為1大氣壓，也可表示為760托爾（torr）或760毫米水銀柱高（mm Hg）或14.7磅／平方吋（psi）。

真空技術中，將真空依壓力大小分為5個區域：

1. 粗略真空（rough vacuum）：760～1torr

2. 中度真空（medium vaccum）：1～10^{-3}torr

3. 高真空（high vaccum）：10^{-3}～10^{-7}torr

4. 超高真空（very high vacuum）：10^{-7}～10^{-9}torr

5. 極高真空（ultra high vacuum）：10^{-9}torr以下

表示壓力的單位，10^{-13}mm Hg大約等於10^6分子／升。在MKS制，1帕（Pa，Pascal）＝1牛頓／平方米（N/m²）。在CGS制1達因／平方公分（dyne/cm²）＝0.1N/m²＝10^{-6}巴（bar）。（1牛頓（Newton）＝10^5達因（dyne））幾個重要的關係式為：

$$1mm\ Hg = 1torr \tag{1}$$

$$1atm = 760mmHg = 101325N/m^2 = 1.013 \times 10^5 Pa \tag{2}$$

$$1psi = 51.715torr \tag{3}$$

$$1Pascal = 7.5 \times 10^{-3}torr = 7.5\mu mHg \tag{4}$$

$$1torr = 133.3Pascal \tag{5}$$

$$1bar = 1 \times 10^5 Pa = 750torr = 0.987大氣壓 \tag{6}$$

在不同真空，氣體流動的型式與熱導性等均有差異。簡略而言，在粗略真空，氣體的流動稱為黏滯流（viscous flow），其氣體分子間碰撞頻繁，且運動具有方向性。在高真空或超高真空範圍，氣體流動稱為分子流（molecular flow），其氣體分子間碰撞較少，且少於氣體與管壁碰撞的次數，氣體分子運動為隨意方向，不受抽氣方向影響，介於黏滯流動和分子流領域之間，平均自由路徑（mean free path）λ大約等於容器尺寸為克奴森流（Knudsen flow）。在熱導性方面，中度真空的壓力範圍內熱導性與壓力成正比關係，粗略真空與高真空區域，則無此關係。真空的領域和代表性的幫浦，平均自由路徑等資訊，如表11.1所列。半導體製程設備的CVD使用層流（laminar flow），為要避免干擾。濺鍍和乾蝕刻是介於黏滯流和克奴森流之間，離子植入為分子流領域。

表11.1　真空的領域

領　域	壓力範圍	流　性	代表性幫浦	代表性真空計	平均自由路徑（空氣，15℃）
低真空	大氣壓～1torr	粘性流	油旋轉幫浦	水銀壓力計 波頓管（Bourdon tube）真空計	50μm以下
中真空	1～10^{-3} torr	中間領域	油旋轉幫浦 噴射幫浦 機械式升壓器	麥克勞真空計（Mcleod vacuum gauge） 派藍尼真空計（Pirani vacuum gauge）（油壓力計）	50μm～5cm
高真空	10^{-3}～10^{-7}torr	分子流	擴散幫浦 分子幫浦	電離真空計 彭寧真空計（Penning vacuum gauge）	5cm～500m
超高真空	10^{-7}torr以下	分子流	有閘的擴散幫浦 濺擊離子幫浦	B-A型游離子真空計（BA ion gauge）	500m以上

真空裝置中各種材料放出氣體量，如表11.2所列。洩漏容許量，如表11.3所列。

表11.2　放出氣體量

材料	處理	放出氣體量（室溫，空氣換算值，〔torr•l/s•cm^2〕）
耐熱玻璃（pyrex）	－	10^{-6}～10^{-8}
耐熱玻璃	400℃脫氣	～10^{-15}(He) ～10^{-18}(H$_2$O)
不銹鋼	－	10^{-6}～10^{-8}
不銹鋼	研磨，脫脂	～10^{-9}
不銹鋼	250℃脫氣	～10^{-11}
不銹鋼	400℃脫氣	～10^{-15}（大部分CO）
鍍鎳的鋼	－	～10^{-7}
生銹的軟鋼	－	10^{-6}～10^{-7}
人造橡膠（neoprene*）	真空中脫氣	10^{-5}～10^{-6}
鐵弗龍（teflon）*	加熱脫氣	10^{-7}～10^{-8}
維通（Viton）	真空中脫氣	～10^{-7}

*neoprene、teflon、Viton均為杜邦（Dupont）註冊商品名

表11.3　真空裝置的洩漏容許量

裝置	洩漏容許量〔torr•l/s〕
凍結乾燥裝置	10^{-2}
分子蒸餾裝置	10^{-3}
有泵的水銀整流器	10^{-4}

裝置	洩漏容許量〔torr•l/s〕
高真空排氣裝置，原子能關係機器	10^{-5}
真空冶金裝置，電冰箱	10^{-6}
迴旋加速器（cyclotron）等粒子加速器	10^{-7}
大型超高真空裝置	10^{-8}
真空斷熱裝置	10^{-9}
小型超高真空裝置	$10^{-10} \sim 10^{-11}$
電子管	10^{-12}

目前市面上流行的粗抽泵，有乾式轉動泵（dry rotary pump）和油密封轉動泵（oil sealed rotary pump）。乾式泵的入口沒有油，出口有油，油密封泵的入口和出口均有油。兩者均需氣鎮裝置（gas ballast）以除去液態物。其他一些真空泵的特性，如表11.4所列。

表11.4　真空泵特性

	是否需要支援泵	是否有油		形成問題的氣體或蒸氣	備　註
		入口	出口		
乾式轉動泵	否	否	是	可壓縮的	
油密封轉動泵	否	是	是	需要氣鎮	通常用做粗抽／支援
路茲泵	是	否	是	壓縮比低	有油污染，除非先除油
擴散泵	是	是	是	對H_2和He低壓縮比	油污染最嚴重
渦輪分子泵	是	否	是*		
分子拖曳泵	是	否	是*		
吸收泵	否	否	無出口	可燃氣體有爆炸的危險	做乾式粗抽
冷凍泵	否	否	否**		對H_2、He容量低
濺擊離子泵	否	否	無出口	對惰性氣體不佳	

*只有磁浮軸承式出口無油，它沒有摩擦、無潤滑。
**吹淨粗抽泵管線，在熱機再生期要避免油污染。

冷凍泵不宜做可燃性蒸氣的抽氣，因為空氣也會混在一同被抽掉。當冷凍泵飽和，再生（regeneration）時放出的氣體會形成爆炸的混合物。濺擊離子泵則以釋放氫（H_2）為主，飽和時，無法再生，必須將內部零件完全更換。

11.4　機械粗抽泵

　　機械泵（mechanical pump）是使用最久的真空幫浦，也普遍地應用於半導體製程作粗抽之用。機械泵的抽氣原理，如圖11.11所示。一個轉子（rotor）外附一迴轉翼（rotary vane）。由於它的特殊設計，此轉子每轉動一週，右側（即製程室）的氣體就被抽到左側（即工作房間）。因此製程室的氣體逐漸減少，真空度逐漸提高。

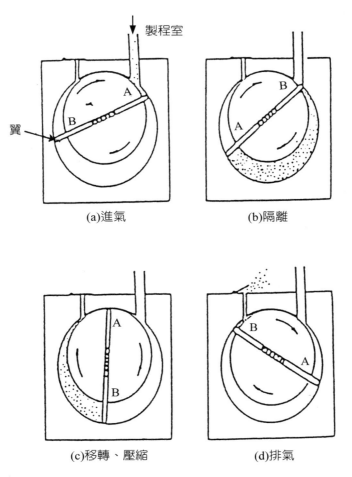

圖11.11　機械泵的抽氣原理

　　一個製程室要抽到相當程度的高真空極不容易，原因除了真空泵有工作極限，即終極壓力（ultimate pressure）。其餘像製程室牆壁的洩漏，尤其是接頭閥或二不同部分之接合處，即使加上墊圈（gasket）也有一定的洩漏。製程室內部的藏氣，如工具材料、晶圓加熱器等，如圖11.12所示。有些製程如濺鍍和乾蝕刻還需要製程氣體（process gas），當然就另當別論了。

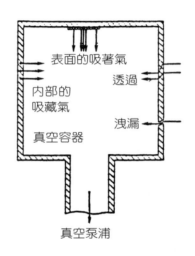

圖11.12　不完全真空容器

1. 滑動翼轉動泵

　　一個滑動翼轉動泵（sliding vane rotary pump）的剖開，如圖11.13所示。葉片為碳質做為翼，會磨損，要定期更換。滑動翼轉動泵概略圖，如圖11.14所示，翼（vane）和定子（stator）間並放大說明。

2. 油密封旋轉泵

　　油密封旋轉泵（oil sealed rotary pump）有三種型式，如11.15所示。圖11.5(a)為旋轉翼型，圖11.5(b)為凸輪（cam）型，圖11.5(c)為搖動活塞型。其吸入、壓縮、排出的動作均標示於圖。旋轉翼型也可以將兩級串接使用，以提高抽氣速率（puming speed）和終極真空度，如圖11.16所示。

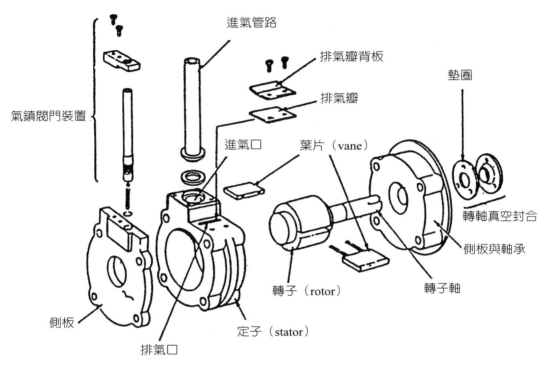

圖11.13 滑動翼轉動泵的剖開圖

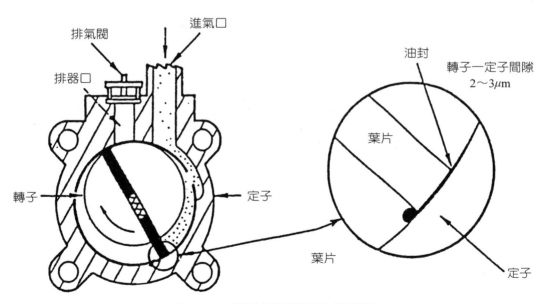

圖11.14 滑動翼轉動泵的概略圖

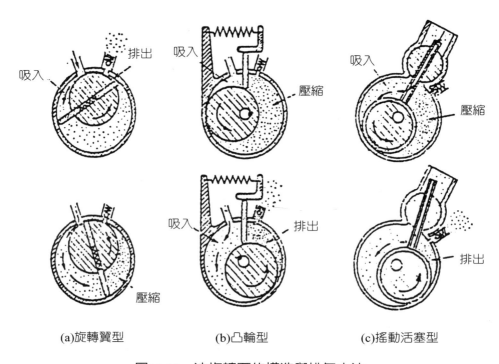

(a)旋轉翼型　　　　　(b)凸輪型　　　　　(c)搖動活塞型

圖11.15　油旋轉泵的構造與排氣方法

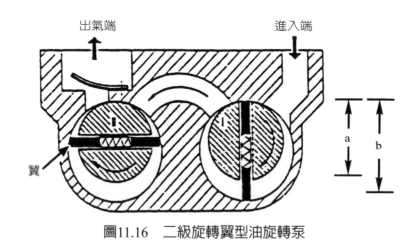

圖11.16　二級旋轉翼型油旋轉泵

　　一旋轉翼泵，如圖11.17所示。翼用彈簧固定，壓縮於定子（stator）的內部表面。一層油膜用來潤滑泵內零件，也密封翼、轉子和罩框。整個轉子、定子組件也浸於幫浦油之中。因為緊密密封，終極壓力低。O型環（O-ring）做為氣密用。此

種泵普遍用於非腐蝕性氣體的抽氣應用。

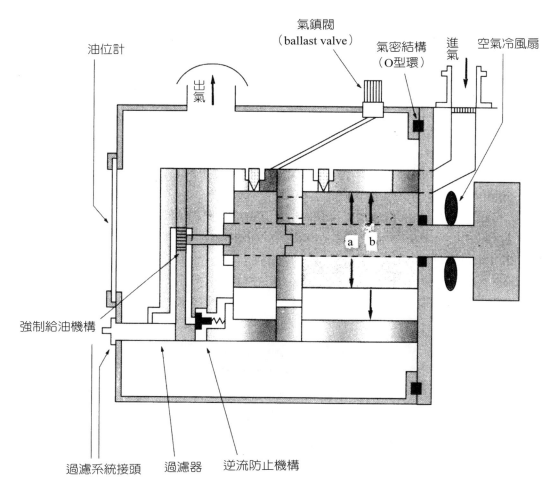

圖11.17 旋轉翼型泵

[資料來源：愛發科（Ulvac）]

　　一般旋轉泵有過電流保護，內建抗倒吸油閥，一種杜邦（Dupont）的氟橡膠維通（Viton）密封以提高可靠度。抵抗化學反應。和氣體或蒸氣接觸部分為不銹鋼材質，儲油槽有特殊敷蓋以抗腐蝕，使用油為礦物油（mineral oil）或綜合型油。儲油槽內有恒溫閥，以控制水流。圖11.16和圖11.17的相關部分，尺寸以a、b表示。

3.活塞迴轉泵

　　一個活塞式迴轉泵（piston rotary pump）的內部構造，如圖11.18所示。各部分之作用為：1.泵室，2.活塞（piston），3.偏心輪（eccentric wheel），4.壓縮室，5.油浸壓力閥，6.油量指示管，7.壓艙（ballast，即氣鎮）通道，8.出氣口，9.壓艙閥，10.阻陷，11.入氣口，12.滑動閥，13.鉸桿，14.吸氣室。這種泵是油密封的。它是用做前級泵，將製程室由一大氣壓抽到15～0.1帕。活塞在一偏心轉子（rotor）上轉動，並且沿定子（stator）的牆滑動。油用來密封固定的和移動的零件。活塞泵的間隙比旋轉翼泵稍大，可容忍微粒子的污染。構造簡單，堅固。可做反應性氣體的抽氣之用。

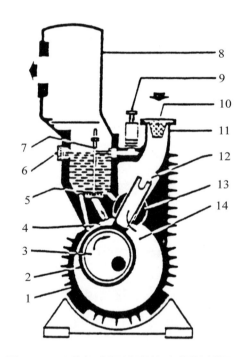

圖11.18　活塞式迴轉泵的內部結構圖

油密封粗抽泵已逐漸為乾式泵（dry pump）所取代。

4.機械幫浦的附屬組件

　　機械幫浦為了擴大其應用範圍，並延長幫浦的壽命與功能，常使用各種配件。配件的作用可分為兩方面，一是避免幫浦影響系統內的製程品質，二是防

止系統內的製程對幫浦造成不良影響。常用之附件，如圖11.19所示，各附件的
作用簡單介紹如後。

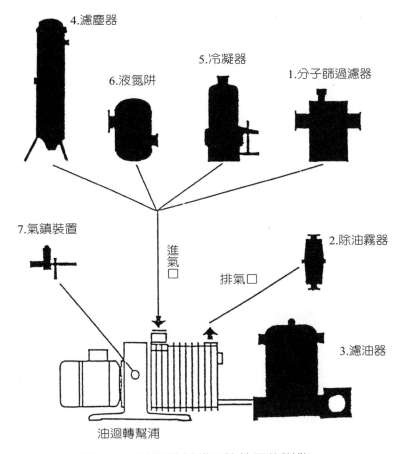

圖11.19 油迴轉幫浦可能使用的附件

(1)分子篩過濾器（molecular sieve filter）：包括粗抽阱（roughing trap）與前置
阱（foreline trap）兩種，防止機械幫浦油蒸氣回流至系統或擴散幫浦口，在
濺擊離子幫浦或渦輪分子幫浦中常使用此裝置，目的是系統可保持極潔淨的
環境。常用之分子篩為沸石（zeolite）。

(2)除油霧器（oil mist filter或oil mist eliminator）：當幫浦的進氣壓力在1大氣壓
至3托爾之間時，其排氣將夾帶大小1微米左右的油粒子，不但會污染工作區
環境，且使幫浦油逐漸漏失，利用除油霧器可避免油氣逸出與油漏失。

(3)濾油器（oil filter）：在半導體製程中，污染性氣體常對機械幫浦造成侵害。使用濾油器淨化裝置，可將不純物吸附在過濾網上予以純化。

(4)濾塵器（dust filter）：固體顆粒，例如大於2微米的物質，會造成幫浦內部表面之磨損，影響幫浦的性能，尤其在真空冶金（vacuum metallurgy，包括冶煉、提純、重熔）與化學應用上此種情形更為常見，因此濾塵器不可省。

(5)冷凝器（condenser）：在蒸氣逸出較為嚴重的情況，例如真空乾燥（desiccation）應用，必須使用冷凝器捕捉水蒸氣，一般使用一氧化碳（CO）作為冷凝劑。除濕亦可用活性白土（activated earth）、活性礬土（activated alumina）或活性碳（activated carbon）。

(6)液氮阱（LN_2 trap）：防止凝結性及有害之蒸氣由真空室抵達幫浦，並避免油蒸氣回流至系統，它本身即為一幫浦，因此凝結溫度高於77K的氣體均會凝結而被抽除。

(7)氣鎮裝置（gas ballast）：如圖11.20所示，是用來除去製程室內的液態物，如水或丙酮（acetone）以較大的黑點表示，較小的黑點表示氣體，以免它們凝結在泵內牆面污染泵油。圖11.20(a)為無氣鎮裝置，在a_3顯示液態物無法排除。圖11.20(b)為加裝氣鎮裝置，在b_2通入加壓氮氣使液態物破裂為更小粒或蒸發為氣體，b_3就可以順利將其排出。氣鎮的一個缺點為降低抽氣速率。

5.路茲泵（Roots pump）

又名路茲鼓風機（Roots blower），是機械泵的一種。利用兩個像花生米的轉子（rotor），相對逆向轉動，而逐漸將空氣由氣室（chamber）中抽走。因為路茲幫浦各轉動元件間不直接接觸，因此可以極高的速度運轉（1500～3600轉／分，rpm）。不用油封合是乾式泵。內漏（internal leakage）使得路茲泵的壓縮比（compression ratio）遠比油封式機械泵為小，約在10～100之間，抽真空程度可達10^{-4}托爾。壓縮比即為入氣壓力／出氣壓力，壓縮比越大表示效率越高。路茲泵的概略圖，如圖11.21所示，路茲泵的抽氣原理，如圖11.22所示。依照進氣－隔絕－壓縮－排氣的順序動作。路茲泵的結構，如圖11.23所示。其各主要部門之說明如下：1.溢流閥，2.轉子，3.進氣口，4.迷宮式

密封，5.驅動馬達，6.轉動軸，7.油潤滑環，8.軸承（bearing），9.排氣口，
10.齒輪（gear），11.油面指示，12.量測接口。

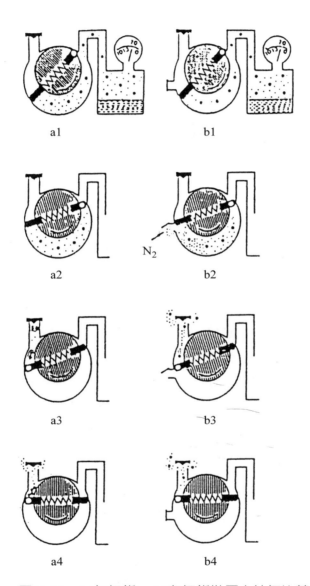

圖11.20　(a)無氣鎖，(b)有氣鎖裝置之抽氣比較

[資料來源：萊寶賀利氏真空產品（Leybold Heraues Vacuum Product）]

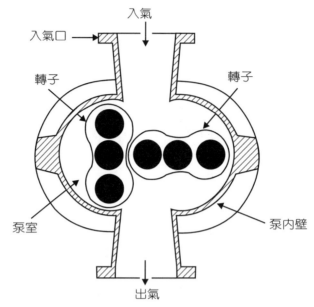

圖11.21　路茲泵的概略圖

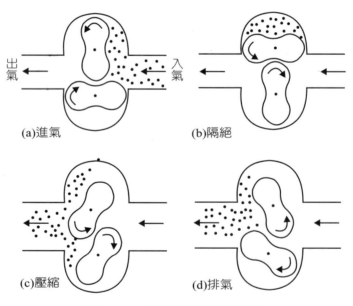

圖11.22　路茲泵的抽氣原理

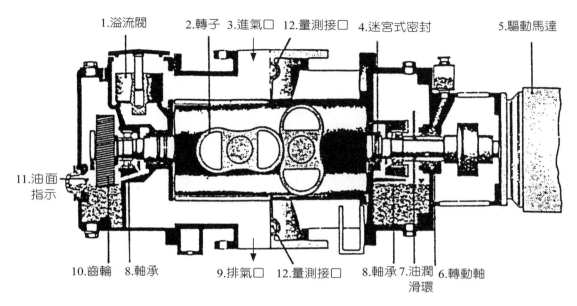

1.溢流閥　2.轉子　3.進氣口　12.量測接口　4.迷宮式密封　5.驅動馬達

11.油面指示

10.齒輪　8.軸承　9.排氣口　12.量測接口　8.軸承　7.油潤滑環　6.轉動軸

圖11.23　路茲幫浦結構斷面及各部分名稱

6.水環式泵

水環式泵（water ring pump）為粗略真空之大型泵，造價便宜，如圖11.24和圖11.25所示。主要機件有偏心轉動的複葉輪、機體、進氣口和排氣口。葉輪轉動以後，水被拋向外圍並形成移動的水環，水環內部中空。因為葉輪相對於機體是偏心運轉，因此葉片轉動時，在進氣口位置葉片離開水環，體積增大，排氣口位置葉片進入水環，體積減少，壓縮氣體因而排出。此時之吸氣、壓縮、排氣的動作過程和油封式迴轉泵的原理相同，只是氣密介質是水而不是油。

7.乾式真空泵

乾式真空泵（dry vacuum pump）沒有鼓風機（blower），無水冷卻，只用空氣冷卻，無潤滑油軸承（bearing），乾滑動。製程室乾壓縮，設計簡單，易維修，低震動，低雜音，氣密，有氣鎮（gas ballast）裝置，可容忍意外的氣體、微塵和水蒸氣，電力消耗少。新型乾式真空泵已達完全無油（oilfree或oilless），操作員不需更換污染的油或密封用流體，大幅提高安全性。

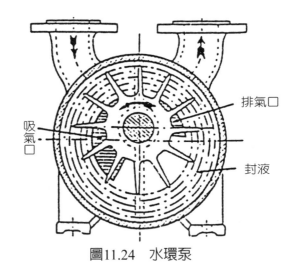

圖11.24 水環泵

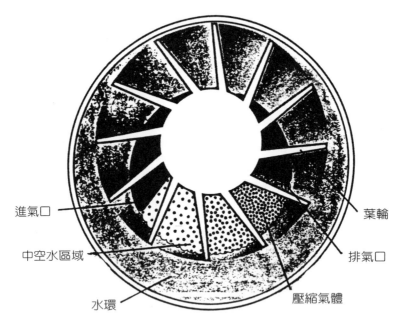

進氣口

中空水區域

水環

葉輪

排氣口

壓縮氣體

圖11.25 水環泵葉輪旋轉時之進氣、壓縮、排氣過程

　　一個無油乾式泵,如圖11.26所示,氣缸(cylinder)以活塞(piston)區隔為二個氣室(chamber)。在氣室,活塞向下移動使密封氣缸內產生真空。當活塞到達它衝程的回返點,它在活塞氣缸曝露出細漏,氣體就經過這些細溝進入。活塞對一碟形閥壓縮氣體。閥被推開,氣體因而排出。

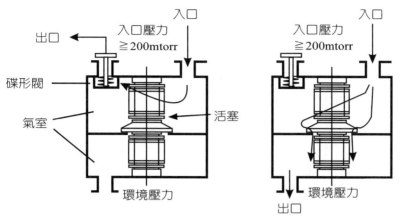

圖11.26　一乾式泵的進氣、排氣情形

如圖11.27所示的乾式泵（dry pump）具有一對特殊形狀的螺旋轉子，它提供同步轉動，不互相接觸。氣體經泵的入口，經轉子罩框而到出口。氣體被終端螺絲壓縮，而排到泵外。轉子的轉動和計時齒輪（gear）同步，並且被馬達和轉子間的齒輪加速。它的缺點是二轉子之間隙容易被卡死，尤其不宜用於CVD等製程，因為CVD會產生固體粒子。另一個乾式泵，如圖11.28所示。乾式泵亦可降低電費，降低CO_2發散量。乾式泵於常壓啟動，抽氣快，馬達啟動電流低。侵入電流（inrush current）大約為額定電流值。可於50/60Hz操作。為智慧型系統，有感測器，微處理機控制，有電流失敗保護。

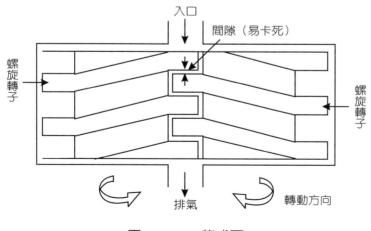

圖11.27　一乾式泵

[資料來源：堅山（Kashiyama）]

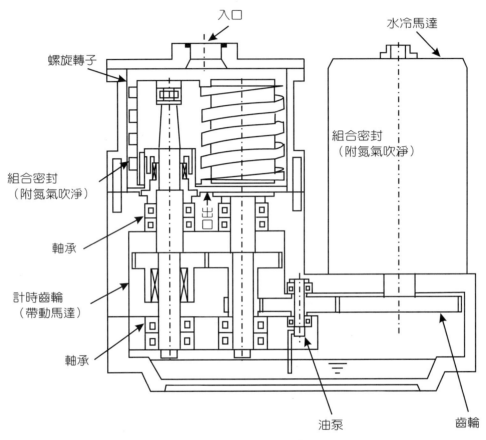

入口
水冷馬達
螺旋轉子
組合密封
（附氮氣吹淨）
組合密封
（附氮氣吹淨）
出口
軸承
計時齒輪
（帶動馬達）
軸承
油泵
齒輪

圖11.28　一乾式泵結構圖

[資料來源：堅山（Kashiyama）]

　　乾式泵之另一種為隔膜泵（diaphragm pump），它利用橡皮往復隔膜製造真空，如圖11.29所示。隔膜可適時打開、關閉。活塞上下移動，使氣體向外推動。它和油密封式轉動真空泵相比，較不堅強，但有以下優點：無油，容易維修。排氣比較乾淨，因為沒有油的蒸氣污染。抽氣速率大、終極壓力好，安定度高。主要應用為科學分析機器，真空吸盤，晶圓和膜操作裝置、真空鑷子、醫藥器具、印刷機器、自動包裝機器和光學器具。二級隔膜泵可得較高真空，如圖11.29(b)所示。

　　乾式泵大致上可分類如下：

　1.隔膜式（diaphragm），做為渦輪分子泵的支援泵（booster pump，或稱助力泵），或冷凍泵抽氣系統的粗抽泵。

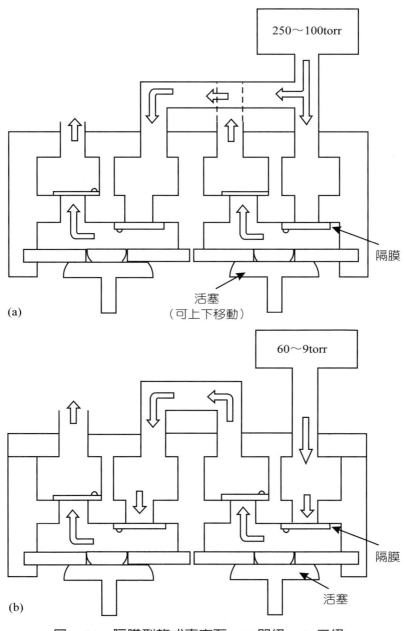

圖11.29　隔膜型乾式真空泵，(a)單級，(b)二級

2. 搖擺活塞式（rocking piston），利用特殊綜合樹脂製造的活塞環，上下移動抽氣，特徵是質量輕。

3. 滑動翼式（sliding vane），用直流馬達，無油潤滑。低振動，低壓力脈衝。

4. 機械助力泵（mechanical booster pump）：利用樹脂型的齒輪，無潤滑油。不需更換油，不會有漏油現象。

5. 漩渦式（scroll）。

11.5 動力式泵

1. 油擴散泵

一擴散泵（diffusion pump），如圖11.30所示。使用加熱器將擴散油（diffusion oil）加熱，使其蒸發，冷卻後的油分子吸收空氣分子，掉落於擴散油之內，而被抽走。抽真空的範圍為10^{-3}～10^{-7}托爾。如果氣室（chamber）內的殘餘氣體有毒性（poisonous），則擴散油也會漸漸帶毒性（toxicity）。更換擴散油時必須格外小心，不要觸及皮膚。

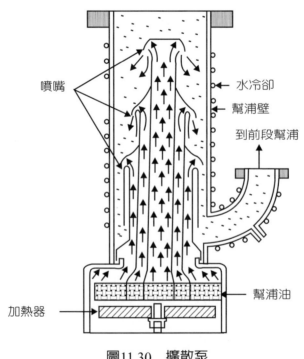

圖11.30 擴散泵

假設裝置無洩漏或放出氣體，油擴散泵的終極壓力（ultimate pressure）取決於⑴油熱分解自行放出氣體，⑵油的蒸氣壓（vapor pressure），⑶由排出口逆向擴散的噴流氣體，⑷從噴嘴被吸到高真空區的油蒸氣和飛沫，⑸鍋爐溫度不足與過高等。擴散泵的細部抽氣速率、壓力和壓縮比，如圖11.31所示。因為擴散油往下降，上部分真空度較好。擴散泵的整體壓縮比為各段壓縮比之乘積，依此例為50,000。

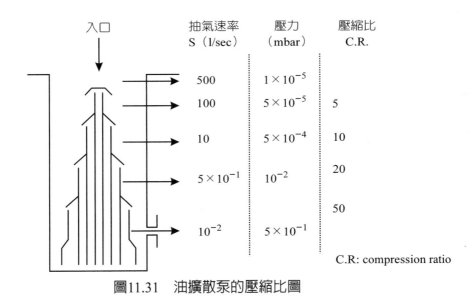

圖11.31　油擴散泵的壓縮比圖

真空用油必須為低蒸氣壓。密封用油的黏度要夠高。油要能阻止它和要抽的氣體起反應，不可燃。適當的油有碳氫流體（hydrocarbon fluid），為從石油精煉而得。惰性機械油，有過氟聚醚（perfluoro polyether, PFPE）和氯三氟乙烯（chloro trifluoro ethylene, C_2F_3Cl, CTFE）兩種。擴散泵因為抽真空速度慢，而且又有油氣回流現象，已漸為無油的冷凍泵或渦輪分子泵所取代了。

2.噴射泵

噴射泵（ejector pump，或ejection pump）是利用柏努力定律（Bernoullis' principle），液體在水平方向運動時，隨速度增加而壓力減低。如圖11.32所示，圖11.32(a)為吸入壓力低時，圖11.32(b)為吸入壓力高時的吸入口情形。

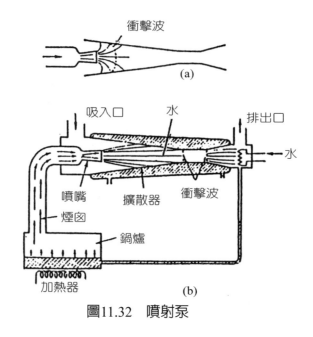

圖11.32　噴射泵

3.渦輪分子泵（turbo molecular pump）

　　使用高速旋轉的葉片，使氣體分子有一定方向的運動量，藉以獲得排氣能力的機械泵。抽真空的範圍為10^{-4}～10^{-11}托爾。這個泵所以稱為分子泵，因為它必須在進氣端的氣體處於分子流動的情況下，才能有效的操作，此時的壓力約在10^{-3}托爾以下。所以需要一個迴轉泵做輔抽泵。

　　高級的渦輪分子泵有磁浮式（magnetically levitated）利用磁場浮載，無油不需要軸承，省掉更換軸承的煩惱。轉子以鍛造鑄模一體成型式，抽氣速率可達800升／秒或以上。本體連接電纜線和電源供應器均可以互換，任何零件更換後，不需再做調整。電源供應器有自行診斷（self diagnosis）功能。停電時磁浮會藉由再生剎車而自動維持。觸地軸承可承受250次停電事件。

　　一個渦輪分子泵，如圖11.33所示。其構造，如圖11.34所示。其各組成部分之作用為：(1)碎片護網，(2)泵室，(3)轉子，(4)通氣接口，(5)冷卻水，(6)阻陷，(7)入氣口，(8)壓艙閥，(9)前置真空接口，(10)清除氣體接口，(11)冷卻水接口，(12)三相馬達（three-phase motor）。

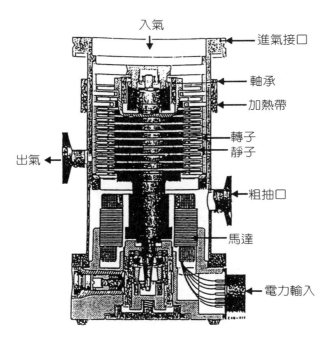

入氣

進氣接口

軸承

加熱帶

轉子
靜子

出氣

粗抽口

馬達

電力輸入

圖11.33　渦輪分子泵

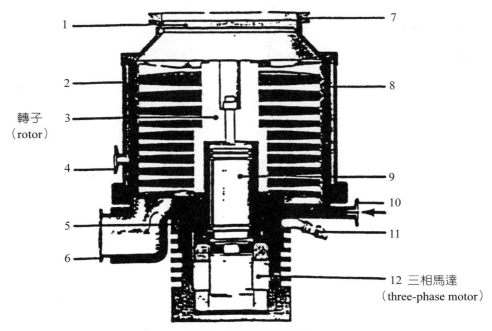

1

2

轉子
（rotor）

3

4

5

6

7

8

9

10

11

12　三相馬達
（three-phase motor）

圖11.34　渦輪分子式泵的構造

另一渦輪分子泵的構造，如圖11.35所示。各組成之作用為：(1)高頻馬達，(2)連接器，(3)軸，(4)轉子葉片，(5)定子葉片，(6)間隔物，(7)輻射狀磁軸承，(8)軸狀磁軸承，(9)觸地軸承，(10)氣體感測器（gas sensor），(11)入口凸緣，(12)出口凸緣，(13)保護網，(14)冷卻水管。磁浮渦輪分子泵的規格，如表11.5所列。

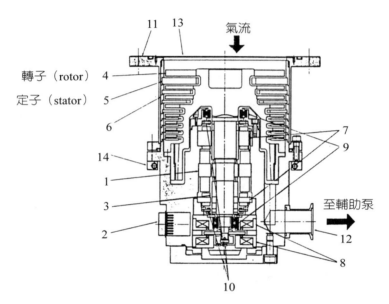

圖11.35　一渦輪分子泵的構造圖

表11.5　磁浮渦輪分子泵的規格

冷卻方法	水冷
終極壓力	10^{-8}帕（10^{-10}托爾）
極大入口壓力	200帕（1.5托爾）
極大出口壓力	530帕（4托爾）
抽氣速率	$N_2$190升／秒，He140升／秒，$H_2$120升／秒
壓縮比（compression ratio）	N_2　1×10^9，He　6×10^4，H_2*　4×10^3
額定轉動速度	45,000～50,000rpm
啟動時間	5分鐘
震動	小於0.012微米
環境溫度	0-40℃
容許磁浮通量密度	輻射狀方向　3mT（Tesla）**，軸狀方向15mT（Tesla）

*對氫的壓縮比極佳　　　　**1Tesla＝10,000Gauss
[資料來源：島津（Shimadzu）]

　　一新型渦輪分子幫浦，如圖11.36所示。氣體由幫浦的入口進入之後沿著轉子流至幫浦的底端，再經由內殼外緣上的螺旋溝槽流至幫浦的中間，再經過特殊流道的設計流出幫浦。轉子是採用變角度、變螺旋溝槽深度的設計。

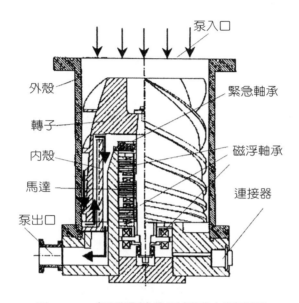

　　　　泵入口
　　　　外殼
　　　　轉子
　　　　內殼
　　　　馬達
　　　　泵出口
　　　　緊急軸承
　　　　磁浮軸承
　　　　連接器

圖11.36　新型渦輪分子幫浦之剖面圖

[資料來源：鄭鴻斌，真空科技]

4.分子拖曳泵

　　分子拖曳泵（molecular drag pump）的構造和渦輪分子泵相似，這二種高級泵都需要輔助泵，先將製程室的真空度抽到分子流。氣體分子進入泵，經過入口撞擊轉子的槽牆表面，轉子以高速轉動。氣體分子因槽的斜度而被抽往下方。當氣體分子移動靠近泵的下端，它們受到轉子速度的影響，就被拖到轉子牆表面而抽走，如圖11.37所示。此種泵的抽氣速度快，高可靠度。生產此種泵的大金（Daikin）有日本第一電器的美譽。

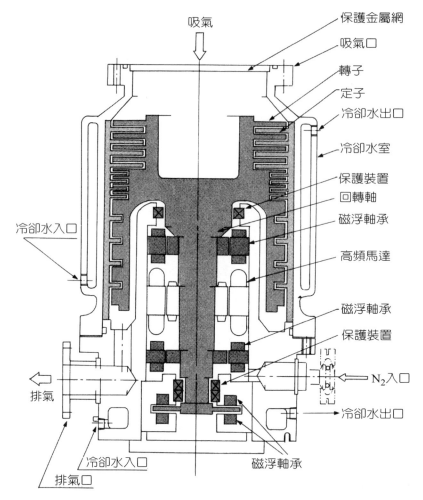

吸氣

保護金屬網

吸氣口

轉子

定子

冷卻水出口

冷卻水室

保護裝置

回轉軸

磁浮軸承

高頻馬達

磁浮軸承

保護裝置

N₂入口

冷卻水出口

冷卻水入口

排氣

排氣口

冷卻水入口

磁浮軸承

圖11.37　分子拖曳泵

[資料來源：大金（Daikin）]

　　分子拖曳泵有磁浮式軸承（magnetically leviated bearing），完全無油，無污染。有陶瓷敷蓋，可耐腐蝕性氣體。可用於半導體的乾蝕刻、CVD、濺鍍、離子植入等製程。

　　磁浮軸承具有無靜電（electrostatic charge）、沒有磨損、不會製造顆粒、不需潤滑、低噪音、低功率消耗等特性，可使製造場所保持乾淨、無干擾的狀態。磁浮是結合機械、電子及控制軟體；磁力使旋轉機械懸浮，支撐旋轉機械，並控制該旋轉機械，磁浮力來源有超導磁鐵、永久磁鐵及電磁鐵三種。

11.6　氣體凝集式泵

1.吸收泵

　　吸收泵（sorption pump）不需要電源。沒有轉動、不會震動，當然無噪音。它是靠低溫液態氮吸收製程室內的空氣。吸收泵的應用及構造，如圖11.38所示。外層用迪瓦容器（Dewar vessel），內抽真空以絕熱。中間層充液態氮，內層用高吸附性的分子篩（molecular sieve）。當分子篩吸滿飽和，將閥關上，對分子篩加熱，驅逐吸附氣體分子，再生後可再灌液氮而再度使用。

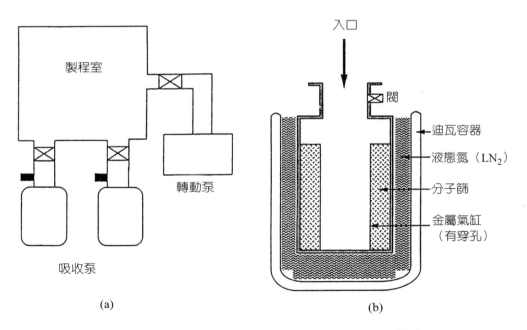

圖11.38　(a)吸收泵在真空系統的應用，(b)內部構造

2.冷凍壓縮幫浦（cryogenic compressor pump）

　　冷凍幫浦由壓縮機（compressor）和冷凍幫浦（cryopump）二部分組成。

內部有一耐用的閉迴路冷凍（refrigeration）單元，如圖11.39所示。

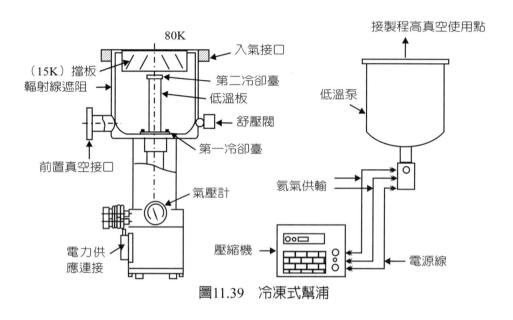

圖11.39　冷凍式幫浦

先利用壓縮機將氦氣（He）壓縮，以熱交換方式除去其所產生的熱量。再使氦氣急速膨脹，並導入冷凍幫浦。它吸收大量的熱，使幫浦內調節板（baffle）溫度降為80K（K：絕對溫度），而將水蒸氣凝聚。另一冷凍面板（cryopanel）更降為15K。當氣體分子和此面板接觸，即被陷住而凝聚。除氫、氦、氖外，所有氣體均液化為液體，蒸氣壓降至10^{-10}托爾以下。至於氫氦氖與低溫表面以凡得瓦力（van der Waals force）吸收。

冷凍幫浦上吸附冷聚的氣體，可以利用加熱一帶狀加熱器（band heater）使附著氣體蒸發掉，當幫浦內的壓力回到一大氣壓，再通以乾燥氮氣，直到原來80K調節板的擋牆溫度升到5～10℃。這個過程即稱為再生（regeneration）。

製程反應室內最不容易除去的氣體是氦（He），其次是氫（H_2），因為氦和氫的平衡蒸氣壓，即使到極低的溫度仍然存在。多種氣體的平衡蒸氣壓，如圖11.40所示。氦、氫或氖的沸點分別為4.22K、20K或27K。氮、氧或二氧化碳的沸點分別為77K、90K或216K。舞台用乾冰（dry ice，固態二氧化碳）製造效果，絕對不可以用液態氮替代。

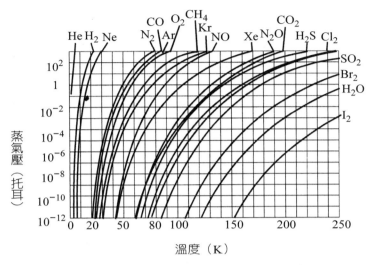

圖11.40　氣體的平衡蒸氣壓

一個冷凍泵應用的例子，如圖11.41所示。各組件的代號說明如下：

MV：主閥門（main valve）

RV：粗抽閥（roughing valve）

V_1：乾N_2入口閥（inlet valve）

V_2：乾N_2出口閥（outlet valve）

V_3、V_4：氣體入口閥

FT：前級陷阱（foreline trap）

H：加熱器（heater）

PR：再生氣體吹淨單元（purge and regeneration）

RBH：再生用帶狀加熱器（regeneration band heater）

PiG：派藍尼真空計（Pirani vacuum gauge）

IG：離子真空計（ion gauge）

PS：壓力感測器（pressure sensor）

RP：粗抽泵（roughing pump）

TC：冷凍熱電偶溫度計（thermo-conductivity gauge）

當離子計顯示真空度已到達要求的程度，主閥門關閉，以進行製程。製程結束，由洩漏閥（leak valve）（未顯示於此圖）引入空氣，以破除真空，取出晶圓。更換一片（或下一批）矽晶圓，打開主閥門抽真空，重覆以上步驟，繼續製程。

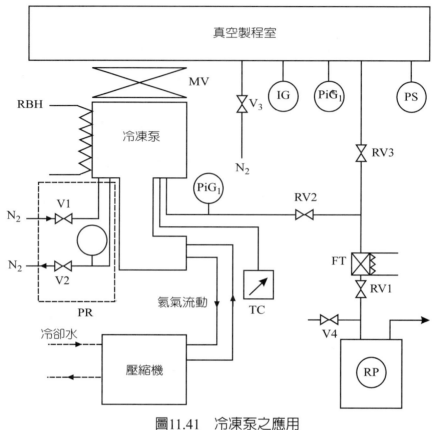

圖11.41　冷凍泵之應用

[資料來源：愛發科（Ulvac）]

3. 濺擊離子泵

　　濺擊離子泵（sputter ion pump, SIP）的作用和濺鍍製程類似。利用惰性氣體（inert gas）氬（Ar）游離為Ar$^+$，以Ar$^+$濺擊陰極鈦（Ti）（或鋁合金）飛濺出鈦以捕捉氣體分子。二極式濺擊離子泵（diode sputter ion pump），如圖11.42所示。二極之間電壓約為3,000～7,500伏。磁場用來提高離子濃度。泵室壁也可以形成第三個電極，形成三極式濺擊離子泵（triode sputter ion pump）如圖11.43所示。也可提高真空度。濺擊離子泵的規格，如表11.6所列。

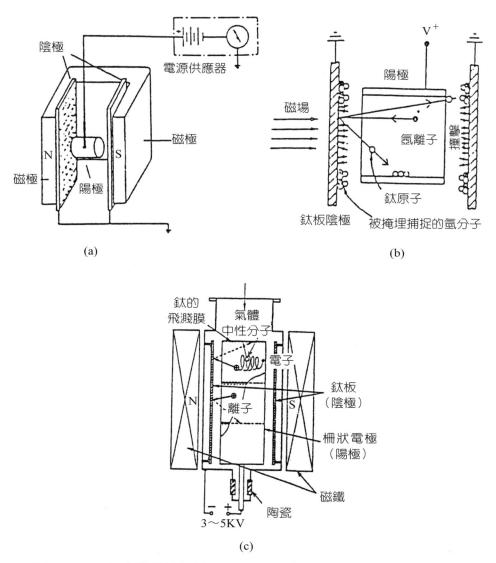

圖11.42　二極式濺擊離子幫浦，(a)基本結構，(b)捕氣原理，(c)機制詳圖

　　陽極（anode）接電源供應器正端，陰極（cathode）接地電位。陰極為鈦（Ti）板，繫於南、北磁極之內側。圖11.42(a)使用永久磁鐵（permanent magnet），圖11.42(c)使用電磁鐵（electromagnet），可大幅提高磁場強度，提升濺擊率、進而加快抽真空速率。

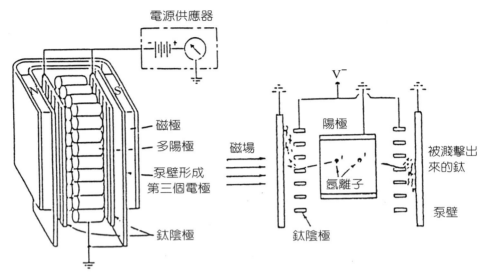

圖11.43　三極式濺擊離子泵的構造

表11.6　濺擊離子泵的規格

抽氣速率（在10^{-7}帕）	$0.04 \sim 0.19 m^2/s$
終極壓力	10^{-10}帕
電壓（產生Ar^+）	DC＋7.5KV
標準烘烤溫度	250℃
環境溫度	0～40℃
加熱器電源	單相，200V，800W

　　濺擊離子泵捕捉氫氣（H_2）的機制，如圖11.44所示。此時鈦作為溶劑（solvent），氫作為溶質（solute）。除了鈦可用於濺擊離子泵，鎂（Mg）、釩（V）和鋯（Zr）等活性大的金屬也可以用來吸附殘餘氣體。但這些金屬對惰性氣體不易吸附。

　　濺擊離子泵可產生極高的真空度（～10^{-10}帕）。它的設計簡單，沒有移動的零件、無磨損、無震動。最適合作加速器（accelerator）和分析機器（analysis equipment）抽真空之用。

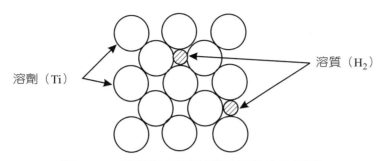

圖11.44　濺擊離子幫浦對氫氣的抽氣機制

4.鈦昇華泵

鈦昇華泵（titanium sublimation pump, TSP），利用鈦燈絲通電流，使其昇華（sublimate）為蒸氣，以捕獲氣體。另一方面以液態氮降溫，而使氣體陷住，如圖11.45所示。

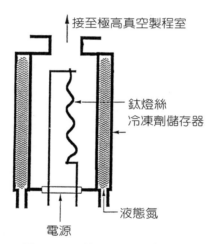

圖11.45　鈦昇華泵的構造

5.不可蒸發吸氣泵（non-evaporable getter，NEG pump）

利用鋯（Zr）、鈦（Ti）、鋁、釩（V）、鐵、鎳或其他過渡金屬（transition metal）或化合物形成之合金。工作時以紅外光燈加熱，而氣體被鋯等金屬製的燈絲吸除。

NEG泵的特點是沒有活動機件，固定工作不會污染氣室，不會振動。燈絲壽命大約為225～900小時。

11.7　真空測量計

　　用以測量真空程度的儀表，有許多種。各種真空計所能工作（測量）的範圍，如圖11.46所示。

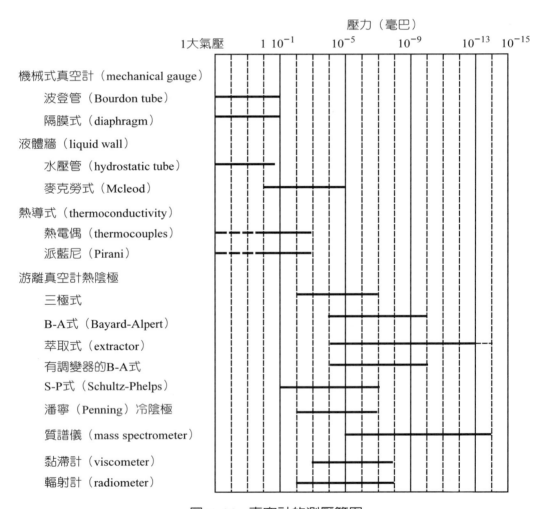

圖11.46　真空計的測壓範圍

　　真空計的測量方式，如表11.7所列。

表11.7　真空計的測量方式

技術原理	真空計名稱	測量方式
直接由氣體施力	機械式真空計 1.波登（Bourdon）壓力計 2.隔膜真空計	測定總壓力
	靜態液壓氣壓計 1.U型管氣壓計 2.傾斜液柱氣壓計 3.液柱壓差氣壓計	測定總壓力
	壓縮式液柱壓力計 麥克勞（Mcleod）壓力計	測定總壓力但不包含蒸氣壓
氣體的黏滯性 動能的傳輸率	旋轉盤黏滯性真空計 旋轉轉子黏滯性真空計 輻射真空計	測定總壓力但與氣體種類有關 測定總壓力，實際與氣體種類無關
熱傳導	派藍尼（Pirani）真空計 熱電偶真空計 熱變電阻真空計	測定總壓力，但與氣體的種類有關
氣體離子化	放電管 熱陰極離子真空計 反位離子真空計 萃取離子真空計 冷陰極離子真空計 反位磁控管真空計 部分壓力分析儀	測定總壓力，與氣體種類有關 測定部份壓力和總壓力

1. 波登管

　　最簡單的測真空計是波登管（Bourdon tube），如圖11.47所示。它的原理是波頓管會因容器的壓力而移動，從指針上的刻度可看出真空度。

2. 麥克勞式真空計（Mcleod gauge）

　　利用二個毛細管（capillary），一是參考的，一是待測的，比較二者的壓力。如圖11.48(a)為線性的，因為壓力P_i和二毛細管的高度差成正比。（$P_i \infty h$），圖11.48(b)為二次關係的，壓力P_i和高度差的平方成正比（$P_i \infty h^2$）。

3. 電容隔膜計（capacitance diaphragm gauge）或電容壓力計（manometer）

　　適合測量壓力大於分子流的真空。由一大氣壓到10帕，精確度可達±0.1%，如圖11.49所示。一片細金屬隔膜將空間隔開，上層為密封參考壓力P_r，下層為待測壓力P_3，$P_r \ll P_3$。二種壓力的差使隔膜上有一機械力，隔膜因而偏

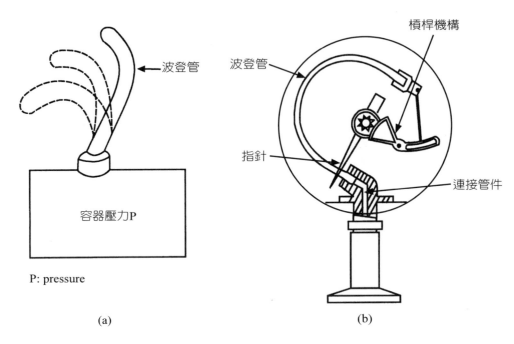

波登管

容器壓力P

P: pressure

(a)

槓桿機構

波登管

指針

連接管件

(b)

圖11.47 (a)波登管原理，(b)波登壓力計

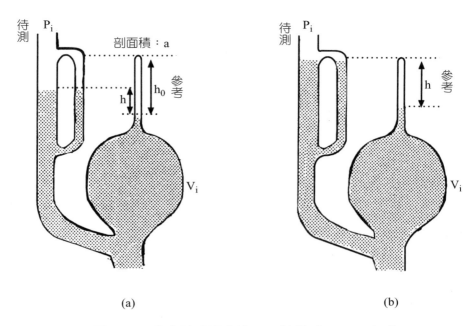

待測 P_i

剖面積：a

參考

h_0

h

V_i

(a)

待測 P_i

參考

h

V_i

(b)

圖11.48 麥克勞式真空計，(a)線性式，(b)二次式

折。隔膜和固定金屬碟之間的電容C_1增加，隔膜和固定金屬環之間的電容C_2下降，將電容差換算為壓力。隔膜電容計的優點為零件熱膨脹的因素抵消了。在稍高溫測量，可避免製程氣體的凝縮。另外二個電容壓力計，如圖11.50所示（在此圖，$P_3>Pr$，$C_1<C_2$），以及圖11.51所示。圖11.51(a)為單一電極設計的電容壓力計。如偵測壓力大於參考壓力，金屬膜片往電極方向彎曲，缺點是對外界變化敏感，圖11.51(b)為雙電極設計，接到一惠斯頓電橋電路（Wheatstone bridge circuit）可提高精確度和穩定性。

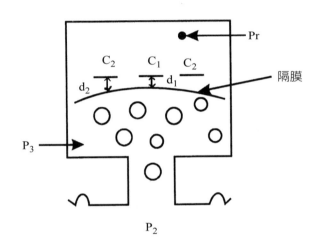

圖11.49　電容隔膜真空計

[資料來源：Smith, Thin Film Deposition]

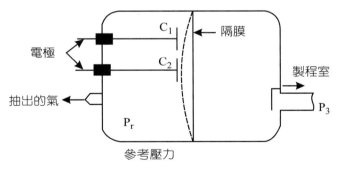

圖11.50　電容壓力計

[資料來源：Wolf, Silicon Processing for the VLSI Era, vol.1]

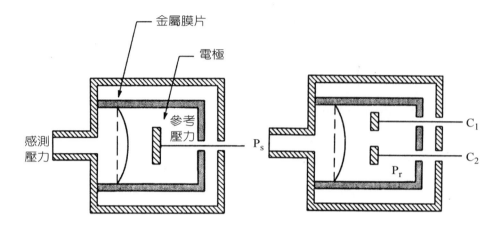

(a)採單－電極設計的電容式測壓計　　(b)採雙電極設計的電容式測壓計

圖11.51　電容壓力計

[資料來源：莊達人，VLSI製造技術]

4.熱傳導率真空計

熱傳導率真空計（thermoconductivity gauge）：利用真空中熱源之熱傳遞與氣體分子數成正比的關係，由熱損失量求真空度。一簡圖如圖11.52所示。氣體分子的傳熱方式有傳導和輻射，如圖11.53所示。燈絲溫度（T_2）高於氣體溫度（T_1），因而熱量的傳遞為：

$$H＝A\delta\varepsilon(T_2^4 - T_1^4)＋熱損失 \tag{7}$$

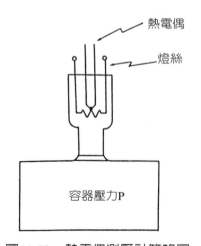

圖11.52　熱電偶測壓計簡略圖

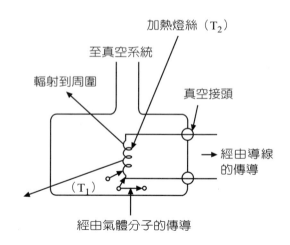

圖11.53　氣體分子的傳熱情形

(7)式中，A為燈絲面積，δ為一常數，ε為放射率（emissivity），如圖11.54所示為一熱傳導率真空計，Q_e為氣體分子帶去的能量，Q_R為輻射（radiation）損失的能量，Q_L為經器壁傳導失去的能量，T_0為器壁溫度，T為紐帶溫度。從能量的轉移可計算出真空度。熱傳導式真空計有熱電偶計和派藍尼計兩種。

在熱電偶計（thermocouples gauge），定電流I通過一電阻絲，使其加熱，絲的溫度T，以電壓mV量度，在一個和電阻絲附著的熱電偶（thermocouples）上讀出，如圖11.55所示。壓力降低溫度增加，沒有氣體時，線到達一穩態溫度T，即是由線上的輻射熱損失和熱傳導率決定。熱電偶計只適用於分子流（molecular flow）的真空度範圍，因為此時熱移轉係數正比於壓力。熱電偶計的另一個缺點是非線性。

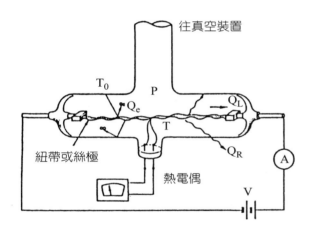

圖11.54　熱傳導率真空計

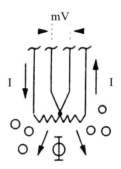

圖11.55　熱電偶式真空計

[資料來源：Smith, Thin Film Deposition]

一派藍尼計（Priani gauge），如圖11.56所示。用來測量真空度在0.1～100帕（10～10^{-3}托爾），如渦輪分子泵的排氣背壓（back pressure），冷凍泵內正在冷卻時的壓力，或以粗抽泵抽氣後的製程室。派藍尼計的壓力上限稍低（1～10^{-3}托爾），以固定電流通過一線電阻。當氣體的熱導率增加，線電阻的溫度下降，以熱電偶測燈絲溫度。真空管內部，如圖11.56(b)，因此，線的電阻下降，不平衡電橋電路的電流指示出壓力。

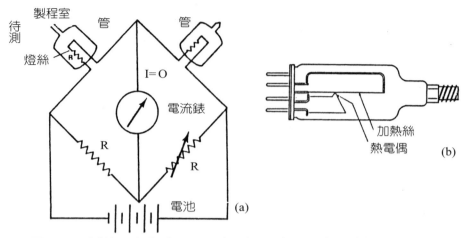

圖11.56 派藍尼真空計，(a)配合電橋電路，(b)真空計管內部圖

[資料來源：Wolf, Silicon Processing for the VLSI Era, vol. 1]

5.離子計

較低壓力以離子計（ion gauge）測量，原理如圖11.57所示。內部如圖11.58所示。它的原理是以燈絲加熱，使其發射電子，而將氣體游離，測量捕集的離子電流I_i，燈絲偏壓到＋50V以上，使電子被排斥，不會到達製程室牆，牆是接地。電子被加速趨向圓柱形的柵，而到達集極。柵偏壓於＋180 V以上。離子計的工作範圍大約為$1 \sim 10^{-4}$帕（Pa）。

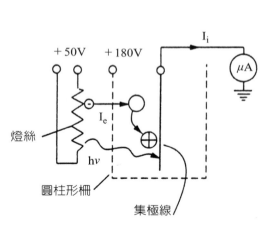

圖11.57 離子計

[資料來源：Smith, Thin Film Deposition]

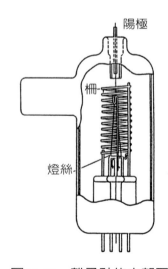

圖11.58 離子計的內部圖

[資料來源：Wolf, Silicon Processing for the VLSI Era, vol. 1]

　　離子計主要有二類，巴亞德—阿潑特（Bayard—Alpert）（B-A型）計用以測真空10^{-8}～10^{-3}托爾。管內含二根鎢絲（一是備用的）或一根含釷（Th）的鎢絲。前者精確度比較高，但曝露空氣易燃而燒壞，後者比較耐用。舒茲—飛普斯（Schultz—Phelps）（S-P型）適用於較高壓力（到500毫托爾，如濺鍍製程），也可用於低壓（～10^{-5}托爾）。

　　離子計又稱為游離計（ionization gauge），熱燈絲釋出之電子被加速後，與氣體分子碰撞，並且將其游離，正離子被集極（collector）吸引，造成之電流大小與分子數目成正比。由電流之量測可作為壓力之指示。

　　B-A型真空計（超高真空計），如圖11.59、圖11.60和圖11.61所示。電子高速衝擊柵極將釋放軟X光（soft x-ray，波長10～0.01奈米），普通電離真空計為大面積集極，其易吸收軟X-光而釋放光電子（photon），即光電效應

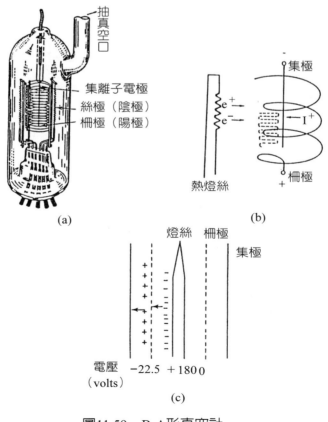

(a)

(b)

(c)

圖11.59　B-A形真空計

（photo-electric effect）而產生光電流（photon current, I_x），集極電流＝I_{ion}＋I_x，巴亞德與阿潑特型（Bayard Alpert）改良成中央線形集極，以降低I_x，測量壓力至10^{-11}torr。B-A型游離計，如圖11.59所示，有調變器（modulator）的B-A型游離計，如圖11.60所示。裝抑制電極（suppressor）的真空計，如圖11.61所示。

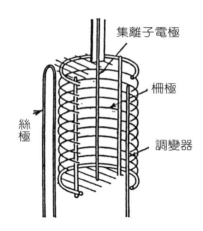

圖11.60 有調變器的B-A形真空計

[資料來源：科學儀器回顧（Rev. Sci. Inst.）期刊]

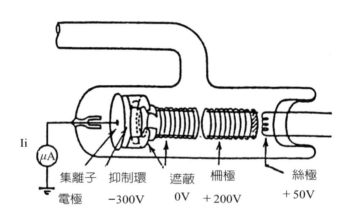

圖11.61 裝抑制電極的真空計

[資料來源：國家真空研討會（Natl. Vac. Symp.）]

舒茲─飛普斯游離計（Schultz─Phelps ionization gauge），如圖11.62所示。可以測量到1托爾的壓力。

近來也有人研究以微機械技術（micromachining technology）製造微熱離子真空計。

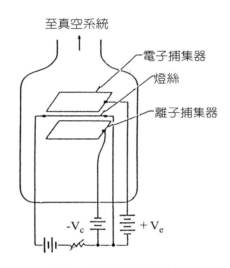

圖11.62　舒茲─飛普斯游離計

6.放電型真空計（discharge vacuum gauge）

可分為⑴彭寧真空計（Penning vauum gauge）（又名菲力普真空計，Philips vacuum gauge）是利用冷陰極（cold cathode）釋放電子，如圖11.63所示。⑵磁控型真空計（magnetron vacuum gauge），利用冷陰極釋放電子，加以磁控，如圖11.64所示。⑶蓋斯勒真空計（Geissler vacuum gauge），由陰極暗區長度增加，而推斷壓力下降，測量範圍為～10mtorr至0.1torr，如圖11.65所示。管內光輝或法拉第黑暗區（Faraday dark region）分布情形和圖7.1相似，正光柱（anode column）為陽極光輝區。蓋斯勒管的放電情形，如表11.8所列。

光輝區表示有電子和正離子（positive ion）的復合（recombination），暗區只有其中一種粒子。不對稱是因為二種帶電粒子的質量比很大，陰極附近有被陽離子撞擊出來的二次電子（secondary electron）。

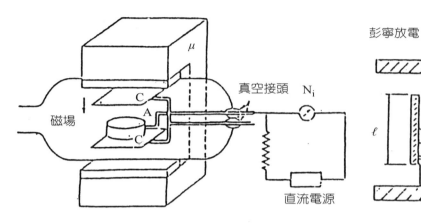

圖11.63 彭寧計

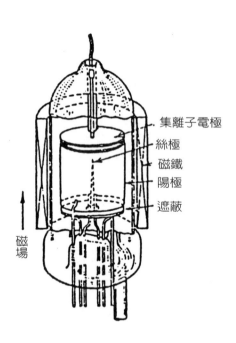

圖11.64 熱陰極磁控管形真空計

[資料來源：國家真空科技研討會（Natl. Sym. Vac. Technology）]

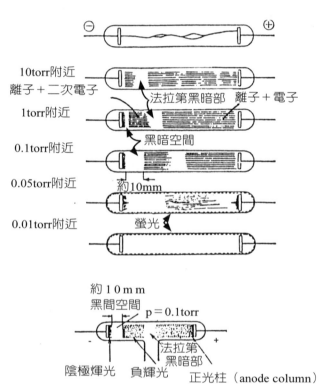

圖11.65 蓋斯勒放電管（Geissler discharge tube）的放電圖

表11.8　蓋斯勒放電管放電情形

氣體種類	陰極輝光	負輝光	正光柱
空氣	紅色的強粉紅	帶藍色的粉紅	粉紅，低壓時加藍色
氮	紅色的強粉紅	藍	帶紅的黃色
氧	紅	黃綠	檸檬色
氫	加褐色的粉紅	淡藍	帶紅的粉紅色
氦	紅	淡綠	紅藍紫色～黃桃色
水蒸氣	藍白色	藍	淡藍
二氧化碳			帶藍的綠色
一氧化碳			白色
水銀	綠	帶藍的綠色	白綠色
有機物蒸氣		稍帶藍的白色	稍藍的白色

以上各種真空計的精確度和應答時間（response time）之比較，如表11.9所列。

表11.9　真空計的精確度和應答時間

名　稱	測定範圍 [torr]	精確度*	不均勻度 **	應答時間	原　理	其　他
波頓（Bourdon）管真空計	760～10	數%～數10%	數%～數10%	原理上可為 10^{-3} 秒，但為防止破損，調節成數秒	利用壓力差所致的彈性變形	與氣體種類無關，有必要校正。
麥克勞（Mcleod）真空計	10～10^{-5}	數%～數10%	數%	1次測定需數分	壓縮操作後，利用液柱差測定壓力	用為校正的標準，凝縮性氣極不易測定。高真空用時需要閘極
派藍尼（Pirani）真空計	100～10^{-4}	以約10%為界限普通為數10%～100%	10%以上	定溫度型1秒以內，其他為數秒	利用氣體分子的熱傳導	感度因氣體種類而異，零點及感度因熱線的狀態而變化。
熱電偶真空計	1～10^{-3}			數秒		感度容易變化

名　稱	測定範圍 [torr]	精確度*	不均勻度 **	應答時間	原　理	其　他
電離 真空計	$10^{-3} \sim 10^{-7}$	用校正裝置， 普通為 10～ 20%	1%	10^{-3} 秒以 下，有氣體 吸附、脫附 時為數10分	利用熱電子 所致殘留氣 體的電離作 用	感度因氣體種 類而變化，電 極、管壁的脫 氣操作很重 要，注意電極 的斷線。
B－A 型真空計	$10^{-3} \sim 10^{-10}$					
彭寧 （Penning） 真空計	$10^{-2} \sim 10^{-7}$	20～50%	10%以上	約 0.1 秒， 有氣體的吸 收、脫附為 數分鐘	利用磁場中 放電所致的 離子電流	感度因氣體種 類而異，泵作 用大。
超高真空用磁 控管真空計	$10^{-6} \sim 10^{-13}$	10～100%	10%以上			
克努森 （Knudsen） 真空計	$10^{-3} \sim 10^{-7}$	數%	數%	數秒～數10 秒	利用熱造成 分子運動量 之差	原理上可測定 絕對壓力。與 氣體種類無 關。
粘性 真空計	10-1～10-6	數10%	數10%		氣體的粘性	

*絕對壓力測定精度　**測定的不均勻度

　　二個真空系統（vacuum system），包括製程室、真空泵和真空計，如圖11.66和圖11.67所示。圖11.66先用吸收泵（sorption pump）抽掉大多氣體，再以濺擊離子泵（sputter ion pump）除去氫氣。圖11.67的粗抽泵或輔助泵為機械泵，槍室（gun chamber）發射電子提供濺擊離子泵用。離子計（ion gauge）顯示該區段為高真空。

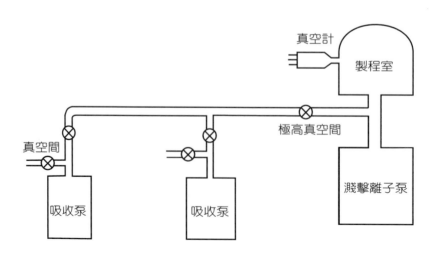

圖11.66　簡單的濺擊離子泵和真空系統

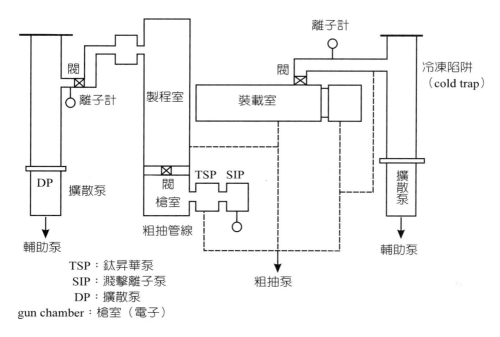

TSP：鈦昇華泵
SIP：濺擊離子泵
DP：擴散泵
gun chamber：槍室（電子）

圖11.67　一真空系統

11.8　參考書目

1. 張勁燕，電子材料，第八章，1999初版，2008修正四版，五南。

2. 陳峰志等，微熱離子真空計發展現況，真空科技，十二卷二期，pp. 18～25，2000。

3. 莊達人，VLSI製程技術，第十四章，1994，高立。

4. 黃添榮等，真空製程系統復機過程的真空品質監控，真空科技，十二卷四期，pp. 27～35，2000。

5. 鄭鴻斌，新型渦輪助力真空幫浦性能分析，真空科技，十二卷四期，pp. 16～26，2000。

6. 劉遠中等，三極式離子幫浦陰極材料的研究，真空科技，十二卷四期，pp. 11～15，2000。

7. D. L. Smith, Thin Film Deposition, 1995, ch. 3, McGraw Hill，歐亞。

8. S. Wolf and R. N. Tauber, Silicon Processing for the VLSI Era, vol. 1, 1986, ch. 3, Lattice Press，滄海。

9. Kashiyama catalog, Oil Free Vacuum Pump.

10. Leybold Vacuum catalog, Eco Dry L, The New Oil Free Vacuum Pump.

11. Shimadzu catalog, Magnetically Levitated Turbo Molecular Pump.

12. Shimadzu catalog, Twin Screw Type Dry Pump System.

13. Ulvac catalog, Cryogenic Inc. Introduction to the Cryopump, 1986.

14. Ulvac catalog, Sinku Kiko, Digest Small Vacuum Pump Series, 1994.

11.9 習 題

1. 試述不同領域的真空的範圍，真空對ULSI製程的重要性。

2. 試述機械泵的附屬配件。

3. 試述乾式泵的作用原理。

4. 試述路茲泵的構造和機制。

5. 試述油擴散泵的構造和機制。

6. 試述渦輪分子泵的構造和機制。

7. 試述冷凍泵的構造和機制。

8. 試述濺擊離子泵的構造和機制。

9. 試述鈦昇華泵的構造和機制。

10. 試述熱電偶真空計的構造和機制。

11. 試述離子計的構造和機制。

12. 試簡述(a)ultimate pressure，(b)compression ratio，(c)Pascal，(d)bar，(e)torr。

13. 試簡述(a)baffle，(b)cold trap，(c)氦氣壓縮機（He compressor），(d)creep barrier，(e)Geissler tube，(f)Pirani guage。

14. 試比較(a)throttle valve，(b)relief valve，(c)foreline valve，(d)main valve，(e)gate valve，(f)roughing valve，(g)bakeable valve，(h)needle valve。

第12章 濕洗淨和乾洗淨製程設備

12.1 緒 論

半導體製程中，用到的濕製程（wet processing）以晶圓洗淨（wafer cleaning）和濕蝕刻（wet etching）為主。晶圓洗淨是尤其重要的，它約佔全部ULSI製程步驟的30%。洗淨的目是去除金屬雜質、有機物污染及微塵。並要考慮表面粗糙度，及可能形成的自然氧化物（native oxide）之清除。金屬雜質如鐵、金會造成p-n接面（p-n junction）的漏電，降低少數載子生命期，降低閘極氧化層的崩潰電壓。鈉、鉀會造成MOS的臨限電壓改變，使元件不穩定，可靠度下降。微塵會影響照像製程的圖形真實度，或造成短路、斷路，而降低良率。濕蝕刻雖然會造成底切，但在離散半導體元件（discrete device），仍有相當的重要性。一些乾洗淨設備（dry cleaning equipment）也一併在本章介紹。

晶圓的污染有二大類；一是微粒子，二是膜。微粒子源包括矽屑、石英屑、空氣、灰塵、無塵室人員和製程機器的發塵，光阻片和細菌等。膜污染為晶圓上的異物。部分膜會鬆動脫落而變成微粒子，如光阻浮渣。其餘的膜污染有有機溶劑殘留物，如丙酮、三氯乙烯、異丙醇、甲醇、二甲苯、光阻、顯影劑和油膜、金屬膜等。化學清洗和光阻去除都是用來除去膜污染。

化學清洗常用酸和清洗槽。常用於高溫製程之前，如氧化、擴散、磊晶和退火等。而美國無線電公司（RCA）清洗製程則是最常用的方法。

幾乎所有的I.C.製程都必須做晶圓濕式洗淨，例如晶圓初始洗淨、擴散前洗淨、閘極氧化前洗淨、磊晶及鍍膜前洗淨、CVD前清洗、CMP後洗淨等。目前晶圓製作中影響良率最明顯的因素可能是微塵粒的污染。微塵粒的污染有許多來源，其中設備本身及其在生產過程中所發生的微塵粒是最常見的來源，如破裂膜片、粉塵及凝結物。人員也是一個重要的微塵粒污染源，化學藥品雖然亦會發生微粒污染，不過因為過濾技術的進步，目前積體電路製造多已使用半導體級（semiconductor grade）的極高純度化學品。化學品造成的微塵粒污染機率較前述的因素小許多。

　　完成一片8吋晶圓的積體電路製程，要耗費2000加侖（gallon，1加侖＝3.785公升）的超純水，純水的消耗約佔濕式洗淨成本的三分之一。每片12吋晶圓的自來水耗用量為3.16m³，超純水（super pure water）耗用量為3.06m³。同時大量的使用酸鹼液亦造成環境污染的問題，因此改良矽晶圓洗淨製程，以減少純水使用量，及採用污染性較低的洗淨液，遂成為積體電路工業上一項重要的課題。

　　為了提升濕式洗淨的效率，降低洗淨成本與顧及環境保護的要求，濕洗淨技術的改進方法，一般可歸納為硬體設備的改進，與洗淨配方的改良。前者可以單槽化學洗淨機為代表。在洗淨製程配方開發上，改變自1970年即被引用的RCA洗淨配方，以減少洗淨步驟是一個努力的重點。不過無論如何大幅更改洗淨程序，微塵粒、有機物與金屬雜質永遠是洗淨的對象。

12.2　污染源

　　半導體製程是在超潔淨無塵室（super clean room）進行的，仍然有些污染源存在。各種污染源和它造成的結果，如表12.1和表12.2所列。大多會造成良率（yield）和可靠度（reliability）下降。

表12.1　污染源及結果

污染	可能來源	對半導體元件的影響
微粒子	機器，包圍的空氣、氣體、去離子水、化學品。	氧化物崩潰電壓低，多晶矽、金屬橋接－降低良率。
金屬	機器、化學品、反應離子蝕刻、離子植入、灰化（ashing）（除去光阻）。	崩潰電場降低，接面漏電，少數載子生命期降低，臨限電壓改變。
有機物	無塵室蒸氣、光阻殘餘、儲存容器、化學品。	氧化速率改變。
微粗糙	晶圓原材料、化學品。	氧化物崩潰電場降低，載子移動率降低。
天生的氧化物	周圍的濕氣、去離子水清洗。	閘極氧化物品質變差，高接觸電阻，矽化物品質差。

[資料來源：Chang and Sze, ULSI Technology]

表12.2 DRAM的微粒來源分佈百分比

微粒來源	1-Mbit（%）	4-Mbit（%）	16-Mbit（%）	64-Mbit（%）
製程設備	40	40	35	25
製程	25	25	40	60
環境	25	25	15	10
搬運設備	10	10	10	5

註：此處所指的微粒，其尺寸大於$0.5\mu m$。　Mbit：百萬位元
[資料來源：科林研發（Lam Research）1990.]

　　DRAM的記憶位元較多，元件積集度高，製程步驟多，因此帶來微粒的百分比也高。

　　金屬污染物（metal contaminant）包括鐵、鎳、銅等，主要來自離子植入等製程或製程設備，如圖12.1所示。降低金屬污染物有效的方法為RCA清洗的SC2製程。

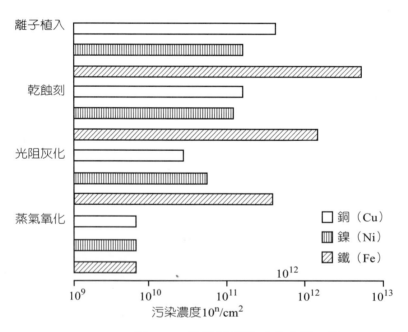

圖12.1　各種製程造成的金屬污染

[資料來源：Anzai, Ultra Clean Technology]

12.3　RCA清洗製程

美國無線電公司（RCA, Radio Company of America）開發出來一種非常好的晶圓清洗製程。於微影照像之後，去除光阻，清洗晶圓，並做到酸鹼中和（neutralization），使晶圓可以進行下一個製程。過程及清洗劑的成分為：

1. $H_2SO_4+H_2O_2$（SPM, sulfuric acid-hydrogen peroxide mixture）4：1，約5分鐘，去除光阻。硫酸脫水，過氧化氫使脫水後的光阻氧化，以免焦黑，同時產生大量的熱，使清洗劑自動升溫，而不必加熱。

2. $NH_4OH+H_2O_2+H_2O$（APM, ammonium hydroxide hydrogen peroxide mixture），亦稱SC-1或HA，製程時間約10分鐘，80～90℃，高pH值（鹼性）SC-1可以藉由氧化而除去有機污染和粒子。SC為standard cleaning（標準洗淨）的縮寫。

3. $HCl+H_2O_2+H_2O$（HPM, hydrochloric acid hydrogen peroxide mixture），亦稱SC-2或HB，製程時間約10分鐘，80～90℃，低pH值（酸性）SC-2可以形成可溶性錯離子（complex ion，如$Fe(CN)_6^{3-}$或$Ag(NH_3)_2^+$），而除去金屬污染。

當然，每二道清洗劑之間，還要用去離子水（D. I. Water）清洗，以除去其殘餘成分。矽晶圓的標準清洗方法，如圖12.2所示。

清洗製程除了要除去微粒子、金屬、有機物，還要注意晶圓的微粗糙度（microroughness），以免氧化物有低的崩潰電場，並同時要除去自然生成的氧化物（native oxide），以免MOSFET閘極氧化物品質變差。

在SC-1中加入金屬鉗合劑（chelating agent），即金屬離子的吸附劑如乙二胺四醋酸（EDTA），可以抑止金屬污染物的逆向吸著。在SC-1洗淨法中，利用超音波（ultrasonic（20-40 KHz）, finesonic, supersonic（大於20KHz）或megasonic（700-1000KHz））加上化學洗淨，也可提高洗淨效果。

以上各種洗淨液的目的可以綜合，如表12.3所示。

*1：可以用NH_4OH，H_2O_2混合液代替
*2：可以用HCl，H_2O_2混合液代替

圖12.2　矽晶圓的標準清洗方法

表12.3　洗淨溶液和其目的

	洗淨溶液	目的
1	APM：NH_4OH：H_2O_2：H_2O（SC-1）	去除微粒子及有機物
2	SPM：H_2SO_4：H_2O_2：H_2O	去除有機物
3	HPM：HCl：H_2O_2：H_2O（SC-2）	去除金屬
4	DHF：HF：H_2O	去除自然氧化膜及金屬
5	FPM：HF：H_2O_2：H_2O	去除自然氧化膜及金屬
6	BHF：HF：NH_4F	氧化膜濕式蝕刻
7	熱磷酸（H_3PO_4）	氮化膜濕式蝕刻

[資料來源：皖之譯，電子月刊]

　　以上溶液之代號：A：ammonium銨，P：peroxide過氧化物，M：mixture混合物，S：sulfuric acid硫酸，H：hydrochloric acid鹽酸，F：hydrofluoric acid氫氟酸，D：dilute稀釋的，B：buffer緩衝液，HF：氫氟酸。

　　熱氫氟酸（HF）（70℃）可以完全除去氧化物。近來有些改良的HF配方，如HCl／異丙醇，HF／H_2O_2，HF／乙醇，HF／丙酮，也可作為晶圓清洗之用。ULSI的洗淨標準，如表12.4所列。半導體製程常用的化學品，如表12.5所列。

表12.4　ULSI洗淨標準

1.微粒（>0.1μm）	<0.1缺陷／平方公分
2.金屬離子	<1×10^{10}原子／平方公分
3.陰離子	<1×10^{10}原子／平方公分
4.微粗糙度	<5Å
5.自然氧化物	<5Å
6有機碳含量	<5ppb

ppb：parts per billion十億分之一
[資料來源：林大野，矽晶圓清洗製程及設備，第五章，1996。]

表12.5　半導體製程常用的化學品

項目	種類
酸液	HF，H_2SO_4，HCl，H_3PO_4，HNO_3，CH_3COOH（醋酸）
鹼液	NH_4OH，KOH，NaOH，膽鹼（蛋黃素，choline），第三級胺（teritary amine）
溶劑	異丙醇（isopropanol），乙醇（ethanol），三氯乙烯（trichloroethylene），甲苯（toluene），丙酮（acetone），氯化物（chloride），亞甲基（methylene, CH_2）
反應劑	H_2O_2，NH_4F，$SiCl_4$，三氯矽甲烷（$SiHCl_3$），TEOS（$Si(C_2H_5O)_4$），Br_2，乙二胺四醋酸（EDTA）
特殊元素化學品	Si，Ge，B，P，As，Sb，Al，Cu，Ga，In，Ta，Nb（鈮）
最普通的化學品	去離子水

[資料來源：Handbook of Semiconductor Wafer Cleaning Technology]

　　新的晶圓清洗技術，並利用在使用點（point of use）過濾，在原位置（in-situ）烘乾，可降低微粒子，降低缺點密度，也可減少化學品的使用量。深次微米（0.25μm）邏輯元件（logic device）之清洗方法，如表12.6所列。

表12.6　0.25微米邏輯元件的標準清洗方法

前　　　段	後　　　段
清潔應用	清潔應用
1.擴散前清洗	1.蝕刻後清洗
濕化學槽，RCA式	乾／濕
食人魚（piranha）／HF	乙二醇（ethylene glycol）
	1甲基2吡咯烷酮(NMP)
2.蝕刻後清洗	2.CMP後清洗
濕化學站：HF，有機溶劑	濕清洗
乾／濕	
3.植入後清洗	
SCl＋食人魚	
4.沉積前清洗	3.沉積前清洗
濕化學槽：RCA式	濕化學站
稀釋的HF/緩衝氧化物蝕刻液(BOE)	乙二酸（草酸）$(COOH)_2$，NMP

SCl：standard cleaning 1，即$NH_4OH + H_2O_2$
NMP：normal methyl pyrrolidone
草酸（oxalic acid）
乙二酸（glycolic acid）

依據美國半導體工業協會（SIA）的評估，當超大積體電路製程技術發展至0.18μm以下，在前段製程中，許多金屬的表面污染不得高於5×10^{9}原子／平方公分，後段製程的表面金屬污染亦應小於5×10^{10}原子／平方公分。而大於0.1μm的微塵粒不可多於0.01顆／平方公分，晶圓表面粗糙度應小於0.2 nm，SIA 1997年國家科技里程埤（National Technology Roadmap）表面處理製程技術之摘要，如表12.7所列。

表12.7　SIA 1997積體電路表面處理技術里程埤摘要

第一個產品出貨 技術等級（解析度）	1997 250 nm	1999 180 nm	2001 150 nm	2003 130 nm	2006 100 nm	2009 70 nm	2012 50 nm
生產線前段結束							
等效氧化物厚度*(Tox nm)	4－5	3－4	2－3	2－3	1.5－2	無資料	無資料
微粒子尺寸(nm)	125	90	75	65	50	35	25
表面金屬（Ca, Ni, Fe, Cu, Cr, Na, K）／（Al, Ti, Zn）（原子／平方公分）	5×10^9 5×10^{10}	4×10^9 2.5×10^{10}	3×10^9 2×10^{10}	2×10^9 1.5×10^{10}	1×10^9 1×10^{10}	<10^9 <5×10^9	<10^9 <5×10^9
有機物／高分子（C 原子／平方公分）	1×10^{14}	7×10^{13}	6×10^{13}	5×10^{13}	3.5×10^{13}	2.5×10^{13}	1.8×10^{13}
氧化物殘留（O原子／平方公分）	1×10^{14}	7×10^{13}	6×10^{13}	5×10^{13}	3.5×10^{13}	2.5×10^{13}	1.8×10^{13}
生產線後段製程結束							
微粒子(／平方公分)	0.3	0.15	0.13	0.1	0.06	0.045	0.03
微粒子尺寸（nm）	125	90	75	65	50	35	25
金屬（原子／平方公分）	1×10^{11}	5×10^{10}	4×10^{10}	2×10^{10}	1×10^{10}	<10^9	<10^9
陰離子（原子／平方公分）	1×10^{11}	1×10^{11}	1×10^{11}	1×10^{11}	1×10^{11}	1×10^{11}	1×10^{11}
有機物／高分子（C 原子／平方公分）	1×10^{14}	7×10^{13}	6×10^{13}	5×10^{13}	3.5×10^{13}	2.5×10^{13}	1.8×10^{13}
氧化物殘留（O 原子／平方公分）	1×10^{14}	7×10^{13}	6×10^{13}	5×10^{13}	3.5×10^{13}	2.5×10^{13}	1.8×10^{13}

*考慮介電常數（dielectric constant）有效厚度＝厚度×氧化物介電常數／SiO$_2$介電常數。高介電常數（high K）材料可以用比較厚的介電層，可靠度提升。

ULSI製程的前段、後段以金屬製作蒸鍍、濺鍍為分界。晶圓洗淨製程被概略分為兩部分，一為前段製程清洗，如擴散及磊晶製程的前清洗、氧化層、氮化矽的去除及複晶矽蝕刻與去除。後段製程清洗，用來洗淨金屬間介電層與金屬蝕刻後的結

構、與光阻去除的前後清洗，CMP的後清洗及晶圓的再生處理（reclaim）。

12.4　晶圓濕洗淨設備

1.多槽全自洗淨設備

　　一多槽式的晶圓清洗設備，如圖12.3所示。一套適合先進積體電路量產工廠的濕式晶圓處理設備應該是全自動的，有機械手臂（robot），標準機械介面（SMIF, standard mechanical interface）都用載具傳送，以確保製程品質的穩定，同時系統操作簡易，面對不同的製程條件可靈活調整設定。自動化的濕式晶圓處理系統要能夠一貫地完成該製程所有步驟。從晶圓洗淨到異丙醇（IPA）蒸氣乾燥，都在此系統之內完成。洗濯（rinse）的超純水要溢流（overflow）。沖洗後必須驅離水液。乾燥的方法可以用旋乾（spin dry），也可用異丙醇的蒸氣乾燥。使用異丙醇乾燥時，要將其蒸氣燒掉，以利環保。

濕式晶圓處理設備應該大致包括以下的條件與功能：

1. 洗淨區域安置於class1（1 ft^3內灰塵粒徑大於0.5μm的1粒）無塵環境內，佔用空間宜小。
2. 系統做適當調整後，可處理不同尺寸的晶圓。
3. 百萬赫茲（MHz）超音波震盪（megasonic agitation）技術，用以加強去除微塵粒。
4. 洗淨區域內沒有金屬材質的組件。
5. 靈活的機械手臂可以平穩地傳送晶圓。
6. 洗淨區域內之活動組件數量必須減至最少。
7. 穩定的溫度，酸鹼值（pH value）與化學組成監控。
8. 自動化的化學藥品管理與排放系統。
9. 不斷電系統（UPS, uninterruptible power supply）保護及電腦監控與檔案管理。

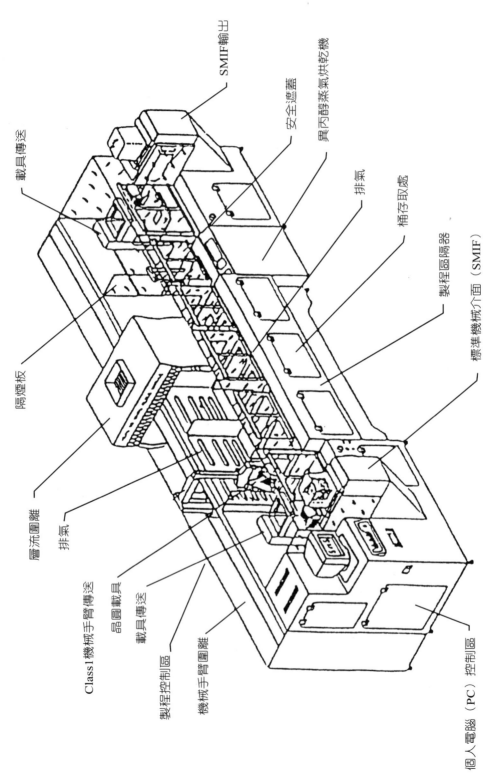

載具傳送

SMIF輸出

安全遮蓋

異丙醇蒸氣烘乾機

隔煙板

排氣

桶仔取處

層流圍離

製程區隔器

排氣

標準機械介面（SMIF）

Class1機械手臂傳送

晶圓載具

載具傳送

製程控制區

機械手臂圍離

個人電腦（PC）控制區

圖12.3　全自動濕式清洗站

[資料來源：SMS, Sheet Metal Structure]

10.具備完善的工安設施，特別是火災警示（fire alarm）與滅火裝置（fire extinguisher）。

2.單槽清洗設備

　　將藥液槽和純水的清洗結合在一起，佔地小，如圖12.4所示。其優點為較佳的環境製程與微粒控制能力、化學品與純水耗量較少、設備機動調整彈性度較高；而其缺點為產能較低、晶圓間仍有互相污染。

3.單晶圓清洗設備

　　單晶圓（single wafer）清洗設備，如圖12.5所示。有很高的製程環境控制能力與微粒子去除率，以及佔地小、化學品與純水量少、極富彈性的製程調整能力等，將成為未來I.C.晶圓廠清洗設備的主流。但產能低與設備成熟度等均是需要再突破的地方。

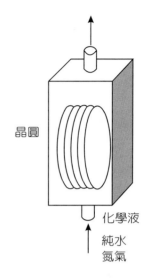

圖12.4　全流式密閉容器單槽清洗系統

[資料來源：CFM]

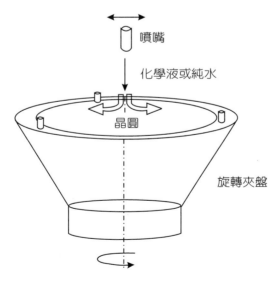

圖12.5　單晶圓旋轉清洗設備概略圖

[資料來源：陳宏銘，電子月刊]

4.超音波刷洗機

去除不溶性的微粒子污染通常是用超音波刷洗（ultrasonic scrubbing），或以高壓噴灑（high pressure spray）和機械刷洗合併使用。一個超音波晶圓清洗設備，如圖12.6所示。晶圓浸於適當的液體，如超純水、三氯乙烯或丙酮。超音波的頻率約為20K～800KHz。液體被震動而形成許多微氣泡，又因壓力而消失，造成衝擊波，打在晶圓表面。此衝擊波將微粒子自晶圓表面脫落。要避免這些微粒子再回到晶圓表面，要用大量液體使其溢流（overflow），或用過濾（filtration）的方法，以除去粒子。

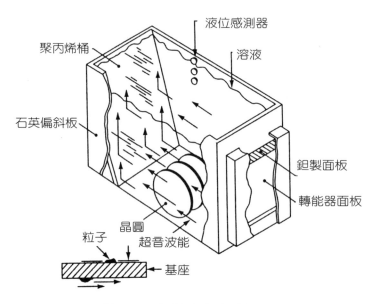

圖12.6　超音波清洗系統

[資料來源：維特（Verteq Inc.）]

超音波配合RCA的清洗配方SC-1（NH_4OH：H_2O_2：H_2O，1：1：5）可有效除去有機物粒子和無機的粒子。超音波系統是不接觸，也沒有刷子，晶圓二面的微粒子可同時去除。超音波能經轉能器（transducer）平行指向晶圓。操作條件為120V、10A、60Hz，輸出功率300W。此種超音波系統，在CMP後清除殘餘研漿（slurry）很有效。也可除去銅污染。因為金屬和NH_4OH交換離子而被除去。

轉能器面板可由數個轉能器組成，用條形裝置，就可省去偏折器。超音波轉

能器清除粒子的模型，如圖12.7所示。此圖之操作狀況為頻率900KHz，壓力9.1×10^5N/m²，極大瞬間速度30cm/s，波長1.3mm，加速度大約為10重力加速度（gravity, g），水分子的移動大約0.1μm。

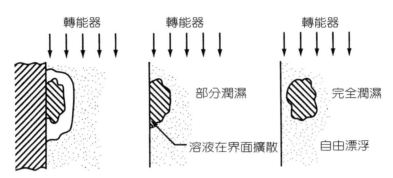

轉能器　　　　轉能器　　　　轉能器

部分潤濕

完全潤濕

溶液在界面擴散

自由漂浮

圖12.7　轉能器清除粒子

[資料來源：Shwartzman, RCA回顧期刊（RCA Review）]

5.高壓噴灑

　　以高壓噴灑（high pressure spray）或刷洗去除微粒子，通常用於鋸晶圓（wafer saw）、晶圓磨薄（wafer lapping）、晶圓拋光（wafer polishing）或CMP等之後，以及在金屬製程，CVD和磊晶之後。刷洗系統，如圖12.8所示。用一個刷子在晶圓表面上來回轉動。常用的刷子為有刷毛式和聚氯乙烯

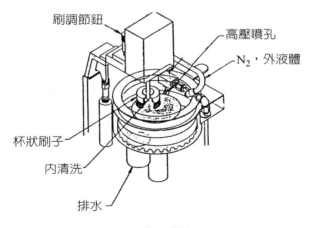

刷調節鈕

高壓噴孔

N_2，外液體

杯狀刷子

內清洗

排水

圖12.8　刷洗系統

[資料來源：Solitec Inc.]

（PVC）海綿材質二種。大多刷洗同時也用高壓噴水，壓力$13.8～20.7MPa$（$2000～30001b/in^2$）的去離子水掃過晶圓表面，移除微小的碎物，或刷子所造成的殘餘粒子。

6.CMP後清洗的電解水裝置

CMP製程屬於高污染性的製程（dirty process）。製程中必須引入研磨泥漿（slurry）於晶圓表面進行研磨，泥漿中包含約$5～10\%$　$30～100$奈米之微細研磨粉體（abrasive powder），種類包括SiO_2、Al_2O_3、氧化鈰（CeO_2）、氧化鋯（ZrO_2）等。此外還必須加入化學助劑，有pH緩衝劑如KOH、NH_4OH、HNO_3或有機酸等；氧化劑如雙氧水、硝酸鐵、碘酸鉀等；也要加入界面活性劑（surfactant），如四甲基氫氧化銨（TMAH），幫助粉體在水溶液中之懸浮穩定性。故晶圓經過研磨之後，晶圓表面勢必殘留大量之研磨粉體（$>10^4$／晶圓）、金屬離子（$>10^{12}$離子／平方公分）和其他不純物之污染。除此以外還有污染物及因研磨產生的表面損傷。

使塵粒吸附於晶圓表面的作用，有分子吸附力，靜電作用力，液體介質橋接，電雙層（electric double layer）為水溶液中相同電量，但異性電荷之離子，因表面電場吸引靠近以平衡其電荷而形成。排斥力和化學共價鍵結等。其中粉體與晶圓表面的靜電作用力，視周圍水溶液的酸鹼度（pH value）而定，使內外層界面形成剪面電位（zeta potential）。一般而言，鹼性水溶液傾向負的剪面電位。以銨陽離子（NH_4^+）可減少粉體或晶圓表面的剪面電位。

電解離子水（electrolytic ion water），更能有效去除塵粒，裝置如圖12.9所示。導入鉑（Pt，做為催化劑）電極於純水中進行電解反應，加入電解質（electrolyte）如HCl，NaOH，於陰極進行水的還原（reduction）反應，產生OH^-離子，收集此陰極水溶液進行清洗。去除金屬離子可以選用錯合劑（complexing reagent），如檸檬酸（citric acid, $C_6H_8O_7$），可以鉗合（chelate）金屬離子，形成穩定的水溶性錯合物（complex），抑制其生成氫氧化物沉積。如鈷（Co）遇到乙二胺四醋酸（EDTA）形成$Co(EDTA)^-$。

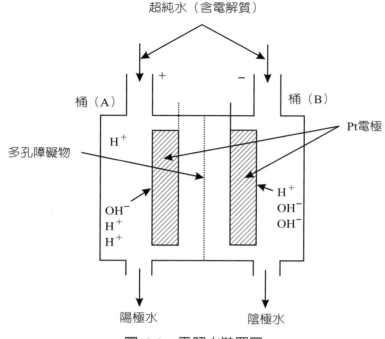

超純水（含電解質）

桶（A）　　　　　　　桶（B）

Pt電極

多孔障礙物

H^+

OH^-
H^+
H^+

H^+
OH^-
OH^-

陽極水　　　　陰極水

圖12.9　電解水裝置圖

[資料來源：蔡明蒔，毫微米通訊]

電解離子水的酸鹼度（pH value）容易控制，氧化－還原電位（oxidation reduction potential）比一般化學物高，容易失去或獲得電子，去除污染物的能力強。而且不含酸或鹼化學物。容易中和，不需添加化學物，對生態（ecology）友善。

7.晶圓盒清洗設備

利用去離子水和界面活性劑（surfactant）除去晶圓盒（wafer cassette或 wafer pod）表面的污染。將晶圓盒內部的清潔劑和外面的清潔劑隔離。避免外層污染內部。晶圓盒內外可以用不同的清潔劑。此設備之概略圖，如圖12.10所示。晶圓盒置於製程室內，蓋好上蓋並密封。清潔劑經泵加壓，通過噴口，一細噴口洗淨晶圓盒外表，另一組噴口洗淨其內部。然後將壓縮空氣加熱，過濾流通相同噴口以烘烤。

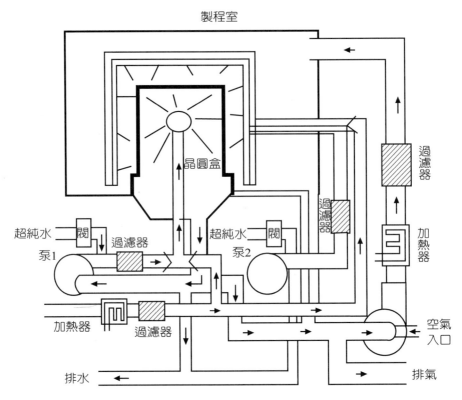

圖12.10　晶圓盒清洗設備

[資料來源：氟器皿（Fluoroware）]

8. 冷凍噴霧清洗

以氬（Ar）為主，以氮（N₂）為輔，利用物理及熱力學（thermodynamics）的原理，將冷凍煙霧在高速下噴打到晶圓表面，藉由表面撞擊力和其他反應機制，得以將晶圓表面的污染微粒移除。全程只耗用氬氣及氮氣，完全不需用水或耗費化學品，絕對符合先進的環保（environmental protection）標準。不傷及晶圓表面及其金屬連線，大幅降低元件的不良缺陷，進而提高製程良率。在低溫下使用化學性質極不活潑的氣體，絕不會產生任何反應副產物（by product），不會對後續製程步驟造成不良影響。

12.5　濕蝕刻設備和濕化學站

1. 濕蝕刻

濕蝕刻（wet etching）得到的輪廓是等方向性的（isotropic），不適於 $3\mu m$ 以下的製程。仍然，半導體有很多是線寬大於3微米的，尤其是離散元件（discrete device），如單粒的二極體、電晶體、閘流體（thyristor，大功率開關元件，包括 SCR 和 triac）。濕蝕刻成本低、產率高、可靠，對光罩和基座材料的選擇性好。近代濕化學站均朝以下幾種方式改進。

1. 自動化（automation）。
2. 以微處理機（microprocessor）控制。
3. 在使用點（point of use）過濾蝕刻劑，除去雜質，以延長使用期。
4. 開發出噴灑蝕刻方式。

仍然，濕蝕刻化學站（chemical station）有一些缺點：

1. 蝕刻劑（etchant）和去離子水用量大，成本高。
2. 操作員的危險性增加。
3. 排氣有薰煙，可能會爆炸。
4. 光阻附著力差。
5. 有氣泡，潤濕晶圓不完全，導致蝕刻不全或不均勻。

常用的濕蝕刻反應方程式如下：

$$Si + HNO_3 + 6HF \rightarrow H_2SiF_6 + HNO_2 + H_2 + H_2O \qquad (1)$$

矽氟酸　亞硝酸

$$SiO_2 + 4HF \rightarrow SiF_4 + 2H_2O \qquad (2)$$

可加水稀釋或加醋酸（CH_3COOH）緩衝，其餘常用蝕刻劑為三氧化鉻（CrO_3又稱鉻酸酐）、KOH、正丙醇（或稱1－丙醇）$CH_3CH_2CH_2OH$、H_3PO_4、鐵氰化鉀（$K_3Fe(CN)_6$）、乙二胺四醋酸（EDTA）、HCl、KI、I_2、$FeCl_3$、H_2SO_4、過硫酸銨（$(NH_4)_2S_2O_8$）。化學容器必須能抵抗蝕刻劑的侵蝕。

2. 過濾器的障礙

過濾器（filter）經常會因流體中塵粒太多，無法分辨泡沫或塵粒，導致流量不足或晶圓缺點。微泡沫（micro bubble）是主要原因之一。微泡沫的生成，大致來自於以下原因：

1. 化學液本身：如SC1（NH_4OH：H_2O_2：H_2O），SC2（HCl：H_2O_2：H_2O），緩衝氧化物蝕刻劑（HF：NH_4F, BHF），過氧一硫酸（H_2SO_5，又稱食人魚piranha）。這些化學液本身會分解出O_2或NH_3。

2. 高溫製程：如H_2SO_4、H_3PO_4等因溫度升高而使得氣體溶解度降低，而形成泡沫溢出。

3. 壓差：當壓力變化由高壓到低壓，極易有泡沫產生。如打開汽水瓶，其壓力變化由高壓急速降到常壓，而有大量氣泡產生。

4. 死角：機臺本身設計如果不當，則易有死角，而空氣或化學液本身所分解的氣體易累積於死角。

但是，更重要的是微泡沫會造成過濾器阻塞。解決此問題，業者以特殊材質的聚四氟乙烯（PTFE, polytetra fluoroethylene）膜，提高其表面張力（surface tension）。讓PTFE膜，更具親水性，溶解在化學液中的氣泡不會吸附在過濾膜表面上，所以不會有核心位置的現象生成。

溶解在化學液中的氣泡會隨化學液流動而離開通道，故流量可以一直保持。

3. 濕化學站

半導體濕化學站（wet chemical station）用化學品的容器材料大多為玻璃、不銹鋼（stainless steel）、聚乙烯（polyethylene, PE）或氟樹脂（fluororesin）等。化學品容器的特性，如表12.8所列。

表12.8 化學品容器和特性

玻璃	除H_2O_2，HF，鹼族外大多可用。 撞擊阻力差，可能溶於金屬雜質。
不銹鋼（SS）	用於有機溶劑（如丙酮、甲醇、異丙醇等），有機鹼（正光阻的顯影液）。 化學阻力極佳，適宜攜帶危險物質。
聚乙烯（PE）	用於酸、鹼。 可能產生微粒子（因PE內添加了安定劑、紫外光吸收劑）。
氟樹脂	常用的過氟氧乙烯醚（PFA）和聚四氟乙烯（PTFE）。 適用於酸、鹼。 不易模造，價格貴。

PFA：perfluoro-alkyl vinyl ether copolymer

　　傳統式濕化學槽（wet chemical station）內的酸液是利用水槽內的加熱器將超純水加熱，間接將酸液升溫到製程要求的溫度。化學槽內有鉑（Pt）式熱電偶（thermocouples, R或S型）監測槽內酸液的溫度。並以比例積分微分控制器（PID, proportional integral differential controller）決定加熱器之導通或切斷，以做恒溫控制，如圖12.11所示。壓縮機的功用則是在推動冷媒（refrigerant, 如弗利昂freon）在系統中流動，將低溫處的熱量轉移至高溫處排放。傳統式恒溫機（thermostat）的機械結構複雜，而且使用冷媒會造成環保的問題，有很多零組件的規格、材質特殊，

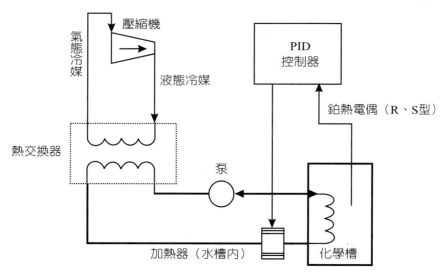

圖12.11 傳統式恒溫機溫度控制系統結構

[資料來源：彭作富，冷凍設備設計]

不易在市面上購得，維修也很困難。在PID控制，控制器的輸出與輸入誤差訊號成比例，輸出存在穩態誤差。輸出與輸入誤差訊號的積分成正比，系統無穩態誤差。輸出與輸入訊號的微分（即誤差的變化）成正比。能預測誤差變化的趨勢，使誤差為零。

一改良式恒溫機（thermostat）溫度控制系統結構，如圖12.12所示。最大的優點是省略了壓縮機和冷媒，所有的零組件皆可以在國內材料中購買。冷卻水則是從廠務直接接到熱交換機（heat exchanger），與流經化學槽的熱純水做熱交換處理。

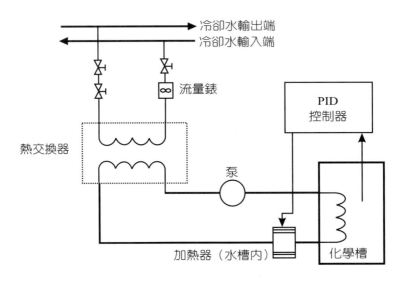

圖12.12　改良式恒溫機溫度控制系統結構

[資料來源：彭作富，冷凍設備設計]

4.化學品供給系統

化學品供給系統（chemical dispense system, CDS）是利用某種動力，將化學品在無污染且安全穩定的情況下，自動供應到製程設備。

化學品大致可以分為酸、鹼和溶劑。要將各種化學品做妥善的空間運用，才不致於有安全之疑慮。空間設計以隔離為主考量，一種化學品一個空間。遇到緊急狀況時，如火災、地震等，化學品可能會因為貯槽、管路破裂，造成大量洩漏。若化學品之間沒有隔離，很容易產生化學反應，釋放出H_2、O_2等自燃（pyrophoric）或助燃氣體（combustion-supporting gas），甚至於有毒的氣

體而造成更大的傷害。但是大部分半導體廠因空間限制，無法做到一種化學品一個空間。至少將不同性質的化學品分類成酸（acid）、鹼（alkaline）、有機溶劑（organic solvent）等三個區域。特別是H_2O_2和NH_4OH。H_2O_2是高氧化性，呈微鹼性，NH_4OH有刺激性，呈鹼性，如果設計時將NH_4OH，H_2O_2放在同一個空間，會產生劇烈之化學反應，釋放出大量之煙霧，甚至產生硝化物（nitrate，亞硝酸鹽）引起爆炸。

12.6　乾洗淨設備

1.微群集束（microcluster beam）清洗

　　以電流體力學（electro hydrodynamic），有一毛細管（capillary）噴射微群集束，以清洗被固體微塵和有機膜污染的表面。使微群集（micro cluster）和微塵之間產生一脈衝力，而除去微塵，如圖12.13所示。方法是以靜電

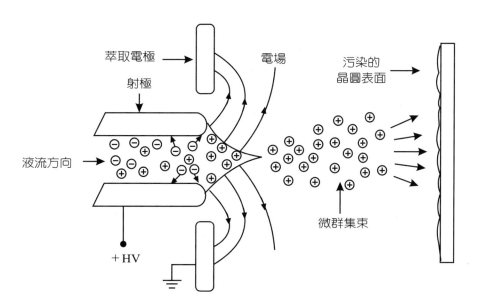

圖12.13　以靜電形成微群集束

[資料來源：J. Mahoney, 固態科技期刊（Solid State Technology）]

（electrostatic charge）對水和溶劑分解，此法和矽晶圓的真空清洗可以同時進行。設備沒有移動的部分，消耗溶液量不大，沒有危險的化學品。清洗溶液不會曝露於閥、配件、密封、連接器、管路等。不會有二次污染，更重要的是微群集體積小，可以有效去除在細縫中的污染，如在貫穿孔（via）中殘留的有機物，此種優點在半導體元件持續縮小時會更顯著。

2.臭氧水洗淨裝置

以往曾有人使用氣態臭氧、硫酸加臭氧、紫外線加臭氧來做乾式洗淨、除灰爐器等的應用。近來，以臭氧水（ozone water）來代替藥品為目的的洗淨和表面氧化、親水化、去除有機薄膜等多用途的利用方法也陸續的開發出來。

臭氧水和化學藥品相比較，在速度和效果方面比較差。但是臭氧水分解成氧氣，殘餘的就只是水而已。在殘留性和排水處理，還有對環境的影響少。再加上其純度高，使它的優點遠遠的凌駕於藥品。臭氧水製造的進步和利用技術的發展，大大的隱含著它有可能成為21世紀的半導體製造等生產過程的主流。

微塵因很薄的有機膜包住，附著在晶圓上。臭氧水清洗是以加水分解為基礎，將薄的有機物分解成CO_2及H_2O。其清洗微塵的機制，如圖12.14所示。臭氧水基本上只分解包住微塵的薄有機膜。若在晶圓和其界面（圖中斜線部分）殘留有吸附微塵的因子時，要用超音波等物理力量使其脫離。

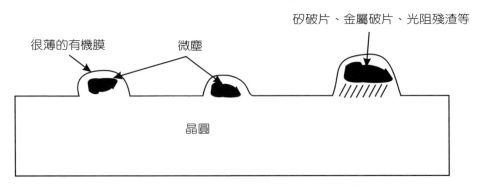

圖12.14　利用臭氧水清洗微塵的機制

[資料來源：梁美柔，電子月刊]

臭氧水的製造為電解法，將固體高分子電解質膜以多孔質的陽極和多孔質的陰

極夾住，對陽極供給純水，並施加以直流電壓，在陽極產生氧氣。氫離子則在固體高分子電解質膜中移動，到達陰極後變成氫氣。這種技術只要將兩極以電解質膜（electrolyte membrane）分開，完全不需要使用電解質等藥品，一個製造臭氧的系統如圖12.15所示。這種裝置可製造出高純度的臭氧。金屬如鈉、銅、鐵、鋁等含量可達1～5ng/l以下。製程設備必須使用耐臭氧材料如氟樹脂（fluororesin）和氟化乙烯丙烯（FEP），FEP樹脂是由四氟乙烯（C_2F_4）和六氟丙烯（C_3F_6）共同聚合的樹脂。臭氧濃度超過1ppm以上對人體呼吸系統是有害的。人吸入臭氧會產生噁心、喉嚨痛、頭暈。臭氧基本上是密閉使用的。對臭氧水供應裝置的排氣臭氧要做強制分解，並以臭氧洩漏感測器做常時監控。使用點經由強制排氣，使散開的臭氧氣體不會洩漏到作業區域。

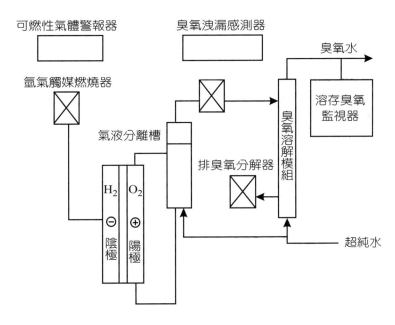

圖12.15　臭氧水供給裝置

[資料來源：范國威，電子月刊]

3.電漿清洗

　　電子迴旋共振（ECR, electron cyclotron resonance）也可用於清洗製程。磁化電子在電場中和電子迴旋頻率共振，共振吸收微波能量產生有效、高密度

電漿，當製程室真空在10毫托爾以上。如圖12.16所示，此系統利用O_2電漿，或Ar-O_2混合電漿，1000瓦微波功率，已開發用於球柵陣列（BGA, ball grid array）包裝基座和晶圓的清洗。以及去光阻、去渣滓等。它的優點是電漿均勻，全製程不需要加高溫，快速，可清洗每一晶圓。

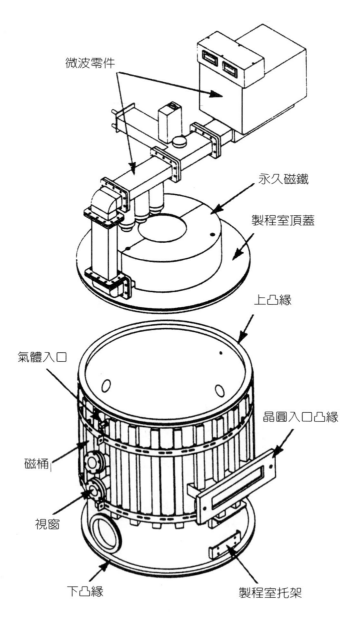

圖12.16　ECR電漿清洗機

[資料來源：等離子快思特（Plasma Quest）]

4.準分子雷射（excimer laser）清洗

雷射（laser）晶圓清洗法在目前眾多晶圓乾式清洗法中，被認為是未來深具潛力的一種方法。

準分子雷射是屬於深紫外光（deep UV）的氣體雷射，一般工業用的主要為氯化氙（XeCl）雷射（308nm）、KrF雷射（248nm）及ArF雷射（193nm）等。由於深紫外光波長較短，因此相對的每個光子（photon）所能攜帶的能量相當的高，當被材料表面吸收時，會直接造成分子鍵的斷裂（bond-breaking）而使材料剝離，這個機制稱之為光化學或光分解效應，為一種冷加工的過程。

準分子雷射是一種短脈衝的雷射，脈衝長度約在15～50ns之間，每個脈衝可攜帶數百毫焦耳（mJ）的能量，因此每個脈衝的尖峰功率可達到數十百萬瓦（MW），只要材料在單位面積內所接受的能量超過其本身的臨界值，準分子雷射可說是無堅不摧。因此，若適當控制雷射的能量密度，又名劑量（焦耳／平方公分，J/cm^2），可對材料做選擇性的移除。

準分子雷射清洗可去除微塵、化學性霧氣、金屬離子，CMP後的晶圓清洗，及光阻劑的灰化（ashing）。雷射清洗設備的主要組件為準分子雷射系統、導光系統、製程氣體（O_2、N_2、F_2）、機械掃描系統。

5.濺擊蝕刻

濺擊蝕刻（sputter etch）可以除去天生的氧化物（native oxide），目的是降低接觸電阻（contact resistance）。最好是在原位置（in-situ）。近代ULSI有許多小的接觸（contact）或貫穿孔（via），濺擊蝕刻會造成再沉積，而污染這些小洞，電漿化學清洗可以克服這個困難。

6.氟化氫蒸氣洗淨

氟化氫蒸氣（HF vapor）清除天生的氧化物之效果比氫氟酸浸（HF dip）好，試片生命期比較長。因為HF蒸氣在矽基板可形成較多的Si-F鍵結，HF浸則形成較多的Si-H鍵結。因為Si-F鍵結較強，不易再生長一層不想要的原始氧化層，因此可有效改善漏電流和增強可靠度。

12.7 洗淨廢氣廢水和環保對策

半導體洗淨製程（cleaning process）會排放出大量的廢氣（waste gas）、廢水（waste water）或廢液（waste liquid），在廠內必須除害處理，再排放至大氣或公共水域，有些則要依廢棄物掩埋法處理。主要影響為：(1)氯氟碳（CFC, chlorine fluorine carbon，如CF_2Cl_2（冷媒12），$CFCl_3$（冷媒11））會破壞臭氧層，(2)替代的過氟碳（PFC, per fluorine carbon，如CF_4，C_2F_6）、氫氟碳（hydro fluoro carbon，如CHF_3三氟甲烷，氟仿；CH_3F氟甲烷）、六氟化硫（SF_6）又有溫室效應（green house effect）。發電產生的二氧化碳（CO_2）也有溫室效應，會造成地球暖化（globe warming）。解決方法是將這些有害物質除害或回收（recovery）再利用，如表12.9所列。(3)廢棄物的增大，如表12.10所列。

表12.9 地球溫暖化對策：PFC等除害、回收、再利用

方式‧種類		除害手段	有效氣體	缺 點
除害	濕式（液體吸收）	水		PFC 除去效率小
		中和劑，氧化劑		
	乾式（固體吸著）	吸著劑（物理吸著，反應，觸媒）	NF_3，ClF_3等	觸媒壽命
	燃燒	丙烷燃燒分解	C_2H_6，NF_3等	NO_x，HF副產物
	熱分解	電熱器加熱	C_2H_6，NF_3等	HF副產物
	電漿分解	水蒸氣電漿	NF_3	效率低
回收、再利用（N_2分離）	蒸餾分離	利用沸點差	C_2H_6，CHF_3	效率低
	膜分離	膜透過利用	C_2H_6，NF_3等	
各種方法的組合		效率最佳化		成本高

註：三氟化氯（trifluoro chlorine ClF_3）在室溫為無色氣體，有甜味或窒息香味。近來半導體界用 ClF_3清潔製程工具，不會造成溫室效應，也不會破壞臭氧層。為強氧化劑，使用時不可吸入或皮膚接觸。

表12.10　半導體製造全體的影響（廢棄物的增大）

製程	排出物	處理	生成物	用途	廢棄・排放方式
濕製程（洗淨等）	氫氟酸	再生 再利用	冰晶石（cryolite）	鋁精鍊用	
	磷酸		氟素製品		
	硫酸		硫酸銨	淨水、製紙、顏料等	
	一般酸鹼	中和、沉澱、分離	污泥	水泥	產業廢棄物處理場
	有機剝離液	氧化、生物處理等（回收→再生或燃燒）			公用水域／大氣
	清洗異丙醇	再生、再利用	再生異丙醇或助燃劑		
	清洗純水	再生	純水		公用水域
	處理、除害後的廢液、廢水				
CMP	研磨劑	固體沉澱、分離 中和沉澱、分離	污泥（或再利用）	水泥	公用水域
一般	廢油	再利用		助燃劑	
	處理、除害後的污泥				產業廢棄物處理場
	設備、保養零件	除害			產業廢棄物處理場

12.8　參考書目

1. 王訪賢等，淺談「如何製作水冷式酸槽恒溫機」，電子月刊，六卷四期，pp. 156～160，2000。

2. 佐藤誠一郎，12吋晶圓洗淨製程技術動向與課題，電子月刊，六卷八期，pp. 122～125，2000。

3. 板野充司、毛塚健彥，最先進之氧化膜濕蝕刻技術，電子月刊，六卷八期，pp. 104～112，2000。

4. 段定天，半導體工業用高純度氣體與化學品的應用，電子月刊，四卷五期，pp. 67～76，1998。

5. 呂建豪、陳鴻隆，準分子雷射晶圓表面清洗，電子月刊，六卷三期，pp. 240～248，2000。

6. 范國威（譯），半導體用超高純度臭氧水供給裝置，電子月刊，六卷四期，pp. 176～181，2000。

7. 張勁燕，電子材料，1999初版，2008修正四版，第五、六、九章，五南。

8. 陳佳麟、趙天生，超薄氧化層的研製，毫微米通訊，六卷一期，pp .35～37, 1999。

9. 郭慶祥，半導體廠化學品供給系統及安全使用，電子月刊，四卷四期，pp. 101～106，1998。

10. 陳宏銘，濕式化學清洗技術與設備研究動向，電子月刊，五卷四期，pp. 84～92，1999。

11. 梁美柔（譯），Post RCA清洗、臭氧水的取代，電子月刊，五卷十二期，pp. 170～173，1999。

12. 皖之（譯），各種薄膜CMP後之洗淨方法，電子月刊，五卷五期，pp. 164～166，1999。

13. 皖之（譯），層間膜／STI的SiO_2-CMP後之洗淨技術，電子月刊，五卷七期，pp. 168～171，1999。

14. 皖之（譯），300 mm時代之洗淨製程－減少化學品使用量之對策，電子月刊，四卷五期，pp. 110～116，1998。

15. 葉榮泰、葉姿伶，冷凍噴霧清洗技術，新一代的乾式晶圓清洗技術，電子月刊，五卷四期，pp. 74～82，1999。

16. 楊東傑，化學液過濾器的障礙－Dewet，電子月刊，四卷四期，pp. 132～133，1998。

17. 蔡明蒔，化學機械研磨後清洗技術簡介，毫微米通訊，六卷一期，pp. 21～27，1999。

18. 蔡育奇（譯），超純水製造，排水回收，排水處理系統，電子月刊，六卷四期，pp. 187～189，2000。

19. 蔡育奇（譯），Cu-CMP後的洗淨技術及有效溶液，電子月刊，五卷十期，pp. 182～184，1999。

20. 劉臺徽（譯），引進銅配線及銅世代的環境對策，電子月刊，五卷十一期，pp. 173～179，1999。

21. 潘扶民，積體電路製程濕式洗淨技術，電子月刊，四卷十一期，pp. 102～111，1998。

22. C. Y. Chang and S. M. Sze, ULSI Technology, 1996, ch. 2, McGraw Hill，新月。

23. Fluoroware, Process One^{TM} FX30 Pod Cleaning System.

24. D. Hymes et al., The Challenges of the Copper CMP Clean, Semiconductor International, pp. 117～121, 1998.

25. J. F. Mahoney, Surface Cleaning Using Energetic Microcluster Beams, Solid State Technology, pp. 149～158，1998.

26. Plasma Quest, The Turbo Solution: Advanced High Density Plasma BGA System.

27. A. K. Wang et al., Critical Drying Technology for Deep Submicron Process, Solid State Technology, pp. 271～176, 1998.

28. S. Wolf and R. N. Tauber, Silicon Processing for the VLSI Era, vol. 1, 1986, ch. 15, Lattice Press，滄海。

12.8　習　題

1. 試述洗淨的目的和其在半導體製程的重要性。

2. 試述半導體製程的污染和其作用。

3. 試述RCA清洗製程。

4. 試述多槽全自動濕洗淨設備的要點。

5. 試述超音波清洗機之構造和機制。

6. 試述濕蝕刻化學站的改進方向。

7. 試述臭氧水洗淨裝置的構造和機制。

8. 試述CMP後清洗的電解水裝置的機制。

9. 試簡述，(a)介面活性劑（surfactant），(b)螯合劑（chelating agent），(c)剪面電位（zeta potential）（或界達電位），(d)食人魚（piranha），(e)微粗糙（microroughness），(f)天生的氧化物（native oxide），(g)標準機械介面（SMIF），(h)噴嘴(nozzle)，(i)微氣泡（microbubble）。

10. 試比較幾種超音波的區別(a)ultrasonic，(b)megasonic，(c)supersonic，(d)finesonic。

11. 試述幾種破壞環境之洗淨液(a)氯氟碳，(b)過氟碳，(c)氫氟碳；以及其影響。

12. 試述三氟化氯（ClF_3）的特性及功用。

封裝製程設備

13.1 緒 論

半導體或積體電路製造好以後，還要和其他元件連接，和電源連接或散熱，並需要外殼加以保護，因此需要封裝（assembly或package）。半導體封裝的形式有簡單也有複雜。一方面由於ULSI日趨積集化，封裝的接腳也日漸加多。由40而160而400，甚至有可能增加到700或1000支接腳以上。封裝的型式也多樣化。封裝的製程對精準度的要求也越來越高。另一方面，為降低工資、自動化和不銲線也有其必要性。第三方面，為便利隨身攜帶，而有多種輕薄短小的包裝出現。第四方面，人們對環保的重視，製程設備或材料也有著顯著的改進。

傳統的封裝定義是將積體電路晶片保護，提供電源、冷卻和連接其他零件。現代的封裝則轉變為提供下一層次組裝的相容（compatibility）。

封裝的目的是為半導體主動元件，如積體電路或電晶體，提供機械的支持、保護、散熱，或和電源及其他零件連接，如圖13.1所示。

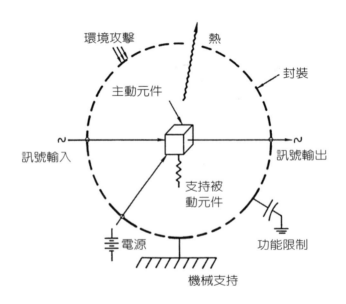

圖13.1　電子元件封裝的目的

[資料來源：Bowman, Practical I. C. Fabrication]

然而封裝可能使元件的功能下降，體積或重量增加，測試困難，可靠度變差。封裝和前段晶圓製程相比較，它也較費人工，成本也要考慮。

封裝由一個元件開始，到電路板、次系統（subsystem）、最後的系統，中間有許多不同的層次，在其間的界面必須相容。製造、測試、電路板接著、系統安裝，都要考慮到各種型式的後續支援（infrastructure）。

13.2　封裝型式的演變

最早的封裝型式是兩排直立式（dual in line package, DIP），有塑膠直立式（P-DIP, plastic）或陶瓷直立式（C-DIP, ceramic）兩大類。P-DIP包裝，如圖13.2和圖13.3所示。圖13.2為一個14支腳的元件。

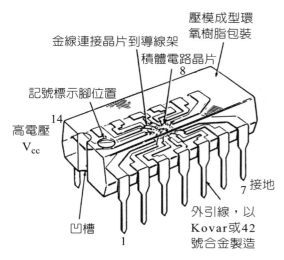

圖13.2　塑膠直立包裝

[資料來源：普利西（Plessey）]

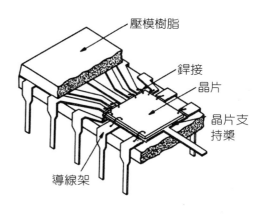

圖13.3　一個塑膠直立包裝剖開圖

[資料來源：Sze, VLSI Technology, 2nd ed.]

塑膠立體（P-DIP）和陶瓷立體（C-DIP）從包裝本體上很容易區分，前者上下兩部分中間只有一條線，正反面均有二個小凹圓，是便利射出成型後推出之用的。後者上下蓋中間有一段玻璃層，目的是黏接上下陶瓷部分。

立體塑膠包裝的導線架（lead frame）多為成卷，對自動化（automation）製程便利很多。導線架材質為磷青銅（phosphor bronze）（銅、錫、磷或鐵、鎳），成品要鍍錫或錫鉛合金（銲錫，solder）。主要密封靠壓模（mold）成型。而陶瓷立體因為製程中必須一個個分離，不方便自動化作業，目前已經幾乎淘汰了。

其他主要的封裝型式還有：

1. 晶片承載器（chip carrier）

　　材料為陶瓷、金屬或塑膠，以環氧樹脂（epoxy）做封裝。四邊都有腳，外連線和DIP相比較，幾乎多了一倍，如圖13.4和圖13.5所示。

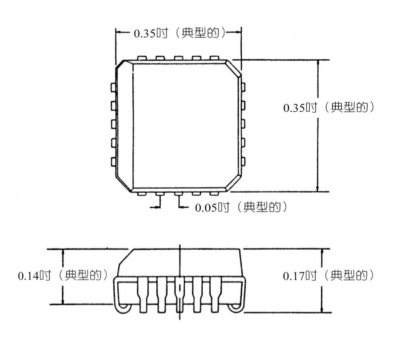

圖13.4　四方晶片承載器

[資料來源：Bowman, Practical I. C. Fabrication]

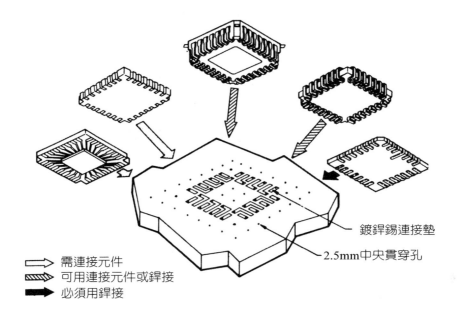

鍍銲錫連接墊

2.5mm中央貫穿孔

⟹ 需連接元件
⧄ 可用連接元件或銲接
➡ 必須用銲接

圖13.5　晶片承載器連接到印刷電路板

[資料來源：Sze, VLSI Technology, 1st ed.]

2. 覆晶 (flip chip)

將晶片反轉，利用銲墊的隆點（bump）粘到基座（substrate）上的接點，不必打線。也可用有機物聚亞醯ͭ胺（polyimide）做基板。又稱為C4（控制下的晶片連接controlled collapse chip connection）技術，如圖13.6和圖13.7所示。

3. 針型柵格陣列 (PGA, pin grid array)

腳以陣列方式分佈於整個包裝，是球柵陣列（BGA）的前身。PGA的基座為陶瓷材料，每一根針上均鍍金，中央蓋板也鍍金，用於高級IC產品，如英特爾（Intel）的電腦中央處理器（central processor, CPU）奔騰（Pentium），如圖13.8所示。PGA可使包裝的腳數大幅度增加。

4. 捲帶承載器 (tape carrier)

晶片粘在膠帶（tape）上，由上下加壓使膠帶載具和導線架結在一起，不用打線，亦稱為捲帶式自動銲接（tape automated bonding, TAB）。膠帶柔軟可撓，多用於液晶顯示器（LCD, liquid crystal display）的驅動器IC（driver IC）

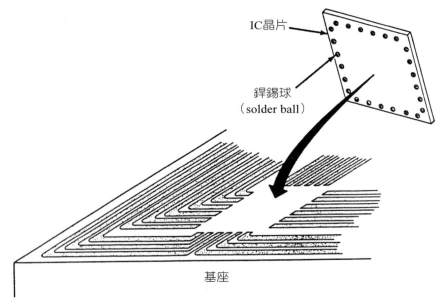

IC晶片

銲錫球
（solder ball）

基座

圖13.6　覆晶安裝

[資料來源：Bowman, Practical I. C. Fabrication]

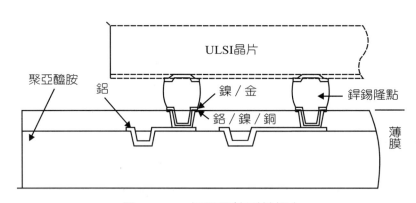

ULSI晶片

聚亞醯胺

鋁

鎳／金

鉻／鎳／銅

銲錫隆點

薄膜

圖13.7　一個覆晶粘到基板上

[資料來源：Inoue, 電子零件和技術研討會會報（Proc. of Elect. Components and Technol. Conf.,）改繪]

的包裝，如圖13.9所示。圖13.9(a)為蝕刻金屬製作圖案，圖13.9(b)為群銲
（gang bonding）使所有引線一次和晶片上的銲墊（bonding pad）連接。

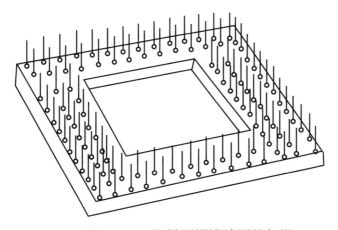

圖13.8　一個針型柵格陣列的包裝

[資料來源：三菱（Mitsubishi），改繪]

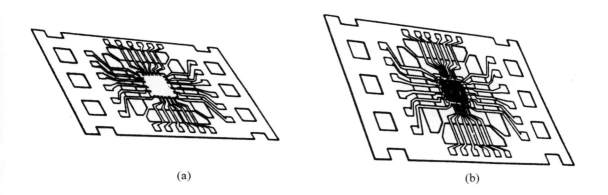

(a)　　　　　　　　　　　　　　　　　(b)

圖13.9　膠帶自動銲接，(a)膠帶底座，(b)以群銲粘上晶片

[資料來源：Bowman, Practical I. C. Fabrication]

5.密封包裝（hermetic package）

　　底座為陶瓷，晶片穴上有一密封環，上面鍍金。上蓋為鐵鎳合金，也鍍金。上蓋和密封環的連接，需加一金錫合金環助熔（eutectic），此包裝也稱金錫包裝（Au-Sn package）。半導體晶片（chip）上的金線不會像塑膠包裝，因封膠射出而受到沖擊，如圖13.10所示。

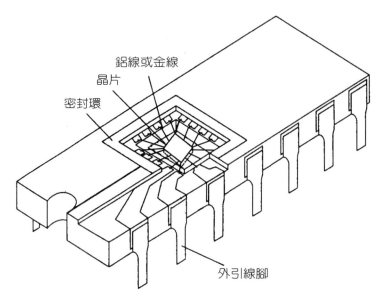

鋁線或金線

晶片

密封環

外引線腳

圖13.10　密封包裝

[資料來源：Prokop, 電機電子工程師學會，零件科技期刊（IEEE, Components Technology）]

6. 球柵陣列（ball grid array, BGA）

　　錫球代替導線架（lead frame）或針（pin），銲錫球（solder ball）在包裝墊片內部和銲線連接，以陣列型式平均分散在包裝整個或部分面積之內。如此可以增加I.C.接線的腳數，而不致有間距（pitch）太小的問題，如圖13.11所示。球柵陣列以銲點分佈在基座外圍者，即扇出型（fan-out），如圖13.11(c)，佔大多數，因為接腳數較多。也有球柵在內部的，稱為扇入型（fan-in）。扇出型比扇入型設計較具焊接疲勞壽命。我國在1999年的BGA技術能力已達569腳。

7. 四列扁平包裝

　　四列扁平包裝（quad flat package, QFP）是一種塑膠包裝，導線架手指分佈於晶片銲墊的四週，如圖13.12所示。為了有最多的腳數（多達160～300），包裝體積大，導線架外引線細，釘腳間距小，因此對增加腳數有一極限。目前已有漸被球柵陣列（BGA）取代的趨勢。

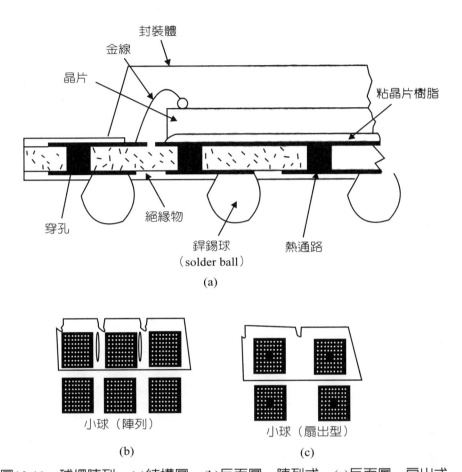

圖13.11　球柵陣列，(a)結構圖，(b)反面圖，陣列式，(c)反面圖，扇出式

[資料來源：(a)Sloan, 超大型積體電路封裝研討會會報（Proc. of the VLSI Packaging Workshop）1992，改繪]

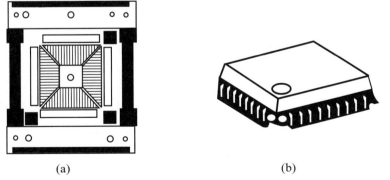

圖13.12　QFP的，(a)導線架正視圖，(b)一個封裝後的包裝

8.導線架在晶粒之上（LOC）

因積體電路接線太費時，要縮短線的長度，方法之一是將銲墊置於晶片內部，而不是四週。導線架放在晶片的上面（lead on chip, LOC），在晶片和手指之間加一絕緣而耐高溫的聚亞醯二胺膠帶（polyimide tape），使兩者不致於短路，如圖13.13所示。

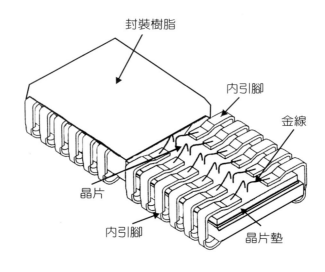

圖13.13　一個LOC的包裝

[資料來源：Ueda, 超大型積體電路封裝研討會會報（Proc. of the VLSI Packaging Workshop），1993, 改繪]

9.晶片大小的包裝（CSP）和裸晶（bare chip）

積體電路連包裝只約為晶片尺寸的110～120%，如圖13.14和圖13.15所示。包裝的目的只為了將晶片轉移到下一個層次，如電路板，不再為了保護晶片。目前晶片大小的包裝（chip scale package, CSP）已大量的應用到電話卡、門刷卡、信用卡和提款卡，因為它有智慧，所以也稱為精明卡或流行卡（smart card）等。近來更有實際尺寸的CSP（real size-CSP）或裸晶，使封裝更為小型化。R-CSP即整個包裝尺寸（長、寬）和原晶片一樣大，只有晶片正面有封裝材料如圖13.16。

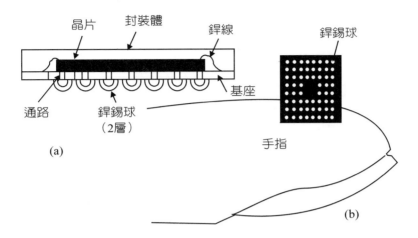

圖13.14　(a)一個CSP的結構圖，(b)CSP放在手指上，銲錫球即為接腳

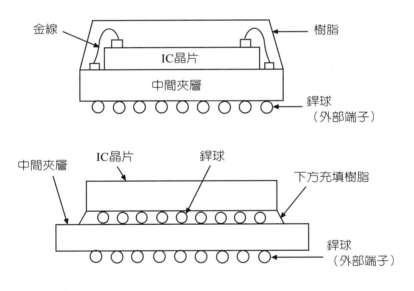

圖13.15　使用了中間夾層的CSP的構造例

[資料來源：蔡育奇，電子月刊]

　　裸晶（bare chip）則是將晶片直接正面朝上的放在電路板上，打線後封裝電路板，裸晶包裝的問題是晶片要先通過加溫壽命測試或稱崩應（burn-in test），即在晶圓級（wafer level）做可靠度測試，必須是品質保證的好晶粒（known good die, KGD）。

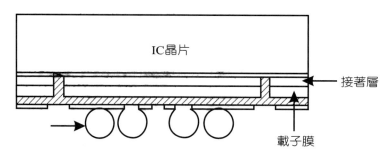

圖13.16　實際尺寸CSP（R-CSP）

[資料來源：蔡育奇，電子月刊]

10.膠帶載具包裝（tape carrier package，TCP）

在I. C.晶片上形成隆點或凸塊（bump），以膠帶載具（tape carrier）固持
內引線（inner lead），以機械力並加熱將內引線和隆點連接。再用注射液體樹
脂（resin）使其密封，並烘烤固化（cure）包裝，如圖13.17所示。

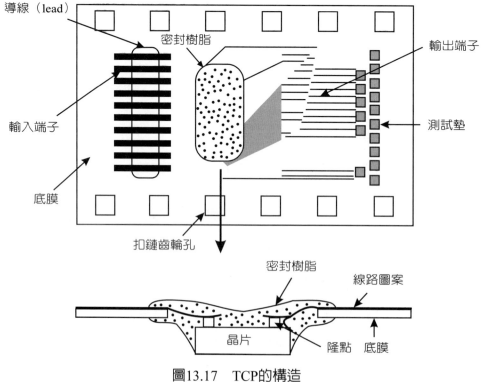

圖13.17　TCP的構造

[資料來源：岩本尚文，半導體世界期刊（Semiconductor World）]

茲將幾種重要的包裝型式QFP、CSP和FC作一比較，如表13.1所列。

表13.1　幾種包裝型式比較

	四列扁平包裝 (QFP)	晶片尺寸的包裝 (CSP)	覆　晶 (FC)、裸晶
優點	1.封裝容易。 2.品質保證。 3.封膠前可以修理。 4.可以和其他零件一起過表面接著回焊爐。	1.體積小。 2.電氣特性佳。 3.品質保證。 4.封膠前可以修改。 5.封裝容易，因銲墊間距大。 6.可以和其他零件一起過表面接著回焊爐。	1.體積小。 2.電氣特性佳，晶片和印刷電路板間的接線最短，易散熱。 3.可用於大電力。 4.可期待由裸晶的上方自然散熱。
缺點	1.體積太大。 2.導線可能因封膠壓力而變形。	1.陣列銲接品質。 2.上蓋膨脹影響銲線的可靠度。	1.需特殊封裝技巧，成本高。 2.品質難保證。 3.尚未達規格化。 4.處理困難，晶片易刮傷。 5.晶片的品質保證（known good die, KGD）還有困難。

[參考資料：山口盛司，半導體世界期刊（Semiconductor World）]

13.3　封裝製程流程

晶圓在前段製程完成之後，首先做探測（probe test），以電性測試（electric test）每一晶片（chip）或晶粒（die）的好壞，包括功能測試（functional test）和參數測試（parameter test）。一般而言，大面積如DRAM稱晶片，小面積如發光二極體（LED）稱晶粒，不過並沒有一定的界線。利用一個細針尖接觸晶片上的銲墊（pad）。如果晶片電性測試不通過，就打一個紅墨記（ink）。在黏晶片（chip bond）製程，機器能辨識，而不會拿這些有紅墨記的晶片去封裝。而後晶片就開始封裝，封裝流程會隨包裝型式而不同。球柵陣列（BGA）和四列扁平包裝（QFP）的區別在前者是單面壓模，另一面銲錫迴流（solder reflow）粘銲錫球（solder ball）；後者是兩面壓模，再電鍍銲錫（solder plating），如圖13.18所示。

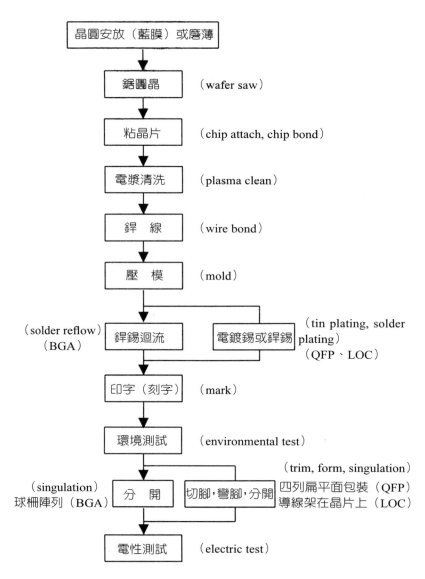

圖13.18　BGA和QFP、LOC的製程流程

13.4　封裝製程設備

1.晶圓鋸 (wafer saw)

　　如有需要，先把晶圓背面磨薄，將晶圓裝在膠帶（tape）和框架上。必要時先消除靜電放電（electrostatic discharge）。以鋸輪（dicing wheel）來鋸切割巷（scribe lane），目前技術可以100%鋸斷晶圓，得到很高的良率。

　　一鋸晶圓機（dicing saw），如圖13.19所示，以高速轉輪（spindle）帶動，有鑽石刀緣的刀片，動作如同以電鋸鋸大木頭。切割時鑽石刀具是以高速轉動，晶圓以真空吸在底盤上，由馬達驅動，分縱橫兩方向的鋸二次，間距由晶片尺寸和切割巷間距而定，深度可達晶圓厚度之100%，分二次鋸，以免應力過大。操作會切出很多矽粉末，而且會生熱。因此要用超純水把熱散掉，把矽粉末沖走。因為重金屬或電解質或細菌等會污染晶粒，造成電性測試不良，冷卻水要用超純水（super pure water），即去離子水（D. I. water）。

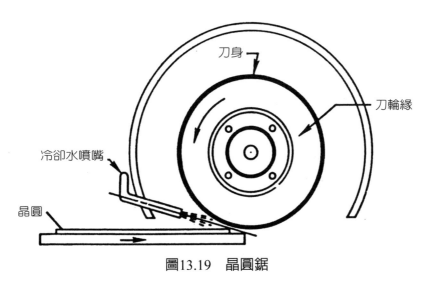

圖13.19　晶圓鋸

[資料來源：Bowman, Practical I. C. Fabrication]

2.晶圓檢查機

鋸晶圓之前或之後，或有以晶圓檢查機（wafer inspection machine）偵測晶片上的缺點並加以分類。晶圓檢查機並可精密測量銲錫隆點（solder bump）等關鍵尺寸（CD, critical dimension），有符合人工學的（ergonomic）設計。不需要看顯微鏡（microscope），可由監視器（monitor）清楚看出缺點，機器高度適中，配合作業員的方便工作。在層流（laminar flow）潔淨環境內操作。

3.導線架清洗機

導線架清洗機（lead frame cleaner）為多槽式裝置，具有超音波槽（ultrasonic tank）、冷浸槽（cold immersion tank）和附加熱器的蒸氣槽（vapor tank），如圖13.20。溶劑（solvent）倒入最潔淨的超音波槽，由左向右流，清洗順序則逆向。為防止溶劑的揮發和危害操作員，清洗機上層繞以冷卻線圈（cooling coil）。使用溶劑為三氯乙烯（TCE）、異丙醇（IPA）、甲醇（methanol）或三氯乙烷（TCA）。工作環境還要注意通風良好。

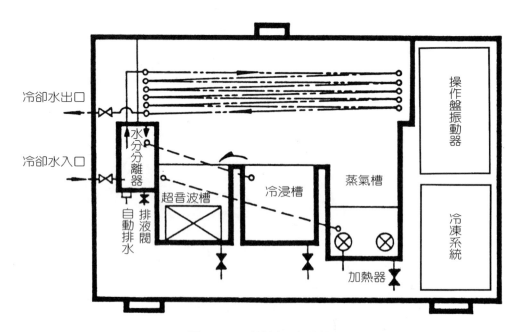

圖13.20　導線架清洗機

4.黏晶片機（chip bonder）

是將晶片粘在導線架中的晶片墊（chip pad）上，如QFP包裝；或底座（substrate）上，如BGA包裝。使用銀糊（silver paste）或環氧樹脂（epoxy）或彈性材料（elastomer）以粘著晶片。如果使用鍍金導線架，為降低加熱溫度，可以放一片金點（preform，98%金，2%矽）以形成共晶（eutectic，最低熔點）助熔，如圖13.21所示。

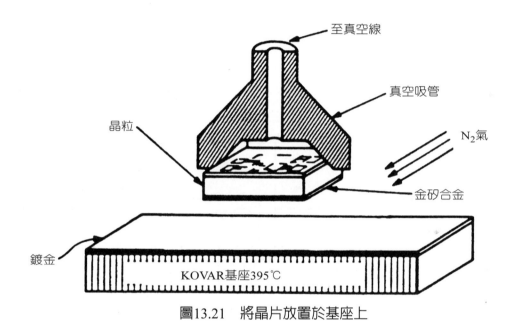

圖13.21　將晶片放置於基座上

[資料來源：Bowman, Practical I. C. Fabrication]

粘片粒機的要點為精密對準，高速操作，導線架在操作前後均以彈匣（magazine，包裝條）存放和傳送。粘晶片之後，可在同一機臺上烘烤固化（cure），也有以烤箱（oven）烘烤固化的。要避免晶片過熱。小晶片需要特殊對準方法。或以中間夾層（interposer）膠帶以載具處理。

黏晶片製程品質關係著整個構裝製程能力，隨著構裝產品高密度的要求，如黏膠厚度、氣孔、裂痕、沾膠比率（glue wetting ratio）等品質要求愈來愈嚴格。因為若黏晶片品質不良，縱使其它製程能力再好，也無法彌補，使構裝出的I.C.品質達到設計要求的最佳狀況。

　　黏晶片製程所需要的設備一般稱為黏晶片機。目前的黏晶片機幾乎都是全自動上下料，並依靠視覺辨識輔助，做精密定位及檢測黏晶片品質好壞，藉以去除人為因素的干擾，來達到製程品質的要求。

　　依照構裝產品的要求，不同的黏晶片機在精確度、速度、黏晶片方式及進料、出料機構各有其不同層次的要求。但系統架構上大致皆可分為晶圓處理、晶片處理、導線架處理、視覺辨識、控制及軟體等六個模組，如圖13.22所示。

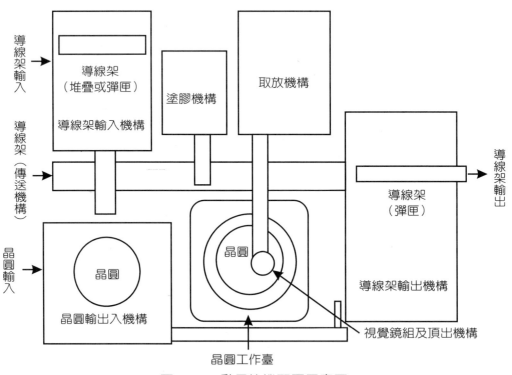

圖13.22　黏晶片機配置示意圖

[資料來源：呂文榕，機密機械工業]

5. 電漿清洗機（plasma cleaner）

　　這是一個比較新的製程，目的是除去晶片上打線用的銲墊（bonding pad）上或導線架上的污染物。通常是用氬（Ar）電漿作純物理的清洗，以氧（O_2）電漿清除光阻（碳氫化合物），以氫（H_2）電漿清除氧化物。

　　電漿清洗機的外觀像一臺烤箱。一電容式向下吹反應器，如圖13.23所示。

上電極主動，下電極接地。電極材質可為鉭，電源功率約1.5KW，減少電極數目可提高電漿密度。放產品盤為電性懸空。調節電源供應器的電功率和時間以得最佳狀況。間歇性電漿可以避免產品過熱。圖13.23(a)為正面清洗式，圖13.23(b)為雙面清洗式。此類機器也可用於電漿去渣滓（plasma descum）或去光阻（photoresist stripping）。

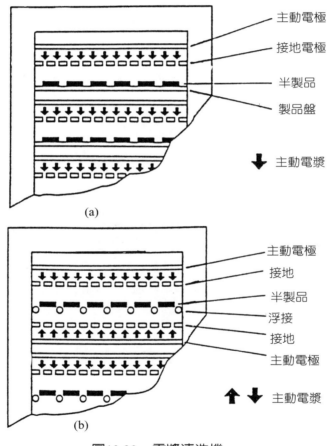

圖13.23　電漿清洗機

[資料來源：Yield Engineering Systems, YES]

6. 銲線機（wire bonder）

　　是利用金線或鋁線，連接晶片上的銲墊到導線架上的手指區。目前金線已成為主流，因為金的延展性（elongation）好、張力強度（tensile strength）大。而且可以用氫（H_2）或電子點火燒成球形，以作對稱型銲點（bond），

可承受壓模樹脂化合物（molding compound）的衝擊等優點。銲線機的能源以熱超音波（thermosonic）最佳，超音波功率1～5瓦，60KHz。電源電壓為交流110/220V，銲接壓力20～200克。金線直徑0.7～2密爾（mil，千分之一吋），安放金線的線軸直徑2吋。

銲線機的主要功能要配合ULSI進展，要能做銲墊間距60μm的打線而不短路。線弧（wire loop）控制對良率非常重要，如圖13.24、圖13.25和圖13.26所示。圖13.24的銲針可以為陶瓷或金屬製，先銲晶片上的銲墊，再銲導線架上的手指，以控制線的弧度。自動包裝條（magazine）傳送和定位指標（index）系統可提高產率和良率。自動銲線後檢查，配合人工修補。立體可調倍率顯微鏡（stereo zoom microscope）做人工定位或檢查。有圖案識別系統，符合人工學（ergonomic）的鍵盤（keyboard）設計。

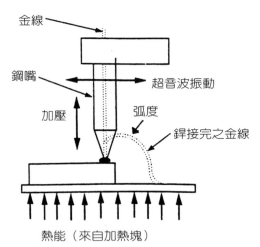

圖13.24 銲接方式與能量示意圖

[資料來源：吳生龍，精密機械工業]

如果看銲針上下移動的情形，再將一個週期分為360°，則可利用一圓型凸輪（cam）來控制其銲接動作。圖13.25的功能如下：(1)銲接頭原位置，(2)第一點尋找，(3)第一點銲接，(4)以程式控制弧度，(5)第二點尋找，(6)第二點銲接，(7)銲接頭重新設定，回到原位置（homing）。凸輪為一圓盤，根據銲針位置上下，加以修正而成。

1.形成金球　　2.銲針把球帶　　3.銲針抽回，移　　4.第二銲點　　　5.切斷銲點的方法：
　　　　　　　　下，到基板　　　向 第 二 銲 點
　　　　　　　　　　　　　　　　　　　　　　　4A.無線尾　　　5A.氬焰燒斷金線，
　　　　　　　　　　　　　　　　　　　　　　　　　　　　　　　　形成金球，作下
　　　　　　　　　　　　　　　　　　　　　　　　　　　　　　　　一次銲線準備

針尖溫度
150-200℃　　加熱加壓力　　　　　　　　　　加熱加壓力
　　　　　　　　　　　　　　　　　　　　　　楔形
　　　　　　　　　　　　　　　　　　　　　（wedge）

　　　　　　　　　　　　　　　　　　　　　　　　　　　　　　　以鑷子拉掉線尾

　　　　　　　　　　　　　　　　　　　4B.輪廓
　　　　　　　　　　　　　　　　　　圓形　　　　　　　5B.無線尾（tailless）

　　　　　　　　　　　　　　　　　　4C.指甲頭　　5C.
　　　　　　　　　　　　　　　　　　尖銳

圖13.25　銲線的順序圖

[資料來源：蓋賽爾工具（Gaiser Tool）公司]

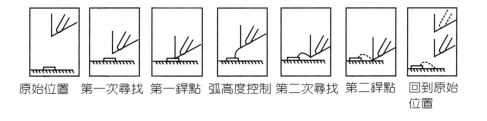

原始位置　第一次尋找　第一銲點　弧高度控制　第二次尋找　第二銲點　回到原始
　　　　　　　　　　　　　　　　　　　　　　　　　　　　　　　　　　位置

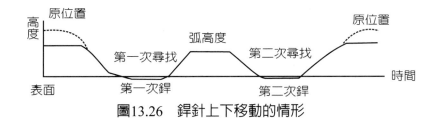

圖13.26　銲針上下移動的情形

　　小型包裝如CSP則需特殊工具銲接，並利用載具處理中間夾層膠帶。有時銲線數目太多，必須以雙層銲接，如圖13.27所示。有些高功率元件，使用金帶（ribbon）（扁平型，寬度大到10密爾（mil））替代金線，以提高功率載送量，如圖13.28所示。

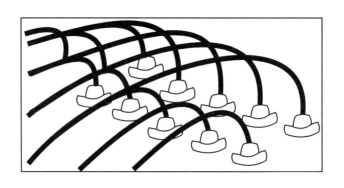

圖13.27　雙層銲接

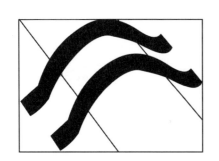 

圖13.28　金帶銲接

　　銲線是封裝廠中是最耗工時的製程，原因是每一晶片有太多線要打。所以有縮短打線的導線架在晶片上（LOC），一次打群線的膠帶自動銲線（TAB），或不打線的覆晶（flip chip）等替代品。一般而言，一條QFP或BGA生產線上。一臺粘晶片機（chip bonder）約可支持3～4臺打線機（wire bonder）。中間加一緩衝區，以免打線因粘晶片不順利而等待停機。

　　銲接的主要參數為銲接溫度和時間，超音波功率、銲接壓力、金球（gold ball）大小、路徑長度和高度等。

　　銲線的牢固性可以用拉力測試器（pull tester）評估，如圖13.29所示。每班上工時就要以報廢晶片（inked chip）做幾個打線，以供調整機臺參考。目前的拉力測試器，多配有數據統計的功能。可自動計算出平均值、極小值、標準偏差等。一個拉力測試示意圖如圖13.29所示。圖13.29(a)為拉斷之動作，圖13.29(b)為可能的斷點， 1.從線中間斷掉， 2.線在球上斷裂， 3.在銲球和晶片墊接合處斷裂， 4.線在導線架或基座側斷裂，其中以 1.處斷裂且高讀值為最佳。

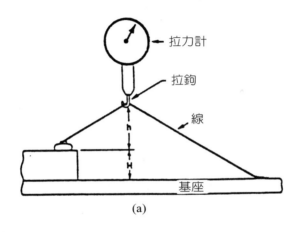

(a)

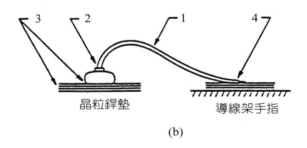

(b)

圖13.29　(a)拉力測試，(b)斷線的失敗模式

　　不用打線封裝的膠帶自動銲接（TAB）和覆晶（flip chip）的隆點（bump）的形成，方法之一是利用銲線機以打線形成隆點，其製程如圖13.30所示，此方法的缺點為速度太慢。也有在晶圓層次以蒸鍍或濺鍍，配合微影照像形成隆點的。

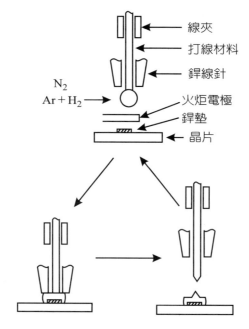

線夾
打線材料
銲線針
火炬電極
銲墊
晶片

N_2
$Ar + H_2$

圖13.30　用打線形成隆點之製程

[資料來源：板橋一光，電子材料]

7. 膠帶銲接機（tape bonder）

　　膠帶自動銲接（TAB）是將一聚亞醯亞胺（polyimide）膠帶（tape）打洞，銲接到鋁或銅製的箔（foil）上。以蜘蛛網狀的腳，以機器一次將所有的接點銲到晶片的隆點（bump）上，如圖13.31所示。膠帶載具包裝（tape carrier package, TCP）則以銲接工具，加熱加壓，將內引線（inner lead）和晶片上的隆點連接，如圖13.32所示，TAB和TCP的銲接都是群接（gang bonding）式，一次將所有的銲墊（bonding pad）連接。適合少量多樣的產品型態的生產。

　　另一膠帶自動銲接，如圖13.33所示。(a)膠帶和隆點對齊，(b)膠帶手指的側視放大圖，(c)膠帶手指俯視圖，(d)以熱壓銲將膠帶手指和晶片隆點一起全部銲好，(e)散熱情形，(f)銲下一個晶片。

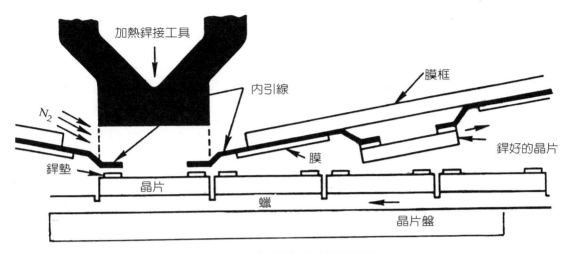

圖13.31　內引線銲接到膜載具

[資料來源：Bowman, Practical I. C. Fabrication]

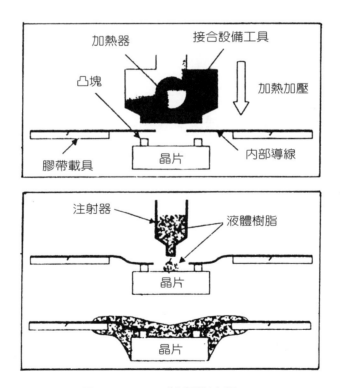

圖13.32　TCP製程的流程

[資料來源：岩本尚文，半導體世界期刊（Semiconductor World）]

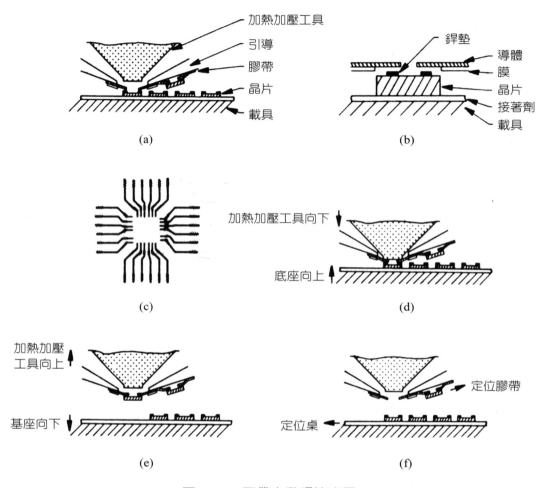

圖13.33　膠帶自動銲接流程

　　膠帶銲接機的要點是精密定位，高速裝／卸和銲接，銲接工具更換容易。銲接力以伺服馬達（servomotor）控制，內引線銲接後，可在同一製程生產線上烘烤固化，如圖13.34所示。

8. 壓膠粒機（pelletizer）

　　壓模封裝用的環氧樹脂（epoxy）是以粉末進口、儲存。用塑膠袋、硬紙筒密封，存於冷凍庫。使用前先以壓膠粒機壓成粒狀（pellet）。圓柱型膠粒的直徑隨壓膠粒機而固定，約為30～60mm，長度可調（100～150mm）。

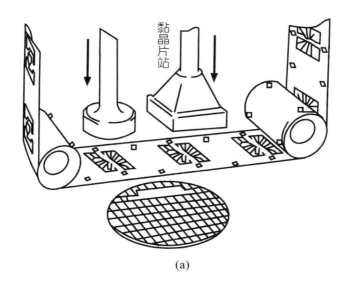

(a)

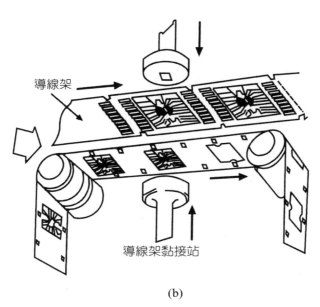

(b)

圖13.34　(a)將晶片銲接到膠帶載具，(b)再銲接到導線架

9.膠粒預熱機（pellet preheater）

以MHz的高週波，對放在平板電極之間的膠粒（pellet）加熱，如圖13.35所示，用以完成壓模製作的預備動作。高週波的特點是加熱均勻、快速。預熱機（preheater）的功率為3～7KW。

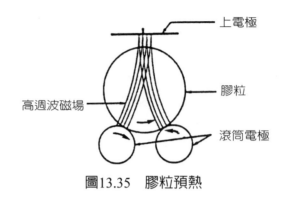

圖13.35　膠粒預熱

10.沖床壓模（press mold）

　　利用沖床（press）、模子（mold）、鑄模（die），把銲線後的半導體、打完線的半成品以環氧樹脂（epoxy）密封起來，使用的模子，如圖13.36所示，其中每一個空穴即為一個半導體元件。廢膠的處理很麻煩，燃燒可能產生俗稱世紀之毒的戴奧辛（dioxin），掩埋或填海為比較好的處理方式。

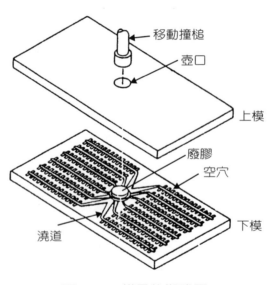

圖13.36　模子的概略圖

[資料來源：Sze, VLSI Technology, 2nd ed.]

　　安裝時，擠膠桿在頂端位置，閉合模具，投入預熱好的膠粒。下降擠膠桿，將膠狀的壓模膠擠壓進入澆道（runner），再由注膠口（gate）進入模穴

（cavity）。膠在模內烘烤硬化，以頂針頂起成品並取出。一個擠膠的完整流程，如圖13.37所示。為降低膠的流程，使銲線受到較少的衝擊力，塑膠的流程不足、空洞等缺點減少，降低封膠不良的機率，一種多膠口的設計，如圖13.38所示，此方式的缺點為產率減少。一個封膠後的成品，在模具內的情形如圖13.39所示。

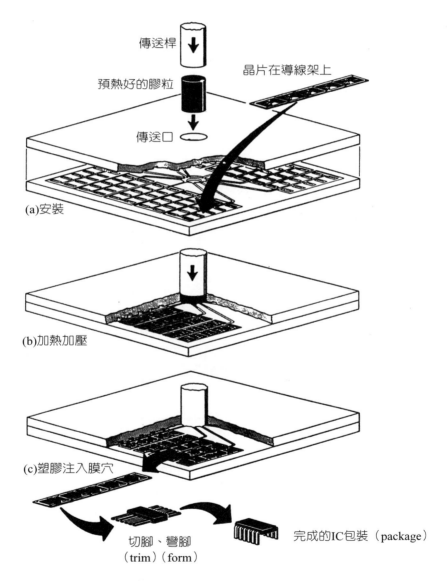

圖13.37 擠膠流程

[資料來源：Bowman, Practical I. C. Fabrication]

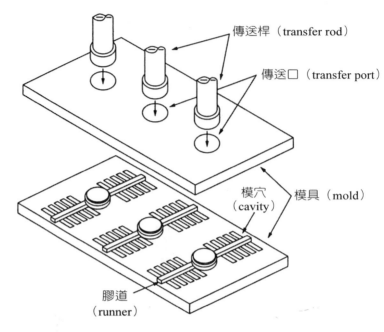

傳送桿（transfer rod）

傳送口（transfer port）

模穴（cavity）

模具（mold）

膠道（runner）

圖13.38　多孔移轉壓模系統

[資料來源：Chang and Sze, ULSI Technology]

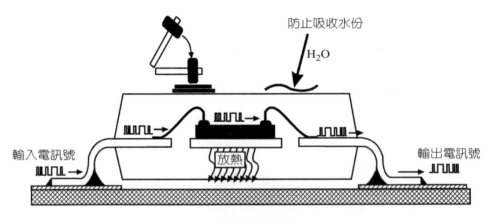

防止吸收水份

H_2O

輸入電訊號

放熱

輸出電訊號

(a)封裝的角色

圖13.39　封膠完成，以頂針將成品頂出的概略圖

[資料來源：楊涂得、莊東漢，電子月刊]

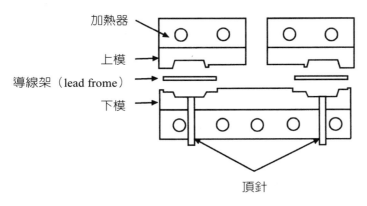

b(1)將半成品之導線架置於模面

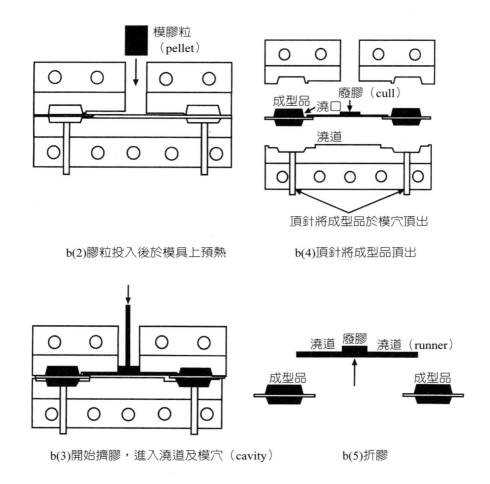

b(2)膠粒投入後於模具上預熱　　　　b(4)頂針將成型品頂出

b(3)開始擠膠，進入澆道及模穴（cavity）　　　b(5)折膠

（續）圖13.39　封膠完成，以頂針將成品頂出的概略圖

[資料來源：楊涂得、莊東漢，電子月刊]

　　壓模製程影響良率的主要因素為預熱溫度和時間，上下模的溫度和均勻度、擠膠桿速度、擠膠壓力、合模壓力、模面上烘烤硬化時間等。可能造成的缺點有封膠不足、空洞、氣泡、崩裂、裂痕、錯位、溢膠、異物附著、污漬、流膠衝力也可能造成線弧歪或斷線等。其中溢膠是最頭痛的，因為溢膠會造成電鍍銲錫的困難，而必須在電鍍前噴砂（sandblast）或煮鹽酸（HCl）來除去。線弧歪或斷線會直接降低良率。

　　膠粒的品質可以其流程長短評估。將類似舊式蚊香形狀且有刻度的模子，如圖13.40所示，安裝於壓模機上。在一定溫度和壓力下，將測試材料熔融後擠入溝內，作成蚊香狀成形品。以其渦旋狀的全長－亦即壓模膠在定溫、定壓下，硬化前能流過的距離，用以表示流動的特性。量測條件為模溫350°F±2°F（176°C±1°C），擠膠壓力1000 psi±25psi。流程遠的品質較佳，可用於多穴模子，或高噸數衝床的模子。

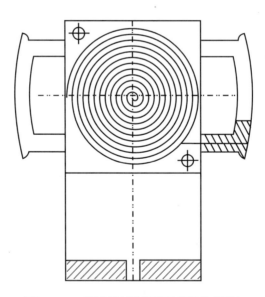

圖13.40　類似蚊香且有刻度的模子

[資料來源：環氧樹脂壓模材料研究機構（EMMI (Epoxy Molding Material Institute)）]

　　模具不潔或有異物附著，只可以用軟的黃銅（brass）棒輕刮，或以密胺（melamine，三聚氰胺，蛋白精）膠粉置於模面合模加壓加熱，使在模面的

異物粘附密胺而被清除。密胺（melamine）當然不可以添加於食物。

　　隨著積體電路的進步，封膠技術和封膠材料也趨向多樣化。如腳數增加而包裝大型化（如QFP），或產品輕、薄、短小化（如薄小輪廓包裝TSOP, thin small outline package），或單面封膠（如BGA）。

11.銲錫迴流爐（solder reflow furnace）

　　球柵陣列（BGA）包裝在打線面封膠以後，另一面上面有陣列型式的接點裝上銲錫球（solder ball）。方法是先上銲錫膏（solder paste），再放銲錫球，一個接點上放一個球，然後用迴流爐（reflow furnace）使其接著。迴流爐分為數個加熱區，利用對流傳熱。設計重點在加熱器質輕，靈敏度高，溫度均勻，氣流控制、冷卻控制精確。目前大多使用比例積分微分（PID, proportional integral differential）控制，也可供表面接著（SMT, surface mounting technology）用。一迴流爐的溫度分佈，包括升溫、恒溫及冷卻，如圖13.41所示。銲錫球的構造，如圖13.42所示。實線為剛置放的銲錫球，虛線為迴流後的扁平面。

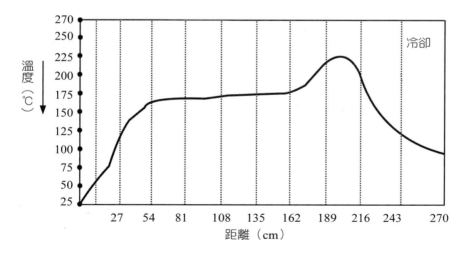

圖13.41　銲錫迴流爐的溫度分佈

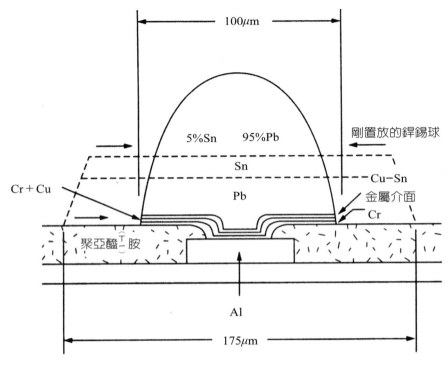

圖13.42　銲錫迴流後的銲錫球

[資料來源：Totta, IBM研究開發期刊（IBM J. Res. Dev.）]

12.電鍍錫系統（tin plating system）

　　電鍍錫的基本原理很簡單，陰極吊著壓模成型後的塑膠I.C.包裝（plastic integrated circuits package）半製品。來回輕輕移動。陽極上吊著錫棒，以硫酸（H_2SO_4）、硫酸亞錫（$SnSO_4$）為電解液，如圖13.43所示。電源供應器為低電壓、高電流式。電鍍槽或稱鍍浴（plating bath）使用耐酸鹼硬塑膠聚酯（polyester, PE）或聚丙烯（polypropylene, PP）材質。亞錫離子（Sn^{++}）到陰極（cathode）鍍在I.C.包裝導線架上。硫酸根離子（$SO_4^=$）到陽極（anode）和錫棒化合成硫酸亞錫（$SnSO_4$），又回到電解液，補充短少的亞錫離子。因此陽極的錫會越來越少。

　　電解液內的Sn^{++}，$SO_4^=$濃度可用滴定分析（titration analysis）以追蹤，並適時添加修正之。

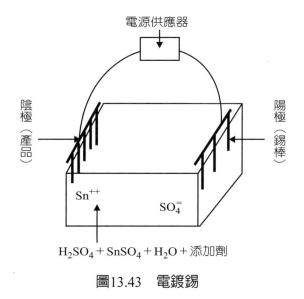

電源供應器

陰極（產品）

陽極（錫棒）

Sn^{++}　　　$SO_4^=$

$H_2SO_4 + SnSO_4 + H_2O + 添加劑$

圖13.43　電鍍錫

　　電鍍錫真正的難題在它必須添加啟動劑（starter），光亮劑（brightener）和調節劑（toner），以增進亮度及附著度。而這三種添加劑的分析及控制不易，要以小型何氏槽（Hull cell）模擬分析。

　　塑膠包裝電鍍最大的問題，是壓模中流出來的半透明膜，去除方法一般多以煮鹽酸（HCl）使其軟化，或以噴砂（sandblast）方式把它敲掉。前處理也多用鹽酸使導線架上的油污除去。煮鹽酸之通風設備，及電鍍系統之廢水處理是兩大難題。噴砂一般多用胡桃殼（nut shell）打碎後的顆粒，以空氣噴出。殼的硬度適中，空氣壓力調好，要剛好可以噴掉半透明膜，而不會打斷或傷害導線架。錫棒易氧化必須經常刷洗。

　　為增加可銲錫能力（solderability），使成品插在印刷電路板（printed circuit board, PCB）上製作容易，也有工廠是用鍍銲錫（solder plating），以錫鉛合金，比例63：37或60：40。它有最低的共晶溫度（eutectic temperature）。隨著環保意識的抬頭，人們知道鉛會危害人體的健康，無鉛銲錫（leadless solder或leadfree solder）的研發正在積極進行中，其中，錫銀、錫鉍、錫銦、錫鋅等為最有潛力的幾種二元合金。電鍍銲錫或二元合金更困難，因為二成分金屬要保持一定的比率。

13.印字機（mark machine）

　　早期印字使用油墨（ink）印字機，將產品的製造廠（或銷售公司）商標（logo）、品名（device type）、型號、批號（lot number）、製造日期，印於封裝體的表面。因印字圖章（stamp）種類太多，生產管制和製造困難。近來多改用雷射刻字機（laser marker）。一臺雷射刻字機的速度可達每秒印一毫米大小字體300個。一雙層光纖（optical fiber），如圖13.44所示。內層玻璃環繞於摻稀土金屬釹（neodymium, Nd）的芯。玻璃層使雷射光限制於纖維芯（fiber core）內傳遞，雷射（laser）能量不減而傳送出去。光纖雷射的輸出9～35瓦，波長1.1 μm，雷射束直徑0.46 mm，雷射束發射角1.5毫弧度（m radian），工作溫度15～30℃，重量只有30磅。但使用雷射時，要注意防止輻射（radiation），眼睛不要看雷射光束。最常用做積體電路包裝（I.C. package）刻字的雷射為摻釹的釔鋁石榴石雷射（Nd：YAG laser），其系統結構如圖13.45所示。共振腔（resonant cavity）所發出的雷射為波長1064奈米的紅外光，利用一磷酸鈦氧鉀晶體（KTP crystal, $KTiOPO_4$），調變（modulate）為波長530奈米的綠光（green）。

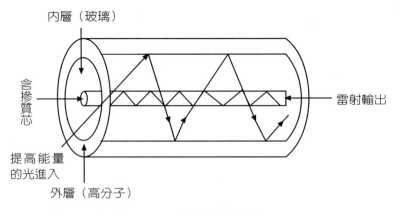

圖13.44　光纖傳送雷射

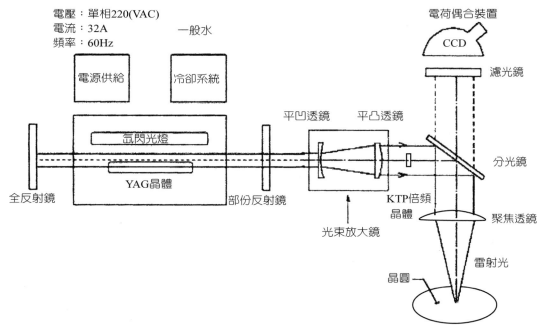

電壓：單相220(VAC)
電流：32A
頻率：60Hz
一般水
電荷偶合裝置
CCD
濾光鏡
電源供給
冷卻系統
平凹透鏡　平凸透鏡
氙閃光燈
YAG晶體
全反射鏡
部份反射鏡
光束放大鏡
KTP倍頻晶體
分光鏡
聚焦透鏡
雷射光
晶圓

圖13.45　摻釹釔鋁石榴石雷射機構圖

14.切腳、彎腳成型和分開機

　　測試之前，要把成條的BGA包裝分開（singulation）。QFP和DIP則要先切腳（trim），將外接腳和導線架外框分開，或需彎腳成型（form）。此類設備有油壓式操作的（hydraulic operation），也有用電力操作的。全自動、半自動或手動，則需視產量大小而選擇。內鎖（interlock，利用電眼偵測操作員在正確位置）一定要有，以保護作業員的安全。

15.環境測試機（environmental tester）

　　環境測試的目的是確保產品的品質和可靠度，一般常用的有以下幾種方法。依照一定的規格執行。很多客戶在選擇代工（subcontactor）時，都要看該公司環境測試設備是否完備，品管執行是否落實而定。

a.溫度循環（temperature cycle），將封裝後（或完成所有裝配製程後，以下相同）的產品，置於100～150℃烤箱24小時，再移到0℃的冰箱冷凍24小時，如此為一循環，反覆5～10個循環。

b.熱衝擊（thermal shock），將產品置於100℃沸水中一分鐘，取出置於－23℃冰水（加鹽）一分鐘，如此為一循環，反覆5～10個循環。

c.印字耐久性（mark permanency），將產品浸泡三氯乙烯（TCE）溶劑20分鐘，取出以小刷子刷其印字，看是否會脫落。

d.離心力測試（centrifugal test），將彎腳成型後的產品置於塑膠管內，以離心機轉動若干時間，看其銲線是否會斷或脫落。

e.錫附著測試（tin adherence test），將鍍錫後的產品放在壓力鍋（pressure cooker, autoclave）內以蒸汽蒸若干小時，取出置於銲錫爐內（一定溫度，浸一定時間）看釘腳沾錫部分之百分比。

f.8585測試（8585 test），將產品置於85%相對濕度（relative humidity），85℃測試其被濕氣侵蝕的抵抗力。

g.噴鹽測試（salt spray test），將產品測試其被海水或鹽氣侵蝕之效果。

h.烘烤壽命測試（burn-in test），以一定溫度烘烤產品，並測試其電性，以篩選品質特差的產品，使成品平均壽命大增，這是所有環境測試中最重要的一種。近來因裸晶片（bare chip）需求增加，因此烘烤壽命測試則要在封裝前做，也就是晶圓級測試（wafer level test）以確定晶片品質是好的（known good die, KGD）。

16. 電性測試

以電性測試機器（electrical tester）配合產品，以一定電腦程式，測試其開／短路（open/short）、功能（function）或參數（parameter），藉此分析晶圓探測（wafer probing test）及裝配時的其他可能工程問題。

17. X光影像檢測（X-ray image test）

X光可穿透環氧樹脂（epoxy），而可對BGA、QFP、P-DIP等塑膠包裝做失敗分析（failure analysis）。圖13.46為以X光（x-ray）檢測封裝後的半導體包裝，圖13.46(a)為P-DIP或QFP，圖13.46(b)為BGA。

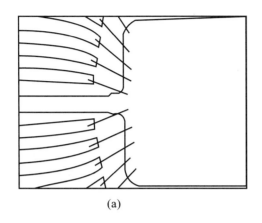 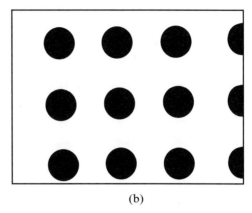

(a)　　　　　　　　　　　　　　　　　(b)

圖13.46　以X光檢測半導體包裝

18.表面接著機（surface mounter）

　　包括取置機、擠黏著劑機（或上錫膏（solder paste）機）、波銲錫爐（wave soldering machine）和清洗機，使封裝好的I.C.包裝裝在印刷電路板（PCB）上。要點是波銲錫爐上要充滿氮氣（N_2），以防止銲錫（solder）氧化變黑。後清洗製程要避免使用氯氟碳（CFC）或過氟碳（PFC）化合物，因為前者會被壞臭氧層（ozone layer）使紫外線指數（UV index）增加。後者會造成溫室效應（greenhouse effect）使地球暖化（globe warming）。

13.5　參考書目

1. 呂元鎔，半導體黏晶關鍵技術，精密機械工業，87年春季號，pp. 26～36, 1998。

2. 吳生龍，半導體銲線機技術概要，精密機械工業，87年春季號，pp. 44～51, 1998。

3. 吳錦鏞，壓力驅動式under fill製程技術，電子與材料，一期，pp. 52～55, 1999。

4. 洪敏雄、游善溥，電子構裝用無鉛焊錫，科儀新知，二十卷二期，pp. 57～66, 1998。

5. 俞宏勳（譯），靜電放電測試法的現狀和展望，電子月刊，五卷八期，pp. 142～146, 1999。

6. 張人傑，覆晶接合方法介紹，電子與材料，一期，pp. 43～46, 1999。

7. 張勁燕，電子材料，第十一章，1999初版，2008修正四版，五南。

8. 張慧如，PBGA佈局設計，電子與材料，一期，pp. 47～51, 1999。

9. 梁美柔（譯），裸晶片（Bare Chip）封裝技術，電子月刊，五卷十期，pp. 172～175, 1999。

10. 皖之（譯），半導體封裝技術—TAB技術，電子月刊，五卷六期，pp. 163～167, 1999。

11. 皖之（譯），各種CSP之優點及缺點，期待開發以使用者為主導的封裝，電子月刊，五卷八期，pp. 154～159, 1999。

12. 皖之（譯），半導體封裝之評測技術，電子月刊，五卷六期，pp. 179～185, 1999。

13. 楊涂得、莊東漢，電子構裝之封膠技術，電子月刊，五卷七期，pp. 181～194, 1999。

14. 蔡育奇（譯），造成封裝事業與線路板事業衝擊之CSP的動向，電子月刊，

五卷八期,pp. 147～153, 1999。

15. 蔡育奇(譯),裸晶片的品質要求,電子月刊,五卷九期,pp. 208～213, 1999。

16. 劉臺徽(譯),積體電路打線封裝材料,電子月刊,四卷五期,pp. 127～132, 1998。

17. 蘇必俠,國內凸塊封裝技術報導,電子月刊,五卷十一期,pp. 88～90, 1990。

18. 編輯室(譯),分支進行的CSP和裸晶片KGD的流通使得CSP化也加速了,電子月刊,五卷十二期,pp. 198～202, 1999。

19. R. R. Bowman et al., Practical I. C. Fabrication, ch. 14, Integrated Circuit Engineering Corporation,學風。

20. P. Burggraaf, Chip Scale and Flip Chip: Attractive Solutions, Solid State Technology, pp. 239～246, 1998.

21. E. Caracappa, Machine Vision Inspection, CSP Yield and Reliability, Chip Scale Review, pp. 49～53, 1998.

22. C. Y. Chang and S. M. Sze, ULSI Technology, 1996, ch. 10, McGraw Hill,新月。

23. C. Harper, Handbook of Thick Film Hybrid Microelectronic, 1977, McGraw Hill,中央。

24. S. M. Sze, VLSI Technology, 1st ed., 1983, ch. 13, McGraw Hill,中央。

25. S. M. Sze, VLSI Technology, 2nd ed., 1988, ch. 13, McGraw Hill,中央。

13.6 習 題

1. 試述半導體元件封裝的目的。
2. 試述覆晶(flip chip)包裝的特點。

3. 試述膠帶自動銲接（TAB）的製程特點。

4. 試述球柵陣列（BGA）的製程特點。

5. 試述晶片大小包裝（CSP）的特點。

6. 試述黏晶片機的系統架構。

7. 試述電漿清洗機的構造及機制。

8. 試述銲線機的構造及銲線的順序動作。

9. 試述壓模沖床的構造及封膠動作。

10. 試述銲錫迴流爐的構造及動作。

11. 試述壓模沖床、切腳、彎腳機的安全內鎖機構。

12. 試述如何做晶圓級測試（wafer level test），晶圓級刻字。

13. 試述積體電路包裝的近年趨勢，為何及如何做到輕薄短小。

14. 試述積體電路包裝為何及如何做環境測試。

索　引（Index）

H

I

P

Q

國家圖書館出版品預行編目資料

半導體製程設備／張勁燕著. ——四版.——
　臺北市：五南圖書出版股份有限公司，
　2009.08
　面；　公分
含參考書目及索引
ISBN 978-957-11-5250-9 (平裝)

1.半導體

448.65　　　　　　　　　97010457

5D24

半導體製程設備

作　　　者 — 張勁燕 (214.1)

企劃主編 — 王正華

責任編輯 — 許子萱

封面設計 — 郭佳慈

出 版 者 — 五南圖書出版股份有限公司

發 行 人 — 楊榮川

總 經 理 — 楊士清

總 編 輯 — 楊秀麗

地　　　址：106臺北市大安區和平東路二段339號4樓

電　　　話：(02)2705-5066　　傳　　真：(02)2706-6100

網　　　址：https://www.wunan.com.tw

電子郵件：wunan@wunan.com.tw

劃撥帳號：01068953

戶　　　名：五南圖書出版股份有限公司

法律顧問　林勝安律師

出版日期　2009年9月四版一刷
　　　　　2024年10月四版七刷

定　　　價　新臺幣720元

經典永恆·名著常在

五十週年的獻禮——經典名著文庫

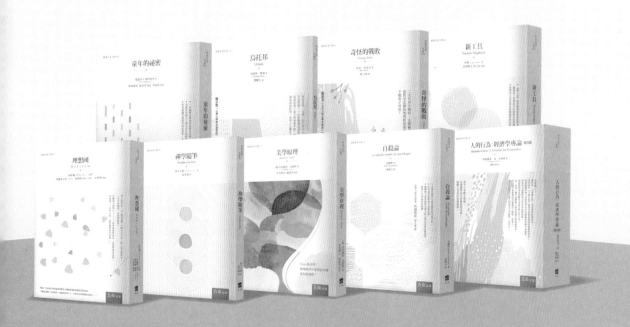

五南，五十年了，半個世紀，人生旅程的一大半，走過來了。

思索著，邁向百年的未來歷程，能為知識界、文化學術界作些什麼？

在速食文化的生態下，有什麼值得讓人雋永品味的？

歷代經典·當今名著，經過時間的洗禮，千錘百鍊，流傳至今，光芒耀人；

不僅使我們能領悟前人的智慧，同時也增深加廣我們思考的深度與視野。

我們決心投入巨資，有計畫的系統梳選，成立「經典名著文庫」，

希望收入古今中外思想性的、充滿睿智與獨見的經典、名著。

這是一項理想性的、永續性的巨大出版工程。

不在意讀者的眾寡，只考慮它的學術價值，力求完整展現先哲思想的軌跡；

為知識界開啟一片智慧之窗，營造一座百花綻放的世界文明公園，

任君遨遊、取菁吸蜜、嘉惠學子！